数据集隐私保护技术研究

张晓琳　王永平　著

科　学　出　版　社

北　京

内 容 简 介

本书主要研究数据集隐私保护技术，详细介绍作者在数据集隐私保护领域的最新研究成果。针对 k-匿名，提出基于 R 树的 k-匿名算法；针对动态数据集，提出含永久敏感属性、数值敏感属性、多敏感属性、增量数据集下的隐私保护算法；针对分类挖掘，提出基于数据扰动和 KCNN-SVM 的隐私保护算法；针对社会网络，提出基于 k-同构和 (α, k) 的隐私保护算法；针对大规模社会网络，提出云环境下基于节点匿名、数据扰动、预测方法等的隐私保护算法；最后，提出几种个性化隐私保护算法。

本书可作为计算机专业研究生、高年级本科生的教材，也可供相关科研人员参考使用，有助于读者了解数据集隐私保护的相关技术。

图书在版编目（CIP）数据

数据集隐私保护技术研究 / 张晓琳，王永平著. —北京：科学出版社，2020.8

ISBN 978-7-03-063667-6

Ⅰ. ①数… Ⅱ. ①张… ②王… Ⅲ. ①数据集－应用－个人信息－隐私权－数据保护－研究 Ⅳ. ①TP311.13

中国版本图书馆CIP数据核字（2019）第273245号

责任编辑：姚庆爽 / 责任校对：郭瑞芝
责任印制：吴兆东 / 封面设计：蓝 正

科学出版社 出版
北京东黄城根北街 16 号
邮政编码: 100717
http://www.sciencep.com

北京中石油彩色印刷有限责任公司 印刷
科学出版社发行 各地新华书店经销
*
2020 年 8 月第 一 版 开本：720 × 1000 B5
2021 年 3 月第二次印刷 印张：18 3/4
字数：370 000

定价：120.00 元

（如有印装质量问题，我社负责调换）

前　言

随着信息技术不断进步，信息成为国际最重要的资源之一。隐私在信息时代的主要表现形式就是数据。数据集进行发布共享分析越来越受人们关注，但同时，数据集的很多信息涉及个人或者企业隐私。数据集隐私保护是指对跟个人、企业敏感的数据进行保护的措施。

隐私保护与可用性一直是一个 NP(非确定多项式)问题，隐私保护强度高，数据可用性就会低，隐私保护强度低，数据可用性就会高，因此，如何在数据发布中对个人隐私数据进行合理的保护，又保证数据的可用性，成为当今信息安全领域研究的热点。

本书主要研究数据集隐私保护技术，详细介绍作者在数据集隐私保护领域的最新研究成果。本书针对 k-匿名，提出基于 R 树的 k-匿名算法；针对动态数据集，提出含永久敏感属性、数值敏感属性、多敏感属性、增量数据集下的隐私保护算法；针对分类挖掘，提出基于数据扰动和 KCNN-SVM 分类的隐私保护算法；针对社会网络，提出基于 k-同构和(α, k)的隐私保护算法；针对大规模社会网络，提出云环境下基于节点匿名、数据扰动、预测方法等的隐私保护算法；最后，提出几种个性化隐私保护算法。

本书按照作者研究数据集隐私保护发展的动态过程，共分为 7 章。

第 1 章主要介绍数据集隐私保护问题的提出、意义、国内外研究现状，介绍了数据集隐私保护技术的匿名质量和信息损失度量。

第 2 章主要研究基于 R 树的 k-匿名技术。提出一种 k-means 多路分裂算法的 R 树 k-匿名技术，较好地解决了对于固定的 M，随着 k 值的增大节点平均分配的问题，有效地提高了匿名质量。

第 3 章主要研究动态数据集隐私保护技术。针对永久敏感值属性，提出一种基于“不变性”思想的匿名算法；匿名原则是维持每个准标识符组(quasi identifer group)包含的敏感属性值在多次发布时具有不可区分性。针对数值敏感属性，提出一种有效的增量数值敏感属性重发布匿名方法，在确保数值敏感属性之间不发生邻近违约的前提下，实现了增量数值敏感属性的匿名重发布，并且保证所发布数据的敏感信息不会发生隐私泄露。针对多敏感属性，提出一种处理关系型数据中的动态数据集数据的增加和删除问题的改进 bucket 算法。针对增量数据集，在保证匿名数据的 k-匿名性、匿名数据的 l-多样性的情况下，提出一种解决多次发布造成的所有隐私泄露的新方法。算法采用空间填充曲线的方法把多维数据转换成一维数据。

第 4 章主要研究数据挖掘的隐私保护技术。首先，提出一种基于随机扰动矩阵的隐私保护分类挖掘算法。该算法首先通过给数据集的每个属性域的不同值设置一个转移概率组成随机扰动矩阵，然后把数据集中的每个值进行数据转换，最后将转换后的数据集和随机扰动矩阵重建原数据的分布，进行分类挖掘。然后，提出一种基于匿名数据建立分类模型的方法——KCNN-SVM 分类法，实现了匿名数据分类。KCNN-SVM 建立分类模型时，改进了 SVM 分类对于混淆点的泛化能力。

第 5 章主要研究社会网络隐私保护技术。首先，提出一种基于 k-同构的社会网络隐私保护方法。算法在每次发布时采用 k-同构把原始图有效划分为 k 个同构子图，对节点 ID 泛化。然后，提出一种 (α, k)-匿名方法，在进行匿名时考虑社会网络中节点和节点之间的关系，采用基于聚类的方法，对节点属性及节点之间的关系进行保护。

第 6 章主要研究云环境下社会网络隐私保护技术。提出一种 Pregel-like 系统下基于安全分组和标签列表匿名的社会网络隐私保护方法；提出一种分布式节点信息匿名和节点分裂、节点 m-标签匿名、节点 k-度匿名算法；提出一种基于图结构扰动的分布式社会网络隐私保护方法；提出一种基于 k-度匿名分布式社会网络隐私保护方法；提出一种通过修改节点的链接关系的动态社会网络隐私保护方法。

第 7 章主要研究个性化社会网络隐私保护技术。首先，提出一种 Pregel-like 系统下对节点分类的个性化社会网络隐私保护方法；然后，提出一种对链接关系分类的个性化社会网络隐私保护方法；最后，提出一种基于预测链接的个性化社会网络隐私保护方法。

本书内容得到国家自然科学基金(61562065)、内蒙古自然科学基金(2019MS06001)、教育部“春晖计划”科研合作项目(Z2009-1-01024)、内蒙古科技大学研究生科研创新资助项目(S20161012711)的资助，在此表示衷心的感谢！

在此，感谢作者的导师王国仁教授带作者进入数据库研究领域，他的指导使作者获益良多；感谢本研究团队的老师和研究生，本书凝结了大家的辛苦付出，特别感谢实验室的研究生：李猛、毕红净、于杰、张立丰、李素伟、汤彪、张日初、李玉峰、王颖、郭彦磊、王萍、张臣、张文超、何晓玉、于芳名、李卓麟、袁昊晨、李健、刘娇。

限于作者水平，书中难免存在不妥之处，欢迎专家、学者和广大读者批评指正。

目　录

第1章 绪　　论

1.1　数据集隐私保护问题的提出

随着信息技术不断进步，计算机和网络在商业、教育、娱乐乃至社会生活各个方面应用越来越广泛，信息成为国际最重要的资源之一。一方面，大部分信息，包括个人信息，均以数据的形式存储在各种数据库中，并在互联网中传播。另一方面，我们自然人在计算机和网络中的表现形式也成为姓名、性别、年龄、籍贯等数据记录。因此，个人隐私在信息时代的主要表现形式就是个人数据。这些数据包括可以公开的非隐私数据和不能公开的隐私数据。随着数据挖掘技术的崛起，个人数据、企业数据等多方数据时刻都存在着被泄露的可能，一旦不能公开的隐私数据被泄露，将给数据所有者带来损失。因此，数据库隐私保护已成为当今信息安全领域一个亟待解决的课题[1, 2]。

数据已经成为一个重要资源，越来越多数据的应用已经涉及微数据的发布和使用。所谓微数据，就是那些包含了个人信息但未经任何处理的原始数据。大量访问数据、共享数据和数据挖掘方法的出现使得数据拥有者对隐私保护的要求越来越高。这个现象主要有两方面的原因：一方面，越来越多的数据应用涉及个人隐私。医学研究者为了进行医学研究，可能需要医院提供患者的病例信息；银行为了核对每天的交易记录，可能要查看自动存取款机上的一些交易细节等，所有这些行为都有可能涉及个人的隐私信息。然而，为了根据这些数据进行某些公共目的的研究，数据所有者不得不对这些数据进行发布，这无疑将会把数据中的个人隐私信息暴露给研究人员或攻击者，给用户的隐私带来严重的威胁。另一方面，由于人们的自我保护意识正在逐步增强，人们都不希望自己的隐私被公众所获知。

2002年，IBM(国际商业机器公司)实验室提出了数据隐私保护的概念，他们认为个人隐私保护应该交给数据库管理系统来完成。数据库隐私保护的目标[3]在数据库层提供个人对其私人信息访问描述和控制的权利，实现对个人隐私的集中控制，即在数据库层确保个人隐私信息的合理收集、使用和分发。

从隐私保护的需求角度来看，当前隐私保护可分为面向用户的隐私保护和面向数据的隐私保护[4]。面向用户的隐私主要是个人隐私的保护，涉及个人的敏感信息，如查询和删除。面向用户的隐私保护与用户的各种信息有紧密的联系。全面的面向用户的隐私保护需求主要包括四个方面：匿名性、假名性、行为不可观察性和连接攻击性。面向数据的隐私保护主要是考虑保护数据所传达的信息，也就是将一些隐私保护的技术应用到相关的敏感属性上，来避免隐私泄露。面向数据的隐私保护是目前隐私保护研究的热点问题。

从隐私保护的技术角度看，当前隐私保护可分为受限访问型隐私保护(access-restricted type)和自由访问型(access-free type)隐私保护。受限访问型隐私保护主要基于成熟的传统访问控制模型和策略[5, 6]考虑隐私保护的需求及其实现；自由访问型隐私保护主要基于统计数据库安全保护技术，深入研究其实现策略和模型。随着数据挖掘技术和数据仓库的日益成熟，自由访问型隐私保护的应用需求也随之高涨[7, 8]。自由访问隐私保护可分为表数据发布和微数据发布。表数据是传统数据，微数据是原始数据。当前表数据不能满足统计部门的需要，因此需要用微数据来弥补其不足。如果将原始数据不加处理直接发布的话，必然会造成隐私泄露，从而产生安全问题。因此我们必须要对原始数据进行隐私保护。

1.2　数据集隐私保护的研究现状

1.2.1　索引-匿名技术的研究现状

随着数据库索引技术的日益成熟，索引-匿名提供了有效和动态的匿名技术，比单一的匿名算法具有如下优势：

(1) 有效的索引结构算法给数据集提供了更快的批量匿名时间。

(2) 支持批量加载的索引结构算法，匿名的数据集可以达 1 亿条记录。

(3) 在没有考虑最小包围矩形索引域留下的间隙的情况下，可以给匿名数据提供更高的精确性。

(4) 空间索引技术可以通过在特殊准标识符(quasi-identifiers，QI)属性上建立索引和有偏分割算法两种方式来减小查询工作量。

国内外很多学者从不同层面研究和发展了该技术。

文献[9]中介绍的 Datafly 算法，不能从整体上保证隐私保持的完整性，也不能保证算法的有效性。

文献[10]介绍的 K-D 树是要求先给出所有的点，然后根据这些点来进行空间的划分。这样的划分往往是针对某一固定数据集，或者在数据改动比较小的情况下采用。对于一些经常变动的数据集，如频繁进行插入和删除，算法实现 *k*-匿名，则需要重新对整体空间进行划分，这样往往会带来效率上的问题。因此，基于 K-D 树的 *k*-匿名算法不适用于动态变化的数据。

文献[11]提到的基于 R 树的多维 *k*-匿名实现算法适用于频繁更新的数据集，

具有很好的扩展性且能支持增量的数据发布，但对于固定的 M，随着 k 值的不断增大隐私保护程度降低，影响了匿名的质量。基于 k-means 多路分裂算法的 R 树，较好地解决了对于固定的 M，随着 k 值的增大节点平均分配的问题，有效地提高了匿名质量。基于 k-means 多路分裂算法的 R 树，节点间的相似程度加大降低了相交的面积，从而提高了匿名表的查询效率。

1.2.2 静态数据集的研究现状

对于静态数据集的一次发布，有很多隐私算法模型被提出用来保护个人隐私信息。传统的算法模型有 k-匿名[12, 13]模型和 Incognito[14]算法模型。k-匿名方法的核心思想是，数据在重新发布的过程中，每一张表格都是有很大区别的，存在着 k–1 条记录在准标识符(QI)属性上是相似的，这样就给个体的记录造成信息的不可区分性，导致攻击者不能够准确地推断出个人的一些重要的隐私信息。即使攻击者知道数据中某个准标识符，也不能准确地找到隐私信息。这种技术的出现有效地防止了一些隐私泄露的攻击方法。Machanavajjhala 等在 k-匿名抵制同质攻击[11]或者背景知识攻击的基础上提出了 l-多样性[15]。要求每个等价组内至少存在 l 个不相同的敏感值，这样攻击者即使知道一定的背景知识也只能以 $1/l$ 的概率推出目标个体的信息。之后又有些学者在 l-多样性的基础上，提出了 t 闭包[16]的定义。他的要求是 QI 组内敏感属性值的分布整体不要超过一个设定的固定阈值 t，一般的情况下这个阈值设定为[0,1]。太大了也不好，太小了也不行，必须要选择适中。但是如果在发布的过程中敏感属性较多的情况下，采用一些处理方法例如泛化技术或者抑制技术，可能会损失大量的有效信息。为了解决数据发布过程中信息丢失的问题，文献[17]提出了一种新的研究方法叫做 Anatomy。该方法原理如下：利用两次发布的匿名表格，通过 QI 属性和敏感属性查找他们之间的推理通道，从而达到隐私保护的目的。文献[18]提出了一种新的匿名发布算法，该算法的核心是利用前后两次发布表格之间的有损连接，来处理推理通道，从而达到隐私保护的目的。后来又有学者提出了一种新的算法叫做多种约束算法，该方法的核心思想是使用 Classfly 算法的元组泛化技术，其算法的优点是减少信息的损失程度，同时能保证匿名发布数据的质量。

对于静态数据集的一次发布问题，很多文献都提到了背景知识的情况，如文献[19]和文献[20]均在已知背景知识的情况下对静态数据集进行一次发布。在文献[15]中主要提到疾病之间和地区之间的关联性，例如，知道某个地区由于海拔和潮湿的关系，当地人有很多的关节炎疾病，这就是考虑地方与地方之间的相似性能。文献[19]提出一种新的背景知识攻击技术，即考虑目标个体之间的某种关联性，也就是通常所说的关系型数据库。文献[21]首次提出了一种新的泛化框架，该方法的研究是基于人性化的角度上提出来的。该方法的优点是能使泛化的范围达到最小值，能保留原始数据中的大量隐私信息，提高数据的实用性能。

1.2.3　动态数据集的研究现状

文献[22]提出了连续发布数据的匿名化问题，主要解决动态数据集的敏感属性集合问题。该方法的优点是保证一个集合中有不同的敏感属性值。文献[23]主要针对增量的数据集发布的问题进行了仔细的研究。核心思想是当有新的记录插入时，并不是直接插入，而是满足于两个条件才进行插入，一个是插入的数据记录必须满足一定的量，另一个是插入的记录必须满足于 *l*-多样性的要求。满足这两个条件之后才将其插入到下一次发布版本的等价组中。但是该方法在应用的过程中有一个大的缺点就是，可能导致数据信息不能按时地被发布出去，也就是说数据信息的发布时间是不能够准确确定的。之后又有很多研究学者[24]提出了一种在处理隐私模型上的新方法，该方法在处理增量数据库的过程中是非常有用的，实用价值很高。文献[25]也提出了支持增量数据发布的研究方法，该方法采用一些索引技术处理数据信息的匿名问题。文献[26]首次展示了处理数据更新的新方法，就是 *m*-不变，核心思想是数据在发布的过程中敏感属性是保持不变的，或者敏感属性之间能够进行一定的转化，例如，部分患者可能由感冒慢慢发展到肺炎。优点是能解决动态数据集的插入和删除问题，能够消除多个版本之间的推理通道；缺点是需要加入伪元组序列。*m*-不变性还有一个比较大的缺点是敏感属性值不能被修改，如果被修改则达不到数据匿名发布的要求。这种方法在处理数据的修改过程中存在着大量的问题，需要慢慢地进行一定的改进。

1.2.4　隐私保护数据挖掘的研究现状

1. 基于集中分布数据的隐私保护数据挖掘

目前，集中分布隐私保护数据挖掘采用的隐私保护技术主要有重建技术、随机响应技术、随机扰动技术、启发式技术、基于旋转的等距变换技术等。

2. 基于分布式数据的隐私保护数据挖掘

分布式数据的隐私保护数据挖掘主要采用隐私保护技术有：随机数据扰乱技术、安全标量积协议、不经意求值协议、交换加密技术等。

1.2.5　社会网络隐私保护的研究现状

从社会网络节点、边、图性质三方面进行划分，现阶段社会网络的隐私保护研究可分为以下三部分。

1. 社会网络中节点的隐私保护

社会网络中的节点的隐私信息包含了节点存在性、节点再识别、节点属性等，它代表社会网络中的真实个体，是当前隐私保护技术的研究热点。

(1)针对节点存在性，往往是为了避免攻击者能够推断出某个人是否存在于某个社会网络中，它是最常想到也是最易被研究的。例如，在传染病传播网络中，攻击者若能通过某种手段推断出某人存在于这个网络中，就认为这个人的隐私信息已经暴露了[27]。

(2)针对节点再识别，往往是通过某种隐私保护手段，使得攻击者唯一地从社会网络数据中识别出某个节点所对应的那个用户的概率降低。文献[28]～[31]提出的方法分别针对背景知识来预防节点再识别攻击。

(3)针对节点属性值，往往是避免攻击者能够方便地推断出某个人的敏感属性信息。例如，借助目标用户的朋友或亲属的相关属性信息来推测目标节点的属性，是攻击者常用的手段，这些隐患常出现在如收入、疾病等网络中[32]。

(4)针对节点图结构，主要包括了节点的度[28-33]、节点邻域[34, 35]、子图[36-41]、节点间的最短路径[42-46]等。

2. 社会网络中边的隐私保护

社会网络中边的隐私信息同样也包含了边的存在性、边的再识别、边权重等。在社会网络中边表示了两个节点之间所拥有的某种关系，和节点隐私一样需要被保护。文献[47]、[48]通过推演控制来预测图中的某些节点间的关系，即有无边的存在；文献[34]、[49]～[51]分别提出了不同的算法来保证社会网络边被再识别的概率小于某一个阈值；针对边上的权重隐私同样是研究的热点，文献[52]、[53]分别对边权重进行了隐私保护，保证图的路径性质或者其他图结构性质的不变性。

3. 社会网络中图性质的隐私保护

社会网络图性质是指如中间性、中心性、可达性、路径长度等一系列可以进行社会网络分析的重要评估标准。与节点或边隐私一样，这些节点的图性质在某些特殊的社会网络中也常常被看作是隐私信息，同样在数据发布时需要被保护。

1.2.6 分布式大规模图处理现状

大数据时代的到来，随之出现许多处理大数据的分布式处理平台和计算框架。目前主流的针对图计算的框架为 MapReduce 和 Pregel。

MapReduce 计算框架主要针对密集型、非迭代型数据，主要的处理平台为

Hadoop。MapReduce 在处理数据之前，需要将文件上传到 HDFS(Hadoop Distributed File System)中。HDFS 文件系统主要有容错度高、能够处理超大文件、部署成本低等特点，因此许多学者使用 Hadoop 作为处理图节点记录的主要平台。

Hadoop 平台的容错、可扩展性好，主要体现在可以通过向分布式系统中扩展添加廉价的机器，来提高分布式系统的硬件资源，缺点是在迭代计算时，文件会反复从磁盘中迁入和迁出，严重影响分布式算法的执行效率。但是，在图处理过程中，对于节点信息记录的处理，迭代次数少、数据记录多的情况下，可以使用 MapReduce 处理。MapReduce 处理数据时，首先将数据上传到 HDFS 中，将数据分别存储在不同 DataNode 中，将输入的数据按照作业分片，分片后 mapping 统计，将统计后的数据在本地进行排序，在 shuffling 阶段进行全局排序，将 shuffling 后的数据交给 Reduce 任务处理，合并子结果集合后，得到最终数据结果。

Google(谷歌)结合 BSP(Bulk Synchronous Parallel Model)计算模型，实现了用于图计算的 Pregel 系统。Pregel 计算框架的核心思想是 BSP 计算模型，其他模仿 Pregel 系统实现的分布式平台及框架，统一称为 Pregel-like 平台或者 Pregel 图计算框架。BSP 主要的并行组成部分为分布式处理器、全局数据通信网络和全局同步机制。这三个组成部分就可以简化成计算、通信和同步三个部分，整体称为一个超级步，多个超级步就可以完成一个 BSP 作业。超级步的控制方便灵活，使得这种分布式的处理模型很适合大规模图的计算。

目前主流的拥有 Pregel-like 接口的平台有 Spark，其子项目 GraphX 专门针对图处理操作集成了更高层的 API 接口。其中 Pregel()函数适用于实现 BSP 计算。Pregel()函数需要调用三个方法：vprog()、sendMsg()、mergeMsg()方法。vprog()方法是在每个节点中都要运行的方法，在接收到消息后，调用此方法进行计算，更新节点新的值。sendMsg()方法在本轮迭代中向邻居节点发送消息，发送的消息用于下轮计算。每次消息的发送和接收的内容为用户定义的消息。发送消息的同时，等待来自其他节点的消息。mergeMsg()方法合并本轮计算中收到的消息。每当节点消息没有更新，节点状态就转换成“静默”。直到所有的节点都处于静默状态或者超级步达到用户定义的最大迭代次数后，程序停止计算。

针对大规模社会网络数据和大规模动态社会网络数据，结合 MapReduce 和 Pregel-like 图计算模型，学者提出了云环境下分布式社会网络隐私保护算法。

1.3　匿名质量与信息损失度量

1. 隐私保护技术性能度量

隐私保护技术要求在保护隐私的同时兼顾其应用价值和计算开销，一般从以下三方面对隐私保护技术进行度量。

(1)匿名质量，通常利用发布数据的泄露风险来进行衡量，隐私信息泄露风险越小，数据匿名质量越高。

(2)数据损失，即对发布的匿名数据质量的衡量，一定程度上反映经由隐私保护技术处理后数据的信息损失度。数据丢失越高，信息损失就越多，当然数据有效性就越低。通常的度量方法有：信息损失的程度、匿名后数据与原始数据的相似程度等。

(3)算法性能，通常利用时间复杂度进行衡量。

社会网络隐私保护性能度量也通常采用以上三个方面来测试。均摊代价亦是一种近似于时间复杂度的度量办法，即在一定时间内算法平均每次执行所花费的时间成本，需特别说明的是，分布式环境下信息通信开销也在一定程度上影响到算法的性能，它也作为度量分布式环境下算法性能的重要指标之一。

2. 匿名质量度量

数据隐私保护的匿名质量通过攻击者泄露隐私信息量的多少来表征。现今的隐私度量都可以统一使用“披露风险”来衡量，披露风险是攻击者根据收集发布的数据和基于背景知识推断可能披露隐私信息的概率。通常情况下，若目标个体隐私数据的相关背景知识越多，信息泄露的风险就会越大。若用 s 表示“隐私数据”，Sk 表示“攻击者在基于背景知识 k 的协助下泄露的隐私数据 s”，则披露风险可表示为 $r(s, k)=\Pr(\mathrm{Sk})$。

同样，社会网络隐私保护的匿名质量也可采用“披露风险”表示。相对于数据集而言，若数据拥有者最终发布数据集中所有隐私数据披露风险全部小于阈值 α，这里的 $\alpha\in[0,1]$，称该数据集披露风险为 α，例如，静态数据发布中的 l-多样性能够保证发布数据集的披露风险小于 $1/l$，动态数据发布中的 m-不变性能够保证发布数据集的披露风险小于 $1/m$。当然不作任何处理直接发布数据集的披露风险为整数 1，当所发布数据集的披露风险为 0 时，这样发布数据被称为完美隐私保护。很明显，完美隐私保护能够实现对隐私数据最大限度的保护，同样匿名质量也是最高的。但是，由于攻击者的背景知识是不确定的，真正的完美隐私保护是不存在的，对于隐私数据的完美保护也只能够在特定场景、理论假设下成立。

那么，对于社会网络中的隐私保护匿名质量该如何度量，这其中需要一个明确的隐私安全度量标准。类似于“人人网”和“朋友网”这样的社交类型的网络允许用户创建自己的主页并分享个人生活中的趣事。但是，这样很容易造成用户的隐私信息泄露，很容易被攻击者利用朋友关系加入目标个体的朋友关系中，从而获取相应的信息。现在的在线网络统计分析方法越来越多，用户的隐私泄露问题变得越来越严重，这就要求社会网络管理员或者数据拥有者进行相应的匿名化处理。在一些社交类型的网站中，当用户进行注册时，其中的一些协议要求用户的部分信息公开发布。在这种情况下，用户就需要了解隐私的级别，并根据自己的意愿选择是否公开自己的隐私数据，例如，在朋友网中或者腾讯个人空间中，用户可以选择自己上传的照片的公开程度，是供所有人可见，还是只对自己的好友公开，用户都可以根据自己的需要进行设定。

针对以上的各种隐私安全问题，对于预发布的社会网络数据或动态发展变化的社会网络数据不考虑用户的个人设置，在发布数据前都进行 k-同构处理，可以根据在线调查的普遍的用户安全级别设定 k 值，从而满足绝大多数的隐私信息安全要求，达到互联网公司保护用户隐私信息的要求。

对原始社会网络数据预处理后进行建模：预发布的社会网络图 $G=(V, E)$，对于图 G 每个节点 $v\in V$，有唯一节点属性信息 $I(v)$，每个节点 $v\in V$ 被连接到唯一的一个个体 $U(v)$，其中 G_k 为 G 的匿名图。如果有两个目标个体 A 和 B，它们的邻居攻击子图 G_A 和 G_B 被攻击者所获知并且满足下面两个条件。

(1) 攻击者不会有大于 $1/k$ 的概率从 G_k 识别 $G_A(G_B)$，对于任何节点 $v_{A(B)}$ 被关联到 $I(v)$。

(2) 攻击者不会有大于 $1/k$ 的概率确定 G_k 中A与B通过某个长度的路径相连接。则称 G_k 满足 k 安全，k 值越大，发布的社会网络数据的匿名质量越高，用户的隐私信息就更不容易被泄露。

3. 信息损失度量

信息损失是用数据发布后的数据质量来度量，即对数据的有效性进行度量，对数据进行匿名化处理后肯定会造成一定的信息损失。一般情况下，数据的匿名质量越高，信息损失越大，造成的数据性质或属性缺失越多；数据的匿名质量越低，信息损失越小，造成的数据缺失也就越少。从通常的匿名化技术处理来看，数据信息损失主要来源于两个方面。

(1) 数据匿名化处理时加入噪声或者进行数据抑制造成的信息损失。

(2) 数据修改后比原始数据更加粗糙，更具有概括含义，或含有更少的有用信息，影响到整个数据的统计性质。在数据预处理时，一些无效信息加入到最后公开发布的数据中，在一定程度上会影响数据可用性，对于这种错误的操作行为应该坚决予以避免。

对于度量信息损失的方法有很多种，最常用的方法是基于信息熵的信息度量方法。在具体的信息损失度量时要综合考虑数据的用途及特定的环境来采用适合的度量方法。由于社会网络的复杂结构，传统的应用于二维表格式的信息损失度量方法可能不再适用于维度更高的社会网络数据中。由于建模后的社会网络中包括节点、连边关系及整体图的结构信息，这就需要对原有的方法进行改进与提高，并提出新的度量方法。在很多网络图结构中，如果节点 v_1 连接于节点 v_2，节点 v_2 连接于节点 v_3，那么节点 v_3 很可能与 v_1 相连接，这种现象体现了部分节点间存在的密集连接性质，可以用聚类系数表示。聚类系数是表示一个图中节点聚集程度的系数，对于多重发布的动态社会网络匿名后造成的节点 ID 泛化信息损失，可以采用平均节点 ID 泛化来度量。

在隐私保护数据发布中需要分析隐私保护度和信息损失，图同构算法可能包含边的增加或删除，会造成一定的信息损失，可以采用匿名成本来保证信息损失，匿名成本如式(1-1)所示。

$$\mathrm{Cost}(G, G_k) = (E(G) \cup E(G_k)) - (E(G) \cap E(G_k)) \tag{1-1}$$

其中，$E(G)$、$E(G_k)$分别是 G、G_k 中的节点集。

匿名成本是采用度量匿名前后图的边的变化量来衡量信息损失，除此之外，针对图数据的关键的属性也进行了不同程度的测量，主要包括匿名前后度分布情况的对比、路径长度的对比、聚类系数对比。对于动态的社会网络数据，除对比图的主要统计属性外的值，还对多重发布时节点 ID 泛化量与原有的算法进行比较。

参考文献

[1] Elisa B, Jiwon B, Li N H. Privacy-preserving database systems[C]. Proceedings of the Foundations of Security Analysis and Design, Bertinoro, 2005: 178-206.

[2] 王智慧. 信息共享中隐私保护若干问题研究[D].上海: 复旦大学, 2007.

[3] Agrawal R, Kiernan J, Srikant R, et al. Hippocratic databases[C]. Proceedings of the 28th International Conference on Very Large Data Bases, Hong Kong, 2002.

[4] Agrawal R. Privacy in data systems[C]. Proceedings of the Symposium on Principles of Database Systems ACM, San Diego, 2003: 37.

[5] Ferraiolo D, Sandhu R, Gavrila S, et al. Proposed NIST standard for role-based access control[C]. ACM Transactions on Information and System Security, New York, 2001, 4(3): 224-274.

[6] Sandhu R S, Coyne E J, Feinstein H L, et al. Role-based access control models[J]. IEEE Computer, 1996, 29(2): 38-47.

[7] Liu X Y, Yang X C, Yu G. A representative classes based privacy preserving data publishing approach with high precision[J]. Computer Science, 2005, 32(9A): 368-373.

[8] Sweeney L. K-anonymity: A model for protecting privacy[J]. International Journal of Uncertainty, Fuzziness and Knowledge-Based Systems, 2002, 10(5): 557-570.

[9] Domingo Ferrer J, Mateo Sanz J M. Practical data oriented microsegregation for statistical disclosure control[C]. Fourteenth Int. Conf. on Data Engineering, San Jose, 2002: 189-201.

[10] LeFevre K, DeWitt D J, Ramakrishnan R. Mondrian multidimensional k-anonymity[C]. Proceedings of the International Conference on Data Engineering, Atlanta, 2006: 67-86.

[11] 邓京璟, 叶晓俊. 基于R树多维k-匿名算法[J]. 计算机工程, 2008, 34(1): 80-82.

[12] Meyerson A, Williams R. On the complexity of optimaf k-anonymity[C]. Proceedings of the 23rd ACM SIGACT-SIGMOD-SIGART Symp. on Principles of Database Systems, New York, 2004.

[13] LeFevre K, DeWitt D J, Ramakrishnanm R. Incognito:Efficient full domain k-anonymity[C]. Proceedings of the 2005 ACM SIGMOD International Conference on Management of Data, New York, 2005.

[14] Sweeney L. Achieving k-anonymity privacy protection using generalization and suppression[J]. International Journal on Uncertainty, Fuzziness and Knowledge Based Systems, 2002, 10(5): 571-588.

[15] Machanavajjhala A, Gehrke J, Kifer D. L-diversity: Privacy beyond k-anonymity[J]. Journal ACM Transactions on Knowledge Discovery from Data, 2007, 1(1): 45-52.

[16] Li N H, Li T C, Venkatasubramanian S. T-closeness: Privacy beyond k-anonymity and L-diversity[C]. Proceeding of the 23th International Conference on Data Engineering, Istanbul, 2007.

[17] Xiao X, Tao Y. Anatomy: Simple and effective privacy preservation[C]. Proceedings of the 32nd International Conference on Very Large Data Bases, Seoul, 2006.

[18] Wong R, Liu Y, Yin J. (α, k)-anonymity based privacy preservation by lossy join[C]. Proceedings of the Joint 9th Asia-Pacific Web and 8th International Conference on Web-age Information Management Conference on Advances in Data and Web Management, Huangshan, 2007.

[19] Martin D J, Kifer D, Machanavajjhala A, et al. Worst-case background knowledge for privacy-preserving data publishing[C]. Proceedings of the 23rd International Conference on Data Engineering, Istanbul, 2007.

[20] Wong R, Fu A, Wang K. Minimality attack in privacy preserving data publishing[C]. Proceedings of the 33rd International Conference on Very Large Data Bases, Vienna, 2007.

[21] Xiao X, Tao Y. M-invariance: Towards privacy preserving republication of dynamic datasets[C]. Proceedings of the 2007 ACM SIGMOD International Conference on Management of Data(SIGMOD), Beijing, 2007.

[22] Wang K, Fung B C M. Anonymizing sequential releases[C]. Proceedings of the 12th ACM SIGKDD International Conference on Knowledge Discovery and Data Mining(KDD), PA, 2006.

[23] Byun J W, Sohn Y，Li N H. Secure anonymization for incremental datasets[C]. Proceedings of the International Conference on Secure Data Management (SDM), Springer, Berlin, 2006.

[24] Pei J, Xu J, Wang Z, et al. Maintaining k-anonymity against incremental updates[C]. Proceedings of the 19th International Conference on Scientific and Statistical Database Management (SSDBM), North Carolina, 2007.

[25] Iwuchukwu J T, DeWitt D J, Doan A. K-anonymization as spatial indexing: Toward scalable and incremental anonymization[C]. Proceedings of the 33rd International Conference on Very Large Data Bases (VLDB), Vienna, 2007.

[26] Zhan Z J, Chang L W, Matwin S. Privacy-preserving native Bayesian classification[C]. Proceeding of the IASTED International Conference on Artificial Intelligence and Applications (AIA), Gold Coast, 2004.

[27] Backstrom L, Dwork C, Kleinberg J. Wherefore art anonymized social networks, hidden patterns, and structural steganography[C]. Proceedings of the 16th International Conference on World Wide Web, New York, 2007: 181-190.

[28] Liu K, Terzi E. Towards identity anonymization on graphs[C]. Proceedings of the 2008 ACM SIGMOD International Conference on Management of Data, New York, 2008: 93-106.

[29] Campan A, Truta T M. A clustering approach for data and structural anonymity in social networks[C]. Second ACM SIGKDD International Workshop, PinKDD, 2008: 33-54.

[30] Hay M, Miklau G, Jensen D, et al. Resisting structural re-identification in anonymized social networks[J]. Proceedings of the VLDB Endowment, 2008, 1 (1): 102-114.

[31] Wang Y, Xie L, Zheng B, et al. Utility-oriented k-anonymization on social networks[C]. Database Systems for Advanced Applications, New York, 2011: 78-92.

[32] Zheleva E, Getoor L. To join or not to join: The illusion of privacy in social networks with mixed public and private user profiles[C]. Proceedings of the 18th International Conference on World Wide Web, New York: 2009: 531-540.

[33] Zhou B, Pei J. Preserving privacy in social networks against neighborhood attacks[C]. IEEE 24th International Conference on Data Engineering Piscataway, 2008: 506-515.

[34] Zhou B, Pei J. The k-anonymity and l-diversity approaches for privacy preservation in social networks against neighborhood attacks[J]. Knowledge and Information Systems, 2011, 28 (1): 47-77.

[35] Wu W, Xiao Y, Wang W, et al. K-symmetry model for identity anonymization in social networks[C]. Proceedings of the 13th International Conference on Extending Database Technology, New York, 2010: 111-122.

[36] Cheng J, Fu A W, Liu J. K-isomorphism: Privacy preserving network publication against structural attacks[C]. Proceedings of the 2010 ACM SIGMOD International Conference on Management of Data, New York, 2010: 459-470.

[37] Zou L, Chen L, Özsu M T. K-automorphism: A general framework for privacy preserving network publication[J]. Proceedings of the VLDB Endowment, 2009, 2(1): 946-957.

[38] 李静, 韩建民. 一种含敏感关系社会网络隐私保护方法(k, l)匿名模型[J]. 小型微型计算机系统, 2013, 34(5): 1003-1008.

[39] 杨俊, 刘向宇, 杨晓春. 基于图自同构的 K-Secure 社会网络隐私保护方法[J]. 计算机研究与发展, 2012, 49: 264-271.

[40] 张晓琳, 李玉峰, 刘立新, 等. 社会网络隐私保护中 K-同构算法研究[J]. 微电子学与计算机, 2012, 29(5): 99-103.

[41] Liu X, Yang X. A generalization based approach for anonymizing weighted social network graphs[J]. Web-Age Information Management, 2011: 118-130.

[42] Yuan M, Chen L. Node protection in weighted social networks[C]. Database Systems for Advanced Applications, New York, 2011: 123-137.

[43] Li Y, Shen H. Anonymizing graphs against weight-based attacks[C]. 2010 IEEE International Conference on Data Mining Workshops, Piscataway, 2010: 491-498.

[44] 陈可, 刘向宇, 王斌, 等. 防止路径攻击的加权社会网络匿名化技术[J]. 计算机科学与探索, 2013, 11(7): 961-972.

[45] 徐勇, 秦小麟, 杨一涛, 等. 一种考虑属性权重的隐私保护数据发布方法[J]. 计算机研究与发展, 2012, 49(5): 913-924.

[46] 王媛, 孙宇清, 马乐乐. 面向社会网络的个性化隐私策略定义与实施[J]. 通信学报, 2012: 621-627.

[47] Liu X, Yang X. Protecting sensitive relationships against inference attacks in social networks[C]. Database Systems for Advanced Applications, New York, 2012, (S1): 335-350.

[48] Cormode G, Srivastava D, Yu T, et al. Anonymizing bipartite graph data using safe groupings[J]. Proceedings of the VLDB Endowment, 2008, 1(1): 833-844.

[49] Tai C H, Yu P S, Yang D N, et al. Privacy-preserving social network publication against friendship attacks[C]. Proceedings of the 17th ACM SIGKDD International Conference on Knowledge Discovery and Data Mining, New York, 2011: 1262-1270.

[50] Zheleva E, Getoor L. Preserving the privacy of sensitive relationships in graph data[C]. Privacy, Security, and Trust in KDD, New York, 2008: 153-171.

[51] Bhagat S, Cormode G, Krishnamurthy B, et al. Class-based graph anonymization for social network data[J]. Proceedings of the VLDB Endowment, 2009, 2(1): 766-777.

[52] Das S, Egecioglu O, El Abbadi A. Anonymizing weighted social network graphs[C]. 2010 IEEE 26th International Conference on Data Engineering, Piscataway, 2010: 904-907.
[53] Zheleva E, Getoor L. Preserving the privacy of sensitive relationships in graph data[C]. Privacy, Security, and Trust in KDD, New York, 2008: 153-171.

第 2 章　基于 R 树的 *k*-匿名技术

2.1　理 论 基 础

2.1.1　*k*-匿名技术

1998 年 Samarati 等[1, 2]提出 *k*-匿名技术，它要求公布的数据中存在一定数量的不可区分的个体，使攻击者不能判别出隐私信息所属的具体个体，从而防止了个人隐私的泄露。*k*-匿名自提出以来，得到了学术界的普遍关注，国内外很多学者都从不同层面研究和发展了该技术。

1. *k*-匿名的基本概念

定义 2.1（*k*-匿名）　令 $T\{A_1, A_2, \cdots, A_n\}$是一个表，QI 是与 T 相关联的准标识符，当且仅当在 T[QI]中出现的每一个有序的值至少要在 T[QI]中出现 k 次的话，我们就说 T 满足 *k*-匿名。

定义 2.2（*k*-最小匿名化）　给定数据表 T_i、T_j，T_j 为 T_i 的匿名表，标记为 T_i、T_j，MaxSup 为可以接受的最大隐匿数。T_j 是数据表 T_i 的最小匿名表，当且仅当满足：

(1) T_j 满足 *k*-匿名，且其隐匿的元组数要少于 MaxSup，即$|T_i|-|T_j|\leqslant$MaxSup；

(2) 不存在泛化表 Tz，Tz 满足 *k*-匿名，隐匿数少于 MaxSup，且泛化的程度小 T_j。

定义 2.3（准标识符（QI））　对于一个表 PT$(A_1, A_2, \cdots, A_n)$，若∃属性集合 QB$\{i, \cdots, j\}$，满足对于另外一个独立数据表 $T(B_1, B_2, \cdots, B_n)$，QB$\{i, \cdots, j\}\subseteq\{A_1, A_2, \cdots, A_n\}$并且 QB$\{i, \cdots, j\}\subseteq\{B_1, B_2, \cdots, B_n\}$，使得∃元组 t，满足 $t[i, \cdots, j]\subseteq$PT$(i, \cdots, j)$ && $t[i, \cdots, j]\subseteq T(i, \cdots, j)$，则称属性集合 QB$(i, \cdots, j)$为类标识符。

定义 2.4（敏感属性（sensitive artribute））　包含个人隐私数据的属性，如疾病、薪水等。

定义 2.5（等价组）　在准标识符上的具有完全相同的记录组成等价组，即等价组中所有记录在准标识符上的属性值完全相同，其他属性可以不同。

2. *k*-匿名的基本方法

k-匿名主要通过泛化和隐匿技术实现，这两种技术不同于扭曲、扰乱、随机

化等方法，它们能保持数据的真实性。在典型的关系型数据库系统中，经常用域来描述属性值的集合，如邮政编码域、数值域、时间域等。泛化主要涉及两个概念：域泛化和值泛化。域泛化通常是将一个给定的属性值集合概括成一般值集合，例如，原始邮政编码域{94138, 94139, 4141, 94142}通过去掉最右数字泛化成{9413*, 9414*}，使得语义上指示了一个较大范围，该范围称为泛化域(Dom)，泛化域包含各自原先的泛化值，并且两者之间存在一一对应关系，标记为≤D。

给定隐私表 T_1 关于属性 A 的两个域 D_i、D_j(D_i，D_j∈Dom)，D_i≤DD_j 表明域 D_j 中的值是域 D_i 中的泛化值。泛化关系≤D 在一系列域上定义了一个偏序关系，该关系要求满足以下两个条件：

(1)每个域最多有一个直接泛化域；

(2)每个域中最大属性的属性值是唯一的。

条件(1)说明，对于任意域 D_i，其域泛化集是有序的，故域 D_i 至多只有一个直接泛化域 D_j。条件(2)保证每个域中的所有值总能被泛化到单个值。泛化关系的定义决定了域泛化层的存在，标记为 $\mathrm{DGH_D}$。

值泛化关系，标记为≤V，它对应于域 D_i 中每个值直接泛化成域 D_j 中的唯一值。值泛化关系同样决定了值泛化层的存在，标记为 $\mathrm{VGH_D}$。值泛化层 $\mathrm{VGH_D}$ 可以以树形结构表示，其叶子节点是域 Dom 中的值，根节点为 $\mathrm{DGH_D}$ 中的最大元素。ZIP 泛化关系指定为泛化 5 位有效数字的邮政编码，先泛化成 4 位有效数字，之后进一步泛化到 3 位有效数字。其他属性泛化构建同理。

给定数据表 T_2 的属性域集合 D_T={D_1,⋯, D_n}，D_i 为属性 i 的泛化域，i=1, ⋯, n，D_T 对应的域泛化层是按属性排列顺序形成的笛卡儿积 DGHD_T=DGHD_1⋯DGHD_n。

实现泛化算法分为两大类：一类是全局泛化算法，另一类是局部泛化算法。由于全局泛化研究较早，所以全局泛化算法比局部泛化算法要多一些，许多论文都有谈及。以下是几个比较经典的全局泛化算法。

μ-Argus 算法[3]：Hundpoll 和 Willenborg 提出的一个泛化和隐匿算法，能对确定变量的低维组合进行重新编码和局部隐匿，不安全的属性组合被泛化或者通过单元隐匿来去除。虽然某些数据值会丢失，但是发布的数据包括了所有元组和初始数据的属性。在处理属性组合比较多的情况下，不能对发布数据提供足够的保护。

Datafly 算法：2001 年 Sweeney 提出的泛化和隐匿算法，该算法在对数据集进行匿名化时，以属性为单位对所有记录进行匿名处理。缺点是尽管某些记录已经满足 k-匿名要求，仍然继续参与匿名处理，造成过量信息损失。Datafly 算法简单直观、易于实现。

MinGen 最小泛化算法：2002 年 Sweeney 提出的一个理论上泛化和隐匿算法，他给出了表的最小泛化和最小失真的定义，对不满足 k-匿名的表进行泛化，通过计算失真度来确定最小泛化满足 *k*-匿名模型的表。该算法能最大限度地保证泛化后的基本表满足 *k*-匿名模型的要求，而且能够对单元的数据进行泛化，这样泛化的结果失真较小。但是该算法在表的规模比较大的时候，对表的所有可能元组的泛化是无法实现的。

Incognito 算法：LeFevre 等提出的算法，Incognito 算法致力于用泛化和抑制元组技术找到有效的 *k*-匿名，存在的主要问题是，没有发现发布的数据在满足 *k*-匿名的特性后也有泄露敏感信息的可能。

局部泛化算法主要有以下几种。

遗传算法(genetic algorithm，GA)：Iyengar 等[4]提出的算法，该算法虽然能保证 *k*-匿名的特性，但是由于 *k*-匿名是 NP 难题，所以该近似算法的实际运行要花费几个小时。

自底向上[5]和自顶向下[6]的局部算法：2004 年 Fung 等提出的算法，该算法利用信息熵来计算信息损失，递归修剪分类树直到满足 *k*-匿名需求为止。该算法对数据分类必须在属性中存在分类标准才能进行划分，而数据集之中数据类型常常是实际的数据，没有任何分类的标准，因此必须人为先确定划分标准，这对数据匿名产生的结果也是有很大影响的，常常会出现分类错误，导致发布数据无效。

多维空间划分算法[7]：2006 年 Fevre 提出的算法，但是该算法只能对连续属性划分，对不连续属性处理能力较差。现实中发布的数据属性多数是不连续的，如性别、居住地等，这样就使得该算法的实际应用性降低。

局部泛化算法与全域泛化算法的研究都是为了解决发布数据的 *k*-匿名问题。但是 2005 年 Machanavajjhala 等研究发现在满足 *k*-匿名模型的基础上发布的数据也有泄露信息的可能，他们给出两种在满足 *k*-匿名特性后对发布的数据进行的攻击，这种基于背景知识的攻击方法对发布数据的隐私保护提出更高的要求。

在满足 *k*-匿名约束情况下，数据泛化后还存在一定有限数量的元组不符合 *k*-匿名，如进一步泛化则会导致信息大量丢失，故一般采用隐匿来减轻泛化程度。

尽管不同的 *k*-匿名方法可以对信息进行匿名隐藏，但由于不确定性的存在，一些隐藏的信息仍然可以被推理出来。隐匿失败率指匿名化后敏感信息存在的比率，大部分算法的设计目标是获得零失败率，于是隐藏了尽量多的敏感信息，但随着匿名化程度升高，非敏感数据的丢失量也随之变大。所以目前的算法一般设定匿名程度来达到隐私和知识发现之间的平衡。

2.1.2　R 树的基本原理

定义 2.6(R 树(R-tree))　对于一棵 *M* 阶的 R-tree，其节点结构描述如下[8]：

叶子节点：(COUNT, LEVEL, $\langle \mathrm{OI}_1, \mathrm{MBR}_1\rangle$, $\langle \mathrm{OI}_2, \mathrm{MBR}_2\rangle$, …, $\langle \mathrm{OI}_M, \mathrm{MBR}_M\rangle$)。

中间节点：(COUNT, LEVEL, $\langle \mathrm{CP}_1, \mathrm{MBR}_1\rangle$, $\langle \mathrm{CP}_2, \mathrm{MBR}_2\rangle$, …,$\langle \mathrm{CP}_M, \mathrm{MBR}_M\rangle$)。

其中，〈OI_i, MBR_i〉称为数据项，OI_i 为空间目标的标识，MBR_i 为该目标在 k 维空间中的最小包围矩形(简称为数据矩形)；〈CP_i, MBR_i〉称为索引项，CP_i 为指向子树根节点的指针，MBR_i 代表其子树索引空间，为包围其子树根节点中所有目录矩形或数据矩形的最小包围矩形(简称为目录矩形)。

设 M 为节点包含索引项的最大数目，m 为节点中包含索引项的最小数目，其中 $2 \leqslant m \leqslant M/2$，利用这个属性，令 $m=k$，来保证划分的区域至少有 k 个节点，从而保证 k 匿名属性。

静态 R 树生成过程描述[9]：

步骤 1　对数据集进行预处理，将 r 个对象进行排序后分成连续 r/M 个组，每个组中有 M 个对象，将每一组中的对象放在 R 树的同一个叶子节点中；

步骤 2　将 r/M 组对象分别进行处理，输出每一组的 MBR 和新的对象 ID，组成一个新的创建临时数据集，对象 ID 将作为子节点指针应用在高一层节点中；

步骤 3　递归处理，将步骤 2 中输出的 MBR 进行排序并组织到高一层的节点中直到生成根节点；

步骤 4　结束。

从以上算法可以看出，静态 R 树算法是一个自底向上(自叶向根)生成 R 树的过程，其关键在于对数据集中的对象进行合理、有效的排序并分配到不同的组中。

下面介绍 Hilbert R 树生成算法描述：

Hilbert R 树生成算法首先用一个参考点代表数据集中的一个空间对象，然后对这些点的 Hilbert 值进行排序，这种排序使空间中较近的对象在排序中也较近。利用这样的排序使生成的 R 树的节点较小(较小的面积和周长)，从而使 R 树具有较好的查询性能。

动态 R 树生成过程描述：

步骤 1　寻找合适的插入路径，即从根节点出发，寻找插入新的索引项后 MBR 范围增加最少的节点，该过程一直进行到叶节点；

步骤 2　将新的索引项插入该叶节点中；

步骤 3　对插入路径进行调整，如插入操作所在的节点已满，插入操作将造成该节点溢出并分裂成两个节点，这种分裂可能沿插入路径自叶向根传播，当根节点分裂，树将增长一层。

标准 R 树是一种动态结构的空间数据结构，即 R 树随着空间对象的插入和删除进行动态调整而不必重新生成整棵树。R 树的作者提出了有效的 R¯树插入、删除算法。但动态生成的 R 树还有着以下明显的缺点：

(1) 由空树开始逐个插入空间对象生成一棵 R 树的时间开销很大；

(2) 由空树开始整个插入空间对象造成对数据的局部优化而非全局优化；

(3) 生成树的结构不尽合理，非叶节点间的相互重叠较多，造成空间查询可能访问较多的无关节点。

其他动态 R 树生成算法如 R′树和 R^+树虽对 R^-树性能有所改善，但与静态 R 树相比仍有较大差距。

2.1.3 聚类算法的基本原理

1. 聚类算法分类

现有聚类算法主要包括以下五大类[10]：

1) 划分聚类（partitioning method）

划分聚类就是给定一个包括 n 个对象或元组的数据库来构建 k 个划分的方法。每个划分为一个簇，并且 $k<n$。该方法将数据划分为 k 个簇，每个簇至少有一个对象，每个对象必须属于而且只能属于一个簇（在有的模糊划分技术中对此要求不很严格）。该方法的划分采用给定的 k 个划分要求，先给出一个初始的划分，再用迭代复位技术，通过对象在划分之间的移动来改进划分。为达到划分的全局最优，划分的聚类可能穷举所有可能的划分。但在实际操作中，因为数据量的庞大，往往最终结果只能为局部最优解。这类聚类方法最早、最有代表性的是 k-means 算法。在该算法中，每个簇用该簇中对象的平均值来表示。

2) 层次聚类（hierarchical method）

层次聚类主要分为凝聚的层次聚类算法和分裂的层次聚类算法。层次聚类技术是从小到大创建一个聚类的层次。聚类是一种无指导学习数据挖掘技术，因此可能没有确定的、一致的正确答案。因此基于聚类的特定应用，可以设计出较少或较多数量的簇。定义了一个聚类层次，就可以选择所希望的簇的个数。在极端情况下，就可能有与数据库中记录数量一样多的簇。在这种情况下，簇内的记录之间极为相似，并且确实不同于其他的簇。当然，这种聚类技术就丧失了意义，因为聚类的目的就是发现数据库中有用的模式并且概括它，使其更易于理解；任何和记录一样多的簇的聚类算法都不能帮助用户更好地理解数据。分层聚类的好处是，它们容许最终用户从许多簇或某些簇中作出选择。分层聚类通常被看成一棵树，其中最小的簇合并在一起创建下一个较高层次的簇。这一层次的簇再合并在一起，就创建了再下一层次的簇。常用的系统聚类就属于这类方法，BIRCH、CURE、Chameleon 也都属于层次聚类的方法。层次聚类方法不仅适用于任意属性和任意形状的数据集，还可以灵活控制不同层次的聚类粒度，因此具有较强的聚类能力，但它大大延长了算法的执行时间；此外，对层次聚类算法中已经形成的聚类结构不能进行回溯处理。

3) 基于密度的聚类（density-based method）

为了发现任意形状的聚类结果，Ester 提出了基于密度的聚类方法。这类方法将簇看作是数据空间中被低密度区域分割开的高密对象区域。它的主要思想是：只要邻近区域的密度(对象或数据点的数目)超过某个阈值，就继续聚类。也就是说，对给定类中的每个数据点，在一个给定范围的区域中必须至少包含某个数目的点。这样的方法可以用来过滤“噪声”孤立点数据，发现任意形状的簇，可以有效地处理分布不均的数据集，适用于对大规模数据库的挖掘与分析。DBSCAN 是一个有代表性的基于密度的方法，此外还有 OPTICS、DENCLUF 等算法。

4) 基于网格的聚类(grid-based method)

网格聚类方法是将对象空间量化为有限数目的单元，形成一个网格结构。所有的聚类都在这个网格结构上进行。这种方法的优点是它的处理速度很快，其处理时间独立于数据对象的数目，只与量化空间中每一维的单元数目有关。

常用的网格聚类方法有 CLIQUE 和 STING。CLIQUE 是在高维数据空间中基于网格和密度的聚类方法。STING 是利用存储在网格单元中的统计信息进行聚类的方法。CLIQUE 方法的时间复杂度较高，需要用户指定全局密度阈值。

5) 基于约束的聚类(restricted-based method)

基于约束的聚类通常只用于处理某些特定应用领域中的特定需求。机器学习中的人工神经网络和模拟退火等方法虽然能利用相应的启发式算法获得较高质量的聚类结果，但其计算复杂度往往较高，同时其聚类结果的好坏也依赖于对某些经验参数的选取。在针对高维数据的子空间聚类和联合聚类等算法中，虽然通过在聚类过程中选维、逐维聚类和降维从一定程度上减少了高维度带来的影响，但它们均不可避免地带来了原始数据信息的损失和相应的聚类准确性的降低，因此，寻求这类算法在聚类质量和算法时间复杂度之间的折中也是一个重要的问题。现有的聚类算法在不同的应用领域中均表现出了不同的性能，很少有一种算法能同时适用于若干个不同的应用背景。

总体来说，划分聚类算法的应用最为广泛，其收敛速度快，且能够扩展以用于大规模的数据集；缺点在于它倾向于识别凸形分布、大小相近、密度相近的聚类，而不能发现形状比较复杂的聚类，并且初始聚类中心的选择和噪声数据会对聚类结果产生较大的影响。

2. k-means 聚类算法

由于 k-means 算法效率高、实现简单、参数少且容易确定，适合处理大样本的应用问题，是聚类分析中最常用的方法。k-means 聚类算法作为划分类聚类算法的基础和原型，许多其他的聚类算法就是对 k-means 的改进或扩展。

k-means 问题：它在给定聚类数 k 的条件下，发现 D 中的 k 个点，即聚类中心点，使得各个数据点到它的最近聚类中心点的距离之和最小，并且各个聚类之间的距离最大。

k-means 聚类算法描述如下[11]：

(1) 从 n 个数据对象任意选择 k 个对象作为初始聚类中心；

(2) 剩下其他对象，则根据与聚类中心的相似度(距离)，分别将它们分配给与其最相似的(聚类中心所代表的)聚类；

(3) 计算每个所获新聚类的聚类中心(该聚类中所有对象的均值)；

(4) 不断重复这一过程直到标准测度函数开始收敛为止。

依据此算法获得的聚类满足：同一聚类中的对象相似度较高；而不同聚类中的对象相似度较小。聚类相似度是利用各聚类中对象的均值所获得一个“中心对象”来进行计算的。该方法虽然不能用于类别属性的数据，但对于数值属性的数据，它能很好地体现聚类在几何和统计学上的意义。

但是，原始 k-means 算法也存在如下缺陷：

(1) 类结果的好坏依赖于对初始聚类中心的选择；

(2) 容易陷入局部最优解；

(3) k 值的选择没有准则可依循；

(4) 异常数据较为敏感；

(5) 只能处理数值属性的数据；

(6) 聚类结果可能不平衡。

为克服原始 k-means 算法存在的不足，研究者从各自不同的角度提出了一系列 k-means 的变体，如 Bradley 和 Fayyad 等从降低聚类结果对初始聚类中心的依赖程度入手对它作了改进，同时也使该算法能适用于大规模的数据集[12]，Dhillon 通过调整迭代过程中重新计算聚类中心的方法使其性能得到了提高[13]；Hang 等利用权值对数据点进行软分配以调整其迭代优化过程[14]；Pelleg 等提出了一个新的 Xmeans 算法来加速其迭代过程[15]；Sarafis 则将遗传算法应用于 k-means 的目标函数构建中，并提出了一个新的聚类算法[16]；为了得到平衡的聚类结果，文献[17]利用图论的划分思想对 k-means 作了改进；文献[18]则将原始算法中的目标函数对应于一个各向同性的高斯混合模型；Berkhin 等[19]将 k-means 的应用扩展到了分布式聚类。

高维数据聚类是目前多媒体数据挖掘领域面临的重大挑战之一。对高维数据聚类的困难主要来源于以下两个因素：

(1) 高维属性空间中那些无关属性的出现使得数据失去了聚类趋势；

(2) 高维使数据之间的区分界限变得模糊。

除了降维这一最直接的方法之外，对高维数据的聚类处理还包括子空间聚类及联合聚类技术等。

CACTUS 算法[20]采用了子空间聚类的思想，它基于对原始空间在二维平面上的一个投影处理。CLIQUE 算法也是用于数值属性数据的一个简单的子空间聚类方法，它不仅同时结合了基于密度和基于网格的聚类思想，还借鉴了 Apriori 算法，并利用最小描述长度(minimum description length，MDL)原理选择合适的子空间。

联合聚类对数据点和它们的属性同时进行聚类。以文本为例，文献[21]中提出了文本联合聚类中一种基于双向划分图及其最小分割的代数学方法，并揭示了联合聚类与图论划分之间的关系。

3. 聚类问题转化为 *k*-匿名问题

学者通常把 *k*-匿名问题看作聚类问题，在聚类时找到一个聚类集(也就是等价类)，每个聚类集中至少包含 *k* 条记录。为了最大地保证数据质量，我们需要在每个聚类集中的记录尽可能相似，这样可以保证聚类集在同一聚类中修改为相同准标识符值时，数据损失最小。当前的聚类方法没有直接应用在这个环境中，主要是没有考虑每个聚类可能包含至少 *k* 条记录的需求。我们正式定义这一特殊的聚类问题，我们称为 *k*-成员聚类问题。

2.2　基于 R 树的 *k*-匿名技术

基于 R 树的 *k*-匿名技术，具有很好的扩展性且能支持增量的数据发布。但由于受到原始二路分裂算法的影响，对于固定的 *M*，随着 *k* 值的不断增大，已有的二路分裂算法不是涉及具体的 MBR(最小限制矩形)增量，从而一个根节点下面的孩子节点索引项的相似度较差，隐私保护程度降低，影响了匿名的质量。

本节提出基于 k-means 多路分裂算法的 R 树 *k*-匿名技术，较好地解决了对于固定的 *M*，随着 *k* 值的增大，节点平均分配的问题，有效地提高了匿名质量；该算法使节点间的相似程度加大，降低了相交的面积，从而提高了匿名表的查询效率。

2.2.1　相关定义

定义 2.7(*k* 成员聚类)　令 *S* 是一个有 *n* 条记录的集合，*k* 是具体的匿名参数，那么 *k* 成员聚类问题最佳解决办法是得到一个满足下列条件的聚类集 $\varepsilon=\{e_1, \cdots, e_m\}$：

(1) $i\neq j\in\{1, \cdots, m\}, e_i\cap e_j=0$；

(2) $\bigcup_{j=1}^{m} e_j = S(n)$；

(3) $e_i\in\varepsilon, |e_i|\geqslant K$。

其中，$|e_i|$是聚类 e 中数据点的数量，$p(l, i)$表示聚类 e_l 中第 i 个数据，(x, y)是两个数据 x 和 y 距离。*k*-匿名需要找到合适的机制来估算泛化后的信息损失，这种机制不仅能应用于数值型数据而且能应用于分类型数据的信息损失计算。

定义 2.8(数值型数据之间的距离)　令 D 是一个有限的数字域，那么属于 D 两个值 v_i 和 v_j 间的距离正式定义为：$\delta N(v_1, v_2)=|v_1-v_2|/|D|$其中 D 属性的域范围，由 D 中最大最小值之间的差值来确定。

对于分类属性，由于分类属性中数据找不出连续的数值型数据之间的度量方法，所以大多数分类域不再适用数值型数据的距离计算方法。多数直接解决方案是假设在这个域中的每个值彼此都是完全不同的，例如，两个值的距离是 0 表示他们相同，如果是 1 表示完全不同。如果某些域的值之间存在一定的语意关系，这样简单的解决在泛化中就会无法准确衡量信息损失程度。于是我们希望基于存在的语意关系定义出距离函数，这样根据自然的语意关系很容易构造出分类树。我们假设域的分类树是一个叶节点表示所有不同值构成的树。如图 2.1 所示，表示一个关于国家属性的自然语义分类树。对某些属性，如 Occupation，可能不存在任何语意关系来帮助构造分类树。对这样的域，分类基于一个公共值的属性，可以如图 2.2 所示来分类。这可以看成一个直接的解决办法就是我们假设域中的值与其他值完全不同。

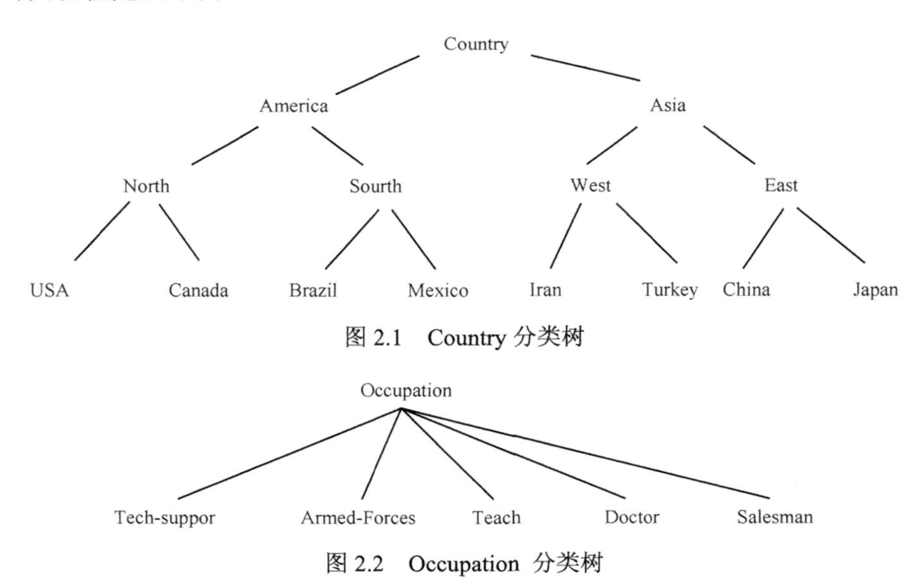

图 2.1　Country 分类树

图 2.2　Occupation 分类树

定义 2.9(分类型数据之间的距离)　D 是一个分类域，T_D 是 D 上的一个分类树，$H(T)$表示树的 T的高度，$\wedge(V_i, V_j)$表示 V_i 和 V_j 在分类树中具有最小相同公共祖先的子树。

考虑图 2.1 中属性 Country 和它的分类树，分类树中 China 和 USA 的距离是 3/3=1，而 China 和 Iran 的距离是 2/3＝0.66。图 2.2 中属性 Occupation 和它的分类树只有一层，那么两个不同值之间的距离始终是 1。记录中属性一般包括两种类型，结合数值型和分类型数据的距离函数。

定义 2.10（两个记录间距离）　令表 T 的准标识符为 $Q_I=\{N_1, \cdots, N_m, C_1, \cdots, C_n\}$，$N_i(i=1, \cdots, m)$是数值型属性，$C_j(j=1, \cdots, n)$是分类型属性，$r_i[A]$表示属性 A 在记录 r_i 中的值，δN 表示距离函数，那么两个记录 r_1 和 r_2 的距离是 $\Delta(r_1, r_2)\sum\delta N(r_1, r_2)\sum\delta C(r_1, r_2)$。

现在给出计算 k 成员聚类问题最小的信息损失的计算方法。因为我们聚类问题的最终目标是 k-匿名数据，所以计算花费函数用泛化过程引起失真的数据量来衡量。在每个聚类中记录基于准标识符被泛化后在同一个等价类上值相等。我们假设在聚类中一条记录中数值型的值被泛化的范围是[max, min]，分类型的值被分到一个由所有不同值的并集构成的集合。

定义 2.11（信息损失）　令 $e=\{r_1, \cdots, r_k\}$是一个聚类（也就是等价类），这里准标识符由数值型属性$(N_1, \cdots, N_m)$和分类属性$(C_1, \cdots, C_n)$，Tc_i 是由分类属性 C_i 的域定义的分类树，$\min_{N_i}$ 和 $\max_{N_i}$ 分别是 e 中关于属性 N_i 的最大最小值，令 C_i 是 e 中关于属性 C_i 的值的并集，那么泛化 e 产生的信息损失量，可以表示为 $\mathrm{IL}(e)$。

通过对每个属性加上非负的权值，距离机制很容易控制每个属性的信息损失。k-成员聚类问题的花费函数是所有聚类内距离和，现在将泛化应用于 k-成员聚类中，那么匿名表的整体信息损失直观上也是 k-成员聚类问题的信息损失。

2.2.2　基于 R 树的 k-匿名算法

1. QI 属性向空间点数据的转化

R 树的操作针对整数进行，利用 R 树 k-匿名化需要将字段属性映射到整数上，在操作后再将字段返回到原有属性。目前受支持的字段映射类型如下。

(1) 整数类型。对此类型算法不会做任何处理。

(2) 布尔类型。算法将两种数值转化为 2 个数字。由上面描述可知，每个点都将转化为一个正方体，边长是 1。为了区分不同的正方体，即防止不同的点变成区域后有重合区域，这样将来从数字再次转化为属性值带来不确定性，算法把布尔类型的数字的间隔设置为 2。

(3) 枚举类型。对于有 n 个值的列表，模型将其映射为 n 个数，以方便将这样的属性转化为空间点域。同样，如同布尔类型 BOOL 型，数字的间隔设置为 2。对于第 i 个可能取值，模型将其转化为整数 $2\times i-1$，$1\leqslant i\leqslant n$。

对于其他类型的属性，模型同样可以利用相关数学方法进行预处理。在设计映射方法时，只要注意把数转化为原有属性的时候，尽量避免出现不确定的情况，这可充分利用 R 树的性质，也避免信息的大量丢失，尽可能保证原有信息。

如图 2.3 所示，整数类型的类标识属性值 Age 和 Height，可直接转化为空间的点数据。

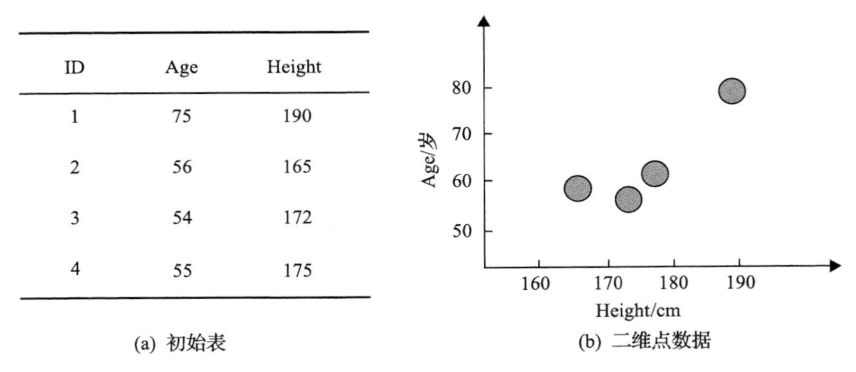

ID	Age	Height
1	75	190
2	56	165
3	54	172
4	55	175

(a) 初始表

(b) 二维点数据

图 2.3 二维点数据的生成

2. 数据清洗

1) 数据矩阵

数据矩阵(称为对象或变量结构)，它是用 m 个变量(也称为度量或属性)来表现 n 个对象，例如，用年龄、身高、体重、性别、种族等属性来表现对象“人”。这种数据结构是关系表的形式，或者看成 $n\times m$(n 个对象、m 个变量)的矩阵。设矩阵 $D=\{X_1, X_2, \cdots, X_n\}$为待聚类的对象，每个对象又由 m 个指标表示其性状特征：$X_i=(X_{i1}, X_{i2}, \cdots, X_{im})$ ($i=1, 2, \cdots, n$)于是，得到原始数据矩阵。

2) 数据矩阵的规范化

往往在得到数据矩阵之后，要对数据进行规范化，使所有属性归入相同的区间，以削弱异常数据对整个聚类过程的影响。通常采用线性变换的方法，既先对数据集作线性变换，这样可以把不符合标准的数据转化为一定范围的值，把变换的结果作为一个新的数据集，然后再进行系统的聚类分析。一般有两种规范化的方法：min-max 法和 z-score 法。min-max 法的变换过程是：首先，从数据矩阵的每一个变量中找出最大值和最小值，然后用当前值减去该变量的最小值，再除以该变量的最大值与最小值之差，最后乘以新的最大值与最小值之差再加上新的最小值。该方法能把数据规范到一个特定的区域，如 0.0 到 1.0 之间。设属性 A 的值 v 转化后为 v'，但是，当最大值和最小值无法确定或存在孤立点的时候，应使用 z-score 法进行规范化。在这种方法中，首先用原属性值减去所有属性值的平均值，再除以这一属性值的标准方差。属性 A 的值 v 转化后的 v'，其中 A 和 σA 分别指属性 A 的平均值和标准方差。由矩阵论理可得，线性变换就是一种映射，线性变换不影响线性相关性，其本质由不变量决定，一个转动或平移变换的具体形式随坐标系而异，但变换矩阵的特征值并没有改变，它们与坐标的取舍没有关系。

3) 相异度矩阵

相异度矩阵(dissimilarity matrix，或称为对象—对象结构)，是指存储 n 个对象两两之间的相异性，表现形式是一个 $n\times n$ 的矩阵。其中 $d(i,j)$ 是对象 i 和对象 j 之间的相异性的量化表示，通常它是一个非负的数值。当对象 i 和对象 j 越相似或“接近”，其值越接近 0；两个对象越不同，其值就越大。对于对象 i、j 和 k，通常满足下列有关数学性质(要求)：

$d(i,j)\geqslant 0$，表示对象之间距离为非负数的一个数值；

$d(i,i)=0$，表示对象自身之间距离为零；

$d(i,j)=d(j,i)$，表示对象之间距离是对称的；

$d(i,j)+d(j,k)\geqslant d(i,k)$，表示对象自身之间距离满足“两边之和不小于第三边”的性质。

数据矩阵经常被称为二模(two-mode)矩阵，而相异度矩阵被称为单模(one-mode)矩阵。这是因为前者的行和列代表不同的实体，而后者的行和列代表相同的实体。许多聚类算法以相异度矩阵为基础。如果数据是用数据矩阵的形式表示的，在使用该类算法之前要将其转化为相异度矩阵。

4) 相异度计算

对象间的相异度一般是基于对象间的距离来计算的。设 $i=(X_{i1}, X_{i2}, \cdots, X_{in})$ 和 $j=(X_{j1}, X_{j2}, \cdots, X_{jn})$ 是两个 n 维的数据对象，最常用的距离度量方法有：

①欧几里得距离(Euclidean distance)；

②曼哈坦距离(Manhattan distance)；

③明考斯基距离(Minkowski distance)。

当属性值不是数值型时，以上的几种距离很难准确地反映出属性值的相异度，下面简单介绍一下其他变量属性的相异度的计算方法。

(1) 二值变量。

二值变量仅取 0 或 1 值。其中 0 代表(变量所表示的)状态不存在；而 1 则代表相应的状态存在。如，给定变量 student，它描述了一个人是否是学生的情况。student 为 1 就表示此人是学生；而若 student 为 0，就表示此人不是学生。

一种相异度计算方法就是根据二值数据计算差异矩阵。如果认为所有的二值变量的权值均相同，那么就能得到一个 2×2 条件表，如图 2.4 所示。表中 a 表示在对象 i 和对象 j 中均取 1 的二值变量个数；b 表示在对象 i 取 1 但在对象 j 中取 0 的二值变量个数；c 表示在对象 i 中取 0 而在对象 j 中取 1 的二值变量个数；d 则表示在对象 i 和对象 j 中均取 0 的二值变量个数。二值变量的总个数为 p，那么就有：$p=a+b+c+d$。

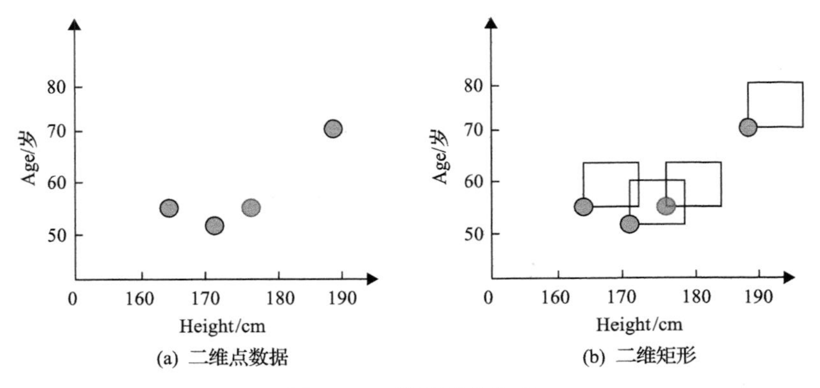

图 2.4　二维矩形的生成

如果一个二值变量取 0 或 1 所表示的内容同样重要，那么该二值变量就是对称的。基于对称二值变量所计算相应的相似(或差异)性就称为是不变相似性，这是因为无论如何对相应二值变量进行编码并不影响到它们相似(或差异)性的计算结果。对于不变相似性(计算)，最常用的描述对象 i 和对象 j 之间差异(程度)参数就是简单匹配相关系数。

如果一个二值变量取 0 或 1 所表示内容的重要性是不一样的，那么该二值变量就是非对称的。给定两个非对称二值变量，如果它们认为取 1 值比取 0 值所表示的情况更重要，那么这样的二值变量就可称为是单性的。而这种变量的相似性就称为是非变相似性。对于非变相似性(计算)，最常用的描述对象 i 和对象 j 之间差异(程度)参数就是 Jaccard 相关系数。

(2) 符号变量。

符号变量是二值变量的一个推广，符号变量可以对两个以上的状态进行描述。例如，地图颜色 map_color 变量就是一个符号变量，它可以表示五种状态，即红、绿、篮、粉红和黄色。设一个符号变量所取状态个数为 M；其中的状态可以用字母、符号，或一个整数集合来表示，如 $1, 2, \cdots, M$。这里的整数仅仅是为了方便数据处理而采用的，并不表示任何顺序关系。对于符号变量，最常用的计算对象 i 和对象 j 之间差异(程度)的方法就是简单匹配方法。其中 m 表示对象 i 和对象 j 中取同样状态的符号变量个数(匹配数)；p 为所有的符号变量个数。

(3) 混合类型属性。

在实际应用中，数据对象往往是用复合数据类型来描述，而且常常它们(同时)包含上述几种数据类型。一种情况是将每种类型的变量分别组织在一起，并根据每种类型的变量完成相应的聚类分析。如果这样做可以获得满意的结果，那这种方法就是可行的。但在实际应用中，根据每种类型的变量(单独)进行聚类分析不可能获得满意的结果。

一个更好的方法就是将所有类型的变量放在一起进行处理，一次(性)完成聚类分析。这就需要将不同类型变量(值)组合到一个差异矩阵中，并将它们所有有意义的值全部映像到某个区间内。

假设一个数据集包含多个组合类型变量，所以即使在对象是由不同类型变量(一起)描述时，也能够计算相应每两个对象间的距离。

3. 空间点数据向空间矩形的转化

R 树主要处理空间区域，需要把元组进行适当的变化，把点变成区域。需要把一个空间点($a_1, a_2, \cdots, a_n$)变成空间区域($a_1 \sim a_1+1, a_2 \sim a_2+1, \cdots, a_n \sim a_n+1$)。假设 $a_1, a_2, \cdots, a_n$ 是整数，n 是维度。直观上，该区域就是一个边长是 1 的多维正方体。

如图 2.4 所示，空间点数据 Age 和 Height，转化为空间矩形。

4. R 树的初始化

将每个元组转化为空间点，再将每个空间点转化为一个个连续的正方体后，模型后面的处理将直接针对这些小的空间区域。首先构造一棵空的 R 树，在此基础上，数据集一条一条元组对应的区域加入 R 树，这样就构造出了所有元组组成的 R 树，具体插入算法如下。

(1) 对于每个维度上，选取最大值和最小值的差，记录该差值。挑出在所有维度上泛化后差值最大的元组对，作为两个被挑出的种子 $Seed_1$ 和 $Seed_2$。

(2) 对于每个非种子节点，分别计算它和两个种子节点 $Seed_1$ 和 $Seed_2$ 的增量 MBR，模型选择把该节点归类于增量较小的那个 MBR。

(3) 对于所有非种子节点进行分类。如果某一个节点分到的孩子等于 $M-m+1$，那么将剩下的节点全部给另外一个节点。这样模型确保分裂后的两个节点都至少有 m 个孩子节点，来保证 k-匿名正确性。

二路分裂算法的缺点如下：

(1) 随着 k 值的增加，对于固定的 M，分裂的算法已经完全根据平均分配，而不是涉及具体的 MBR 增量，从而使根节点下面的孩子节点有可能不是那么“相似”，影响了 k-匿名化的效果；

(2) 查询速度相对较慢。

5. k-means 路分裂算法的描述

CR 树在寻找插入目标叶节点时，直接利用聚类算法中所定义的距离测度，选择最相似(或最近)的节点，CR 树最关键的内容是索引项节点分裂算法：

(1) 从 n 个数据对象任意选择 k 个对象作为初始聚类中心；

(2)对于所剩下其他对象，则根据它们与这些聚类中心的相似度(距离)，分别将它们分配给与其最相似的(聚类中心所代表的)聚类；

(3)然后再计算每个所获新聚类的聚类中心(该聚类中所有对象的均值)；

(4)不断重复这一过程直到标准测度函数开始收敛为止。

采用 Cluster(M+1, 5)算法把发生上溢和下溢的节点分裂成 5 个节点。这样降低了相交的面积，使相似性大的数据对象分配在同一个节点，所以提高了查询速度，同时也避免了在二路节点分裂过程中“平均分配”问题。

具体结构定义如下：

```
struct aCluster {
    double      Center[MAXVECTDIM];
    int         Member[MAXPATTERN];   //Index of Vectors belonging to this cluster
    int         NumMembers;
};
struct aVector {
    double      Center[MAXVECTDIM];
    int         Size;
};
class System {
private:
    double      Pattern[MAXPATTERN][MAXVECTDIM+1];
    aCluster    Cluster[MAXCLUSTER];
    int         NumPatterns;                 // Number of patterns
    int         SizeVector;                  // Number of dimensions in vector
    int         NumClusters;                 // Number of clusters
    void        DistributeSamples();         // Step 2 of k-means algorithm
    int         CalcNewClustCenters();       // Step 3 of k-means algorithm
    double      EucNorm(int, int);           // Calc Euclidean norm vector
    int         FindClosestCluster (int);    // ret indx of clust closest to pattern
                                             // whose index is arg
public:
    system();
    int LoadPatterns(char *fname);           // Get pattern data to be clustered
    void InitClusters();                     // Step 1 of k-means algorithm
    void RunKMeans();                        // Overall control k-means process
    void ShowClusters();                     // Show results on screen
    void SaveClusters(char *fname);          // Save results to file
    void ShowCenters();
```

算法的时间代价主要包括：n×选择子树+n_1×插入索引项+n_2×聚类分裂，其中 $n_1+n_2=n$，n_2=[n/(Mk)，聚类分裂代价主要是节点的磁盘 IO，聚类的时间复杂

度为 $O(kndt)$，实际中迭代次数 t 很小。当 k=0 时，LR 树就是 R 树，当 $k \geqslant n/M$ 时，则 CR 树相当于对静态数据的聚类重组。惰性聚类分裂技术可以保证：

(1) 聚类分裂可以获得索引项的优化，减少节点的覆盖和交叠，提高查询性能；

(2) 聚类分裂技术延迟节点分裂，减少分裂次数，提高索引的构造性能；

(3) 空间利用率大幅提高。实际中，邻近节点数目 k 的增加会更大地延迟并减少节点分裂，空间利用率也会提高，同时也带来聚类分裂代价的增加。

6. 聚类效果的判定算法

衡量聚类效果方法很多，这里使用轮廓系数法来判断聚类效果的好坏。下面简要介绍一下轮廓系数法的原理：

轮廓图 (silhouette plot) 法是一种基于距离图示方法。对于每一个样本 i，定义指数 $S(i)$ 为式 (2-1)。

$$S(i)=\frac{b(i)-a(i)}{\max\{a(i),b(i)\}} \tag{2-1}$$

其值域为[–1, 1]，用来衡量 $b(i)$、$a(i)$ 之间的标准差，其中 $a(i)$ 是样本到同组样本的平均距离，而 $b(i)$ 是样本到最近的组中所有样本的平均距离。

方法的步骤如下：

(1) 计算 $S(i)$ 的值，如果接近 1，说明样本 i 离自己的组比离其他邻近的组近，所以是分类良好的，反之如果接近–1，则是被错分的，但如果在 0 附近则难以判断是否分类正确。

(2) 用同种方法计算该分组中其他样本的指数，并按照各个样本在组内的 $S(i)$ 从高到低竖直排列，做出轮廓图，这样有助于找到那些分类不佳的样本。

(3) 对于不同的分组，可以作不同的轮廓图，并比较它们的平均值，当然是越大越好。超过 0.5 的轮廓系数就是好的分类结果，0.2 以下是缺少实质聚类结构的。

方法的目的是根据 k-means 算法得到的聚类结果，找出分类不佳的聚类数目。

7. 确定平移对象

本节认为在分类不佳的聚类中，对此聚类影响较大的对象为需要平移的对象，在此我们规定当 $s(i) < 0.2$ 时，即为要平移的对象。

算法 2.1　平移的对象。

输入：数据矩阵 $D=|X_1, X_2, \cdots, X_n|$，$X_i=(X_{i1}, X_{i2}, \cdots, X_{im})$，聚类 $R=|R_1, R_2, \cdots, R_k|$ 分类不佳的聚类 $\mathrm{RH}=|\mathrm{RH}_1, \mathrm{RH}_2, \cdots, \mathrm{RH}_n|$，聚类类数 k，分类不佳的聚类类数 l，阈值 $\alpha=-0.5$。

输出：平移对象 x_T，平移对象个数 d。

```
1  for i=1,2,…,n
2     if  x_i∈R_H
3      for j=1,2, …,H
4           if  s(j) <0.2
5              x_T←x_j
6              d++
7              break
8           end if
9      end for
10    end if
11  end for
```

8. 添加噪声

由于分类效果不好的聚类更容易引起隐私的泄露，在这里采取对该聚类中的对象加入噪声的方法(对空间点的平移)，对该对象进行扭曲，使其归入离其最近的分类较好的聚类中。

首先，查找与每一个平移对象距离最近的分类较好聚类，然后采取一定方法将其归入该聚类。为保持数据的准确性，希望对原始数据的改动最少。因此，查找对象与该聚类中心距离最大的属性，通过对该属性加噪声，使对象靠近该聚类。

计算修改后的对象与该聚类中心的聚类，若在类内平均距离之内，得出噪声；若不在类内平均距离之内，继续修改对象的属性值，直到在类内平均距离之内为止，得出噪声。

在对数据的扭曲的隐藏技术中，向数据添加噪声将其随机化是一种常用的方法。一般的，这种方法可以描述为：$Y=X+e$，其中 X 是需要隐藏的敏感属性，e 为添加的噪声，Y 是扭曲后的属性值。本节使用添加噪声的办法，将数据进行几何平移，以达到隐私保护的目的。为了便于理解，这里以最简单的二维空间为例来说明几何平移方法。但是，本方法可以扩展到 n 维空间。假设，$[X, Y]$是一个二维的连续空间，这里将该空间分为 N 行和 M 列，$a(x, y)$ 是空间中离散的一点，(x, y) 是坐标的整数标度，即 $x=0, 1, \cdots, M-1$，且 $y=0, 1, \cdots, N-1$。这里采取几何平移的方法可以将 $a(x, y)$ 转变为 $b(x', y')$。平移的任务就是在坐标轴$[X,Y]$内，将数据点 $a(x, y)$ 通过位移 (X_0, Y_0) 移动到一个新的位置 $b(x', y')$。

9. 修改数据

根据确定的噪声就可以对数据矩阵进行修改了。

算法 2.2　修改数据矩阵算法。

输入：平移对象 x_T；敏感对象个数 d；噪声 N。

输出：修改后的数据矩阵 D'。

```
1  for i=1,2,…,d
2      for j=1,2,…,m
3          x'_{T_i} ← x_{T_i} + N_i
4      end for
5  end for
```

10. *k*-匿名表的生成

基于构造的 R 树，可以对 R 树作如下处理：由于每个元组都是叶子节点，因此用该叶子节点的父亲节点的区域代替所有孩子节点。在转化的过程中，模型还将对数字进行反映射处理。具体处理如下：

(1) 整数类型。对此类型论文不做任何处理，如果原有区域是[a, b]，则输出区域仍然是[a, b]。

(2) 布尔类型。对此类型应区分两种情况：①该区域长度是 1，算法可以推断出该区域只是包含一种可能，直接把对应的取值输出即可；②该区域长度是 3，说明该布尔类型值的两种可能取值都有，算法直接输出*，表明该字段已经被抑制(完全被泛化)。

(3) 枚举类型。类似于布尔类型，算法也区分两种情况：①如果该区域的长度不是覆盖所有取值范围的长度，那么，算法把该区域所有数字对应的字段属性可能取值输出；②如果覆盖了所有区域的长度，则就用抑制(*)表示全泛化。

2.2.3　实验测试和结果分析

1. 实验环境

(1) 开发环境：Windows XP 操作系统；硬件配置为 1.7GHz 主频，1GB 内存，160GB 硬盘。

(2) 开发工具：Eclipse 4.0。

(3) 开发语言：Java。

2. 实验数据

实验采用人工数据集，数据集包括 7 类属性 ID、Sname、Sex、Age、Height、Weight 和 Disease。根据实验的需要，每次生成 5000 条原始数据，只选取了其中的 2 个属性：Height、Weight 作为 QI 属性，对其建立 R 树索引结构，将 Disease 定义为敏感属性，数据表设计如下。

	列名	数据类型	长度	允许空
🔑	ID	int	4	
	Sname	char	20	√
	Sex	char	2	√
	Age	int	4	√
	Height	decimal	9	√
	Weight	decimal	9	√
▶	Disease	var char	5000	√

图 2.5　表结构设计

3. 测试结果及分析

实验从测量匿名表的查询效率、隐私保护程度两个方面与现有的动态 R 树 *k*-匿名技术进行比较。

首先，自动生成 5000 条数据实现了原有的基于二路分裂算法的 R 树 *k*-匿名技术，并分别测试了其隐私保护程度和匿名表的查询效率。然后，用 k-means 多路分裂算法取代原始的二路分裂算法，产生了基于 k-means 多路分裂算法的 R 树 *k*-匿名技术，同样测试了其隐私保护程度和匿名表的查询效率。最后，以 5000 条数据为单位，重复插入，继续进行匿名程度和查询效率的比较。

1）基于 k-means 聚类算法的 R-tree 查询性能的实验测试结果

从图 2.6 可以看出，随着数据集中插入记录逐渐增加，基于 k-means 多路分裂算法构造的 R 树，查询时间明显少于基于二路分裂算法构造的 R 树，有效地提高了匿名表的查询性能。

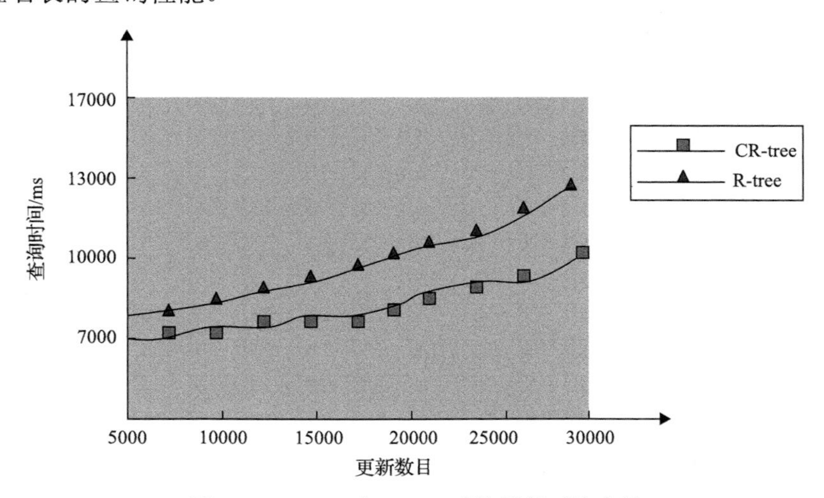

图 2.6　CR-tree 与 R-tree 查询性能对比实验

2）基于 k-means 聚类算法的 R-tree 隐私保护性能的实验测试结果

图 2.7 可以看出，对于固定的 M，随着 k 值增加到一定程度后，二路分裂的

算法已经完全根据平均分配而言，而不是涉及具体的 MBR 增量，比较而言时间相对稳定，该 *k*-匿名化已经效果不佳。与之情况相反，随着 *k* 值的增加，基于 k-means 多路分裂算法的 R 树，运行时间随着 *k* 值的增大而增加，分裂算法作用效果明显，保证了根节点下面的孩子节点相似性，*k*-匿名效果较好。

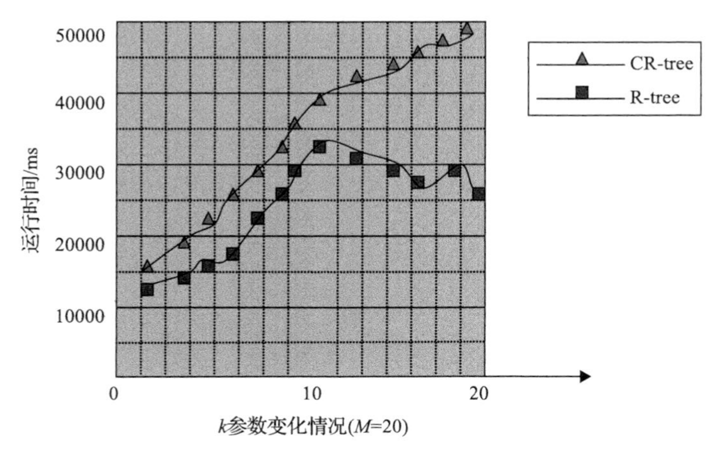

图 2.7　CR-tree 与 R-tree 隐私保护性能对比

参 考 文 献

[1] Samarati P. Protecting respondents identities in microdata release[C]. Proceedings of the TKDE, Tokyo, 2001: 1010-1027.

[2] Samarati P, Sweeney L. Generalizing data to provide anonymity when disclosing information(abstract)[C]. Proceedings of the 17th ACM-SIGMOD-SIGACT-SIGART Symposium, Washington, 1998: 188-195.

[3] HundePool A, Willenborg L. U-argus and t-argus: Software for statistical disclosure control[C]. Proceedings of the Third International Seminar on Statistical Confidentiality, 1996: 156-163.

[4] Iyengar V. Transforming data to satisfy privacy constraints[C]. Proceedings of the 8th ACM SIGKDD International Conference on Knowledge Discovery and Data Mining (KDD), New York, 2002: 279-288.

[5] Wang K, Yu P, Chakraborty S. Bottom-up generalization: A data mining solution to privacy protection[C]. Proceedings of the Fourth IEEE International Conference on Data Mining (ICDM), Brighton, 2004: 249-256.

[6] Fung B, Wang K, Yu P. Top-down specialization for information and privacy preservation[C]. Proceedings of the 21st International Conference on Data Engineering(ICDE), Tokoyo, 2005: 205-216.

[7] LeFevre K, Dewitt D, Ramakrishnan R. Mondrian multidimensional k-anonymity[C]. Proceedings of the 22nd International Conference on Data Engineering（ICDE）, Atlanta, 2006: 25-36.

[8] Mitchell T M. 机器学习[M]. 曾华军, 张银奎, 译. 北京: 机械工业出版社, 2003.

[9] Yu H, Jiang X Q, Vaidya J. Privacy preserving SVM using nonlinear kernels on horizontally partitioned data[C]. Proeeedings of ACM Symposium on Applied Computing, New York, 2006: 603.

[10] Vapnik V N. 统计学习理论[M]. 许建华, 张学工, 译. 北京: 电子工业出版社: 2004.

[11] Luis S. Privacy peserving elustering[C]. Proceedings of the 10th Euro Pean SymPosiumon Researchin ComPuterSeety, 2005: 397.

[12] Bradley P S, Fayyad U M. Refining initial points for K-means clustering[C]. Proceedings of the 15th ICML, Madison, 1998: 91-99.

[13] Dhillon I, Guan Y, Kogan J. Refining clusters in high dimensional text data[C]. 2nd SIAM Workshop on Clustering High Dimensional Data, Edmonton, 2002: 59-66.

[14] Hang B. Generalized K-harmonic means: Dynamic weighting of data in unsupervised learning[C]. Proceedings of the 1st SIAM ICDM, San Francisco, 2001: 215-220.

[15] Pelleg D, Moore A. X means: Extending k-means with efficient estimation of the number of the clusters[C]. Proceedings of the 17th ICML, Stanford, 2000: 723-736.

[16] Sarafis I, Zalzala A M S, Trinder P W. A genetic rule based data clustering toolkit[C]. Proceedings of Congress on Evolutionary Computation, Honolulu, 2002: 78-89.

[17] Strehl A, Ghosh J. A scalable approach to balanced, high-dimensional clustering of market baskets[C]. Proceedings of the 17th International Conference on High Performance Computing, New York, 2000: 525-536.

[18] Banerjee A, Ghosh J. On scaling up balanced clustering algorithms[C]. Proceedings of the 2nd SIAM ICDM, Edmonton, 2002: 34-45.

[19] Berkhin P, Becher J. Learning simple relations: Theory and applications[C]. Proceedings of the 2nd SIAM ICDM, Edmonton, 2002: 333-349.

[20] Ganti V, Gehrke J, Ramakrishna R. CACTUS clustering categorical data using summaries[C]. Proceedings of the 5th ACM SIGKDD, New York, 1999: 73-83.

[21] Dhillon I. Coclustering documents and words using bipartite spectral graph partitioning[C]. Proceedings of the 7th ACM SIGKDD, San Francisco, 2001: 269-274.

第 3 章　动态数据集隐私保护技术

3.1　理 论 基 础

3.1.1　隐私泄露

1. 隐私泄露途径

隐私信息是如何泄露的、攻击者如何获得隐私信息是隐私保护研究的重点。传统的预防隐私泄露的方法是在数据发布时隐匿数据表中标识符，但是攻击者可以通过背景知识和外部数据之间的联系进行链接攻击，最终获得敏感信息，从而造成个人隐私的泄露，这种方式称为“链接攻击”。如医院的病人记录，传统的方法是将病人的姓名隐匿，然后发布病人的记录。但传统的方法忽略了一点，攻击者有一定的背景知识，攻击者可以通过病人的年龄、出生日期等其他信息推出病人所患的疾病。1997 年美国进行的一项调查显示，通过出生日期、性别、邮政编码三者的结合就可以准确确定近 97%的投票人名字和住址，通过三者的结合就可以近乎将任意一条投票记录对应到一个投票者的身上。所以，链接攻击是泄露隐私最主要的途径。

链接攻击又称推理泄露，是指通过不敏感的数据或者原始数据集以相当高的概率推断出敏感数据信息[1, 2]。为了解决这种潜在的推理泄露问题所带来的隐私泄露，当前研究成果主要有以下两个方面。

(1) 多级安全数据库中，通过在数据库设计阶段检测推理通道，在查询处理阶段排除推理通道来实现推理控制，避免隐私泄露。

(2) 通用数据库中，提出了对数据库推理问题形式化的描述，同时提出了对推理算法进行评估的方法，如最小限度地偏序泄露、对现有的数据仓库进行分类、通过知识发现防止推理等。

以上所提到的两个方面的研究均有缺陷。多级安全数据库分级太多，必然造成数据的有用性降低。通用安全数据库在动态推理检测中过度复杂，严重影响查询效率。

2. 隐私泄露类型

泄露的数据可以是确切的数据，也可以是近似的数据。如果能准确地求得数据值，那么是确切泄露，不能准确地求得数据值，则为近似泄露。对于近似泄露，可以有以下三种。

(1) 范围泄露，就是要降低确定的值的不确定性，这样推理出来的概率就相应提高，也就可以推理出敏感数据更为精确的取值范围。

(2) 否定结果泄露，就是通过执行查询确定一个否定的结果。

(3) 泄露带有概率性，就是泄露的信息可靠程度以某种概率来表示，确定出某个域是某个值的概率。

3. 隐私泄露风险度量

隐私保护技术产生的主要目的是保护数据库中个人信息的安全性，也就是减小信息泄露的风险。信息泄露风险是指攻击者通过获取已知的背景知识，推断出某条记录真实信息的可能性。

对一个数据集而言，如果发布的数据集 D 中所有敏感信息的泄露风险小于阈值 a，且 a 的范围在[0, 1]，则该匿名原则的隐私泄露风险就为 a。例如，匿名发布原则 l-多样性，它的最大隐私泄露风险不能超过 $1/l$。匿名发布原则 m-invariance (定义 3.2)，它的最大隐私泄露风险不能超过 $1/m$。

数据发布中的标识隐私泄露问题属于记录联接[3]范畴，记录联接是指两个具有共同属性的记录集之间发生匹配的情况。数据发布中主要存在两种隐私泄露风险度量，一种是概率型记录联接的度量，另一种是基于距离的记录联接的度量。

(1) 概率型记录联接的度量是指，某数据源 A 有 m 条记录，某数据源 B 有 n 条记录，B 中的每一条记录都有可能与 A 中的任一条记录发生匹配，两个数据源之间共存在 $m \times n$ 种可能发生的匹配。A 中的记录 a 和 B 中的记录 b 的一致性度量是一个变量为 a 和 b 的二元函数，通过设置关键的阈值就可以将记录组标记为匹配的、未确定的和不匹配的，从而可以判断出泄露风险度。

(2) 基于距离的记录联接度量是指首先计算数据源 A 中的任意一条记录 a 与数据源中的每一条记录的距离，然后从这些距离值的集合中选取两个与数据源 A 中记录 a 距离最近的值，如果这两个值中存在与记录 a 发生匹配的记录，那么记录 a 的匹配就是正确的，否则就是错误的。此度量方法的关键在于对不同类型、不同取值范围的变量定义标准化的距离计算方法和对不同的属性设置合适的权值，所以基于距离的计算方法在计算上更加复杂一些，但是研究者 Dey 认为，基于距离的度量方法比基于概率型的度量方法具有更好的鲁棒性[4]。

3.1.2 隐私保护的控制技术

随着互联网技术的发展，数据共享越来越成为一种普遍的资源获取方式。人们在发布数据、获取资源的同时难免不了发生隐私泄露。为了实现强大的隐私保护，许多隐私保护技术应运而生。由于所发布的信息中，有的敏感信息是分类敏感信息，有的敏感信息是数值敏感信息，所以目前还没有一种方法能应用于所有的隐私保护。

下面我们就介绍几种常用的隐私保护技术。

1. 数据失真技术

数据失真主要是通过对原始数据的扰动来实现隐私保护。该技术的核心是经过扰动后，攻击者不能发现数据的真实性，攻击者不能根据已发布的数据获得原有真实数据。失真后的数据还保持着原有数据的性质，即失真后的数据等同于原有的数据。随机化也就是对原始数据加入噪声过程[5, 6]，使得新数据与原始数据存在差异，从而减少了隐私泄露的可能性。一个简单的随机扰动模型如表 3.1 所示。它的核心思想是保证原始数据关联性不变的前提下，引入扰动使原始数据失真，来降低推理攻击的可能性。对外界来说，只见扰动后的数据，从而实现了对真实数据的隐私保护。但扰动后的数据仍然保留原有数据 X 的分布，通过对扰动信息的重构[7]可以恢复 X 的信息，如表 3.2 所示，但不能重构原始数据的精确值。加入噪声的随机扰动技术最大的优点是可以在扰动的过程中添加与之相符的噪声，通过分析原始数据集的数据相关性，保证新数据集中的数据相关性与原始数据基本保持一致。加入噪声扰动不适合处理分类敏感属性，因为产生噪声的大小，都需要特定的算法进行处理。目前来说如何选取适度的噪声是难题。加入噪声扰动虽然适合处理数值敏感属性，但它不能解决数值敏感属性之间邻近违约危险的问题，所以用在数值敏感属性上也是失败的。

表 3.1　随机扰动过程

输入	1. 原始数据为 $x_1, x_2, \cdots, x_n$，服从于未知分布 X; 2. 扰动数据 $y_1, y_2, \cdots, y_n$，服从于未知分布 Y
输出	随机扰动后的数据：$x_1+y_1, x_2+y_2, \cdots, x_n+y_n$

表 3.2　重构过程

输入	1. 随机扰动后的数据：$x_1+y_1, x_2+y_2, \cdots, x_n+y_n$ 2. 扰动数据的分布 Y
输出	原始数据分布 X

2. 数据泛化技术

泛化[8]是对原始数据进行修改，即数据中的某个属性值被一个不确切的范围所代替，这个范围比原来的值意义更广泛。也就是说，一个属性值是根据它的属性域的级别来归纳的。所有属性域都属于层次化的结构。对于属性来说，拥有更少的值的域比拥有更多的值的域更加普遍。其中最一般的域只包含了一个值。发布数据时，原有的某个属性被泛化后的值所代替，使其发布的结果数据比原有结果数据有更少的信息，这样攻击者就不能通过链接攻击发现原有的记录信息，从而能较好地保护隐私信息不泄露，但是它降低了数据的可用性和精确性，减少了整个记录所携带的信息量。

3. 数据抑制技术

抑制某些数据项，亦即不发布该数据项[9]。顾名思义，就是直接删除原始数据表的属性值或记录，以免这些记录的存在造成数据发布时其他记录的隐私泄露。

4. 抽样技术

抽样技术[10]指发布后的结果数据中并不包括所有的原始数据，而是原始数据的部分样本。发布数据次数的减少，可以使大部分的隐私数据不会发生泄露。但随着样本容量的减少，分析原始数据的工作量在不断增加。抽样技术要求在采样过程中尽可能多地保存原始数据记录中的有用信息，提高数据的可用性，但此方法不适合于广泛应用，因为其存在着基于样例数据的推理攻击破坏行为，可能造成原始表记录的隐私信息泄露。

5. 数据交换技术

交换技术[11]是将原始数据中不同记录的某些属性值进行交换，发布交换后的数据以达到隐私保护的目的。首先，我们对原始数据按照某种匿名策略划分为若干组，然后将其中的 QI 属性和隐私属性分开，并进行交换，使一组内 QI 属性和隐私属性由原来的一对一的关系变成一对多的关系，从而达到隐私保护的目的。也就是保证属性一定的前提下，通过交换属性数据使得交换前和交换后的值不能满足一对一的关系，加大了数据的不确定性。数据交换技术的最大优势在于它能精确地保存 QI 属性值，并且提高了数据的可用性，特别适合集合型查询。但如何尽可能地保持原始数据的信息，特别是子集信息，是当前研究的难点。

6. 微聚合技术

微聚合技术[12, 13]是将原始数据集中的属性值较接近的多条记录聚合在一起形成簇，每一个簇组成一个等价类。计算出每一个簇，用其来代替这个簇的聚合值。在发布数据时只发布其聚合值，这样就不会造成隐私泄露。微聚合技术不适合分类敏感属性，适合数值敏感属性，但如何聚集、如何计算聚合值是当前研究的重点。

7. 数据加密技术

加密技术[14, 15]是通过身份认证和数据编码方式来实现隐私保护。在数据挖掘过程中主要采用隐藏敏感属性的方法，在分布式应用中使用比较广泛。在分布式下，具体的应用依赖于数据的存储模式和站点的可信度及其行为。分布式应用采用垂直划分的数据模式和水平划分的数据模式。垂直划分的数据模式要求每一站点只存储部分属性，且所有站点的数据不重复。水平划分的数据模式要求记录存储到多个站点，且所有站点的数据不重复。分布式站点，根据其行为分为准诚信攻击者和恶意诚信攻击者。准诚信攻击者遵守相关的计算协议，恶意诚信攻击者不遵守相关协议。

3.1.3　匿名化技术

在现实生活和应用中，数据发布中的个体可能面临着隐私威胁的危险，为了抵御这些危险，各种各样的匿名化模型相继被提出，表 3.3 总结了现有的隐私保护模型。

表 3.3　匿名化模型

匿名模型	抵制攻击的形式(√表示抵御性)			
	同质性攻击	连接攻击	背景知识攻击	近似攻击
k-匿名		√		
l-多样性	√	√	√	
(α, k)-匿名	√	√	√	
(k, e)-匿名	√	√	√	
(e, m)-匿名	√	√	√	√
t-闭包	√		√	√
(k, l)-匿名	√	√	√	√
个性化隐私	√	√	√	
个性化(α, k)匿名	√	√	√	

当前，隐私保护技术的研究方法有很多种类，最为热门的技术就是数据匿名化技术。匿名化技术的研究大致要满足以下条件才能够进行。一是在数据的重发布过程中如何设置匿名化算法，使用概算法使发布的数据具有很高的利用价值又能具有很好的隐私保护性能，并且如何权衡这两个方面。二是针对特定的对象如何设计高效能的匿名化算法，来保护隐私信息。

原始数据发布的匿名化算法一般包括泛化处理技术和抑制技术。

(1) 泛化技术是对原始数据集合中的记录进行概括或者抽象的描述，如“张三、年龄 70”。可以把张三的年龄 70 泛化成[65, 80]的范围，这样就达到隐私中 QI 属性的保护程度。

(2) 抑制技术是指抑制某数据记录，即不发布该记录项。如原始数据中有姓名“张三”，但是发布过程中姓名“张三”则不进行发布，也就是说直接隐藏。如果发布出去攻击者根据姓名就能直接查找出“张三”的个人信息。

1. 匿名化原则

数据匿名化主要是对原始数据进行处理，例如一般常见的医疗诊断信息数据表、企业员工薪水信息表等。假设 T 为原始数据表，T'为待发布的数据表，用于发布和共享的信息将原始表 T 中的属性分成以下几类，并且原始表 T 中每一条记录(或每一行)都将对应一个个人信息，并且每条个人信息中包含多个属性值。

(1) 标识符(identifiers)属性，能唯一标识一条记录身份的属性，如身份证号、社会保险号等。一般情况下该信息在数据发布时被隐匿。

(2) 准标识符(quasi-identifiers，QI)属性，准标识符属性又称 QI 属性，它是记录中多个属性的联合体，单独不能标识个体身份，但与外部数据源联合后就能起到标识个体属性的作用，如地区邮编、出生日期、国籍等信息。

(3) 敏感(sensitive attributes，SA)属性，敏感属性也称为个人隐私信息，是个人不愿意透露给外人的隐私信息。一般情况下，攻击者很难从外部信息中得到个人的敏感信息，如病人疾病、企业员工薪水等。目前对隐私保护的数据发布的匿名原则都是为了保护此类信息。

(4) 等价类(quasi-identifiers group)，在数据发布表中，属性完全相同的记录称为一个等价组。也就是说一个等价类的准标识符属性是完全相同的。等价类又称为 QI-group。

下面我们通过表 3.4 来说明这些属性，每一条记录对着这一个员工信息，其中{“Name”}是标识符属性，{“Age”，“Zip code”}是准标识符属性，{“Salary”}是敏感属性。

表 3.4　企业员工薪水表

Name	Age	Zip code	Salary
Lark	17	12k	1000
Patty	19	13k	1010
Anson	24	16k	5000
Nancy	29	21k	16000
Lindy	34	24k	31000
Anna	39	36k	33000
Alice	45	39k	24000

随着隐私保护技术的诞生，隐私保护的匿名原则也随之出现。目前，隐私保护匿名原则中最经典的匿名化原则就是 *k*-匿名原则和 *l*-多样原则，现有匿名化原则都是在 *k*-匿名原则和 *l*-多样原则基础上提出的。

1) *k*-匿名

k-匿名最早是在文献[16]提出的，它要求所发布的数据表中的每一条记录不能区分于其他 $k-1$ 条记录，我们称不能相互区分的 *k* 条记录为一个等价类。*k*-匿名是隐私保护中最主要的匿名模型。*k*-匿名原则中，隐私风险是由参数 *k* 来控制的，*k* 值越大，隐私保护度就越大。但随着 *k* 值的逐渐增大，研究者发现数据的有效性在不断变小，所以，在满足 *k*-匿名记录中，任何一条记录所要求的隐私风险不能超过 $1/k$，这样的话就能阻止隐私信息的泄露。

自从隐私保护的匿名原则被提出以后，*k*-匿名一直被许多研究者作为研究的对象，目前比较经典的 *k*-匿名算法有如下几种：u-Argus 算法[17]、Datafly 算法、MinGen（minimal generalization）最小泛化算法、Incognito 算法、GA（genetic algorithm）算法[18]、自底向上[19]和自顶向下算法[20]、多维空间划分算法[21]，这部分第 2 章有相关介绍。

k-匿名技术破坏了记录与整个数据表之间的联系，在一定的程度上很好地保护了隐私，如 2-匿名，它的隐私保护概率就能达到 50%。但 *k*-匿名也有缺陷，当同一个等价组的敏感属性相同时，该匿名原则失效，隐私泄露。

2) *l*-多样性

k-匿名的缺陷问题引起了许多研究者的关注，如何使数据发布中、保证同一等价组的敏感值不同，成为研究者研究的热点。Machanavajjhala 等在 *k*-匿名存在缺陷的基础上提出了 *l*-多样性，它要求相同的等价组中至少有 *l* 个不同的敏感值，这样就能保证同一个等价组中有不同的敏感值。*l*-多样性要求在任意一个等价组中，敏感值出现的频率最高不能超过 $1/l$。这样既能保证攻击者无法在以更高的信任度获得某个个体的隐私信息，也能保证个体的隐私信息不泄露。

当然，尽管 *l*-多样性改进了 *k*-匿名的某些缺陷，但它仍不是完美的匿名方式。*l*-多样性不能阻止同质攻击。所谓同质攻击，指的是一个等价组中敏感值具有相近的语义，攻击者可以根据这些等价组中相近的语义推断到某些记录的一些敏感信息，从而造成隐私泄露。

3) (α, k)-匿名

(α, k)-匿名[22]要求一些敏感属性在等价类中出现的概率不超过阈值 α，其中 *k* 是用整数来表示，与 *k*-匿名中的参数 *k* 的含义相似。之后又将匿名应用到对敏感属性的领域，提出了多敏感泛化的匿名模型，要求其中的每个属性都满足于一般的匿名模型。

其优点是能保护个人身份和敏感信息的关联性，参数设置方面也能克服递归所带来的缺陷。缺点如下：①α 是一种全局约束条件，没有达到个性化隐私的要求；②只能处理部分敏感属性使其均匀分布，影响了数据的适用范围；③无法对匿名组进行优化处理，信息损失较多影响数据发布的质量。

4) *t*-闭包

t-闭包[23]是在 *l*-多样性模型不能抵制攻击的情况下提出来的，其核心思想是要求敏感属性中的任何一个等价类的分布与其在整个表上的分布差异不超过它给定的阈值 *t*。优点仅仅考虑了敏感属性值域之间的分布，能够抵御近似攻击和偏度攻击。但也有如下缺陷：①降低数据的可用性能，同时也破坏敏感属性和准标识符之间的相关性；②应用起来缺乏灵活性，不同的敏感属性不能指定不同的保护程度。

5) Hilbert 空间填充曲线

空间数据是指与二维、三维或更高维空间的空间坐标及与空间范围相关的数据，空间数据库的查询效率是空间数据库性能的重要标志，由于空间数据量的庞大及空间对象、空间查询的高度复杂性，必须引进一种提高空间数据库查找性能的技术[24]。

空间填充曲线描述了一种 *N* 维与一维空间的映射方法，这种映射关系被应用到许多的领域，最近还被应用到多维数据的索引中。研究表明，在众多的空间填充曲线族中，Hilbert 空间填充曲线具有最好数据聚集特性。

Hilbert 曲线源于经典的 Peano 曲线族[25]。Peano 曲线族是闭合间隔单元 I=[1, 0] 到闭合矩形单元 $S=[0, 1]^2$ 的连续映射，也是所有能够填满二维或更高维空间的连续分形曲线的总称，故又称为空间填充曲线，它是由意大利数学家 Peano 于 1980 年提出，德国数学家 Hilbert 于 1981 年首先给出了构造这种空间填充曲线的几何过程并提出了所构造的空间填充曲线“处处连续，但处处不可导”的著名假设，直到 1994 年，才由 Sagan 将之证明。Hilbert 曲线有广泛的应用，例如，在图像存储和检索、空间数据库索引等领域得到了成功的应用。因此研究 Hilbert 曲线有重要的理论意义和应用价值。

有许多经典算法生成 Hilbert 曲线，如面向字节技术方法、几何方法、系统方法、IFS（迭代函数系统）方法等。Hilbert 初始的思想是将一个正方形区域分成四个小正方形，对四个小正方形继续划分，反复进行，最终从始点到终点递归地计算画线的位置的过程，因此方向是这些算法要考虑的问题。由于这些算法大都是对曲线的每条线段逐渐细分作递归计算，每次运算粒度小，当迭代次数较大时计算非常耗时。因此，有必要研究大粒度的迭代算法。

通过分析 Hilbert 空间填充曲线的特征，提出了一种全新的思路以生成这种曲线。根据二分技术，算法设计是正方形区域逐渐二分的过程，而算法实现是其反过程。二分技术是一种普适的快速算法设计技术，已成功应用到和递推计算紧密相关的应用领域。

2. 隐私保护模型

数据发布中的匿名保护问题针对这样一种应用背景：被共享的数据集中每条数据记录均与某一个体相对应，且存在涉及个人隐私的敏感属性值(如医疗记录数据中的疾病诊断信息)。研究的目的是实现对共享数据集中敏感属性值的匿名保护，即防止攻击者将某一特定的个体与其敏感信息关联起来。

如果仅仅将原始数据中能够唯一标识个体的属性(即标识符，如身份证号码、姓名等)去除，并不能有效地实现匿名保护。文献[26]指出，由于在数据集中可能存在一些称之为准标识符的非敏感属性的组合，通过准标识符可以在数据集中确定与个体相对应的数据记录。这样，当直接共享原始数据集时，攻击者如果已知数据集中某个体的准标识符值，就可能推知该个体的敏感属性值，造成个人隐私泄露。这种情况被称为链接攻击(linking attack)。例如，属性组(出生日期、性别、居住地邮编)就可构成一个准标识符。研究表明约 87%的美国居民通过该准标识符能够唯一确定[27]。

通过准标识符与其他渠道获得的信息进行连接，可形成链接攻击。攻击者据此可推理出与个体相关的敏感属性值，从而导致隐私泄露。攻击者可以从医疗机构得到人们的治疗信息表，其中包含姓名、性别、疾病等属性，同时攻击者还可以很容易得到注册选民信息表，这样通过对两个表进行链接，就可以得到大部分在选民信息表中出现的人的得病状况。由于数据被发布后数据提供者既不清楚数据接受者所拥有的其他资源，也不能对数据接受者对数据的使用进行控制，因此如果在发布前，不对数据发布表作特殊的处理，发布表中的数据就有可能所造成隐私信息泄露。

如图 3.1 所示，这种通过与外部数据源链接推理出个体身份信息的方法称为链接攻击。对于匿名数据发布者而言，个人特定数据利用率的急剧增加扩大了推理控制问题的范围，使隐私保护问题更加重要。

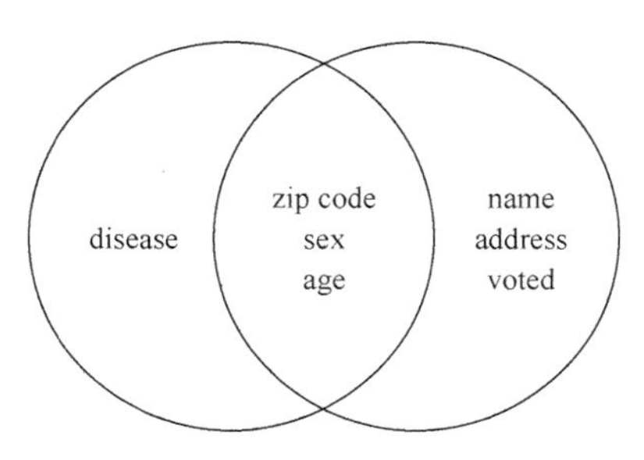

图 3.1　链接攻击图

为了防止数据中准标识符可能为链接攻击所利用，已有两种主要的匿名保护模型先后被提出，分别称为 *k*-匿名模型(k-anonymity)和 *l*-多样模型(l-diversity)。其中 *l*-多样性模型是针对 *k*-匿名模型的改进，可以提供更强的匿名保护能力[28]。

为了实现数据发布中的匿名保护，通常都要对数据在准标识符上的属性值作概化处理(generallzation)[29]，以满足特定匿名模型的需求。图 3.2 为实现数据匿名保护的流程示意图。概化处理实际上是用较为抽象概括的属性值来代替具体的属性值。例如，用区间值[10, 30]来代替 14、22、26 等具体年龄值，010***来代替具体的居住地邮编值。文献[30]中提出的抑制处理可看作是一种特殊的泛化方法，即用空值来代替原始数据值。经过处理后，可以使得多个数据记录在准标识符上具有相同的属性值，从而阻止攻击，达到数据匿名化的目的。

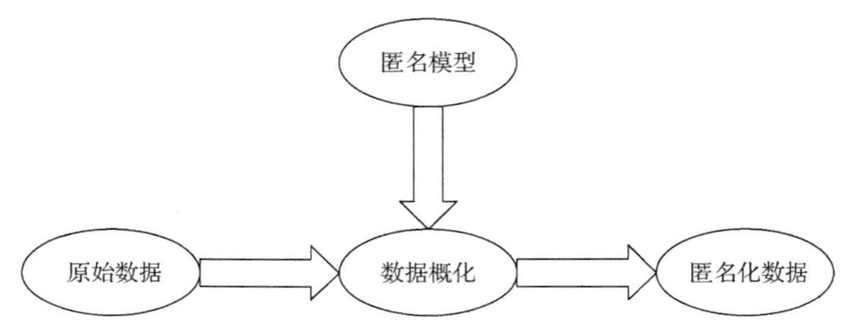

图 3.2　数据发布中匿名保护模型

将属性分为有序属性和无序属性两种类型。有序属性的属性值之间存在自然的顺序关系，如出生年月、年龄、身高和邮政编码等属性。无序属性的属性值之间不存在自然的顺序关系，如国籍、婚姻状况和疾病等。

对于数值型的属性，泛化树的构造比较简单，一般来说就是上层包含它底下几层的所有数值，最顶层的则包含了该属性的所有数值。以年龄为例，数据表中包含的年龄范围为 10～100 岁，那么可以构造如图 3.3 所示的泛化树。

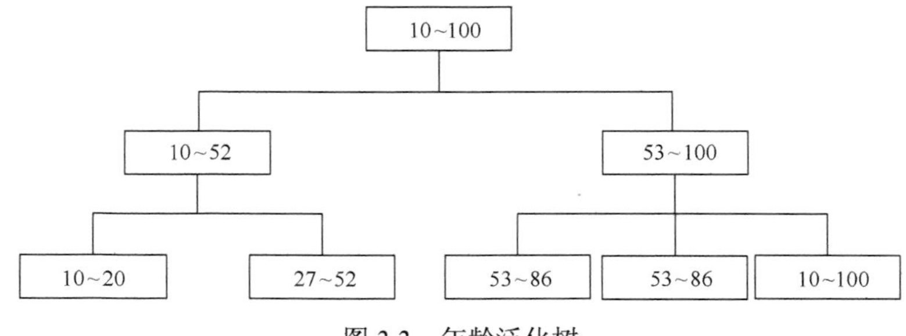

图 3.3　年龄泛化树

对于分类型的属性，则需要对属性的意义首先进行考虑，划分出各个属性值的分类，然后进行组织，来形成泛化树。以性别为例，可构造它的泛化树，如图 3.4 所示。

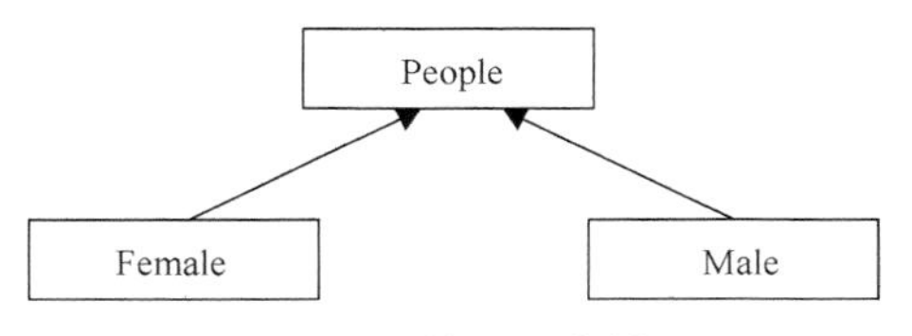

图 3.4　性别泛化树

对于性别的泛化树产生的信息损失不会很大，因为它的泛化层比较低，而且里面包含的属性数比较少，而有些分类属性不仅泛化层比较多，而且里面包含的属性数相对比较多。没有一个好的泛化方法的话就会产生很大的信息损失。例如国家的属性泛化如图 3.5 所示。

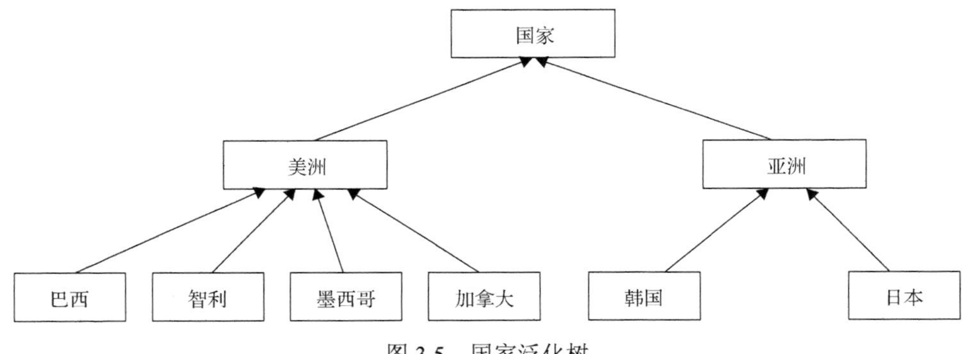

图 3.5　国家泛化树

k-匿名能够有效防止链接攻击造成的信息泄露，但是匿名后信息依然会出现泄露，在研究 k-匿名的基础上，不仅要考虑 QI 的 k-匿名性，而且要考虑 k-匿名后敏感信息泄露的问题，所以在 k-匿名的基础上，存在很多对敏感属性的 l-多样性的研究。

3. 匿名重发布原则

匿名重发布原则就是隐藏数据或者数据信息的来源，对于现实中的大多数应用而言。首先必须对原始数据进行相应的处理以保证敏感属性的安全性；然后在此的基础上进行数据的挖掘操作和发布操作等。例如，每天的工作和学习当中，经常涉及数据发布的工作。政府部门会经常发布人口数据信息、某个城市的经济发展情况、财政预算开支数据；企业定期发布财务状况信息，公布企业的年报；个人也会发布一些私有信息，如家庭住址、身份证、学历、薪水、银行信用卡号等。在各式各样的信息发布过程中，都会面临这同一个问题，就是如何发布数据信息，使得发布的信息对一些研究者来说有一定的应用价值；但同时也能很好地保护好这些隐私信息。

如何保护发布的隐私信息的安全性呢？一种最有效、最简单的方法就是把所有涉及的隐私信息和一些敏感属性都不对外发布，这样能够完全地保护好隐私信息。但是在大多数情况下，没有发布的数据部分恰好就是所需要的敏感属性信息。例如，某个医院发布病人患病的记录，对于一些医疗机构和研究机构来说有重要的意义，他们利用这些患病记录可以开发出相关的药品，来使自己获得一定利润。还可以从这些发布的数据中，发现疾病的变异情况、扩散及患病人群的特点等，从而能更好地研究和控制这些疾病的传播和感染。因此，在数据匿名发布的过程中，怎样以合理的尺度来实现隐私信息的安全保护，是数据发布过程中面临的首要问题。

在原始数据匿名发布的过程中，有两个分支，一个是数据的一次发布，另外一个是数据的多次发布。现实生活中单次数据的发布已经不能满足应用的要求，因为现实社会中的数据每时每刻都在发生着变化，所以对于数据的重发布的要求就越来越多。主要有两方面的原因：一方面对于静态数据集常常需要发布不同的版本。例如，某一个企业员工的信息，当企业需要统计员工的薪水时，就会发布员工信息和薪水信息的情况；当一些员工职位进行变更时，就要发布个人信息和职位信息情况。另一方面，现在所面向的数据集都是动态变化的，随着时间的变更，数据集也跟着更新、删除和修改，时刻处在动态的变化之中。因此，每时每刻都需要对动态数据进行重发布处理。

通常情况下，重发布是根据应用的需求量来进行的，发布次数是不确定的。有的时候需要一个小时发布一次数据，有的时候需要半年发布一次数据。但是可以看出，随着发布次数的增多，隐私泄露的可能性增加。因为多次重发布之后，发布数据之间存在着千丝万缕的内在关系，虽然不同时刻发布的数据有差别，但是他们之间通常是相互联系的，通过联合多次发布的数据之间关系，攻击者能通过背景知识形成一定的推理通道，这样就会暴露个人的隐私信息。所以说，匿名重发布数据能够满足于众多领域数据应用保护隐私信息的要求，但是具体的实现却又有很大的难度。

3.2 面向永久敏感属性的动态数据集隐私保护技术

最近，有很多研究者开始关注如何对动态数据集进行匿名化，但是，他们所考虑的更新情况并不全面。在很多领域，有些属性值可能发生改变，而有些属性值是不会被更新的。例如，在医学领域，某人所患疾病可能随着时间转化为另一种疾病或者痊愈。然而，一旦病人患上永久疾病，如“肺癌”，将不可能痊愈或转化为另外一种疾病。

本节采用医疗数据，研究含有永久疾病动态数据集的匿名化技术。针对现有匿名技术不能满足对动态数据集的隐私保护及信息损失程度较大等问题，提出了一种基于“不变性”思想的匿名算法；通过与 m-Distinct[31]算法比较隐私保护力度及与 HD-composition[32]算法比较匿名后的数据质量，本节提出的算法具有较高的隐私保护度和较低的信息损失度。

3.2.1　相关定义

设 T 是待发布的原始数据集，T 包含 d 个 QI 属性 $A_i(1\leqslant i\leqslant d)$，一个敏感属性 A_s。QI 属性可以是分类型属性也可以是数值型属性，而敏感属性只能是分类型属性。用整数 j 来表示数据表经过更新后的第 j 个版本，$T(j)$ 为第 j 次待发布数据表 $(j\geqslant 1)$，$T^*(j)$ 即为 $T(j)$ 经过匿名后的发布表。

定义 3.1（签名）　假设 QI^*是匿名数据表 $T^*(j)$ 中的一个 QI-group，QI^*的签名就是 QI^*中所有各不相同的敏感属性值集合。

定义 3.2（m-invariance 规则[33]）　一个经过泛化处理的数据表 $T^*(j)$ 是 m-unique 的，如果 $T^*(j)$ 中的每个 QI-group 都至少包含 m 条记录，而且所有的记录都拥有不同的敏感值。一个发布序列 $T^*(1), \cdots, T^*(n)$ $(n\geqslant 2)$ 满足 m-invariance 规则，如果下列条件成立：

(1) 对于所有 $j\in[1, n]$，$T^*(j)$ 是 m-unique 的。

(2) 对于任意记录 $r\in U(n)=\bigcup_{j=1}^{n}T(j)$, $r.\mathrm{QI}^*(x)$, $r.\mathrm{QI}^*(x+1),\cdots$, $r.\mathrm{QI}^*(y)$ 具有相同的签名。其中，$r.\mathrm{QI}^*(j)$ 表示记录 r 在 $T^*(j)$ 中所属的 QI-group。

定义 3.3（候选更新集）　假设 a 是属性 A 域所包含的一个元素 $(a\in \mathrm{dom}(A))$，那么 a 的候选更新集即为由 $\mathrm{dom}(A)$ 中所有 a 能以非零概率更新成为的属性元素构成。例如，疾病属性“Enteritis”，它的候选更新集就为疾病“Enteritis”可能转化成的疾病集合，如消化系统疾病集合。

定义 3.4（候选更新集签名）　QI-group 中不同敏感值的候选更新集集合。

定义 3.5（永久敏感值）　永远也不会发生改变的敏感值，被定义为永久敏感值。例如，疾病属性“Lung cancer”。

3.2.2　算法核心思想

1. 匿名重发布原则

一个好的发布方法不仅要满足个体对隐私保护的要求，还应该尽可能地保留原始数据中 QI 属性与敏感属性之间的对应关系及原始数据的真实性。显然，对于数据集中任意一条记录，使用任何发布方法都会丢失这个记录的部分信息，否则此记录的隐私信息就可能完全暴露给攻击者。本节提出的匿名原则，不仅可以为数据集重发布中个体提供有力的隐私保护，还能保证匿名数据中 QI 属性与敏感属性之间的对应关系不会严重偏离实际的对应关系，保证原始数据集的数据失真率不会太大。

本节匿名原则的核心仍然是维持每个 QI-group 包含的敏感属性值在多次发布时具有不可区分性，也就是保证多次重发布匿名发布表中每条记录的候选更新集签名不变。在每次匿名新的发布表时，若出现 QI-group 中某一条记录被删除，则需要选择一条与被删除记录属于同一候选更新集的新记录加入数据集，如果没有，那么将伪造一条符合要求的记录插入此 QI-group 中，必须要满足每个 QI-group 的候选更新集的签名不变。除此之外，选择新记录时要考虑到此 QI-group 中被删除记录的敏感属性值情况，敏感值只能由非永久敏感值向永久敏感值转化，或者是非永久敏感值之间的转化，而不能出现永久敏感值向非永久敏感值转化。这是因为(以医疗数据表为例)，按基本医学常识，病人患了永久疾病之后不能减轻为较轻的疾病。最后，每条记录都被划分到一个合适的 QI-group 中，攻击者将不能排除与其个体相关的任何可能的敏感属性值。

下面分析 QI-group 中含有永久敏感值在连续发布的时候可能存在的几种情况，并给出处理方法。

(1) 若患永久疾病的个体与和他在同一 QI-group 的个体(我们称其为伙伴记录)同时被删除，这种情况不予考虑。

(2) 若患永久疾病的个体被删除，而他的伙伴记录还在，那么就从新到来记录中找到一个患同样永久疾病的个体插入进来。如果没有，此时不能插入伪元组，而是隐匿他的伙伴记录，因为去掉一个患轻度疾病的病人比起伪造一个患永久疾病的病人对研究的影响要小得多。

(3) 若患永久疾病的个体还在，而他的伙伴记录被删除，那么仍然插入一个与伙伴记录同属于一个候选更新集中的记录。

具体地说，为保证隐私信息的安全发布，需要满足以下三个条件：

(1) 在所有一次发布中，任意记录的敏感信息得到了很好的保护；

(2) 在任意时刻，敏感数据之间都要具有不可区分性，任意记录在重发布数据集中都必须存在于相同的候选更新集签名中；

(3) 在任意时刻，永久敏感值都不能被修改，只能保留或删除。

本节算法采用 m-unique 来保证敏感属性之间的不可区分性：QI-group 中至少含有 m 条记录，并且这些记录的敏感属性值都不相同，即是满足 m-unique；如果发布数据中的所有 QI-group 都满足 m-unique，那么该发布表也是满足 m-unique 的。

2. 标记永久敏感值及伙伴记录

将数据集 T 中所有永久敏感值记录标记为 P，每个永久敏感值记录的伙伴记录标记为 P'。标记数据集中永久敏感值及其伙伴记录的目的是方便检查桶中永久敏感值及其伙伴记录的情况，在新插入的记录被分配到桶中之前能优先对这些特殊的记录作出处理。

3. 创建桶队列

首先要创建容纳记录的桶队列，每个桶有两个入口，即桶的左右两边，每边是候选更新集唯一标识。建桶原则：利用前一次发布表 $T^*(j)$ 和本次待发布的更新表 $T(j+1)$ 的交集记录所在 $T^*(j)$ 的 QI-group 中候选更新集签名创建。如果符合某个记录要求的桶已经存在，那么不再重复创建，直接将此记录插入这个桶中。

本阶段结束后，对于待发布表 $T(j+1)$ 中所有不是第一次在数据集中出现的记录，都生成了容纳它们的相应的桶。对于第一次在待发布表 $T(j+1)$ 中出现的记录，将在下面介绍如何将它们插入合适桶的合适位置，或者所有已有的桶都不能容纳它们，将作“什么”处理。

算法 3.1　创建桶。

```
1  令 Q_buck 为空的桶队列；T_pub 为前一次的发布版本 T*(j)；T_pre 为待发布版本 T(j+1)
2  B_uck=生成的每个桶
3  c=T_pub 的记录集合
4  n=T_pub 的记录数
5  r=单个记录
6  for(i=0;i<n;i++)
7  r=c(i)
8    if(r 不在 T_pre 中)
9      执行下一个循环
10     else
11        根据 r 的候选更新集签名创建 B_uck
12        if(符合 r 候选更新集签名的 B_uck 存在)
13           不重复建桶，将记录 r 按要求加入存在的桶中
14        else
15             B_uck= B_uck ∪ {r}
16             add(Q_buck, B_uck)
17  输出 Q_buck
```

4. 处理桶中永久敏感值

创建桶之后，就要优先处理存在于这些桶中的永久敏感值及其伙伴记录。处理方法按匿名重发布原则进行。

算法 3.2　处理桶中永久敏感值。

```
1  bCount=桶队列的大小
2  t_{j+1}NewData =T(j+1)表中新插入的记录
```

```
3   delCount=0   //隐匿记录个数
4   for (int i=0;i<bCount;i++)
5       left=B_uck(i) 的左边候选更新集
6       right=B_uck(i) 的右边候选更新集
7       if(left 中有被删除永久敏感值的标记)
8       t=从 t_{j+1}NewData 找出标记为相同永久敏感值的记录
9       if(t 不为空)
10          left=left ∪ {t}
11          t_{j+1}NewData=t_{j+1}NewData−{t}
12      else
13              right=right−right 中与被删除的永久敏感值同属于一个 QI-group
14              delCount=delCount+1
```

5. 插入记录

本节的主要任务是将新插入的数据记录分配到合适桶的合适位置。分配原则是，对于新插入到数据集中的记录，当且仅当它的敏感属性值属于某个桶的候选更新集，它才能被分配到这个桶中。

如果有多个桶符合某个记录的插入要求，这个记录将被分配到已有记录数最少的候选更新集的桶中，以达到该桶左后两边候选更新集更加平衡。如果出现没有合适的桶可以分配的新记录，对于这些新数据记录，算法将对其进行单独处理：将这些记录划分成满足 m-unique 的 QI-group。具体地说，利用聚类[34]匿名化算法进行处理，因为这些记录在之前的发布中没有相关版本的数据，完全可以当作静态数据来处理。

所有记录都插入桶队列后，如果存在不平衡的桶，即桶的左后两边记录数目不等，那么算法将利用“伪元组”来平衡各个桶，使它们都满足匿名原则。

算法 3.3　插入记录算法。

```
1   for (int i=0;i<bCount;i++)
2   spanCount=left 和 right 记录数之差
3   if(left 记录数大于 right 记录数)
4   g=t_{j+1}NewData 中属于 right 疾病签名组的 spanCount 条记录
5   right=right ∪ {g}
6   t_{j+1}NewData = t_{j+1}NewData −{r}
7   else if(left 记录数小于 right 记录数)
8   g=t_{j+1}NewData 中属于 left 疾病签名组的 spanCount 条记录
9   left=left ∪ {g}
10  t_{j+1}NewData = t_{j+1}NewData −{r}
```

6. 分裂桶生成 QI-group

插入记录之后，所有的桶都已经满足了匿名原则，下面的任务就是将它们进行分裂，生成 QI-group。由于每个桶都有 2 个候选更新集，每个候选更新集都有 $m(m\geqslant 1)$ 条记录，因此每个桶中的记录将被划分成 m 个 QI-group。

分裂的关键在于如何选出记录形成 QI-group，还要保证每个 QI-group 都满足最小泛化的原则，使得信息损失最小。方法是利用聚类算法计算桶两边记录之间的属性距离，选择距离最近的两个记录划分成一个 QI-group，按照此方案，依次对整个桶队列进行分裂。最后，对生成的 QI-group 进行泛化，并发布泛化后的数据集。

3.2.3 实验测试和结果分析

1. 实验环境

(1) 开发环境：Windows XP 操作系统；硬件配置为 1.7GHz 主频，1GB 内存，160GB 硬盘。

(2) 开发工具：Microsoft Visual Studio 2005。

(3) 开发语言：C#。

2. 实验数据

实验采用真实数据与人工数据相结合的数据集，数据集共包括 4 类属性：Gender、Age、Zip code 和 Disease。其中属性 Gender、Age 和 Zip code 来源于真实数据集 CENSUS (http://www.ipums.org)，CENSUS 包含 500000 位美国成年人的个人信息，包含 14 类属性。根据本实验的要求，只选取了其中的 3 类属性：Gender、Age 和 Zip code。对于属性 Disease，自定义七类疾病系统，其中每一类都为一个候选更新集，每类包含 10 种疾病，总共包含 70 种不同的疾病属性。根据实验的需要共生成含有 30KB 数据量的原始数据集 T，Gender、Age 和 Zip code 作为 QI 属性，Disease 作为敏感属性。属性名字(Attribute)、类型(Type)和值域范围(Size)如表 3.5 所示。

表 3.5　实验采用的数据集属性的相关信息

序号	属性名字	类型	数值范围
1	Gender	String	2
2	Age	Number	74
3	Zip code	Number	570
4	Disease	String	70

实验原始数据集 T 中随机选取 10k 条记录组成 $T(1)$，对于之后每一次的预发布表 $T(j)$ $(j>1)$，作以下更新操作：从前一时刻的数据集 $T(j-1)$ 中随机删除 1k 条记录，再从剩余的原始数据集 T 中选取 1k 条插入到 $T(j-1)$，最后修改 $T(j-1)$ 中 1k 条记录的敏感属性值，经过上述更新后的数据集即为下一时刻的预发布表 $T(j)$。

3. 测试结果及分析

实验从测试隐私保护力度、信息损失度及每次发布所使用的伪元组个数和隐匿记录个数三个方面进行，并与现有的匿名算法进行比较。与 m-Distinct 算法比较匿名发布后数据集的隐私保护程度，与 HD-composition 算法比较匿名发布后数据集的信息损失程度。

首先，实验应用 m-Distinct 和 HD-composition 匿名[34]化原则的算法在本课题采用的数据集上进行匿名重发布，并分别测试隐私保护度和信息损失度；之后，采用本节的匿名化方法对动态数据集进行匿名重发布并测试。详细的测试以及对比结果如下面三部分所述。

1) 隐私保护度测试

本算法利用易受攻击记录(即被泄露隐私信息的记录)的数量来衡量隐私保护力度的强弱，实验分别测量 m-Distinct 算法和本节算法。对于每种方法，均使用前面所述的参数。图 3.6 显示了采用 m-Distinct 的实验结果，其中横坐标为数据集重发布的次数，纵坐标为易受攻击记录比例。随着发布次数的增长，越来越多的隐私信息容易被攻击者推断出来。可以看到，到第 20 次发布表，约 25%的记录成为了易受攻击的记录，也就是说，泄露了约 25%的个人隐私信息。而使用本节的匿名方法，并没有易受攻击的记录产生，即使攻击者拥有连续 20 次的发布表和相关的背景知识，也不能准确地推断出任一个体的敏感信息。说明使用本节匿名原则能很好地保护个人隐私信息不被攻击者非法获取。

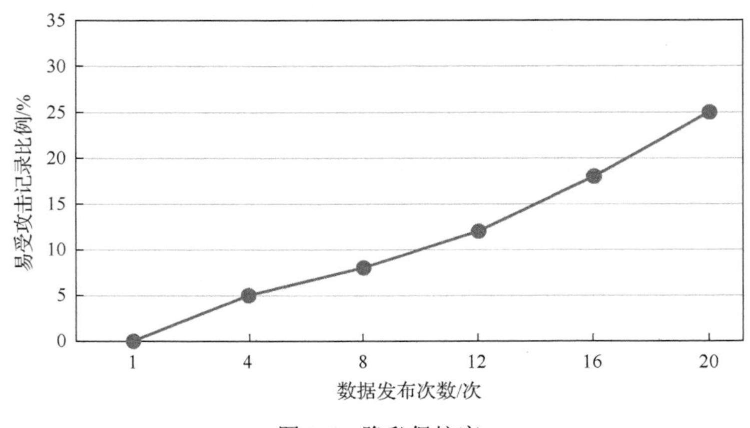

图 3.6　隐私保护度

2) 信息损失度测试

我们可以使用“查询失误率”来衡量查询结果的精度。查询失误率越低，表示查询精度越高，那么信息损失程度就越低。实验分别测量 HD-composition 算法和本算法。实验采用文献[33]的方法来测量每一张发布表的查询失误率，实验结果如图 3.7 所示，其中横坐标为数据集重发布的次数，纵坐标为查询数据的失误率。从图 3.7 可以看出，本节方法的查询失误率在 1%～4%浮动，即针对每张发布表，查询记录的不准确性最多只有 4%，而 HD-composition 算法的查询失误率在 11%～13%浮动。显然，本算法匿名原则的信息损失程度远远低于 HD-composition 算法的信息损失程度，使用本算法的匿名原则对原始数据真实性的破坏很小。

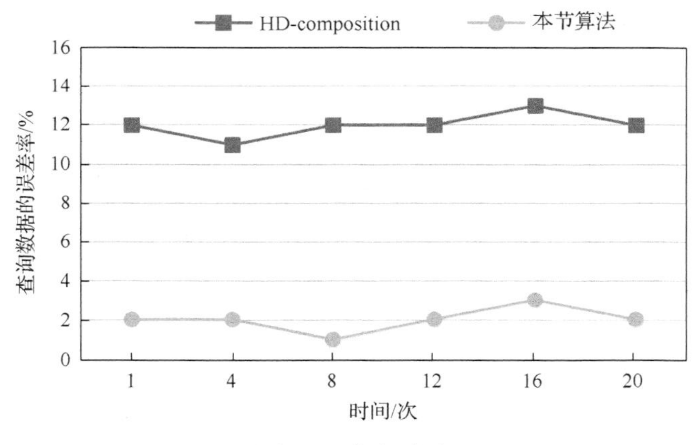

图 3.7　查询质量

3) 伪元组与隐匿记录个数测试

本实验主要测试在使用本节算法进行匿名过程中所引入的伪元组数和隐匿记录数。伪元组不是真实存在的数据，是为了辅助实现敏感信息的保护，为了保证每条记录在多次发布表中具有不变的候选更新集签名而伪造的。如果引入伪元组的数目较多，会增大信息损失度，降低数据利用率。另外，隐匿记录也同样会造成发布数据的真实性被破坏，因为被隐匿的记录本应该存在于数据集中，但是由于匿名原则的需要却被删除了。所以，隐匿记录的个数越多，对发布数据真实性的干扰就越大。实验结果如图 3.8 和图 3.9 所示，两图的横坐标均为数据集重发布的次数，纵坐标分别为伪元组的个数和隐匿记录的个数。从图中可以看出，本节算法引入的伪元组个数及隐匿记录个数在连续 20 次的发布中均没有超过 20 个，相比于实验所采用的庞大数据集来说，完全可以忽略不计。

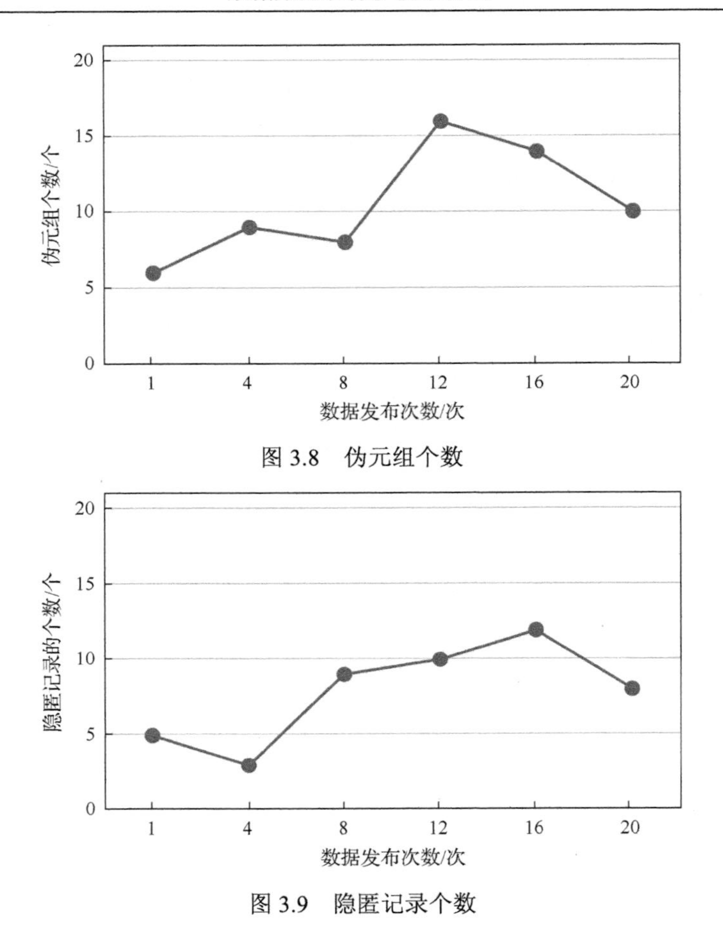

图 3.8　伪元组个数

图 3.9　隐匿记录个数

3.3　面向数值敏感属性的动态数据集隐私保护技术

随着人们对隐私保护的意识越来越强，隐私保护技术的研究也成为热点。随着研究者研究的不断深入，人们发现真实世界是瞬息万变的，个体的信息和数据每天都在发生变化，如何对动态数据集进行匿名重发布，成为研究者面临的重大挑战。

现有的隐私保护理论研究成果大体分为两种：一种是针对分类敏感属性的，一种是针对数值敏感属性的。对于分类敏感属性，敏感属性之间不存在任何邻近感；对于数值敏感属性，敏感属性之间一定存在邻近感，如何消除邻近感问题是研究的关键所在。

对于分类敏感属性的研究无论是对于静态数据集还是动态数据集都产生了大量的理论成果。对于静态数据集有 k-匿名原则，l-多样性原则等。对于动态数据集 Byun 等[35]最早针对持续增长的数据集的发布进行研究，当有新数据插入时，并不是直接插入到某个等价组中，而是等到新的数据达到一定量并能满足 l-多样性时，才加入到下一数据表中。m-Invariance 模型的出现，首次解决了包含数据插入和删除的动态数据集的隐私保护问题，其核心思想是保证每条记录在多次发布的等价组中具有“不变性”。对于数值敏感属性，现有的 Variance Control[36]原则、(k, e)-匿名[37]原则、t-closeness[23]原则，都不能很好地解决数值敏感属性之间的邻近违约问题。直到(ε, m)-匿名[38]的出现，要求在某一准标识符元组 G 中，对任一敏感数据 x，至多有 $1/m$ 的记录的敏感数据接近于 x，接近程度取决于 ε，这种匿名模式很好地解决了数值敏感数据之间的邻近违约问题，但它是基于静态的一次发布，如果直接将(ε, m)-匿名模式应用于动态数据集，必然会造成大量的隐私泄露。

为了消除数值敏感数据之间的邻近攻击问题，我们采用了(ε,m)-匿名的思想来确保邻近违约不会发生。但如果有新记录插入时，对现有数据直接进行匿名，必然导致隐私泄露。如表 3.6 所示企业员工记录表，姓名为标识符属性，年龄和邮编为准标识符属性，薪水为敏感数据。

表 3.6　企业员工记录表

姓名	年龄	邮编	薪水
Lark	17	12k	1000
Patty	19	13k	1010
Anson	24	16k	5000
Nancy	29	21k	16000
Lindy	34	24k	31000
Anna	39	36k	33000
Alice	45	39k	24000

本节在匿名过程中，为了保证隐私信息不泄露，对原始表的标识符属性采取隐匿的方法，用 GroupID(标识码组)来代替。表 3.7 为表 3.6 的匿名发布表，表 3.8 是新增记录表。

表 3.7　匿名发布表

GroupID(标识码组)	年龄	邮编	薪水
1	[17，24]	[12k，16k]	1000
1	[17，24]	[12k，16k]	1010
1	[17，24]	[12k，16k]	5000
2	[29，34]	[21k，24k]	16000
2	[29，34]	[21k，24k]	31000
3	[39，45]	[36k，39k]	33000
3	[39，45]	[36k，39k]	24000

表 3.8　新增记录表

姓名	年龄	邮编	薪水
Gerelk	18	15k	1200
Mark	35	27k	17000
Jack	40	37k	39000

表 3.8 是新增记录表，是要插入到表 3.6 中的新增记录，如果将新增记录直接插入到表 3.6 中，然后和原始记录表 3.6 一起重新进行 (ε, m)-匿名处理的话，就会得到表 3.9 的增量更新匿名发布表。

表 3.9　增量更新匿名发布表

GroupID	年龄	邮编	薪水
1	[17,24]	[12k,16k]	1000
1	[17,24]	[12k,16k]	1200
1	[17,24]	[12k,16k]	1010
1	[17,24]	[12k,16k]	5000
2	[29,34]	[21k,24k]	16000
2	[29,34]	[21k,24k]	31000
3	[35,39]	[27k,36k]	17000
3	[35,39]	[27k,36k]	33000
4	[40,45]	[37k,39k]	39000
4	[40,45]	[37k,39k]	24000

表 3.7 是原始匿名发布表，表 3.9 是增量更新的匿名发布表，攻击者在原有背景知识的基础上，通过对比表 3.7 和表 3.9，就可以得到一张推理表 3.10，攻击者在分析表 3.7、表 3.9 和表 3.10 的基础上就可以了解到某些个体的隐私信息发生泄露。

表 3.10　表 3.7 和表 3.9 的推理表

GroupID	年龄	邮编	薪水
1	[17,24]	[12k,16k]	1000
1	[17,24]	[12k,16k]	1200
1	[17,24]	[12k,16k]	1010
1	[17,24]	[12k,16k]	5000
2	[29,34]	[21k,24k]	16000
2	[29,34]	[21k,24k]	31000
3	[35,39]	[27k,36k]	17000
3	39	36k	33000
4	[40,45]	[37k,39k]	39000
4	[40, 45]	[37k,39k]	24000

通过表 3.10 可知，有些 QI 属性值已经不是泛化值而是精确值。例如，第 3 组的第 2 条记录的准标识符完全暴露，攻击者很容易知道这个人是谁，他的薪水是多少，从而导致个体的隐私信息泄露。

以上我们分析了增量数值敏感属性隐私泄露的情况，证实了直接将静态匿名方法(ε, m)-匿名用于动态数据集是行不通的，通过推理表就可以推断出个体的隐私信息泄露。所以说(ε, m)-匿名原则只能很好地避免邻近违约的发生，不能实现增量数值敏感属性的匿名重发布。

本节根据以上分析，提出了一种有效的增量数值敏感属性重发布匿名方法。在确保数值敏感属性之间不发生邻近违约的前提下，实现了增量数值敏感属性的匿名重发布，并且保证所发布数据的敏感信息不会发生隐私泄露。

3.3.1　相关定义

为了清楚地解释其定义，我们设原始表为 T，原始表中的记录为 t，t 在匿名结果 $F(T)$ 中的等价组记为 $G_{F(T)}(t)$。第一次增量更新记为 ΔT_1，第二次增量更新记为 ΔT_2，以此重复，原始表的匿名发布表为 $F(T)$，第一次增量更新的发布表为 $F_1(T\cup\Delta T_1)$，第二次增量更新的发布表为 $F_2(T\cup\Delta T_2)$，以此重复。

定义 3.6(一致泛化)　如果 $G_{F(T)}(t)\subseteq G_{F_1(T\cup\Delta T_1)}(t)$，即在 T 与元组 t 泛化到一组的那些元组和在 $T\cup\Delta T_1$ 中仍然与元组 t 泛化到一个组。

定义 3.7((ε, m)-匿名)　要求在某一准标识符元组 t 中，对任一敏感数据 x，至多有 $1/m$ 的记录的敏感数据接近于 x，接近程度取决于 ε。

定义 3.8(ε 邻域)　元组 $t\in T$，如果 $I(t)=[t.S\text{-}\varepsilon,\ t.S+\varepsilon]$，它的 $I(t)$ 是一个绝对 ε 邻域，ε 是任何一个非负值。相似的情况，如果 $I(t)=[t.S\times(1-\varepsilon), t.S\times(1+\varepsilon)]$，其中 ε 是[0, 1]的实数值，那么 $I(t)$ 是一个相对 ε 邻域。

定义 3.9(邻近违约危险)　每一元组 $t\in T$，t 的邻近违约危险定义为 $P_{\mathrm{brh}(t)}$，等价于 $X/|G|$，其中 G 是泛化表中的 QI 组，x 是 G 中 QI 组的数量，并且$|G|$是的 G 的大小。

给一个真值 ε 和整数 $m\geqslant 1$，如果 $P_{\mathrm{brh}(t)}\leqslant 1/m$，那么该算法就满足$(\varepsilon, m)$-匿名原则。

定义 3.10(动态更新)　当前，人们对隐私保护的研究分为两种：一种是对静态数据集的研究，另一种是对动态数据集的研究。静态数据集顾名思义就是静止的、数据不发生任何变化的。动态数据集是指数据每时每刻都在发生变化，即与原有数据存在一些差异。造成这种差异的原因是由数据的更新引起的，数据的更新操作包含数据的插入、数据的删除和数据的修改。数据的插入、数据的删除和数据的修改操作都会造成数据整体情况的变化，为了保证发布的数据及时准确，对研究者的研究分析更加有意义，当有数据的插入、数据的删除和数据的修改操作发生时，数据发布者必须对数据进行重新发布以此来保证数据的及时性、有效性。同一数据在不同的阶段、不同的时刻发布，多次发布的数据表之间一定存在必然的联系，攻击者可以在不同时刻的发布信息中找出这种联系，从而可以以高的置信度推出个体的隐私信息。如何避免动态更新时所造成的隐私的泄露，是我们研究的重点。

3.3.2 算法核心思想

1. 增量数值敏感数据匿名发布原则

匿名发布就是以合理的方法进行发布，它的特点就是通过发布匿名后的数据，保证发布数据真实性、有效性，同时保证所发布信息的隐私不会泄露。

相对于静态数据集的单次匿名发布而言，动态数据集的匿名重发布面临更多的困难和挑战。一个成功有效的数据发布方法不仅要满足个体的隐私保护要求，还应该确保原始数据中准标识符属性和敏感属性之间的对应关系，从而保证原始数据的有效性和真实性。

对于数值敏感属性来说，数值属性之间本身具有邻近感，如何解决由邻近感所引起的邻近攻击，以及如何实现增量数值敏感属性的多次发布，是我们匿名方法的核心。本节采用 (ε, m)-匿名思想来消除数值敏感属性之间的邻近攻击。(ε, m)-匿名方法分为绝对 (ε, m)-匿名和相对 (ε, m)-匿名。但无论是绝对 (ε, m)-匿名还是相对 (ε, m)-匿名，(ε, m)-匿名都将满足 (e_1, e_2, m)-匿名。对于绝对 (ε, m)-匿名来说，$e_1=e_2=\varepsilon$。对于相对 (ε, m)-匿名来说，$e_1=\log[1/(1-\varepsilon)]$，$e_2=\log(1+\varepsilon)$。至于 ε 和 m 值如何确定，现有两种方法：一种是给定 e_1、e_2 来确定 m 的范围，另一种是通过给定 m 值，来确定 e_1、e_2 的值。我们的研究只针对绝对 (ε, m)-匿名，并且采用的是通过用户给定的 m 值，可以知道用户要求的最大泄露隐私的程度不能超过 $1/m$，利用 emax 算法求出 e_1、e_2 的最大值，通过与原始记录敏感值的对比最终确定 e_1、e_2 的值。针对新增数据，采用一致泛化的原则，即一旦有新的记录插入，对新增记录单独进行匿名并与原有匿名数据一起发布。这样就能保证增加记录后的多次匿名发布不会产生隐私泄露，攻击者也不会从多次发布的数据表中推出个体的敏感信息。

2. 增量数值敏感属性的匿名方法

具体的增量数值敏感属性的匿名方法如下。

(1) 设 $A_i(1\leqslant i\leqslant d)$ 为每个 QI 的维数，当增加多条记录时，先利用快速选择算法[39]得出 QI-维的中位数，然后扫描原始表中记录，利用所得中位数进行分桶，把原始记录分别存在 G_1 和 G_2 两个桶。

(2)对桶 G_1 和 G_2 中的记录分别按敏感值的升序排序。

(3)对桶 G_1 和 G_2 中的记录分别判断是否满足匿名条件，如果满足匿名条件直接泛化，利用一致泛化的思想将新增记录和原始匿名发布表一起重新进行发布。

(4)如果不满足匿名条件，利用算法对记录进行分桶，把记录分成 g 个小桶 $G_1, G_2, \cdots, G_g$，其中 g=maxsize(G_1/G_2)。然后利用 $j=(i \bmod g)+1$ 将记录放入 $G_1, G_2, \cdots, G_g$ 个小桶中，分桶后的数据满足匿名条件，然后对每个小桶中的数据进行泛化，利用一致泛化的思想将新增记录和原始匿名发布表一起重新进行发布。

通过以上所提出的增量数值敏感属性的匿名方法，我们就能很好地消除数值敏感属性之间的邻近感问题，避免数值敏感属性邻近违约危险的发生，并且在邻近违约危险不会发生的前提下，实现了增量数值敏感属性的匿名重发布。

3. 匿名条件判断

当记录增加时，对于每个 QI 维 $A_i(1\leqslant i\leqslant d)$，先利用快速选择算法得出 QI 维的中位数，然后对原始记录进行分桶，把原始记录分别存在 G_1 和 G_2 的两个桶中。然后对每个桶的敏感值按升序进行排列，以便进行匿名条件的判断。

算法 3.4　匿名条件的判断。

```
1   首先令(G1/ G2)桶中的记录按敏感值的升序排序
2   r=(G1/ G2)中的第 r 条记录
3   i=(G1/ G2)中的第 i 条记录
4   j=(G1/ G2)中的第 j 条记录
5   Pbrh=邻近违约危险
6   r=1;i=1;j=2
7   while(j≤(G1/ G2)的个数时)
8    if(记录中第 i 个敏感值<记录中第 r 个敏感值−e1)
9           i++，并且执行 while 语句
10   if(记录中第 j 个敏感值<记录中第 r 个敏感值+e2)
11          j++
12   if(j>(G1/ G2)的个数时 or 记录中第 j 个敏感值>记录中第 r 个敏感值+e2)
13        Pbrh(tr)=(j−i)/(G1/ G2)的个数
14     if (Pbrh(tr)>1/m)
15       邻近违约危险发生，不满足匿名条件
16     else
17        r++
18   没有发生邻近违约危险，满足匿名条件
```

4. 创建分桶

如果 G_1/G_2 桶满足算法 3.4 的匿名条件，直接进行泛化，与原始数据匿名发布

表一起发布。如果不满足算法 3.4 的匿名条件，把记录分成 g 个小桶 $G_1, G_2, \cdots, G_g$，其中 g= maxsize（G_1/G_2）。分桶的过程包括三个步骤：第一步是求敏感值的最大值 emax，第二步是求 maxsize 的值，最后一步是将记录放入 $G_1, G_2, \cdots, G_g$ 个小桶中，分桶后的数据满足匿名判断条件。

算法 3.5　求 eamx 和 maxsize 算法。

确定最大分桶数量。eamx 算法不仅是 maxsize 算法的前提，还可以通过 emax 算法得出 e_1、e_2 最大值，通过与原始记录敏感值的对比，最终确定 e_1、e_2 的值。

```
1  令(G1/ G2)桶中的记录按敏感值的升序排序
2  r=((G1/ G2)的个数/用户给定的 m)的整数
3  emax=(G1/ G2)中敏感值的最大值
4  i=(G1/ G2)中的第 i 条记录
5  i=1; j=r+1
6       while(j≤((G1/ G2)的个数时))
7           if(emax>记录中第 j 个敏感值-记录中第 i 个敏感值)
8               emax=记录中第 j 个敏感值-记录中第 i 个敏感值
9           else
10              i++; j++
11      最终确定敏感值的最大值
12 令(G1/ G2)桶中的记录按敏感值的升序排序
13 maxsize=最大分桶数
14 i=(G1/ G2)中的第 i 条记录
15 j=(G1/ G2)中的第 j 条记录
16 emax=(G1/ G2)中敏感值的最大值
17 maxsize=1; i=1; j=2;
18 while(j≤(G1/ G2)的个数时)
19    if(记录中第 j 个敏感值-记录中第 i 个敏感值≤emax)
20       ti.S 落在 tj 的邻域内 or tj.S 落在 ti 的领域内
21       j++; maxsize++
22    else
23       j++; i++
24 得到分桶数的最大值 maxsize
```

算法 3.6　桶分割算法。

```
1 i=(G1/ G2)中的第 i 条记录
2 j=第 j 个小桶
3 g= maxsize
4 while(i≤(G1/ G2)的个数时)
5      j=(i mod g)+1
6 将第 i 条记录放在第 j 个桶中，即将 G1/ G2 桶中的记录分放在 G1, G2,…, Gg 个小桶
  中，实现桶的分割
```

如果 G_1/G_2 桶中记录不满足匿名条件的话，利用以上三个步骤将桶中记录分配到 $G_1, G_2, \cdots, G_g$ 个小桶中，这样就能保证分桶后的记录满足匿名条件，并且保证了数值敏感属性的邻近违约危险不会发生。

3.3.3 实验结果及分析

1. 实验环境

(1) 开发平台：Windows XP 操作系统；硬件配置为 1.7GHz 主频，1GB 内存，160GB 硬盘。

(2) 开发工具：Eclipse-SDK-3.4.1，SQL Server 2000。

(3) 开发语言：Java。

2. 实验数据

实验采用的是真实数据集——驯鹿数据集，驯鹿数据集包含 21 个属性，我们只选择了其中的 3 个属性：年龄、薪水、州。其中年龄(Age)、州(State)作为 QI 属性，薪水(Salary)作为敏感属性。属性名字(Attribute)、类型(Type)和值域范围(Size)如表 3.11 所示。

表 3.11　实验采用数据的相关属性

序号	属性	类型	属性大小
1	年龄	数值	73
2	州	数值	60
3	薪水	数值	90

3. 实验结果及分析

前面主要对增量数值敏感属性的隐私泄露情况进行了深入的理论分析和研究，在综合了前人思想的基础上提出了增量数值敏感属性隐私保护的匿名方法。我们实验的目的主要是对数据集中的数值敏感属性进行隐私保护，并对我们提出的算法进行评估。我们的实验从测试隐私保护度出发，与 Anonymizing Current Data 算法进行数据集隐私保护度的比较。Anonymizing Current Data 算法就是对原有数据和新增数据整体进行 (ε, m)-匿名泛化发布。

实验首先测试在原始数据集大小不断增加时，匿名元组的安全性问题。在实验中，作者把原始数据集的大小从 1000 条增加到 4000 条作为研究的初始表，并且实验是在 m=2、增量更新比例大小为 30%的前提下进行的。实验结果如图 3.10 所示。

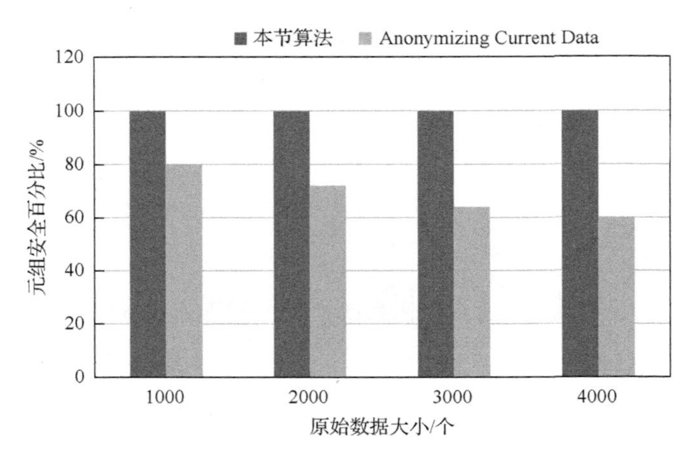

图 3.10 原始数据库大小不同的隐私保护度

从图 3.10 显示了原始数据库大小变化时的隐私保护度实验结果，其中横坐标为原始数据库的大小变化，纵坐标为元组的安全百分比。随着原始数据库不断增长，元组安全百分比不变，即数据隐私保护度不变，不会产生隐私泄露情况。而 Anonymizing Current Data 算法随着原始数据库的增加，隐私保护度却在不断降低，会产生严重的隐私泄露。

图 3.11 主要是对增量匿名方法进行测试，在实验中，作者选择原始数据库大小为 3000 条作为研究的原始表，在 m=2 的条件下不断插入记录，插入记录时按照更新比例从小到大的顺序不断进行更新。根据本节的匿名算法对不断更新的元组的安全性进行测试，实验重复多次，最终得到图 3.11 的精确结果。

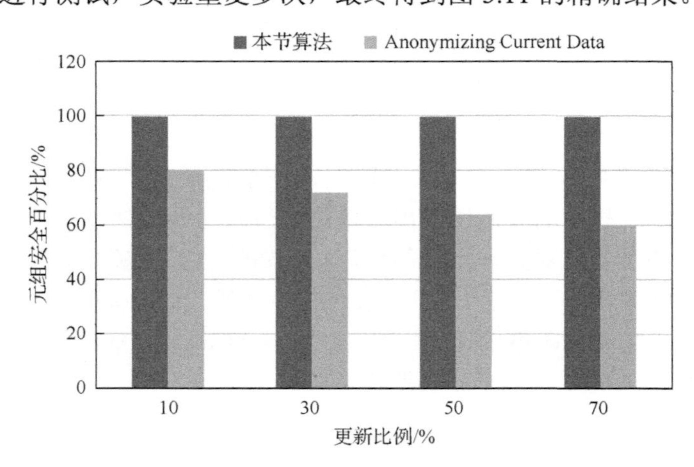

图 3.11 更新比例不同时的隐私保护度

从图 3.11 可以看出，随着更新比例的不断增大，本节算法随着记录的增加能很好地保护隐私，不会产生个体隐私信息泄露。

图 3.12 给出的测试结果是在 m=2、原始数据库大小不变的情况下所做的实验。随着更新数据的比例的更加，匿名算法的运行时间也在不断增加。而本节的匿名算法所耗费的时间要远远低于 Anonymizing Current Data 算法。这主要是因为每次当有新记录增加时，本节的算法只匿名新增记录，对原有记录还将按原有匿名方式发布，这样所耗费的时间将很低。对于 Anonymizing Current Data 算法，每次当有新记录增加时，都要重新匿名原始数据和新增数据，记录越大，匿名所用的时间越多。

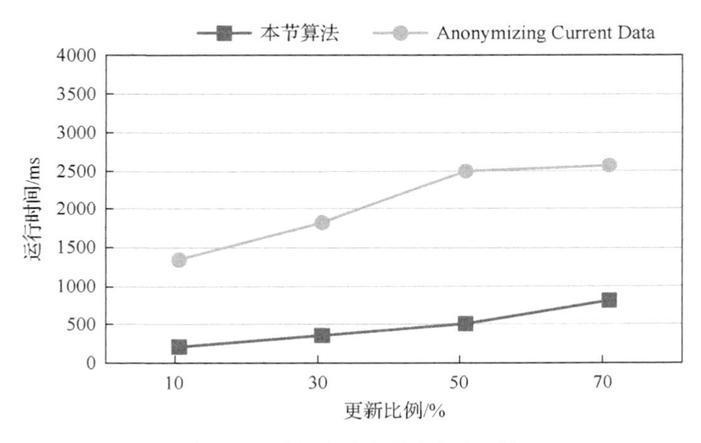

图 3.12　更新大小变化的运行时间

3.4　面向多敏感属性的动态数据集隐私保护技术

本节针对动态数据集下多敏感属性的隐私保护问题，以某医院的医疗数据为例，提出了一种处理关系型数据中的动态数据集数据的增加和删除问题的改进 bucket 算法。其核心思想如下：首先，引入候选更新集合和伪元组集合，设计两个集合的相应模型，候选更新集合是保证多次发布的原始数据的敏感属性具有不可区分性；伪元组集合是原数据中不存在的，引入的目的是保证原始数据隐私保护的要求。其次，继承了“m-不变性”和“多维桶结构”的思想，提出了改进的模型 bucket 算法，对原始数据进行聚类和泛化处理，查找多次发布的匿名表格之间是否出现隐私泄露情况；如果出现隐私泄露则在候选集合中查找相似的记录插入，没有相似的记录，则在伪元组中查找一个记录进行插入，并且标记伪元组的数目。这样在动态数据集的重发布时，能满足数据集的更新问题，达到动态数据集隐私保护的要求。

实验结果表明，该算法能很好地对关系型数据库进行隐私保护，具有较高的隐私保护度、较低的内存占用率。

3.4.1 相关定义

设原始表为 T，原始表中的记录为 t，t 在匿名结果 $F(T)$ 中的等价组记为 $G_{F(T)}(t)$。第一次增量更新记为 ΔT_1，第二次增量更新记为 ΔT_2，以此类推，原始表的匿名发布表为 $F(T)$，第一次增量更新的发布表为 $F_1(T\cup\Delta T_1)$，第二次增量更新的发布表为 $F_2(T\cup\Delta T_2)$，以此类推。

定义 3.11（不同的隐私）　不同的隐私是一个相对来说比较新的定义，建立于公开 1 和公开 2 的链接，它不同于过去的隐私，它没有确切的定义，它并不能去防止隐私信息的泄露、隐私信息的违背，或者其他一些违约的事情。它只能保证数据集中的隐私泄露情况并不是它所引起的。

$$\Pr\left[M(A)\in S\right]\leqslant \Pr\left[M(B)\in S\right]\times \exp(c\times\left|A\oplus B\right|) \tag{3-1}$$

定义 3.12（稳定的转变）　找出一般参数的转变，这种转变能够把隐私的含义给任意的转换。所说的是 T 的 C-STABLE，转变是对于放入的任意两个数据集 A 和数据集 B 来进行的。

$$\left|T(A)\oplus T(B)\right|\leqslant c\times\left|A\oplus B\right| \tag{3-2}$$

定义 3.13（并行组合）　查询隐私需要占用资源。当查询被应用到分散的数据集中时，将会提高数据的束缚能力。尤其，这种新的研究方法被应用到分散的数据集中，并且应用于真实的数据，目的使数据的不同部分受到不同种的隐私分析。

$$\Pr\left[M(A)=r\right]=\prod_{i}\Pr\left[M_i^{\mathrm{T}}(A_i)=r_i\right] \tag{3-3}$$

定义 3.14（设定最小的数据集）　有一系列字母 R，服务器每次都执行一个查询，把 R 称为页面 P 的一个参数。假设出现一些真实的输出导致最小的数据集 V 是 R 中的一部分，只有这样才能够检查 V 的效果。因为不知道任何字节以外的 P 是否属于 V，可以完成执行。称 V 为最小的数据集。

定义 3.15（敏感属性）　敏感属性指的是数据集合在发布的过程中，容易泄露个人隐私信息的属性，敏感属性包含单敏感属性和多敏感属性。例如，发布统计信息，如果直接把个人的身份证号码发布出去，可能导致个人的隐私信息的泄露，攻击者就会得到一定的研究资料，把身份证号码等叫做敏感属性信息。

定义 3.16（数据分组）[40]　数据分组就是把一个要发布的数据集合中的原始记录，进行一定的划分，数值型和数值型一组，字符型和字符型一组。这样所有的原始记录都有一定的次序。

定义 3.17(复合敏感属性 l-多样性[41])　对于原始记录按照一定的方式进行分组，保证分组之后每一行和列上的分组数据都满足于 l-多样性的要求，即攻击者最多能以 $1/l$ 的概率推出隐私信息。若每一个行或者列中的单一敏感属性满足 l-多样性的要求，复合敏感属性是有很多单一敏感属性组成的，也满足于 l-多样性的要求。

定义 3.18(候选更新的集合)　候选更新集合主要针对数据发布过程中的敏感属性进行设置的，建立候选更新集合的目的是保护隐私信息的安全。本算法主要解决的是关系型数据库，如医疗数据库，所建立的候选更新集合就是关系型数据库集合，这里面有很多种疾病属性，有的疾病属性是能够互相转化的，而有的则是含有永久敏感属性，根据疾病的不同查找到的候选更新集合也是不同的。

定义 3.19(伪元组集合)　伪元组是原始数据中并不存在的数据，但是发布数据中存在的数据。而是根据需要加入的一些假的数据，就是伪造的记录。插入伪元组的时候，不能够插入太多，如果过多将会影响数据的真实性，过少则不能够满足隐私的要求。伪元组在数据中其实是不存在的，只是人为加入的，构成一定的隐私条件。

定义 3.20(复合敏感属性[42])　关系 T 中所有属性的整体构成一个复合敏感属性(composite sensitive attribute)，记作 S。其中第 i 个敏感属性作为复合敏感属性的第 i 维，记 $S_i(1\leqslant i\leqslant d)$，$D(S_i)$ 为 S_i 的值域。$|S|$ 表示为 $D(S_i)$ 的基数。

定义 3.21(分组)　一个分组是 T 中记录的子集。T 中每条记录属于且仅属于一个分组。关系 T 中的分组记为 $G_T\{G_1, G_2, \cdots, G_m\}$，$\bigcup_{j=1}^{m} G_j = T$ 并且 $\mathrm{QI}_i \cap \mathrm{QI}_j = \varnothing\ (1\leqslant i\neq j\leqslant m)$。

定义 3.22(单敏感属性 l-多样性)　对于一组单敏感属性记录 G，G 中敏感属性值有若干，设 v 为 G 中记录的敏感属性值中出现次数最多的敏感属性值，$c(v)$ 为其出现的次数，如果 $\frac{c(v)}{|G|}\leqslant\frac{1}{l}$ ($|G|$ 为 G 中的记录的条数)，G 就是满足 l-多样性的性质。

定义 3.23(复合敏感属性 l-多样性)　设一个分组 G，如果其中的所有数据记录的复合敏感属性的每一个维上的取值都分别满足 l-多样性质，则 G 对与复合敏感属性满足 l-多样性质。

3.4.2　匿名算法

1. 多维桶分组技术

首先，利用多维桶分组技术对原始表格进行划分，使每个 QI-组中包含 l 个不同的敏感属性，也就是说满足 l-多样性的思想，必须作如下的规定：敏感属性值属于同一个候选更新集合中的数据不能被泛化到同一个 QI 组中。这样匿名发布的过程中就能保证每一个 QI 组中不存在同一个类型的疾病信息，满足了 l-多样性的要求。该算法只适合于关系型的数据库。

多维桶分组技术是将多敏感属性构成的复合敏感属性作为一个高维向量，并且引用了一种多维桶结构，将关系表中的记录按照复合敏感属性向量映射到不同的桶中，在这些桶上的方法进行分组，保证每个分组内的记录在每一维上敏感属性上取值都满足隐私信息保护要求，保证多敏感属性情况下隐私数据发布的安全性。引用桶的目标是找到多敏感属性的关系 T 上的分组方案，使每个分组都满足复合敏感属性 l-多样性。

由此可以看出，多维桶方法首先引进多维桶结构重新组织 T 中的记录。多维桶结构方法如下：复合敏感属性的每一维对应桶中的每一维。将 T 中的数据记录映射到相应的桶中。例如，表 3.12 为记录的复合敏感属性向量和其构造的 d 维桶(d=2)，在构造的 d 维桶上按照 M 不变性策略提取记录构成分组，使分组中的记录尽可能满足每一维上的值互不相同。

表 3.12　复合多敏感属性数据集及其对用的 d 维桶(d=2)

姓名	感冒	气肿	胃炎	艾滋病	癌症
张三	$\{T_1\}$	$\{T_2\}$			$\{T_3\}$
李四	$\{T_4\}$	$\{T_5\}$			
王六			$\{T_6,T_7\}$		
贾四				$\{T_8\}$	
吕六	$\{T_9\}$				

根据复合多敏感属性的多维桶的结构来计算选择度，例如，选取 d=2，l=3 的情况下，选择选择度最大的作为一个分组，<王六，胃炎>的选择度是 7，是最大的。如果选择度相同，则任取其一进行分组。首先选择 T_6，屏蔽 T_6 行和列上的所有元组。之后查找和 T_6 不在同一行和列上的元素。选取 T_5，再屏蔽 T_5 行和列上的元素。之后选择 T_1，则$\{T_6, T_5, T_1\}$是一个等价组。之后删除这三个元素。在选取$\{T_7, T_2, T_4\}$构成第二个分组。最后剩余的$\{T_3, T_8, T_9\}$是另一个分组。选择度等于行的元素、列的元素、桶的大小总和，即式(3-4)所示：

$$\text{Select}(\text{buk}\langle s_0^1, s_0^2, \cdots, s_0^d\rangle) = \sum_{1 \leqslant j \leqslant d} \text{Capa}(s_0^j) + \text{size}(\text{buk}\langle s_0^1, s_0^2, \cdots, s_0^d\rangle) \quad (3\text{-}4)$$

其中，$\text{Select}(\text{buk}\langle s_0^1, s_0^2, \cdots, s_0^d\rangle)$代表着桶的选择度，$\sum_{1 \leqslant j \leqslant d} \text{Capa}(s_0^j)$代表行和列的元素之和，$\text{size}(\text{buk}\langle s_0^1, s_0^2, \cdots, s_0^d\rangle)$代表桶的实际大小，即桶中有多少个元组。

2. 改进 Bucket 优先算法

核心思想是在多维桶分组时，要尽量构造尽可能多的 l 大小的分组，即优先选择含有记录数目最多的非空的桶提取记录构成分组。每次在桶中提取一条记录就将这个桶中该维取值相同的桶中的记录全部屏蔽掉，之后选择未屏蔽的桶重复进行,选出最大的且每一个维上取值都不相同的l个桶中的l个记录构成一个分组。这样就保证了 l 个桶中的记录没在同一维上，之后取消所有已经屏蔽的桶，重复进行这一分组过程，直到无法进行分组为止。对于每次剩余的记录，搜索已经构成的分组，将记录插入分组，若不破坏分组的复合敏感属性性质，则直接插入，反之则不插入，将其隐藏。

匿名发布的算法主要分以下几个步骤：

输入：$T(j+1)$，$T^*(j)$。

(1) 标记 $T(j+1)$ 中多敏感属性之间的关联性。

(2) 使用 Bucket 优先算法对原始数据表格 $T(j+1)$ 进行处理，发布第一个的匿名表格 $T^*(j+1)$。

(3) 插入记录，对原始表格 $T(j+1)$ 进行更新操作，通过 Bucket 优先算法进行处理，发布 $T^*(j+2)$。

(4) 比较 $T^*(j+1)$ 和 $T^*(j+2)$ 查找他们之间的推理通道，如果没有推理通道，则直接发布 $T^*(j+2)$，有推理通道则不能发布 $T^*(j+2)$，如果发布出去将泄露个人的隐私。

(5) 有推理通道的情况下，利用 m-不变性的思想，保证前后两次发布的原始表格中多敏感属性具有不可区分性。在候选更新集合中找到一条相似的记录插入，如果没有相似的记录，则直接插入伪元组，来保证具有 m-不变性。

输出：$T^*(j+1)$。

3.4.3 实验测试和结果分析

1. 实验环境

(1) 开发环境 Windows XP 操作系统；硬件配置为 1.7GHz 主频，2GB 内存，120GB 硬盘。

(2) 开发工具：Eclipse 6.8、SQL Server 2005。

(3) 开发语言：Java。

2. 实验数据

本实验所采用的实验数据来源于 http://www.ipums.org，其中包含美国成人数据库，是研究数据库隐私保护方面的通用数据库集合，本实验采用的数据集来源于美国成人数据库和哈尔滨医大一院数据库的组成数据。该数据库集合的大小为5MB，包含了大约20种属性。实验中实际选取了4个属性，分别是疾病、年龄、性别和医生。而对于多敏感属性选取了疾病和医生两个属性，并定义了7类疾病属性和疾病属性所对应的一系列的医生，每类都大约包含10种疾病，总共有大约70种不同的疾病属性，其中的性别、年龄、区域码都是作为QI属性，疾病和医生都是作为多敏感属性。本实验数据的详细信息如表3.13所示。

表3.13　实验采用数据集的相关描述信息

属性	性别	年龄	区域码	疾病	医生
域大小	2	100	100	50	60
类型	字符串	数字	数字	字符串	字符串

实验数据的主要来源如下：从某个医疗机构抽取100000条记录，作为一个原始数据集合。之后随机的在这100000条记录中随机抽取1000条记录作为第一次数据参与实验，再从第二次更新的表格中随机删除1000条数据，再从原始数据集合中随机抽取1000条数据，这样保证每次数据集合更新之后。数据总的条目都是100000条数据。

3. 实验结果及分析

前面主要针对动态数据集的单敏感属性和多敏感属性的隐私泄露情况进行了深入的理论分析。在综合了前人思想的基础上提出了动态数据集的多敏感属性的隐私保护的匿名方法。实验的主要目的是对数据集中的多敏感属性进行隐私保护，并对提出的算法进行评估。因为现在对动态数据隐私保护的算法比较少，所以只能从隐私保护力度、伪元组数目和隐匿的记录数目等方面测试算法的性能。

1）隐私保护度的测试

本实验采用隐私信息泄露的记录数目百分比来衡量隐私保护力度的强弱。如图3.13所示，横坐标代表数据发布的次数，纵坐标代表隐私泄露度的百分比。通过大量的实验可以看出随着发布次数的增多，隐私的泄露百分比在增加，但是隐私的泄露度在20次重发布的过程中，即使攻击者通过一定的背景知识攻击，也很难推断出一些个体的敏感信息。实验结果表明，本课题算法最坏的情况下隐私泄露不会超过6%，这个数值对于庞大的数据量来说，几乎可以忽略。该算法的隐私保护程度最高能够达到94%。表明本算法在背景知识的基础上能很好地保护个人的隐私信息，控制了隐私泄露的程度。

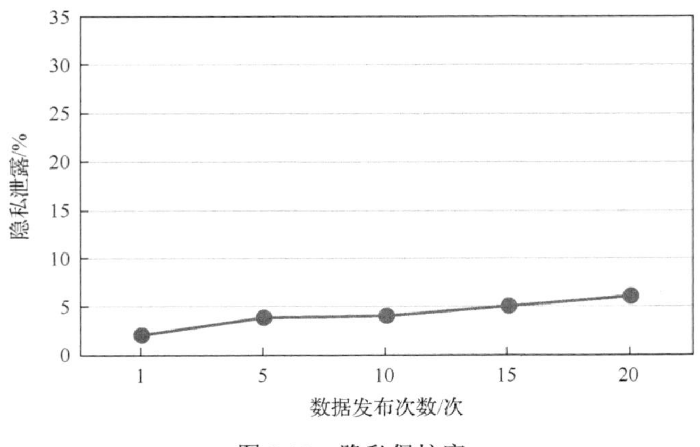

图 3.13　隐私保护度

2) 伪元组数目的测试

伪元组在真实数据中并不存在，只是人为引入。是为了满足于候选更新集合的签名而设立的。如果一个等价组中引入的伪元组数据过多的话，将会影响真实数据的真实性，不利于数据的有效性。如图 3.14 所示，横坐标代表了匿名发布的次数，在本课题中发布的次数为 20 次，纵坐标代表伪元组的个数。通过实验得出在 20 次的重发布过程中，引入的伪元组个数不会超过 25 了，和庞大的数据集合相比较是非常的小。所以说本课题的算法能达到隐私保护的要求。

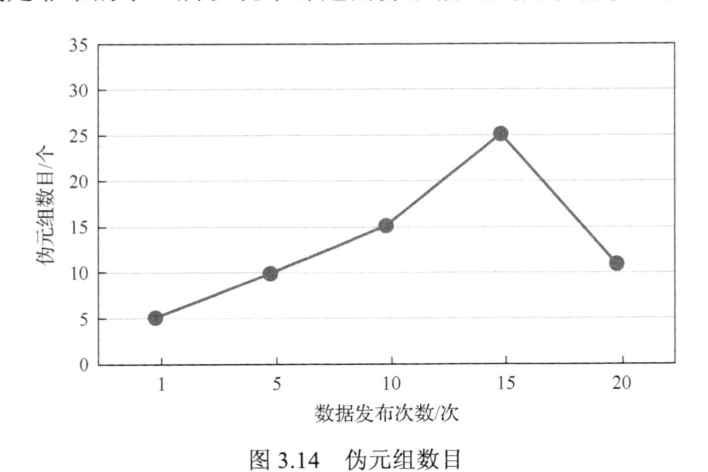

图 3.14　伪元组数目

3) 隐匿的记录数目

为了达到隐私保护的要求，在数据发布的过程中，有的时候必须要隐藏一部分记录。如图 3.15 所示，横坐标代表重发布的次数多少，纵坐标代表在数据发布过程中被屏蔽的数据条数。如果屏蔽的数据信息在重发布的过程中不予发布，将会影响到数据信息的可靠性。如果屏蔽的数据条目越多，对发布数据的真实性干扰就越大。在重发布 20 次的数据过程中，隐匿的记录个数不会超过 20 个，是非常小的。能达到隐私保护的要求。

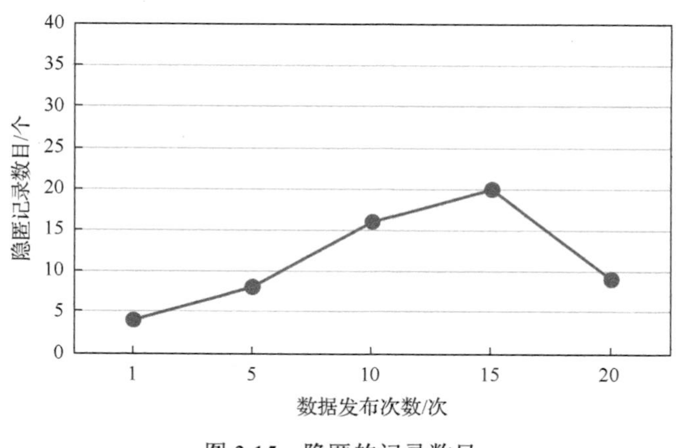

图 3.15 隐匿的记录数目

3.5 增量数据集下的隐私保护技术

现实世界中的数据往往增量更新比较常见。例如，公司不时都有新的员工加入，需要制定新的工资表，医院每天都要接待许多新的病人，为他们建立医疗记录。假设政府机构为了研究该地区的工资收入状况，需要公司每隔一定的时间提供更新后的数据；医学研究机构希望医院每隔一定时间提供更新后的数据，公司和医院就不得不考虑这样一种可能：如果每次对更新后的数据进行匿名化后再发布给政府机构和医学研究机构，政府机构和医学研究机构可能会利用多次的数据进行推理，导致隐私泄露。如果有这种可能，出于保护隐私的目的，公司和医院会倾向于只发布一次数据。那么就需要有一种方法来保护增量的匿名数据。

本节提出一种全新的方法解决了多次发布数据中造成的隐私泄露。在匿名过程中，保证了匿名数据的 k-匿名性、保证了匿名数据的 l-多样性。与此同时，多次发布的匿名数据表在攻击者的推理表中保证 k-匿名性和 l-多样性。多维数据空间索引随着维数的增加，其运行时间会成几何指数增长，运行的时间效率会非常低。本节采用空间填充曲线的方法把多维数据转换成一维数据，这样会大大降低运行时间，提高数据的索引效率。

在对多次发布表的研究中用两次发布表来研究造成隐私泄露的可能性，可以把第一次发布表用符号 T 来表示，把插入的元组表用符号 Delta T 来表示。在第二次的发布表中由两部分组成，一部分是第一次发布表中的原始记录，另一部分是插入表 Delta T 中的新纪录。图 3.16 为研究第二次发布表中可能造成隐私泄露的情况。新元组的插入使第一次发布表中的泛化元组不得不重新泛化，那么第一次发布表中的元组泛化情况有可能改变，有些元组的泛化可能改变，有些元组改变成为另外的泛化组，具体情况如图 3.16 所示。

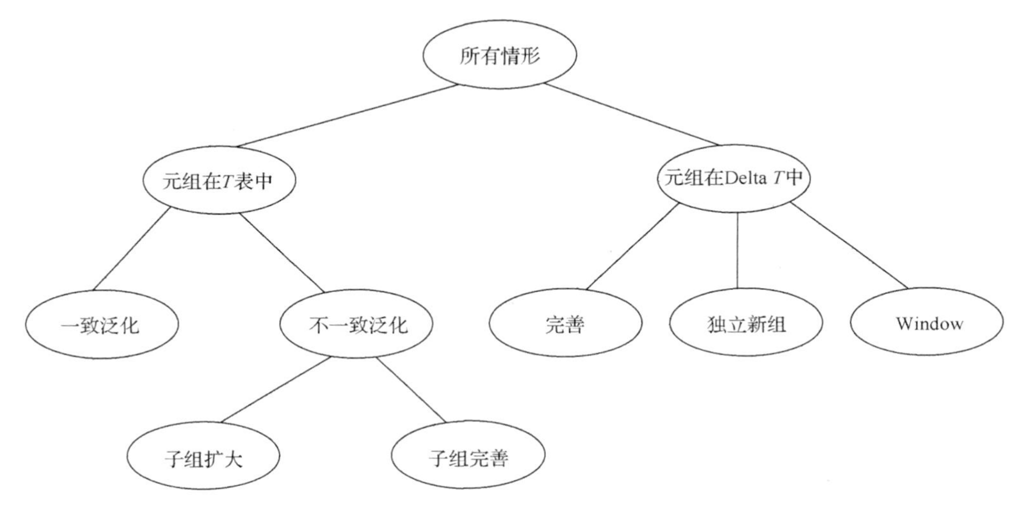

图 3.16　第二次发布表中能够造成隐私泄露情况

3.5.1　相关定义

初始表记为 T，元组记为 t。把 t 在匿名化结果 $F(T)$ 中所在的等价类记为组 $GF(T)(t)$。第一次更新记为 ΔT_1，第二次记为 ΔT_2，以此类推，原始表的匿名发布表记为 $F(T)$，第一次更新后再发布的匿名表记为 $F_1(T\cup\Delta T_1)$，第二次更新后再发布的匿名表记为 $F_2(T\cup\Delta T_2)$，以此类推。

定义 3.24（一致概化）　如果 $GF(T)(t)\subseteq GF_1(T\cup\Delta T_1)(t)$，即在 T 中与元组 t 概化到一组的那些元组和在 $T\cup\Delta T_1$ 中仍然与元组 t 概化到同一组，那么很显然，在推断表中，t 仍然满足 k-匿名性，称这样的情况为：元组 t 被一致概化。

如果元组 t 没有被一致概化，即存在元组 $t'\in GF(T)(t)$ 但 $t'\notin GF_1(T\cup\Delta T_1)(t)$，那么称 t 被不一致概化。在这种情况下，又有两种可能的子情况：加入新元组和组变换。

不一致概化的第一种情况是加入新元组，如果 $GF(T)(t)$ 仅通过吸收 ΔT 中的某些元组变成 $GF_1(T\cup\Delta T_1)(t)$，那么称 t 仅吸收新元组。加入新元组进一步细分为以下两种情况：子组扩大和子组完善。

定义 3.25(子组扩大)　新插入的元组和初始表中的元组泛化，且初始表中的元组 t 在两次发布中不在同一个泛化组，这种情况称为子组扩大。

定义 3.26(子组完善)　新插入的元组 t 在初始匿名表发布的某个泛化组的范围之内，也就是说，新插入的元组 t 的值在初始表的某个泛化区域内，称这种情况为子组完善。

定义 3.27(组改变)　不一致概化的另一种情况是组改变，初始表中的 t 在第一次泛化和第二次泛化中泛化组发生改变。称这种情况为组改变。那么 t 在推理表中将不能满足 k-匿名性。

上面分析了元组在初始表中可能的情况，下面对于仅在 ΔT 中出现的元组 t 进行分析，仅在 ΔT 中的元组在推理表中是否满足 k-匿名性完全取决于 t 在 $F_1(T \cup \Delta T_1)$ 中和哪些其他元组概化成同一组。分析出有三种可能的情况。

第一种情况是独立新组：在 ΔT 中的元组仅和 ΔT 中的元组进行泛化，那么 t 在推理表中仍然满足 k-匿名性，称这样的情况为独立新组。

第二种可能的情况是完善：在 ΔT 中的元组 t 和初始表 T 中的一些元组泛化成一组，并且这种泛化对于这些已有元组来说是一个完善的过程(与在 T 中出现元组的细化相对应)，也就是说，插入新的元组并不改变表 T 中的元组泛化组。那么 t 在推理表中仍然满足 k-匿名性，把这样的情况也称为完善。

第三种可能的情况是寡元组：t 和 T 中的一些元组概化成一组，并且对于这些已有元组来说不是完善，那么 t 可能不满足 k-匿名性，因为已有的这些元组的 k-匿名性可能已经被打破。把这种情况下的元组 t 称为寡元组。

3.5.2　匿名算法

1. 增量更新的安全匿名

通过以上的讨论，多次发布的匿名化结果可能在许多情况下会打破元组的 k-匿名性，从而导致隐私泄露。从图 3.17 可以看出，在第二次发布表中的元组由两部分组成，分别是元组在原始表中即第一次发布的元组和新插入的元组。元组是第一次发布的记录有两种可能：一种是元组的泛化组没有改变，即一致泛化；另一种是元组的泛化组改变，即不一致泛化。在不一致泛化下还有两种可能情况：第一种情况是泛化组改变和 QI 属性泛化值的改变，即子组的扩大；第二种情况是新插入元组的 QI 属性在第一次泛化组 QI 属性泛化组范围之内。

元组在新插入元组的变化情况有三种：第一种为完善具体情况和子组完善的情况相同；第二种为独立新组，就是新插入的元组和新插入的元组进行泛化；第三种情况为子组扩大，即初始表中的元组在两次发布中不在同一泛化组。

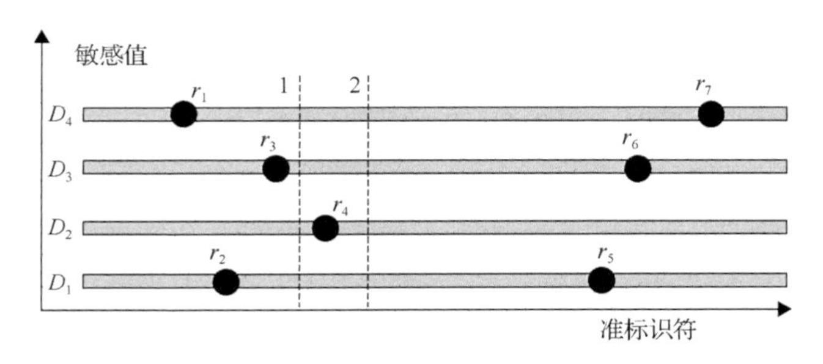

图 3.17　多样性分配算法

在插入元组进行更新匿名表而产生的各种情况中，通过多次实验分析得出：元组的一致泛化和子组的完善不会产生隐私泄露。一致泛化使得更新前后的泛化范围一致，子组的完善是新插入元组值的范围在上次匿名表中的泛化组范围内。只要能保证第一次发布表中的个人隐私情况不被泄露，那么可以肯定，在插入元组的过程中能保证上面两种情况，因此，在第二次的发布表中的个人隐私也不被泄露，并且在攻击者的推断表中的个人隐私也不被泄露。

所以在对插入新元组的匿名过程中，要保证在插入元组以后能够符合上面的两种情况即一致泛化和子组完善。这样在动态匿名中才能保证个人的隐私不被泄露。上面说的两种情况虽然能保证 QI 属性的范围值不变可能保证个人的隐私不被泄露，但是还要考虑到敏感属性的变化，如果只保证 QI 属性的范围值不变而不考虑敏感属性的变化，那么个人的隐私情况也有可能被泄露。如果在发布表中一个泛化组中敏感属性都是一样的，那么攻击者很容易就能得到某个人的隐私情况，这样就造成了个人隐私的泄露，所以不仅要考虑 QI 属性值的变化也要考虑到敏感属性的变化，这样才能保证个人的隐私不被泄露。

在上面的研究基础之上，为了能保证推断表的 k 匿名性和 l-多样性，不妨这样考虑，在原始表的匿名过程中采用 1 维 l 多样性算法，首先对原始表的多维 QI 属性通过 Hilbert 空间填充曲线转换算法转化为 1 维空间数据。在很多的空间算法研究过程中已经证明一条记录在多维空间中是相邻的，那么 Hilbert 填充空间曲线转换算法能够保证转化后的 1 维数据也是相邻的。

其次对转化后的数据进行输入，然后建造 m 个桶，其中 m 为敏感属性的个数，根据 1 维值分配到 m 域上，初始分配阶段每个组中有 1 到 m 具有不同的敏感属性的记录。接着进行两个步骤：贪心步骤和返回步骤。在贪心步骤中，分配到组中的记录具有最低的 1 维值，根据合格条件是否可以增加剩下的记录，如果 EG 满足，这个组关闭，开始建立下一个组，在边界上未分配的边缘记录并且拥有最低的 1 维值增加到 G 中，并对 EG 重估。

如果 EG 仍旧不满足，在 G 中的记录就要到返回步骤，接下来返回步骤被执行，在未分配记录中，往往敏感值边缘的 1 个记录被加入到 $GF(T)(t)$ 中，接着，EG 进行评估，如果 EG 条件不能拥有剩下的记录，那么有 $(l+1)$ th 频繁记录被频繁加入到组中，直到 $m-1$ 个。这样可以保证出现最频繁的记录能够满足 EG，所以解决方案最终也能找到。

EG: $f_1 < (f_l+f_{l+1}+\cdots+f_m)$ (c 为常数，f_i 是组 $GF(T)(t)$ 中敏感属性出现的频率数，m 为具有不同的敏感属性个数)。

在图 3.17 中记录为 r_1 到 r_7，l=3，前三条记录在 1 界线的左边，通过上面的算法，把记录 r_4 分配到了记录 r_1 到 r_3 中。如果分配到 r_5 到 r_7 中，可能产生信息损失。经过上面的算法得到最优的两个分组 (r_1, r_2, r_3, r_4) 和 (r_5, r_6, r_7)。

2. 增量更新的匿名化质量

匿名化后的数据一般是服务于各种数据分析或者数据挖掘的。研究者希望这些匿名的数据尽量真实准确，这样才能获得理想的分析和挖掘结果。此外，在某些分析中，数据的不同属性可能有不同的重要性。在现实的环境中，几乎所有的应用都希望匿名化后的数据具有良好的效用性。

要发布的原始数据表如表 3.14 所示，由于 3 维或者 3 维以上的数据不太好表示，这里用 2 维的数据举例子。

表 3.14 原始数据库表

年龄	体重	疾病
35	50	Gastritis
40	55	Diabetes
45	60	Gastritis
45	65	Pneumonia
55	65	Gastritis
60	60	Diabetes
60	55	Diabetes
65	50	Alzheimer
55	75	Diabetes
60	75	Flu
65	85	Flu
70	80	Alzheimer

在图 3.18 中年龄和体重是准标识符，疾病是敏感属性，k=4，采用 Mondrian 算法。首先把年龄分成两段 35～55 和 60～70，如图 3.18 所示。

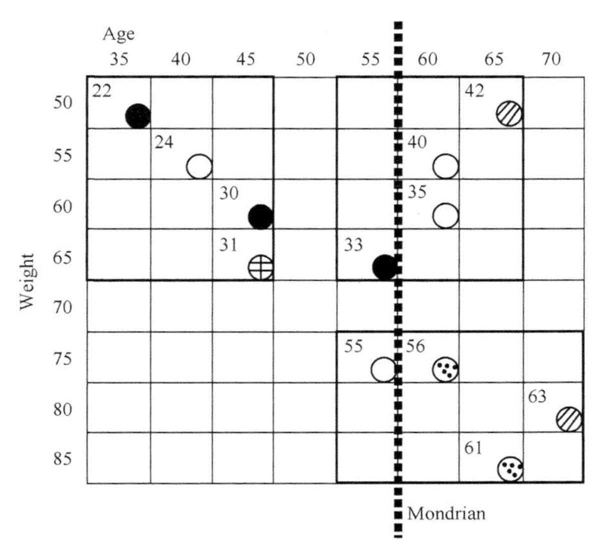

图 3.18　*k*-匿名分组

在图 3.18 中，虚线将数据分成两部分，不能再进一步划分，否则，每组的分块将少于 4 条记录。

本节采用 Hilbert 空间填充曲线方法将多维属性值转化成 1 维属性值(1-D 值)，转化成的 1 维值如表 3.15 所示。

表 3.15　原始数据库转化表

年龄	体重	疾病	1-D 值
35	50	Gastritis	22
40	55	Diabetes	24
45	60	Gastritis	60
45	65	Pneumonia	31
55	65	Gastritis	33
60	60	Diabetes	35
60	55	Diabetes	40
65	50	Alzheimer	42
55	75	Diabetes	55
60	75	Flu	56
65	85	Flu	61
70	80	Alzheimer	63

利用 1 维值可以得到 3 个分组 22～31、33～42、55～63，其中划分方法如图 3.18 黑实线框中的数据。从图 3.18 中可以看出，如果要确定某个人体重是 65kg，

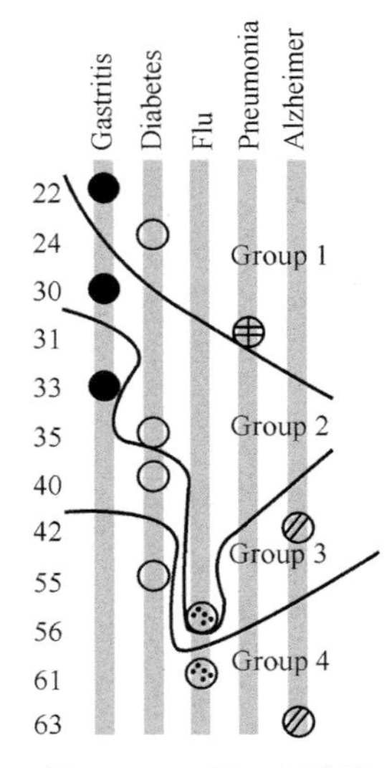

图 3.19　1 维 l 多样性

年龄是 45 岁，得 pneumonia 病的概率是 1/12。而 Mondrian 算法要确定上面的数据得到的概率是 1/40。很明显采用 Hilbert 空间填充曲线进行划分得到的数据会更精确。

采用本节的方法应用到 l 多样性上得到的结果也要比其他的方法优越。先假设 l=3，从图 3.19 中可以看到，虽然一些数据在 1 维值上是相邻的，但是它们的敏感属性很可能不一样。

根据 l=3，得到 4 个分组从图 3.20 中可以看到，采用 Mondrian 算法年龄的划分为 35～55、60～70，患有 gastritis 的患者会出现在左半个区域，那么可以确定一个分组中的敏感属性得 gastritis 的患者的概率为 3/6，那么这个概率会大于所允许的 1/3。根据这个结论可以得到年轻人和老年人得老年痴呆病的概率都为 1/2。那么医学研究者得到的分析数据将会是不准确的。

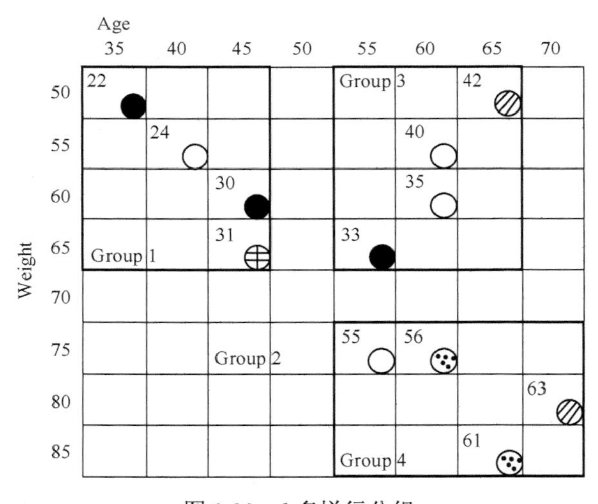

图 3.20　l-多样行分组

3.5.3　实验测试和结果分析

1. 实验环境

(1) 开发环境：Windows XP 操作系统；硬件配置为 2GHz 主频，1GB 内存，120GB 硬盘。

(2) 开发工具：Eclipse 6.8、SQL Server 2000。

(3) 开发语言：Java。

2. 实验数据

实验数据是生成的模拟数据集合。其中 QI 属性个数选为 3 个，敏感属性个数为 1 个。

表 3.16　模拟数据集

序号	属性	类型	属性个数
1	年龄	数字型	91
2	体重	数字型	76
3	性别	分类型	2
4	疾病	分类型	14

3. 测试结果及分析

本节实验主要分为两部分：第一组实验主要针对没有进行增量更新的原始数据库表发布数据在数据库大小的元组安全性、k 值变化的元组安全性，数据库大小变化的匿名运行时间，k 值变化的匿名运行时间。第二组实验主要验证针对增加数据后匿名技术在元组安全性，以及在运行时间和匿名效率上的实验性能分析。

1) 原始数据库大小变化性能实验分析

本节提出了关于增量数据隐私保护比较好的研究方法，通过实验对本节提出的方法和 Mondrian 算法(多维划分算法)进行性能评估。在进行研究之前，Mondrian 算法不论是在匿名化安全性，还是在匿名化效率和运行时间上都是最好的。本节进行了一系列在人工模拟数据上的实验来考察和评估这两个算法的效果和效率。图 3.21 显示的是原始数据库大小在不断地增加时匿名组的安全性在 k 取值为 5，l 取值为 3 时的实验结果。

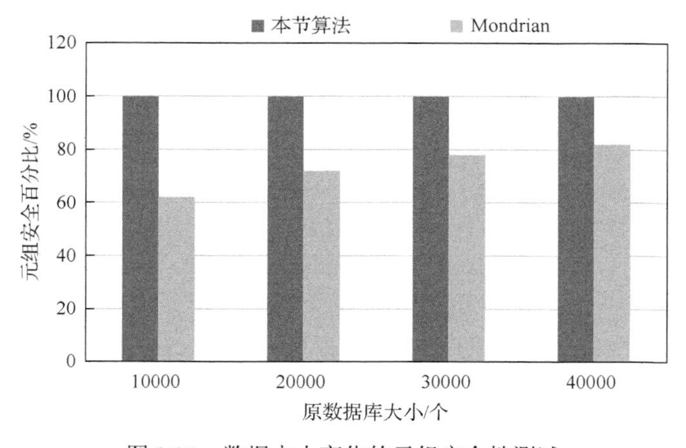

图 3.21　数据大小变化的元组安全性测试

实验分别把初始数据库从 10000 条到 40000 条记录作为研究的初始表，然后根据公式利用算法对匿名组的安全性进行了计算，实验重复了 4 次，在 k 值和 l 值不变的情况下，随着数据库大小的变化，可以得到图 3.21 所示的数据。

从图 3.21 可以看出，当给定原始数据库值增大时，本节提出的方法得到的数据随着记录数的增加而元组的安全性是不变化的，都是相对安全的，不会产生隐私泄露。而 Mondrian 算法在元组的安全性上，虽然随着原始数据库的增加而元组的安全性相对逐渐提高，但是由于原始数据库的逐渐增大，虽然元组安全百分比得到提高，但是不安全的元组个数在不断的增加。进而会影响到个人隐私的泄露。

图 3.22 给出算法的是在原始数据库不变的情况下，k 值不同时元组数据安全性变化情况。当原始数据库不变的情况下，在这里实验所用的数据个数是 20000 个，而敏感属性不同的个数 l 取 3。随着 k 值的增大，本节所提出方法的实验数据在 k 值逐渐增大的情况下，元组的安全性都是相对比较安全的，不会产生隐私泄露。而 Mondrian 算法实验数据随着 k 值的逐渐增大元组的安全性会逐渐地降低，进而可能产生隐私泄露。出现这种情况的可能原因是在 Mondrian 的方法提到了敏感属性出现的频率，而随着 k 值的增加，匿名组中的个数会逐渐地增加，本节采用 l 取值为 3，敏感属性个数值不变，所以本节的方法得出的实验结果是安全的。

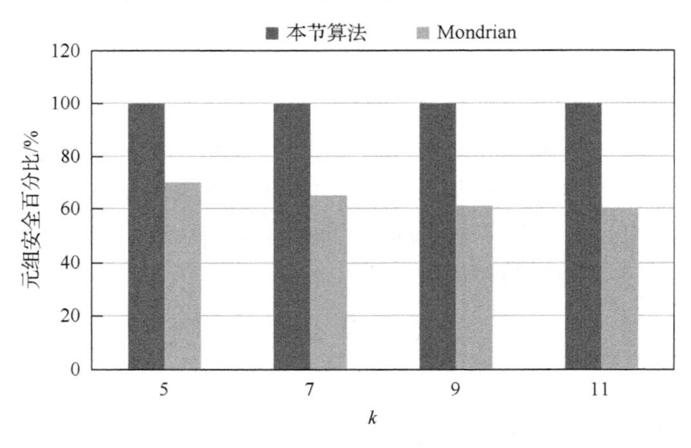

图 3.22　k 值不同的元组安全性测试

图 3.23 给出的是运行时间随着原始数据库的逐渐增大的变化曲线，在实验中把 k 值和 l 值分别设为 5 和 3。随着记录个数的逐渐增加，执行时间随之增大。这是因为记录数目增加后，泛化算法对整个表的进行符合匿名要求的判断需要更多的时间来计算和搜索符合定义的记录，因此必然会出现时间增长的情况。从图 3.23 中可以看到本节提出的方法的运行时间成线性增长方式，随着原始数据库的增大，运行时间增加的不是很大。而 Mondrian 算法在运行时间上变化比较大，基本上成几何指数增长，随着记录个数的增加，运行时间的增长会使得人们很难忍受这种

情况。出现这种情况的主要原因是本节采用 Hilbert 空间填充曲线的方法把多维数据转化为一维数据，一维数据在空间上的执行时间是线性时间，所以随着数据库的逐渐增大，其算法的执行时间增加不是很大。

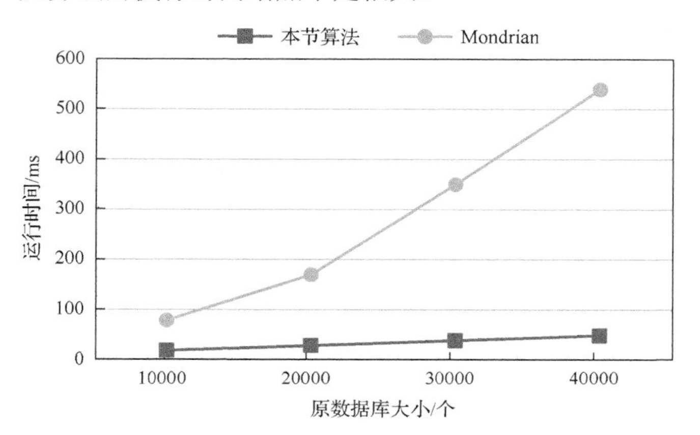

图 3.23　数据大小变化的运行时间测试

图 3.24 给出的是运行时间随着 k 的逐渐增大的变化曲线，在实验中把初始数据库和 l 值分别设为 25000 和 3。很容易看出随着 k 的逐渐增大时，执行时间随之变小。这是因为 k 值的增加使得原始数据库的分组在减少，那么就减少了对记录进行匿名判断的时间。从图 3.24 中可以看到本节提出的方法的运行时间成线性递减方式，随着 k 值的不断增加，运行的时间也在逐渐减少。而 Mondrian 算法在运行时间上要高于本节提出的方法。

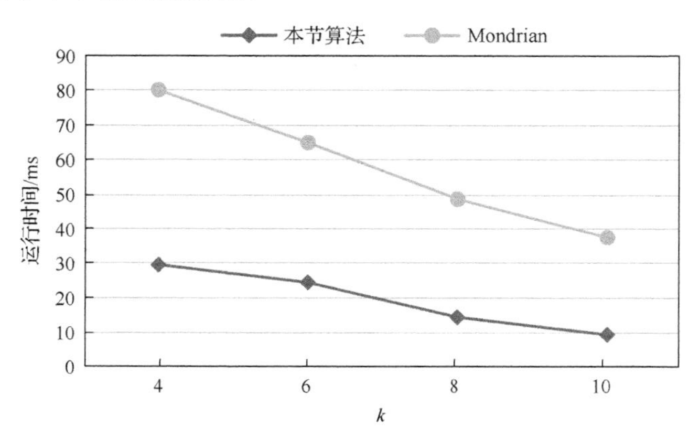

图 3.24　k 值不同的运行时间测试

2) 增量数据集的性能实验分析

这部分对增量数据集下的隐私匿名保护的元组安全性、运行时间进行实验性能分析。

实验选取 30000 条记录的原始数据库作为研究的初始表，在插入记录的时候按照从小到大进行。根据公式利用算法对匿名组的安全性进行计算，实验重复了 4 次，在 k 值和 l 值不变的情况下，随着插入数据大小的变化，可以得到图 3.25 所示的精确数据。

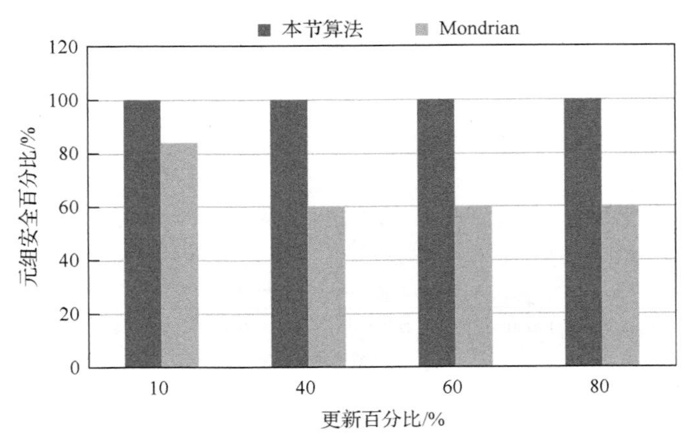

图 3.25　更新数据的安全性测试

图 3.25 为更新数据的大小变化的元组安全百分比示意图，可以看出随着插入数据的不断增大时，本节提出的方法的安全性是不变化的，不会产生隐私泄露。而 Mondrian 算法在元组的安全性上，随着插入数据的不断增大而元组的安全性相对逐渐降低，进而可能会产生隐私泄露。可见本节提出的方法在数据安全性上相对是比较安全的。

图 3.26 给出的实验是在原始数据库不变的情况下，随着插入记录个数的增加，匿名算法运行时间的变化情况。在原始数据库不变的情况下，实验所用的数据个

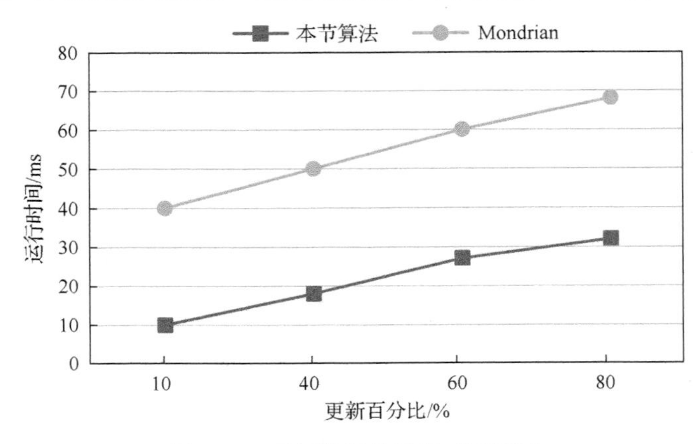

图 3.26　更新数据的运行时间测试

数是 20000 个，敏感属性不同的个数 l 为 3。随着插入数据的不断增加，本节所提出方法的实验数据在插入数据增大的情况下，匿名算法的运行时间也在逐渐增加。同样 Mondrian 算法实验数据随着插入的数据逐渐增大，其算法的运行时间也在逐渐增加。不过，可以很明显地看出本节提出的方法在运行时间上要优于 Mondrian 算法。

参 考 文 献

[1] Delugach H S, Wizard T H. A database inference analysis and detection system[J]. IEEE Transactions on Knowledge and Data Engineering, 1996, 8(1): 56-66.

[2] Yip R W, Levitt K N. Data level inference detection in database systems[C]. Proceedings of the 11th IEEE Computer Security Foundation Workshop, Rockport, 1988.

[3] Fellegi I P, Sunter A B. A theory for record linkage [J]. Journal of the American Statistical Association, 1969, 64: 1183-1201.

[4] Dey D, Sarkar S, De P. A distance-based approach to entity reconciliation in heterogeneous databases[J]. IEEE Transactions on Knowledge and Data Engineering, 2002, 14(3): 567-582.

[5] Agrawal R, Srikant R. Privacy-preserving data mining[C]. The ACM SIGMOD Conference on Management of Data, Dallas, 2000: 439-450.

[6] Evfimievski A V, Gehrke J, Srikant R. Limiting privacy breaches in privacy preserving data mining[C]. The 22th ACM SIGMOD-SIGACT-SIGART Symposium on Principles of Database Systems, San Diego, California, 2003.

[7] 李丰. 面向动态数据集重发布的隐私保护研究[D]. 上海: 复旦大学, 2009.

[8] Bayardo R, Agrawal R. Data privacy through optimal k-anonymization[J]. The 21st International Conference on Data Engineering, Tokyo, 2005.

[9] Samarati P, Sweeney L. Protecting privacy when disclosing information: K-anonymity and its enforcement through generalization and suppression[R]. Technical Report SRL-CSL-98-04, SRI Computer Science Laboratory, 1998.

[10] Skinner C, Marsh C, Openshaw S, et al. Disclosure control for census microdata[J]. Journal of Official Statistics, 1994, 10(1): 31-51.

[11] Duncan G, Feinberg S E. Obtaining information while preserving privacy: A Markov perturbation method for tabular data[C]. Proceedings of Joint Statistical Meetings, Anaheim, 1997.

[12] Domingo-Ferrer J, Mateo-Sanz J M. Practical data-oriented microaggregation for statistical disclosure control[J]. IEEE Transaction on Knowledge and Data Engineering, 2002, 14(1): 189-201.

[13] Truta T M, Fotouhi F, Jones D B. Privacy and confidentiality management for the microaggregation disclosure control method: Disclosure risk and information loss measures[C]. Proceedings of the 2003 ACM Workshop on Privacy in the Electronic Society, Washington DC, 2003.

[14] Yao A C. How to generate and exchange secrets[C]. Proceedings of the 27th IEEE Symposium on Foundations of Computer Science, Washington DC, 1986.

[15] Clifton C, Kantarcioglou M, Lin X, et al. Tools for privacy preserving distributed data mining[C]. ACM SIGKDD Explorations, New York, 2002.

[16] Machanavajjhala A, Gehrke J, Kifer D. L-diversity: Privacy beyond k-anonymity[C]. The 22nd International Conference on Data Engineering, Piscataway, 2006.

[17] Hundepool A, Willenborg L. U-argus and t-argus: Software for statistical disclosure control[C]. Proceedings of the Third International Seminar on Statistical Confidentiality, Willenborg, 1996: 156-163.

[18] Iyengar V. Transforming data to satisfy privacy constraints[C]. Proceedings of the 8th ACM SIGKDD International Conference on Knowledge Discovery and Data Mining, Edmonton, 2002: 279-288.

[19] Wang K, Yu P, Chakraborty S. Bottom-up generalization: A data mining solution to privacy protection[C]. Proceedings of the Fourth IEEE International Conference on Data Mining, Brighton, 2004: 249-256.

[20] Fung B, Wang K, Yu P. Top-down specialization for information and privacy preservation[C]. Proceedings of the 2lst International Conference on Data Engineering, Tokoyo, 2005: 205-216.

[21] LeFevre K, DeWitt D, Ramakrishnan R. Mondrian multidimensional K-anonymity[C]. Proceedings of the 22nd International Conference on Data Engineering (ICDE), Atlanta, 2006: 25-36.

[22] Wong R, Fu A, et al. (α,k)-anonymity: An enhanced k-annoymity model for privacy preserving data publishing[C]. Proceeding of the 12th ACM SIGKDD International Conference on Knowledge Discovery and Data Mining (KDD), Philadelphia, 2006.

[23] Li N H, Li T C, Venkatasubramanian S. T-closeness: Privacy beyond K-anonymity and L-diversity[C]. Proceeding of the 23th International Conference on Data Engineering, Istanbul, 2007.

[24] 王碧, 霍红卫. 基于 K-D 树的多维数据分布方法[J]. 计算机工程, 2003, 29(3): 105-107.

[25] 陈宁涛, 王能超, 陈莹. Hilbert 曲线的快速生成算法设计与实现[J]. 小型微型计算机系统, 2005, 26(10): 2-5.

[26] 李晨阳, 张杨, 冯玉才. N 维 Hilbert 编码的计算[J]. 计算机辅助设计与图形学学报, 2006, 11(8): 3-8.

[27] Zhang P, Tong Y, Tang S. Privacy preserving naive Bayes classification[C]. The 1st International Conference on Advanced Data Mining and Applications, Wuhan, 2005: 744-752.

[28] 葛伟平. 隐私保护的数据挖掘[D]. 上海: 复旦大学, 2005.
[29] 杨晓春, 刘向宇, 王斌, 等. 支持多约束的 K-匿名化方法[J]. 软件学报, 2006, 17(5): 1222-1231.
[30] Leg D, Moore A. Xmeans: Extending k-means with efficient estimation of the number of the clusters[C]. The 17th International Conference on Machine Learning, London, 2000.
[31] Li F, Zhou S.Challenging more updates: Towards anonymous re-publication of fully dynamic datasets[C]. Computing Research Repository, New York, 2008.
[32] Bu Y, Fu A, Wong R, et al. Privacy preserving serial data publishing by role composition[C]. The International Conference on Very Large Data Bases, Auckland, 2008.
[33] Xiao X, Tao Y. M-invariance: Towards privacy preserving republication of dynamic datasets[C]. International Conference on Management of data, Beijing, 2007.
[34] Jha S, Kruger L, Mcdaniel P. Privacy preserving clustering[C]. The 10th European Symposium on Research in Computer Security, Milan, 2005.
[35] Byun J W, Sohn Y, Bertino E, et al. Secure anonymization for incremental datasets[C]. International Conference on Secure Data Management, Heidelberg, 2006.
[36] LeFevre K, DeWitt D, Ramakrishnan R. Workload aware anonymization[C]. Proceedings of ACM Knowledge Discovery and Data Mining, San Francisco, 2006.
[37] Zhang Q, Kovcdas N, Srivastava D, et al. Aggregate query answering on anonymized tables[C]. Proceedings of International Conference on Data Engineering, Istanbul, 2007.
[38] Li J X, Tao Y F, Xiao X K. Preservation of proximity privacy in publishing numerical sensitive data[C]. Proceedings of ACM Conference on Management of Data, Vancouver, 2008: 4732486.
[39] Floyd R, Rivest R. Expected time bounds for selection[J]. Communications of the ACM, 1975.
[40] Zhang X L, Bi H J. Secure and effective anonymization against republication of dynamic datasets[C]. Proceedings of the 2nd International Conference on Computer Engineering and Technology, Singapore, 2010.
[41] 杨晓春, 王雅哲. 数据发布中面向多敏感属性的隐私保护方法[J]. 计算机学报, 2008, 25(6): 126-130.
[42] Zhang X L, Bi H J. Secure and effective anonymization against republication of dynamic datasets[C]. Proceedings of the 2nd International Conference on Computer Engineering and Technology, Chengdu, 2010.

第4章　面向分类挖掘的数据隐私保护技术

4.1　理 论 基 础

近几年来，随着数据库技术和网络技术的发展，许多领域都积累了大量的数据。剧增的数据背后蕴藏着丰富的知识，如何从这些数据中提取出对决策有价值的知识，成为人们关注的焦点。数据挖掘可以从数据集合中自动抽取隐藏在数据中的那些有用信息和规律，数据挖掘给人类带来巨大利益的同时，也引出了许多问题。由于被挖掘的信息或数据包含着很多个人的隐私信息，如病人的病情信息、顾客的偏好、个人背景信息等，这些信息一旦被披露就会给个人带来很大危害。因此，如何在隐私保护条件下进行数据挖掘成了数据挖掘领域的研究热点之一，隐私保护数据挖掘(privacy protect data mining，PPDM)也随之产生。

PPDM 已成了数据挖掘的一个分支，其主要目的是在严格保护个人隐私的条件下，得到准确的挖掘结果。它保护的隐私信息体现在如下两方面：第一，保护个人信息，就是在数据挖掘过程中可以直接或间接确定用户的不能泄露的特征信息；第二，保护产生模式，就是限制挖掘中部分敏感模式的产生和泄露，根据挖掘产生的结果不同，隐私保护数据挖掘大致可分为隐私保护分类数据挖掘、隐私保护关联规则挖掘、隐私保护聚类挖掘等几个方面。

4.1.1　数据挖掘

1. 数据挖掘的概念

随着全球信息化发展，人类利用信息技术收集、加工、组织、生产信息的能力也大大提高，产生了数以万计的各种类型的数据库，它们在科学研究、技术开发、生产管理、市场扩张、商业运营、政府办公等方面发挥着巨大作用。然而，随着信息量的不断增多，特别是网络信息资源的迅猛扩张，人类面临着新的挑战。如何不被堆积如山的信息所淹没？如何能够迅速地从海量信息中获取有用数据？如何能够充分提高信息的利用率？这些问题引起了许多人的思考，数据挖掘(data mining)[1, 2]技术应运而生。

数据挖掘是指从数据集合中自动抽取隐藏在数据中的有用信息的过程，这些信息的表现形式为：规则、概念、规律及模式等。它可帮助决策者分析当前数据和历史数据，并从中发现隐藏的关系和模式，进而预测未来可能发生的行为。数据挖掘的过程也叫知识发现的过程，它是一门涉及面很广的交叉性新兴学科，汇集了统计学、机器学习、数据库、模式识别、知识获取、专家系统、数据可视化和高性能计算等多种学科。数据挖掘的研究是以应用驱动的，从一诞生就带上了强烈的应用色彩。由于其本身的特点，数据挖掘应用领域包括以下方面：金融、保险业、零售业、医学、制造业、运输业、科学与工程研究。当前，数据挖掘领域还在不断地扩大，数据挖掘技术的研究与应用越来越显出强大的生命力。

2. 数据挖掘的对象和任务

数据挖掘对象主要有关系数据库、数据仓库、文本数据库、多媒体数据库等。数据挖掘的任务是从大量的数据中发现知识，知识是人类认识的成果或结晶，包括经验知识和理论知识。数据挖掘发现的知识通常是用以下形式表示：概念(concepts)、规则(rules)、规律(regularities)、模式(patterns)、约束(constraints)、可视化(visualizations)等。

比较典型的数据挖掘任务有：概念描述、分类(classification and prediction)、关联分析(association analysis)、聚类分析(clustering analysis)、孤立点分析(outlier analysis)、演变分析(evolution analysis)等。其中分类和预测挖掘是目前最活跃、研究最深入的领域。

1) 概念描述

概念描述本质上就是对某类对象的内涵特征进行概括。一个概念常常是对一个包含大量数据的数据集合总体情况的概述。例如，对一个商店所售电脑基本情况的概括是所售电脑基本情况的一个整体概念(如 PIV 兼容机)。对含有大量数据的数据集合进行概述性的总结并获得简明、准确的描述，这种描述就称为概念描述。概念描述分为特征描述和区别描述。前者描述某类对象的共同特征，后者描述不同类对象之间的区别。

2) 分类和预测

分类是数据挖掘的一个重要的目标和任务。目前分类数据挖掘的研究在商业上应用比较广泛。分类就是对数据的过滤、抽取、压缩及概念提取等。分类的目的是构造一个分类函数或分类模型(也常常称作分类器)。数据挖掘是从数据中挖掘知识的过程，因此要构造这样一个分类器，这种类知识也必须来自数据，即需要有一个训练样本数据作为输入。分类器的作用就是能够根据数据的属性将数据分派到不同的组中，即分析数据的各种属性，并找出数据的属性模型，确定哪些数据属于哪些组。这样我们就可以利用该分类器来分析已有的数据，并预测新数据将属于哪一个组，即数据对象的类标记，然而，在某些应用中，人们可能希望预测某些空缺的或不知道的数据值，而不是类标记。当被预测的是数值数据时，通常称之为预测。分类模式可以采用多种形式表示，如分类(IF-THEN)规则、数学公式或神经网络。可以应用于分类知识挖掘的一些有代表性的分类技术有决策树、贝叶斯分类、神经网络分类、遗传算法、类比学习和案例学习，以及粗糙集和模糊集等方法。分类应用的实例很多，例如，我们可以将银行网点分为好、一般和较差三种类型，并以此分析这三种类型银行网点的各种属性，特别是位置、盈利情况等属性并决定它们分类的关键属性及相互间的关系。此后就可以根据这些关键属性对每一个预期的银行网点进行分析，以便决定预期银行网点属于哪一种类型。

3) 关联分析

从广义上讲，关联分析是挖掘数据项之间的本质联系。既然数据挖掘的目的是发现潜藏在数据背后的知识，那么这种知识一定反映了不同对象之间的关联，是数据项之间关联及其程度的刻画。关联知识反映一个事件和其他事件之间的依赖或关联。数据库中的数据一般都存在着关联关系，也就是说，两个或多个变量的取值之间存在某种规律性。数据库中的数据关联是现实世界中事物联系的表现。数据库作为一种结构化的数据组织形式，其依附的数据模型可能刻画了数据间的关联。但是，数据之间的关联是复杂的，有时是隐含的。关联分析的目的就是找出数据库中隐藏的关联信息。这种关联信息有简单关联、时序关联、因果关联、数量关联等。这些关联并不总是事先知道的，有时是通过数据库中数据的关联分析获得的，因而对商业决策具有新价值。简单关联，例如，购买面包的顾客中有90%的人同时购买牛奶。时序关联，例如，若AT&T股票连续上涨两天且DEC股票不下跌，则第三天IBM股票上涨的可能性为75%。它在简单关联中增加了时间属性。关联规则挖掘是关联知识发现的最常用方法。为了发现有意义的关联规则，需要给定两个阈值：最小支持度(minimum support)和最小可信度(minimum confidence)。挖掘出的关联规则必须满足用户规定的最小支持度，它反映了一组项目关联在一起需要满足的最低联系程度。挖掘出的关联规则也必须满足用户规定的最小可信度，它反映了一个关联规则的最低可靠度。在这个意义上，数据挖掘系统的目的就是从数据库中挖掘出满足最小支持度和最小可信度的关联规则。关联规则的研究和应用是数据挖掘中最活跃的分支，学者已经提出了许多关联规则挖掘的理论和算法。

4) 聚类分析

一般把学习算法分成有导师和无导师学习两种方式，主要区别是有没有类信息作为指导。聚类是典型的无导师学习算法，一般用于自动分类。数据挖掘的目标之一就是进行聚类分析。聚类就是将数据对象分组，成为多个类或簇，同一类中的对象具有较高的相似度，而在不同类中的对象差别较大。一般情况下，聚类分析不要求训练数据提供类标记，聚类可以用于产生这种标记。聚类按照某个特定标准(通常是某种距离)最终形成的每个类，在空间上都是一个稠密的区域，所形成的每个类可以导出规则。通过聚类技术可以把数据划分为一系列有意义的子集，进而实现对数据的分析。例如，一个商业销售企业可能关心哪些(同类)客户对制定的促销策略更感兴趣。聚类分析与分类和预测不同，前者总是在类标识下寻求新元素属于哪个类，而后者通过对数据的分析比较生成新的类标识。聚类分析生成的类标识(可能以某种容易理解的形式展示给用户)刻画了数据所蕴含的类知识。当然，数据挖掘中的分类和聚类技术都是在已有的技术基础上发展起来的，它们互有交叉和补充。聚类技术主要以统计方法、机器学习、神经网络等方法为基础，常用的聚类算法有基于划分、层次、密度、网格和模型的五大类聚类算法。作为统计学的一个重要分支，聚类分析有很广泛的应用，包括市场或客户分割、模式识别、生物学研究、空间数据分析、互联网文档分类等。

5)孤立点分析

一个数据库中的数据一般不可能都符合分类预测或聚类分析所获得的模型。那些不符合大多数数据对象所构成的规律或模型的数据对象就被称为孤立点。在数据挖掘正常类知识时，通常总是把它们作为噪声来处理。因此以前许多数据挖掘方法都在正式进行数据挖掘之前就将这类孤立点数据作为噪声或者意外而将其排除在数据挖掘的分析处理范围之外。然而在一些应用场合中，如信用欺诈、入侵检测等小概率发生的事件往往比经常发生的事件更有挖掘价值。因此当人们发现这些数据可以用于欺诈检测、异常监测等方面时，这些数据是非常有价值的。

6)Web 挖掘

Internet 是一个巨大、分布广泛、全球性的信息服务中心。近年来，Internet 正以令人难以置信的速度飞速发展，越来越多的机构、团体和个人在 Internet 上发布信息、查找信息。虽然 Internet 上有海量数据，但是由于 Web 是无结构的、动态的，并且 Web 页面的复杂程度远远超过了文本文档，人们想要找到自己想要的数据犹如大海捞针。信息检索界面开发了许多搜索引擎，但其覆盖率有限，另外，不能针对有不同的兴趣的特定用户给出特殊的服务，因此不具有个性化。不仅 Internet 涉及新闻、广告、消费信息、金融管理、教育、政府、电子商务和许多其他信息服务，而且网页还包含了丰富和动态的链接信息，以及网页页面的访问和使用信息，这为数据挖掘提供了丰富的资源。解决上述问题的一个途径，就是将传统的数据挖掘技术和 Web 结合起来，进行 Web 挖掘。Web 挖掘一般的定义为：从与 Web 相关的资源和活动中抽取感兴趣的、潜在的、有用的模式和潜藏的信息。Web 挖掘可以广泛用于各种应用，包括对搜索引擎的结构进行挖掘、确定权威页面、Web 文档分类、Web Log 挖掘、智能查询等。

3. 数据挖掘的基本过程

数据挖掘是从大量数据中抽取未知的、有价值的模式或规律等知识的复杂过程。简单地说，一个典型的数据挖掘过程可以分成四个阶段，即数据预处理、数据挖掘、模式评估及知识表示。数据预处理阶段主要包括数据的整理、数据中的噪声及空缺值处理、属性选择和连续属性离散化等。数据挖掘包括挖掘算法的选择和算法参数的确定等。模式评估是对得到的模式进行评价、训练和测试。这三个阶段是循环往复的过程，直到得到用户满意的模式为止。数据挖掘过程是交互的，需要用户(特别是领域专家)的参与。

数据挖掘具体过程如图 4.1 所示。

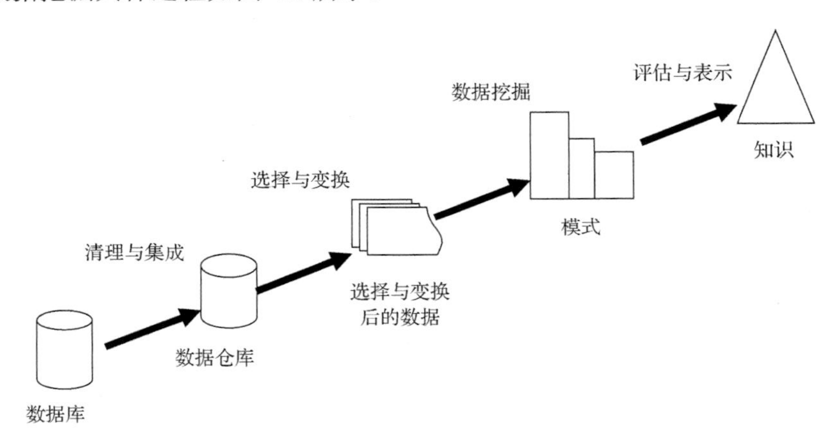

图 4.1　数据挖掘流程

1) 问题定义及确立对象

进行数据挖掘，必须对应用领域进行分析，包括应用的知识和应用目标。问题定义能了解相关领域的情况、熟悉背景知识及弄清用户要求。要充分发挥数据挖掘的价值，必须对目标有清晰明确的定义，否则很难得到正确的结果。

在开始认识发现之前最先也是最重要的要求就是了解数据和业务问题。挖掘的最终结构是不可预测的，但是要探索的问题是应该有预见的。

2) 数据挖掘库的建立

建立数据挖掘库，可分成如下几个部分：数据收集、数据描述、选择、数据质量评估和数据清理、合并与整合、构建元数据、加载数据挖掘库、维护数据挖掘库。

数据挖掘库的建立首先要搜索与业务对象有关的内部及外部数据，并从中选择出适用于数据挖掘应用的数据；然后研究数据的质量，为进一步的分析做好准备；然后确定要进行挖掘操作的类型；然后将数据转换成一个针对挖掘算法建立的分析模型，建立一个真正适合挖掘算法的分析模型是数据挖掘成功的关键。一般来说，直接在数据仓库上进行挖掘是不合适的，最好能建立一个独立的数据集。

3）数据分析

数据分析的目的就是找到对预测输出影响最大的数据字段，并决定是否需要定义导出字段。

4）准备数据

数据准备包括所有从原始的未加工的数据构造最终分析数据集的活动。这是建立模型之前的最后一步数据准备工作。可分成四个部分：选择变量、选择记录、创建新变量、转换变量。

5）建立模型

建立模型阶段主要是选择和应用各种建模技术。在明确建模技术和算法后需要确定模型参数和输入变量。模型参数包括类的个数和最大迭代步数等。对建立模型来说要记住的最重要的事是它是一个反复的过程。需要仔细考察不同的模型以判断哪个模型对你的商业问题最有用。为了保证得到的模型具有较好的精确度和健壮性，需要一个定义完善的“训练—验证”协议，有时也称此协议为带指导的学习。验证方法主要分为：简单验证法、交叉验证法、自举法。

6）模型评价

对产生的模型结果需要进行对比验证、准确度验证、支持度验证等检验以确定模型的价值。在这个阶段需要引入更多层面和背景的用户进行测试和验证，通过对几种模型的综合比较产生最后的优化模型。

模型评估阶段需要对数据挖掘过程进行一次全面的回顾，从而决定是否存在重要的因素或任务由于某些原因而被忽视，此阶段关键目的是发现是否还存在一些重要的商业问题仍未得到考虑。验证模型是处理过程中的关键步骤，可以确定是否成功地进行了前面的步骤。模型的验证需要利用未参与建模的数据进行，这样才能得到比较准确的结果。可以采用的方法有：直接使用原来建立模型的样本数据进行检验，或另找一批数据对其进行检验，也可以在实际运行中取出新的数据进行检验。检验的方法是对已知客户状态的数据利用模型进行挖掘，并将挖掘结果与实际情况进行比较。在此步骤中若发现模型不够优化，还需要回到前面的步骤进行调整。

7）知识表示

数据挖掘的结果一般表现为模式，而且这种模式必须能被用户理解。模式可以看作是我们所说的知识，它给出了数据的特性或数据之间的关系，是对数据包含信息抽象的描述。因此模式可以是一组规则、聚类、决策树或者其他方式表示的知识，如“学习刻苦并且善于思考的学生成绩都非常优秀”。

在理解数据挖掘具体过程的同时，我们还应该注意下面几点。

(1) 数据挖掘只是整个挖掘过程中的一个重要阶段。

(2) 数据挖掘的质量不仅取决于所选用的数据挖掘技术，还取决于用于挖掘数据的数量和质量，如果选择了错误的数据或不适当的数据，或者对数据进行了不适当的转换，则挖掘结果不会准确。

(3) 整个挖掘过程是一个不断反馈的过程。例如，用户在挖掘过程中查出选择的数据不太满意，或者使用的挖掘技术没有产生期望的结果，这时，用户需要重复以上的过程，甚至重新开始。

(4) 可视化技术在数据挖掘的每个阶段都起着重要的作用。例如，在数据预处理阶段，可以使用直方图、点图等统计可视化技术来显示有关数据，以便对数据有一个初步的了解，从而为更好地选取数据打下基础；在数据挖掘阶段，则需要使用与领域问题有关的可视化工具；在结果表示阶段，则可能要用到可视化技术以便发现的知识更易于理解等。

4.1.2 分类数据挖掘

分类数据挖掘是数据挖掘的主要类型，决策树是分类挖掘最常用的分类器，所以采用决策树分类的隐私保护方法已经成为近年来数据挖掘领域的热点。

分类挖掘 (classification mining) 就是找出一组能够描述数据集合典型特征的模型(或函数)，以便能够分类识别未知数据的归属或类别 (class)。

数据挖掘涉及的学科领域很多，根据任务的不同有多种分类方法，其中分类数据挖掘是最常用的一种。在分类数据挖掘中，常见的分类算法有：决策树分类[3]、贝叶斯分类、*K* 近邻 (KNN) 分类[4]、SVM 分类、VSM[5]分类、神经网络分类等，其中决策树分类和贝叶斯分类最为典型。

1. 决策树分类

决策树是一种树型结构的分类方法。它能看作一棵树的预测模型，树的根节点是整个数据集合空间，每个分节点是一个分裂，它是对一个单一变量的测试，该测试将数据集合空间分割成两个或更多块，每个叶节点是带有分类的数据分割。决策树也可解释成一种特殊形式的规则集，其特征是规则的层次组织关系。决策树算法主要是用来学习以离散型变量作为属性类型的学习方法。连续型变量必须离散化才能被学习。一棵决策树的内部节点是属性或属性的集合，叶节点就是所要学习划分的类，内部节点的属性称为测试属性。经过一批实例训练集的训练产生一棵决策树，决策树可以根据属性的取值对一个未知实例集进行分类。使用决策树对实例进行分类的时候，由树根开始对该对象的属性值逐渐测试，并且顺着分支向下走，直至到达某个叶节点，此叶节点代表的类为该对象所处的类。

2. 贝叶斯分类

贝叶斯分类算法是统计学分类方法，它是一类利用概率统计知识进行分类的算法。在许多场合，朴素贝叶斯[6](naive Bayes，NB)分类算法可以与决策树和神经网络分类算法相媲美，该算法能运用到大型数据库中，且方法简单、分类准确率高、速度快。由于贝叶斯定理假设一个属性值对给定类的影响独立于其他属性的值，而此假设在实际情况中经常是不成立的，因此其分类准确率可能会下降。于是就出现了许多降低独立性假设的贝叶斯分类算法，如 TAN(tree augmented Bayes network)算法。

1)朴素贝叶斯算法

设每个数据样本用一个 n 维特征向量来描述 n 个属性的值，即 $X=\{x_1, x_2, \cdots, x_n\}$，假定有 m 个类，分别用 $C_1, C_2,\cdots, C_m$ 表示。给定一个未知的数据样本 X(即没有类标号)，若朴素贝叶斯分类法将未知的样本 X 分配给类 C_i，则一定是 $P(C_i|X)>P(C_j|X)$，其中：$1\leqslant j\leqslant m$，$j\neq i$。根据贝叶斯定理可知，由于 $P(X)$ 对于所有类为常数，最大化后验概率 $P(C_i|X)$ 可转化为最大化先验概率 $P(X|C_i)P(C_i)$。如果训练数据集有许多属性和元组，计算 $P(X|C_i)$ 的开销可能很大，为此，通常假设各属性的取值互相独立，这样先验概率 $P(x_1|C_i)$，$P(x_2|C_i)$，…，$P(x_n|C_i)$ 可以从训练数据集求得。

根据此方法，对一个未知类别的样本 X，可以先分别计算出 X 属于每一个类别 C_i 的概率 $P(X|C_i)P(C_i)$，然后选择其中概率最大的类别作为其类别。

朴素贝叶斯算法成立的前提是各属性之间相互独立。当数据集满足这种独立性假设时分类的准确度较高，否则可能较低。另外，该算法没有分类规则输出。

2)TAN 算法

TAN 算法通过发现属性对之间的依赖关系来改进任意属性之间独立的 NB 算法。它是在 NB 网络结构的基础上增加属性对之间的关联(边)来实现的。

实现方法是：用节点表示属性，用有向边表示属性之间的依赖关系，把类别属性作为根节点，其余所有属性都作为它的子节点。通常，用虚线代表 NB 所需的边，用实线代表新增的边。

这些增加的边需满足下列条件：类别变量没有双亲节点，每个属性有一个类别变量双亲节点和最多另外一个属性作为其双亲节点。

找到这组关联边之后，就可以计算一组随机变量的联合概率分布。由于在 TAN 算法中考虑了 n 个属性中 $(n-1)$ 个两两属性之间的关联性，该算法对属性之间独立性的假设有了一定程度的降低，但是属性之间可能存在更多其他的关联性仍没有考虑，因此其适用范围仍然受到限制。

下面给出一个垃圾邮件和非垃圾邮件分类的过程，主要有以下 7 个步骤：

(1) 收集大量的垃圾邮件和非垃圾邮件，建立垃圾邮件集和非垃圾邮件集。

(2) 提取邮件主题和邮件中的独立字符串，如 ABC32、￥234 等作为 TOKEN 串并统计提取出的 TOKEN 串出现的次数即字频。按照上述的方法分别处理垃圾邮件集和非垃圾邮件集中的所有邮件。

(3) 每一个邮件集对应一个哈希表，hashtable_good 对应非垃圾邮件集而 hashtable_bad 对应垃圾邮件集。表中存储 TOKEN 串到字频的映射关系。

(4) 计算每个哈希表中 TOKEN 串出现的概率 P=某 TOKEN 串的字频/对应哈希表的长度。

(5) 综合考虑 hashtable_good 和 hashtable_bad，推断出当新来的邮件中出现某个 TOKEN 串时，该新邮件为垃圾邮件的概率。数学表达式为式(4-1)。A 事件的邮件为垃圾邮件；$t_1, t_2, \cdots, t_n$ 代表 TOKEN 串，则 $P(A|t_i)$ 表示在邮件中出现 TOKEN 串 t_i 时，该邮件为垃圾邮件的概率。设 $P_1(t_i)=$(t_i 在 hashtable_good 中的值)，$P_2(t_i)=$(t_i 在 hashtable_bad 中的值)则

$$P(A|t_i)=P_2(t_i)/[(P_1(t_i)+P_2(t_i)] \tag{4-1}$$

(6) 建立新的哈希表 hashtable_probability 存储 TOKEN 串 t_i 到 $P(A|t_i)$ 的映射。

(7) 至此，垃圾邮件集和非垃圾邮件集的学习过程结束。根据建立的哈希表 hashtable_probability 可以估计一封新到的邮件为垃圾邮件的可能性。

3. KNN 分类

KNN 即 K 最近邻分类法最初由 Cover 和 Hart 于 1968 年提出，是一个理论上比较成熟的方法。该方法基于类比学习，是一种非参数的分类技术，它在基于统计的模式识别中非常有效，并对未知和非正态分布可取得较高的分类准确度，具有鲁棒性、概念清晰等优点。该方法的思路非常简单直观：如果一个样本在特征空间中的 k 个最相似(即特征空间中最邻近)的样本中的大多数属于某一个类别，则该样本也属于这个类别。该方法在定类决策上只依据最邻近的一个或几个样本的类别来决定待分样本所属的类别。KNN 方法虽然从原理上也依赖于极限定理，但在类别决策时，只与极少量的相邻样本有关。因此，采用这种方法可以较好地解决样本的不平衡问题。另外，KNN 方法主要靠周围有限邻近的样本，而不是靠判别类域的方法来确定所属的类别，因此对于类域的交叉或重叠较多的待分样本集来说，KNN 方法更为适合。该方法的不足之处是计算量较大，因为对每一个待分类的文本都要计算它到全体已知样本的距离，才能求得它的 k 个最近邻点。目前常用的解决方法是事先对已知样本点进行剪辑，事先去除对分类作用不大的样本。另外还有一种 Reverse KNN，能降低 KNN 算法的计算复杂度，提高分类的效

率。该算法比较适用于样本容量较大的类域的自动分类，而那些样本容量较小的类域采用这种算法容易产生错误分类。

4. SVM 分类

支持向量机(support vector machine)法是一种二分法的分类算法，由 Vapnik 等于 1995 年提出，具有相对优良的性能指标。该方法是建立在统计学习理论基础上的机器学习方法。通过学习算法，SVM 可以自动寻找出那些对分类有较好区分能力的支持向量，由此构造出的分类器可以使类与类的间隔最大化，因而有较好的适应能力和较高的分类准确率。该方法的分类结果由边界样本的类别决定支持向量机算法的目的在于寻找一个超平面 $H(d)$，该超平面可以将训练集中的数据分开，且与类域边界沿垂直于该超平面方向的距离最大，故 SVM 法亦被称为最大边缘算法。待分样本集中的大部分样本不是支持向量，移去或减少这些样本对分类结果没有影响，SVM 法对小样本情况下的自动分类有着较好的分类结果。

5. VSM 分类

VSM 法即向量空间模型(vector space model)法，由 Salton 等于 20 世纪 60 年代末提出。这是最早也是最出名的信息检索方面的数学模型。其基本思想是将文档表示为加权的特征向量：$D=(T_1, W_1; T_2, W_2; T_n, W_n)$，然后通过计算文本相似度的方法来确定待分样本的类别。当文本被表示为空间向量模型时，文本的相似度就可以借助特征向量之间的内积来表示。在实际应用中，VSM 法一般事先依据语料库中的训练样本集和分类体系建立类别向量空间。当需要对一篇待分样本进行分类的时候，只需要计算待分样本和每一个类别向量的相似度即内积，然后选取相似度最大的类别作为该待分样本所对应的类别。由于 VSM 法中需要事先计算类别的空间向量，而该空间向量的建立又在很大程度上依赖于该类别向量中所包含的特征项。根据研究发现，类别中所包含的非零特征项越多，其包含的每个特征项对于类别的表达能力越弱。因此，VSM 法相对其他分类方法而言，更适合于专业文献的分类。

6. 神经网络分类

神经网络分类算法的重点是构造阈值逻辑单元，每个值的逻辑单元是一个对象，它可以输入一组加权系数的量，对它们进行求和，如果这个和达到或者超过了某个阈值，输出一个量。如有输入值 $X_1, X_2, \cdots, X_n$ 和它们的权系数 $W_1, W_2, \cdots, W_n$，求和计算出的 X_iW_i，产生了激发层 $a=(X_1W_1)+(X_2W_2)+\cdots+(X_iW_i)+\cdots+(X_nW_n)$，其中 X_i 是各条记录出现的频率或其他参数，W_i 是实时特征评估模型中得到的权系数。神经网络是基于经验风险最小化原则的学习算法，有一些固有的缺陷，如层数和神经元个数难以确定、容易陷入局部极小，还有过学习现象，这些本身的缺陷在 SVM 算法中可以得到很好的解决。

4.1.3 隐私保护数据挖掘

1. 隐私保护数据挖掘产生

早在 1998 年，Cavoukian 发表了一篇题为《数据挖掘：以破坏隐私为代价》的报告，该报告剖析了数据挖掘和隐私的关系，指出数据挖掘中的个人隐私问题可能是未来 10 年所要面对的“最根本的挑战”，从那时起隐私问题就成为让数据挖掘窘迫的雷区。当前，世界各国纷纷重视信息中隐私权保护的问题，各国根据自己的国情构建了“立法规制”和“行业自律”这两类模式。立法规制为主导的模式可以为个人数据的收集、储存、处理、传输和使用建立一套完整的行为规范，从而有效地遏制侵害个人隐私权的行为。但是僵化的立法可能束缚网络经济的发展，妨碍技术的进步，挫伤行业发展的积极性。行业自律为主导的模式可以给网络和电子商务的发展营造一个比较宽松的环境，制定比较宽松的政策，减少对行业发展的限制，调动行业发展的积极性，从而对信息业的发展起到促进的作用。但是由于其缺乏有利的执行措施和保障手段，没有强制力，所以难以使个人信息隐私的保护收到实效。后来许多专业人士尝试从技术角度分析解决个人信息隐私保护问题的现状和可行性。

在 2000 年，Agrawa 等[7]为了保护顾客的隐私提出隐私保护数据挖掘的新算法，Chris 等合作研究了分布式数据挖掘来保护信息用户的隐私权。后来，随着信息技术飞速发展及隐私权不断扩展，隐私保护的数据挖掘成为数据挖掘领域的一个研究热点，它是数据挖掘与隐私保护技术的有机结合，在保证隐私信息的前提下，进行的数据挖掘技术是融合了人工智能、数据库技术、模式识别技术、统计学与数据可视化等多个相关领域的一门交叉性学科。并随着研究的不断深入及大量相关技术的出现，隐私保护数据挖掘的内容将变得更加丰富，应用将更加广泛。

隐私保护数据挖掘是一种新形式的数据挖掘技术，与传统的数据挖掘过程相比在各个部分均有所不同。在数据选择部分，对原始数据进行相关处理，剔除或隐藏其中带个人隐私信息的数据；在数据预处理部分，对收集到的数据进行变换处理(如重构原始数据的分布或统计特征)，以便得到适合挖掘的信息；在数据挖掘部分，使用隐私保护技术对挖掘算法进行改进，以便在保护隐私的条件下顺利完成数据挖掘任务。

2. 隐私保护数据挖掘的分类

目前，隐私保护方法层出不穷，隐私保护数据挖掘算法的不同主要体现在下面五个方面：数据分布方式、数据修改方法、数据挖掘算法、隐私保护的对象和隐私保护技术。

1) 数据的分布方式

隐私保护数据挖掘基于的数据分布类型有两种：一种是集中式分布数据，它是数据集集中在一个站点；另一种是分布式。分布式又可分为水平分布[5, 6]和垂直分布[7, 8]。水平分布指数据按照记录分布在两个不同的站点(图 4.2)，垂直分布指数据按照属性分布在两个站点，每个站点各自拥有部分属性(图 4.3)。

全局数据集

姓名	脑瘤	糖尿病	手机型号	电池型号

1#医院数据库

姓名	脑瘤	糖尿病	手机型号	电池型号
张三	有	有	5503	Li/Lon
…	…	…	…	…
李四	无	有	5503	Li/Lon

2#医院数据库

姓名	脑瘤	糖尿病	手机型号	电池型号
王五	有	有	5503	Li/Lon
…	…	…	…	…
赵六	无	有	5421	非Li/Lon

图 4.2　水平分布

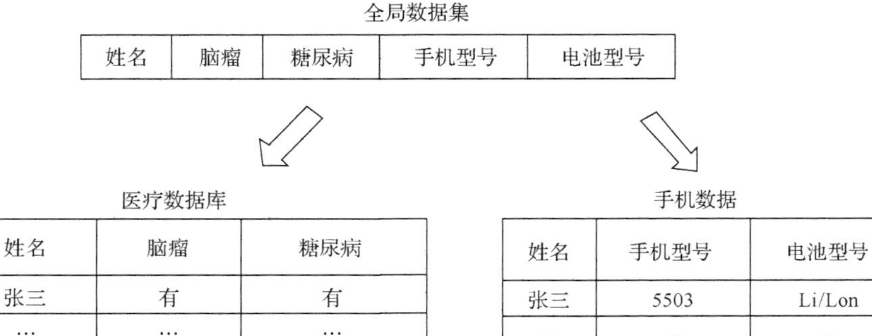

图 4.3　垂直分布

2) 数据修改方法

数据修改方法是指根据隐私保护要求，在发布数据之前，对原始数据进行适当的修改，以达到保护这些数据的目的。现有隐私保护数据挖掘算法采用的数据修改方法主要有以下几种：按不可倒推的方法修改数据为一个新值，用“?”来替代存在的值，以便保护敏感数据和规则；合并或抽象详细数据为更高层次的数据；对数据进行抽样。

3) 数据挖掘算法

根据挖掘出知识或模式的不同，隐私保护数据挖掘算法可分为：分类、关联规则、聚类、序列分析及异常检测等类型。

4) 隐私保护的对象

隐私保护挖掘算法保护的对象有两种：一种是保护敏感的原始数据，另一种是保护挖掘出来的敏感规则。保护敏感规则比保护敏感原始数据的层次要高，通过保护敏感规则，同样可以保护重要的原始数据。

5) 隐私保护技术

隐私保护技术即修改数据所采用的技术，目前隐私保护技术主要有重建技术、随机响应技术、随机数据扰乱技术、安全多方计算、安全标量积协议、不经意求值协议、启发式技术、交换加密技术、基于旋转的等距变换技术[26-29]等。

3. 隐私保护数据挖掘研究现状

隐私保护数据挖掘在数据挖掘领域成了研究热点，挖掘分析方式有两种：一种是集中式分布；另一种是分布式分布，分布式分布又分为垂直分布和水平分布。

1) 基于集中分布数据的隐私保护数据挖掘

目前，集中分布隐私保护数据挖掘采用的隐私保护技术主要有重建技术、随机响应技术、随机扰动技术、启发式技术、基于旋转的等距变换技术等。

Agrawal[7]提出了一种用于保护隐私的分类挖掘算法。该算法，采用重建技术，通过加随机偏移量的方法对原始数据进行变换，然后利用贝叶斯公式来推导原始数据的密度函数来重建判定树，该算法挖掘数据分布方式是集中式分布。

该算法的主要思想是把单个节点的原始值$x_1, x_2, \cdots, x_n$看作是n个具有相同分布的独立随机变量$X_1, X_2, \cdots, X_n$的值，随机变量$X_1, X_2, \cdots, X_n$具有相同的分布，密度函数是F_x。真实提供给系统的数据是x_1+y_1, $x_2+y_2, \cdots$, x_n+y_n，其中y_i是加入的噪声数据，对应随机变量Y_i的值，Y的密度函数是F_y(均值为0的正态分布或者均匀分布)。对于挖掘算法，已知x_i+y_i和F_y，要推断出X_i的取值，才能进行挖掘计算。重构X_i的主要思路是，利用贝叶斯规则迭代进行近似估算F_x。

Rizvi[8]利用伯努利概率模型提出了 MASK 的隐私保护布尔关联规则挖掘算法。该算法采用重建技术，隐私保护的对象是数据，算法的数据分布方式是集中式分布。

Evfimievski[9]提出了一种基于随机重建技术的隐私保护关联规则挖掘算法。适用于集中式数据分布，采用“select-a-size”和“cut-and-paste”的随机运算符来变换原始数据，此随机运算符比统一随机化方法更为安全地保护隐私信息，降低了从随机化数据推出原始数据的概率。在该文中对隐私漏洞(privacy breaches)进行了定义，提出了使用“select-a-size”和“cut-and-paste paste”控制隐私漏洞的发生。然后根据修改后的数据来发现关联规则。

Warner[10]用随机响应技术来解决通过调查来估计有某特性的人群比例的问题，由于此特性涉及被调查者的隐私，所以被调查人群可能会拒绝回答，或回答一个不正确的答案，该文献采用相关问题模型来解决此问题。

在该模型中，不是直接问被调查者是否具有特性，而是问调查者两个相关的问题该问题的答案截然相反，例如：①我具有 A 特性；②我不具有 A 特性。被调查者利用一个随机数发生器来决定回答哪一个问题，这样别人就不会知道他究竟回答了哪一个问题，从而达到保护隐私的目的。通过配置随机数发生器，让回答第一个问题的概率是 $k(k\neq 0.5)$，回答第二个问题的概率是 $1-k$；用 $P_1(A=\text{yes})$ 表示被调查者中回答“yes”的比例，用 $P_1(A=\text{no})$ 表示被调查者中回答“no”的比例，用 $P(A=\text{yes})$ 表示被调查者中具有特性的比例，用 $P(A=\text{no})$ 表示被调查者中不具有特性的比例，从而得到如下等式：

$$P_1(A=\text{yes})=P(A=\text{yes})k+P(A=\text{no})(1-k) \tag{4-2}$$

$$P_1(A=\text{no})=P(A=\text{no})k+P(A=\text{yes})(1-k) \tag{4-3}$$

因为 $P_1(A=\text{yes})$ 和 $P_1(A=\text{no})$，可以通过统计变换后的记录来得到，k 又是随机数发生器定义好的，所以通过简单的数学运算，就可以解出 $P(A=\text{yes})$ 和 $P(A=\text{no})$。

Du[11]提出了基于随机响应技术的隐私保护分类挖掘算法，将该技术扩展到能处理多个布尔属性的分类数据挖掘。

该方法的思想为：设有 n 个布尔属性，E 是在这 n 个属性上的逻辑表达式，如 $E=(A_1=1\wedge A_2=1\wedge A_3=0)$ 表示属性 A_1 的值等于 1、属性 A_2 的值等于 1，同时属性 A_3 的值等于 0，$\overline{E}=(A_1=0\wedge A_2=0\wedge A_3=1)$ 表示属性 A_1 的值等于 0、属性 A_2 的值等于 0，同时属性 A_3 的值等于 1，用 $P_1(E)$ 表示变换后的记录中使 E 为真的比例，用 $P(E)$ 表示原始记录中使 E 为真的比例，用 $P_1(\overline{E})$ 表示变换后的记录中使 E 为假的比例，用 $P(\overline{E})$ 表示原始记录中使 E 为假的比例，从而得到如下等式：

$$P_1(E)=P(E)\theta+P(\overline{E})(1-\theta) \tag{4-4}$$

$$P_1(\overline{E})=P(\overline{E})\theta+P(E)(1-\theta) \tag{4-5}$$

因为 $P(E)$ 和 $P(\overline{E})$ 可以通过统计变换后的记录来得到，所以通过简单的数学运算，就可以解出 $P(E)$ 和 $P(\overline{E})$ 。

葛伟平等[12]采用单属性随机矩阵对数据扰乱的思想，通过生成的多属性联合矩阵重建原始数据集分布，这样提高了挖掘结果的准确度，但是它对单属性随机矩阵没有要求，矩阵元素随机产生，使得隐私保护度大大下降，并且在原数据集转变成伪数据集后，会产生隐私破坏。

李兴国等[13]针对基于随机响应的隐私保护分类挖掘算法仅适用于原始数据属性值是二元的问题，设计了一种适用于多属性值原始数据的隐私保护分类挖掘算法。算法分为两个部分：①通过比较参数设定值和随机产生数之间的大小，决定是否改变原始数据的顺序，以实现对原始数据进行变换，从而起到保护数据隐私性的目的；②通过求解信息增益比例的概率估计值，在伪装后的数据上构造决策树。

Oliveira 等[14]提出了一种对集中式数据隐私保护的聚类挖掘算法。该算法使用基于旋转的变换方法来隐藏原始数据，同时，数据经过变换后彼此之间的相对距离保持不变，从而保证聚类挖掘的正确性。

2) 基于分布式数据的隐私保护数据挖掘

分布式数据的隐私保护数据挖掘主要采用的隐私保护技术有：随机数据扰乱技术、安全标量积协议、不经意求值协议、交换加密技术等。

Agrawal[15]提出了一种高隐私度隐私保护数据挖掘框架，该方法主要用于分布式数据库，给每个客户端设置一个随机扰动矩阵，然后对这些矩阵求期望矩阵，用这个期望矩阵和转换后的数据库来重建原数据集的分布，算法隐私度提高，但大大降低了挖掘结果的准确度。

Vaidya[16]提出一个从垂直分割的数据中挖掘全局关联规则的隐私保护算法，算法通过安全地计算代表子项集的标量积的方法来得到项集的支持计数。这里仍将数据库记录视作一个固定长度的“1”和“0”序列，如购物数据库，每一个属性代表一种商品(项)，每一行代表一个客户的购物记录，用一个固定长度的“1”和“0”序列来表示(“1”代表购买了该种商品，“0”代表没有购买该种商品)。数据按照属性分布在两个站点，各个站点不需要知道对方站点的属性值就可以挖掘全局关联规则。

Kantarcioglut[17]提出一个从水平分割的数据中挖掘全局关联规则的隐私保护算法，该算法适用于数据水平分布在多个站点。算法中各个站点相互之间不必知道对方的记录就可以挖掘出全局关联规则。

该算法通过两步找出全局频繁项集：第一步，通过交换加密的方法发现候选集。各个站点加密各自的频繁项集，然后将结果传递到下一个站点。传递的同时去掉重复的项集，整个过程一直持续到所有的站点加密完所有的项集，然后各个站点使用自己的密钥对得到的结果进行解密，最后得到一个公共的项集。第二步，找出满足条件的全局频繁项集。首先第一个站点计算由第一步得到的项集在本地的支持度与最小支持度阈值之间的差，然后加上一个随机数 R，将结果传给下一个站点；第二个站点做与第一个站点相同的工作，同时加上第一个站点传来的值，接着将结果传递至下一个站点；依次直至传递完所有站点，再把最终值传递回第一个站点。最后在第一个站点将结果与 R 比较，如果该值大于或等于 R，则说明该项集为全局频繁项集。

方炜炜等[18]提出了一种基于同态加密的决策树挖掘方法，该方法使得在分布式决策树挖掘的过程中，在各参与方无须共享自己的隐私数据的前提下，通过计算器端直接在加密数据上计算加密后的全局统计信息，半可信第三方挖掘者在解密后的全局统计信息上进行构建决策树，从而实现了原始信息的隐私保护。

Lindell 等[19]通过加密功能实现了数据水平分布在两个站点情况下的隐私保护分类挖掘，该算法只适用于数据水平分布在两个站点，两个站点相互之间不必知道对方的记录就可以建立一棵判定树。

姚瑶等[20]针对水平划分的分布式数据库提出了一种基于隐私保护的分布式聚类算法 PPDK-Means，该算法基于 k-means 的思想实现分布式聚类，并且聚类过程中引入半可信第三方，应用安全多方技术保护本站点真实数据不被传送到其他站点，从而达到隐私保护的目的。

Amirbekyan[21]基于 K 最近邻分类算法提出了相应的隐私保护算法，该算法利用半可信第三方参与到协议的执行中，同时利用同态加密算法，设计了两方共享结果的安全点积计算协议和两方或多方安全向量和计算协议，并在此基础上给出了安全最大值计算协议及安全距离度量协议，进而实现了保护隐私的 K 最近邻分类算法。半可信第三方的使用会降低协议的安全性，但能使算法在效率上获得较大的改善。

沈旭昌[22]针对水平分割数据提出了保持隐私的关联规则挖掘算法。该算法探讨了如何在两个垂直分布数据库的联合样本集上实施数据挖掘，同时保证不向对方泄露任何与结果无关的数据库数据。该算法针对资料分类算法中应用非常普遍的关联规则挖掘算法，利用安全两方计算协议，给出一个保持隐私的关联规则挖掘协议。

Du[23]基于安全标量积协议提出了一个在数据垂直分布情况下的隐私保护分类挖掘算法，该算法只需要共享各站点的标签属性，除了对方的属性名称外，各个站点不需要知道对方站点的属性值就可以建立一棵判定树来保护隐私。

4. 隐私保护数据挖掘算法的评价标准

目前国内外已经产生出了很多的针对不同环境下的隐私保护算法。本节通过上面对一些目前典型算法的介绍可以看出，很明显，在进行隐私保护数据挖掘研究中，科学家需要对算法作出适当的评价。或者说，在进行应用开发的时候，采用哪一种隐私保护算法是最优的。隐私保护算法可以从下列方面进行评价和比较。

1）保密性

保密性指站在隐私保护的角度，如何能够最大限度地防止入侵者非法获取隐私数据，对隐私进行有效的保护。在现有的算法中，保密是一个最基本的方面，各个算法都从不同的角度进行了实现。但是不同的算法都设定了一个特定的数据模型，而且更重要的是，这些算法针对非法入侵者都进行了一个基本假定，即所有的非法入侵者都是采用同样的入侵手段来获得数据的，而这显然是理想化的。综合来看，前面提到的不同算法，所能做到的保密性都是有限的。

2）规则效能

规则效能是指在使用隐私保护算法处理数据的时候，对原始信息的修改使得挖掘结果也即最终得出的全局关联规则与原始数据之间关系的匹配程度。规则效能其实反映的是挖掘结果的有效性、可用性。很多的隐私保护算法是用了混乱或者相似的技术对原有数据进行了“净化”，主要是针对其中的隐私数据进行了处理。这样，处理后的数据如果经过挖掘得出的是错误的，或者说不能反映真实状况的规则，那么原有的数据也就失去了价值，而这样处理数据的算法也同样失去了效用。因而在考虑保护个人隐私的同时，算法还要能在整体上反映出规则联系。例如，对于基于关联规则的隐私保护算法，可以从经过挖掘算法处理后的数据库所得到的规则数目与原始规则的数目相比较，来得出算法的规则效能；针对分类规则，也可以使用类似的方法。

3）算法复杂性

具体指算法的时间复杂性和空间复杂性，也即算法的执行时间及在进行数据处理时使用处理资源的消耗程度上，可以说这是与计算效率直接相关的一条标准。算法复杂性的高低体现在该算法所需要的计算机资源的多少上。所需资源越多，该算法的复杂性就越高；反之，所需资源越少，该算法的复杂性就越低。具体来说需要时间资源的量称为时间复杂性，需要空间资源的量称为空间复杂性。特别地，在分布式环境下，通信复杂性也是一个主要因素。无疑，复杂性尽可能低是设计算法时所追求的一个重要目标。

4）扩展性

扩展性指算法在处理海量数据集时的能力，或者是在数据量增加时其处理效率的变化趋势。算法扩展性的好坏直接反映在当所处理的数据量急剧增大的时候，算法的处理效率是否下降得很剧烈。很明显，一个扩展性好的算法在数据量增大的同时，其效率的变化是相对缓慢的。

算法的扩展性在一定程度上是与其复杂性相关的。例如，基于混乱技术的算法从时间复杂度上讲是相对较低的，但是从空间复杂度方面，由于其要遍历整个数据库，计算其中的频繁集，对内存资源的消耗是很大的。特别是数据库中的数据量急剧增大的时候，其处理效率会显著降低，扩展性不好。

4.2　基于数据扰动的分类数据挖掘隐私保护技术

本节提出一种基于数据扰动技术的隐私保护分类数据挖掘方法。该方法首先通过给数据集的每个属性域的不同值设置一个转移概率组成随机扰动矩阵，然后把数据集中的每个值根据设置的转移概率进行数据转换，最后根据转换后的数据集和随机扰动矩阵重建原数据的分布，进行分类挖掘。在数据预处理时，采用属性域编码策略，使其适用于字符、布尔逻辑、分类和数字等类型的离散数据；在设置转移概率时，引入 r-amplifying 方法；引入矩阵条件数，减小重建原数据分布的错误率。

本节算法采用决策树分类，具体过程主要分为三个阶段。

(1) 数据预处理。数据预处理过程分三部分，即数据离散化、属性域编码、数据集转换成编码集。由于分类数据挖掘只适用于离散型数据，对数据集中的连续数据要进行离散化，本节的连续数据是指数值型数据；属性域编码是给每个属性域中的不同值用自然数据编码，编码后生成属性域编码表；数据集转换成编码集是根据属性域编码表把数据集转换成编码集。

(2) 数据扰动。数据扰动就是把编码后数据集的每个值按照设置的概率进转换，以达到隐私保护的目的。

(3) 分类数据挖掘。分类数据挖掘通过转换后的数据集和单属性随机扰动矩阵重建原数据分布，进行分类数据挖掘。

隐私保护分类数据挖掘的基本框架如图 4.4 所示。

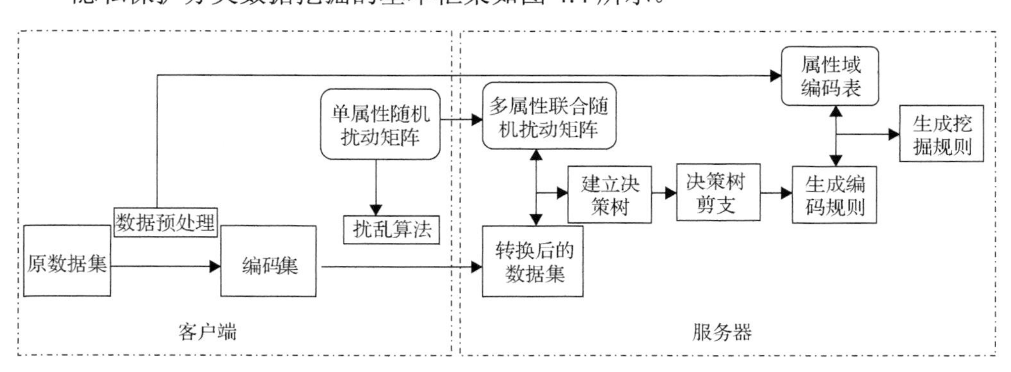

图 4.4　隐私保护分类数据挖掘的基本框架

4.2.1　相关定义

定义 4.1(前验率)　在不给任何客户背景信息的情况下推出数据集隐私信息的概率。

定义 4.2（后验率）　已知转换率和隐私属性转换后的数据，推出原数据集隐私信息的概率。

定义 4.3（支持计数）　设 $\{A_1, A_2, \cdots, A_k\}$ 表示数据记录集 T 的属性集 X，$Y \subseteq X$，$Y \neq \varphi$，y_i 表示 Y 的一种取值，Y 属性集上的取值等于 y_i 的记录个数为属性值 y_i 的支持计数。

定义 4.4（隐私破坏）　用户给定阈值前验率 α_1，后验率 α_2，其中（$0<\alpha_1<\alpha_2<1$）。属性 A 的隐私信息值为 u，u 转换后值为 v，则

α_1-to-α_2 隐私破坏为

$$p[A(u)] \leqslant \alpha_1, \quad p[A(u)/R(u)=v] \geqslant \alpha_2 \tag{4-6}$$

α_2-to-α_1 隐私破坏为

$$p[A(u)] \geqslant \alpha_2, \quad p[A(u)/R(u)=v] \leqslant \alpha_1 \tag{4-7}$$

定义 4.5（r-amplifying）　S_u 为原始属性域，S_v 为转换后的属性域。

$$\forall u_1, u_2 \in S_u : \frac{p[u_1 \to v]}{p[u_2 \to v]} \leqslant r \quad (r \geqslant 1, \exists u : p[u \to v] > 0, v \in S_v) \tag{4-8}$$

定义 4.6（熵）　刻画任意样本集的纯度。设 S 是 n 个数据样本的集合，将样本集划分为 C 个不同的类 C_i（i=1, $\cdots$, c），每个类 C_i 含有的样本数目为 n_i，划分为 C 个类的信息熵为

$$E(s) = -\sum_{i=1}^{c} p_i \log_2(p_i) \tag{4-9}$$

定义 4.7（信息增益 Gain$(s, A)=E(s)-E(s, A)$）

$$E(s, A) = \sum_{v \in \text{Values}(A)} \frac{|s_v|}{|s|} E(s_v) \tag{4-10}$$

Values(A) 为属性 A 的所有不同值的集合，s_v 是 S 中属性 A 的值为 v 的样本子集，s 是 S 中属性 A 的值为 v 的样本集。

4.2.2　数据扰动算法

1. 数据预处理

本节算法如果需要处理字符型、布尔类型、分类类型和数字类型等离散型数据及便于数据集转换操作，则要先对原始数据集进行预处理。本节采用平均区域划分方法对连续性数据进行离散。离散公式如下：

$$\frac{A(\max) - A(\min)}{n} = \text{length} \tag{4-11}$$

其中，A 为连续属性，n 为离散个数，length 为离散区间长度。当区间长度为小数时，四舍五入成整数，离散第一个区间以 $A(\min)$ 开始，最后一个区间以 $A(\max)$ 结束。本节把数字属性看成连续属性。

属性域编码是通过查询离散数据集找出每个属性域的不同值，然后用自然数对这些不同的属性值进行编码，生成属性域编码表。

数据集转换成编码集是根据属性编码表把离散数据集的属性值用对应的编码来代替，替换后形成编码集。

2. 设置单属性随机扰动矩阵

单属性随机扰动矩阵的值表示在该属性域中每个值转换成其他值的概率，它决定着隐私保护数据挖掘方法的隐私保护度和挖掘结果的准确度，直接关系到方法的好坏，是基于随机扰动技术隐私保护分类数据挖掘方法的关键。

为了防止转换后数据产生 α_1-to-α_2 隐私破坏和 α_2-to-α_1 隐私破坏，r 必须满足

$$\forall u_1, u_2 \in S_u : \frac{p[u_1 \to v]}{p[u_2 \to v]} \leqslant r < \frac{\alpha_2(1-\alpha_1)}{\alpha_1(1-\alpha_2)} \tag{4-12}$$

为了减少重建原数据分布错误率，单属性随机扰动矩阵必须满足矩阵的条件数(最大特征值/最小特征值)最接近 1。

本方法选择 r 正定对称矩阵为单属性扰动矩阵。首先要求用户给定每个属性的阈值前验率 α_1 和后验率 α_2，要求 $0<\alpha_1<\alpha_2<1$。

在 $\dfrac{\alpha_2(1-\alpha_1)}{\alpha_1(1-\alpha_2)} > r \geqslant 1$ 上随机取一个 r 值，生成任意属性 A 的扰动矩阵如下：

$$A_{ij} = \begin{cases} rx, & \text{如果} i=j \\ x, & \text{否则} \end{cases} \quad x = \frac{1}{r + (|S_u| - 1)} \tag{4-13}$$

其中，$|S_u|$ 表示属性 A 的域。

3. 多属性联合随机扰动矩阵的生成

以生成两个属性联合扰动矩阵为例，说明生成多属性联合随机扰动矩阵的思想。设 A_1 属性有 n 个不同的值，属性 A_1 的随机扰动矩阵为 n 阶方阵 $R(A_1)$，属性 A_2 有 m 个不同的值，属性 A_2 的随机扰动矩阵为 m 阶方阵 $R(A_2)$。$n \times m$ 阶联合扰动矩阵 $R(A_1, A_2)$ 思想为：$R(A_2)$ 中的每一个元素 a_{ij} 乘以 $R(A_1)$ 作为 $R(A_1, A_2)$ 中第 i 个 n 行、第 j 个 n 列的元素。

4. 数据扰动

数据扰动是每个属性值按照所给定的概率转换成该属性域中的其他值，本节采用每个属性独立扰动算法。假定对数据集中属性 A 扰动，首先给定编码数据集、被扰动数据集记录数 | s | 、属性 A 的扰动 $R(A)$，然后通过扰乱算法进行扰乱。

算法 4.1　扰乱算法。

输入：数据集记录数 | s | ，属性 A 的扰动 $R(A)$。

输出：扰动后属性 A 的数据域 $v[n]$。

```
1   n = |s|;
2   for i=1 to n {
3     U = u[i];  //u[i]为数据集中 A 属性第 i 条记录的原始数据
4     r = random(0,1);  //r 为 0 到 1 的随机数
5       for j=1 to R(A).length {
6           if (j= U) { f(U, j) = {R(A_U1), R(A_U2), ···, R(A_Ui)};  //f(U, j) 的概率分布
7           for k=1 to R(A).length{
8               if (F(k-1) < r <= F(k)) v[i]= k;  //F(k) 为 f(U, j) 的分布函数
9               Break;
10                          }
11                      }
12          }
```

5. 建立决策树

分类挖掘中最为典型的分类方法是基于决策树的分类法。决策树(decision tree)是一个类似于流程图的树结构，每个内部节点表示在一个属性上的测试，每个分枝代表一个测试输出，而树的叶节点代表类或类分布，最顶端的节点是根节点。本节采用经典挖掘算法 ID3 来构造决策树。

建立决策树的关键是在每个分支对应的数据集上寻找信息增益最大的属性作为分支节点。计算属性信息增益的方法如下：

设定一个数据集 S，S 的属性集为 $\{A_1, A_2, \cdots, A_k\}$，其中 A_k 为标签属性。

(1) 求根节点最大信息增益的属性。

通过公式 $T(A_k)P(A_k)=D(A_k)$ 可以算出标签属性 A_k 的熵 $E(S)$。

通过公式 $T(A, A_k)P(A, A_k)=D(A, A_k)$ 可以算出每个属性的熵 $E(S, A)$。

通过公式 $\text{Gain}(S, A)=E(S)-E(S, A)$ 求出该属性的信息增益。

(2) 已知根节点为 A_1，属性 A_1 值为 a_1 的数据集为 S_1，计算 a_1 分支上分裂节点最大信息增益的属性

通过公式 $T(A(a_1), A_k)P(A(a_1), A_k) = D(A(a_1), A_k)$，$A_1(a_1)$ 表示属性 A_1 的值为 a_1，可以算出在数据集 S_1 标签属性 A_k 的熵 $E(S_1)$。

通过公式 $T(A_1(a_1), A, A_k)P(A_1(a_1), A, A_k) = D(A_1(a_1), A, A_k)$ 可以算出在数据集 S_1 上每个属性的熵 $E(S_1, A)$。

通过公式 $\text{Gain}(S_1, A)=E(S) - E(S_1, A)$ 求出该属性的信息增益。

(3) 同理计算下层节点最大信息增益。直到生成的数据集中所有记录的标签属性都相同或所有属性都被分裂过才结束。

建立决策树算法如下。

算法 4.2　建立决策树。

输入：变换后的样本数据集，单属性随机扰动矩阵 $R(A_1)$,$R(A_2)$, …, $R(A_k)$，$A_1, A_2, \cdots, A_k$ 是样本数据集的属性，其中 A_k 是分类属性。

输出：一棵判定树。

1　创建节点 N
2　根据多属性随机扰动联合矩阵的性质，计算出原数据集 (A_1, A_k), (A_2, A_k),…, (A_{k-1}, A_k) 的联合支持计数，计算出每个属性的 Gain
3　选出最大的 Gain 属性 A_x，返回 A_x 给节点 N
4　扫描 N 的不同值 n_1, n_2,…, n_k，**if** 节点 N 的值为 n_j 的数据记录同属于 C_k，then 就用 C_k 来标记 n_j 分支
5　**if** N 的某一分支 n_j 的数据记录不属于同 C_k，**then** 把 $N(n_j)$ 加到列表 attr_list 中，计算 (attr_list, A_1, C_k), (attr_list, A_2, C_k),…, (attr_list, A_k, C_k) 的联合支持计数，求最大 Gain 的属性 A_x，把 A_x 作为 N 节点 n_j 分支的下一个节点
6　返回 A_x 给 N
7　返回第 4 步，直到所有属性都被测试过

6. 决策树剪枝

当决策树创建时，由于数据中的噪声和孤立点，许多分支反映的是数据集中的异常。剪枝方法处理这种过分适应问题。通常，这种方法使用统计度量，剪去最不可靠的分支，从而提高分类的速度和准确度。

Breiman 的剪枝方法过程包含两个步骤，第 (1) 步先生成一系列的树 $T_0, T_1, \cdots, T_k$。其中 T_0 为原始的树(未作任何剪枝和修改)。T_{i+1} 是由 T_k 中一个或多个子树被叶子所代替而得到，直到 T_k 为只有一个节点的树；第 (2) 步评价这些树，选出一个为最后被剪枝的树 T'。

1) 生成一系列的树 $T_0, T_1, \cdots, T_k$

用训练集的 N 个实例建立一棵决策树后，用决策树 T 去分类训练集的 N 个实例，设 E 为分类错误的实例个数，$L(T)$ 为树 T 的叶子节点个数。Breiman 等[24]定义了树 T 的 cost-complexity 为式 (4-14)：

$$\text{cost-complexity}=\frac{E}{N}+aL(T) \tag{4-14}$$

a 为参数。若树 T 的子树 S 被删除，用叶节点来代替(叶节点所属的类用这棵子树中大多数训练实例所属的类代替)，这个新的树再分类训练集。设这个新的树比原来 T 的分类错误个数多 M 个，而其叶子个数比原来少 $L(S)-1$ 个，其中 $L(S)$ 为子树 S 的叶节点个数，则 $a=M/N(L(s)-1)$，新的树具有同原来树 T 相同的 cost-complexity。

树 T_0 为最初生成的树；计算树 T_i 的每一个非叶子树，找到具有最小 a 值的子树：将这一个(或多个)子树用相应的叶节点来代替生成树 I_{i+1}，如此反复，直至 T_k。

2) 评价，得到 T'

本步骤实现从一系列的树 $T_0, T_1, \cdots, T_k$ 中选择一个，作为最终的决策树 T'。不再应用 cost-complexity 模式，只依赖其可靠性。

设一个包含 N' 个实例的测试集，用每一棵树 T_i 对其进行分类测试，E' 为其中最小的分类错误个数，实验最终选出满足测试集的分类错误个数不超过 $E'+\text{se}(E')$ 的树作为最终决策树。其中 $\text{se}(E')=\sqrt{\frac{E'(N'-E')}{N'}}$。

4.2.3　实验测试和结果分析

1. 实验环境

(1) 开发环境：Windows XP 操作系统；硬件配置为 1.7GHz 主频，1GB 内存，160GB 硬盘。

(2) 开发工具：Eclipse-SDK-3.4.1，SQL Server 2000。

(3) 开发语言：Java。

2. 实验数据

实验数据采用心脏病学数据集(Cardiology Numerical.xls)。该数据集来自加利福尼亚长滩 VA 医疗中心，包含年龄、性别、胸痛类型、静息血压、血清胆固醇、空腹血糖、心电图、最大心率、运动引起绞痛、峰值、斜度、导管编号、缺损、结果共 14 个属性，其中结果为分类属性。

3. 测试结果及分析

实验在数据集隐私保护的前提下，通过分类数据挖掘找出判断是否患有心脏病的规律。该方法适用的数据类型已在实验数据中体现，下面从主要从隐私保护度和挖掘的精度两个方面对该方法进行考察。下面两个实验是在给定隐私保护度的情况下来测试挖掘精度。隐私保护度用 $1/(\alpha_2-\alpha_1)$ 来表示，其中，α_1 为用户给定的前验率，α_2 为用户给定的后验率。

(1) 测试在相同隐私保护度下精度和实验数据量的关系，如图 4.5 所示。从图 4.5 可以看出，随着实验数据量的增加，挖掘精度增大，并且越来越接近真实数据的挖掘精度。

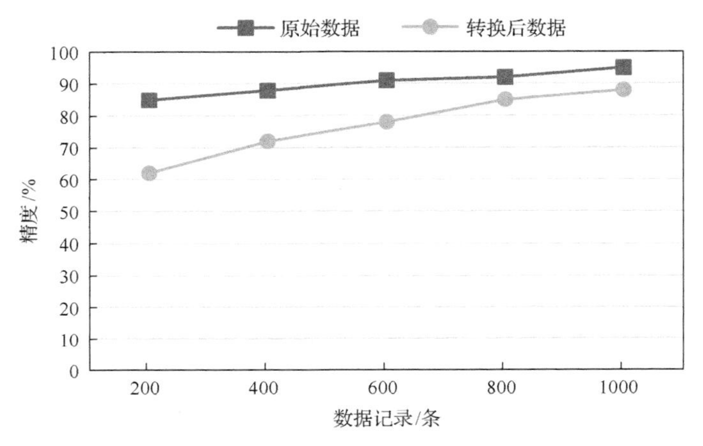

图 4.5 精度和数据量的关系

(2) 比较由 r 正定对称矩阵和随机发生器产生的矩阵作为单属性随机矩阵时，挖掘精度情况，如图 4.6 所示。从图 4.6 可以看出，使用 r 正定对称矩阵转换的精度总是比随机矩阵高，且都随着数据量的增加而增大。

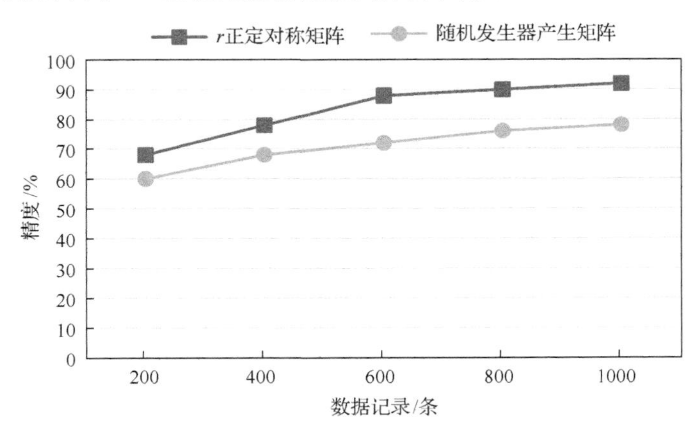

图 4.6 r 正定对称矩阵和随机发生器产生矩阵挖掘精度的比较

4.3 基于 KCNN-SVM 分类的数据隐私保护技术

本节提出一种 k-匿名，把传统数据建模成不确定数据，从而用匿名数据来建立分类器的方法。在本方法中，不假设任何数据的概率分布。相反，在这些匿名数据之间收集所有可能的统计数据，并且和匿名数据一起发布，不违反匿名条件下实现发布统计数据。

本节提出基于 k 个同类近邻 SVM 分类法，即 KCNN-SVM 分类法。在实现了匿名数据分类的同时，也提高了分类的效率。

4.3.1 相关定义

定义 4.8（数值属性） 一个数字值泛化产生的一个区间。这些区间能被考虑为一种离散值的形式。

定义 4.9（非数值型的属性） 有三个不同的分类属性的启发式方法。

(1) 每个泛化是一个独立的分类。

这和数值属性很相似，泛化值被考虑成一个新的分类。

(2) 任何一个 VGH 的值显示它的祖先的所有特征。如 9th，就用它的祖先 Junior Sec.、Secondary 和 ANY 表示。

(3) 泛化值显示它的所有 VGH 中的叶子节点的特征。如 University，就用 Bachelors、Masters 和 Doctorate 表示。

4.3.2 决策树分类算法

1. 算法改进

Vapnik 等[25]提出了支持向量机（SVM）。SVM 是依据统计学理论中的结构风险最小化原则改进提出的。其基本思想是寻找一个最优分类超平面将两类模式分开，同时兼顾分类间隔的最大化和误差的最小化。SVM 的关键在于核函数。低维空间向量集通常难于划分，解决的方法是将它们映射到高维空间。但这个办法带来的困难就是计算复杂度的增加，而核函数正好巧妙地解决了这个问题。也就是说，只要选用适当的核函数，就可以得到高维空间的分类函数。基于 SVM 的方法被广泛地用于各种不同的分类工作。最著名的一个 SVM 叫做 C-SVM，被定义如下：给定测试数据 (x_i, y_i)，其中，$i=1,\cdots,n$，$x_i \in R^d$ 是一个特征值并且 $y_i \in \{+1, -1\}$ 表示 x_i 的类值，解决下面的最优化问题：

$$\begin{aligned}\min_{\alpha} \quad & \frac{1}{2}\sum_{i,j=1}^{n}\alpha_i\alpha_j y_i y_j K(x_i,x_j)-\sum_{i=1}^{n}\alpha_i \\ \text{s.t.} \quad & 0 \leqslant \alpha_i \leqslant C \quad 当\, i=1,\cdots,n \quad \sum_{i=1}^{n}\alpha_i y_i = 0\end{aligned} \tag{4-15}$$

通过解决这个双重问题，我们能计算 w，向量 x_i 为支持向量，我们通过计算下列函数，分类一个新的实例 x：

$$f(x)=\sum_{i=1}^{n}\alpha_i y_i K(s_i,x)+b \tag{4-16}$$

在训练分类器时，SVM 分类着眼于两类的交界部分，那些混杂在另一类中的点往往无助于提高分类器的性能，反而会大大增加训练器的计算负担，同时他们的存在还可能造成过学习使泛化能力减弱，如图 4.7 所示。

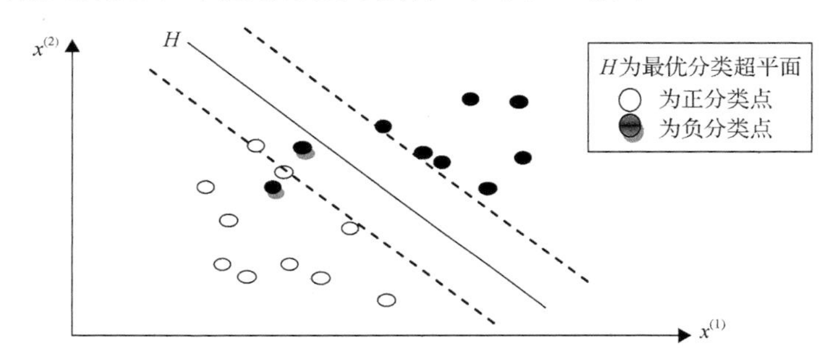

图 4.7　KCNN-SVM 最优分类超平面

基于上述考虑，结合上述两个算法的基本思想，提出本节新的方法，基于 k 个同类近邻 SVM 分类法(KCNN-SVM)，算法的基本思想是：

(1) 找出每个样本点 x_i 的最近邻点 x_{pe}；

(2) 判断 x_i 与 x_{pe} 的类别是否一致，如果一致则不处理；

(3) 否则计算 x_i 到其最近邻 k 个同类点的平均距离 d_j；

(4) 同时计算 x_{pe} 到其最近邻 k 个同类点的平均距离 d_{ne}；

(5) 比较 d_j 和 d_{ne} 的大小，然后删除较大的一个点。

通过选择不同的 k 值，新的样本点修剪策略在不同程度上考虑了每个样本点的同类点对其分布的影响，可以有效地防止类似于上面所分析的误删除样本点的情形。

核技巧是支持向量机的重要组成部分，该技巧把高维 Hilbert 空间中两个点的内积计算，转化为输入空间的模式函数的求值。在 KCNN-SVM 算法中计算样本点向量的内积运算可以利用核函数来求得。原始空间中两个样本点 x、y 在核空间 H 中的距离 $D(x,y)$，如式(4-17)所示：

$$\begin{aligned}D(x,y)&=\sqrt{\|\Phi(x)-\Phi(y)\|^2}=\sqrt{[\Phi(x)-\Phi(y)][\Phi(x)-\Phi(y)]}\\&=\sqrt{\Phi(x)\Phi(x)+\Phi(y)\Phi(y)-2\Phi(x)\Phi(y)}\\&=\sqrt{K(x,x)+K(y,y)-2K(x,y)}\end{aligned} \tag{4-17}$$

利用原始样本空间中向量的内积运算代入核函数求得映射后核空间中样本点间的距离，采用不同的核函数将导致不同的算法。其中常用到的核函数有：

$$
\begin{aligned}
&\text{线性核函数}: K(x_i, x_j) = x_i^{\mathrm{T}} x_j \\
&\text{多项式核函数}: K(x_i, x_j) = (\gamma x_i^{\mathrm{T}} x_j + r)^d,\ \gamma > 0 \\
&\text{径向基函数}: K(x_i, x_j) = \exp(-\gamma \left\| x^i - x_j \right\|^2),\ \gamma > 0 \\
&\text{Sigmoid核函数}: K(x_i, x_j) = \tanh(\gamma x_i^{\mathrm{T}} x_j + r)
\end{aligned}
\tag{4-18}
$$

2. 把匿名数据建模成不确定数据

Ngai 等[26]提出一个聚类对象的算法，算法在一个超矩形边界内的位置是不确定的。最近 Aggarwal 提出，联合匿名方法和现有的不确定数据挖掘工具。在这个研究中，每个记录被变成一个新的干扰数据记录，这样原始值在一些被指派的密度函数周围被概率干扰。然而，发布的每一个数据记录的概率密度函数需要改变匿名定义。本节提出的方法依赖 k-匿名的原始定义。本节的工作不同于那些方法及不确定数据挖掘领域的其他研究和模糊系统，因为，我们特别地关注分类用途的匿名数据，并且在本节方法中不假设任何概率干扰。

在很多案例中，匿名数据的实例包含的值是基于值泛化等级(VGH)被泛化的。我们要解决的主要问题是如何利用匿名数据集来进行数据挖掘。很显然，我们可以把每一个泛化描述成一个离散值。如果当前的数据挖掘算法对离散值的效果很好，那么匿名数据能直接被应用。对于具体实例，我们需要计算实例间的距离。例如，KNN 分类对于给定的训练数据(x_i, y_i)的一个新的实例 x_{q} 的分类，其中 i=1, …, N，x_i 表示一个记录，$y_i \in \{+1,-1\}$表示 x_i 的类值。为了分类实例 x_{q}，我们需要找到 x_{q} 的最近的 k 个邻居。这样就面临如何计算两个匿名数据实例间的距离问题。

如果数据挖掘算法需要计算两个属性值间的距离，挖掘匿名算法将会变得富有挑战性。例如，计算两个泛化值[35, 37)和[1, 37)之间的欧几里得距离。一个传统的方法是：用两个泛化值的中间值来计算。但这个方法是否是最好的操纵匿名数据的方法，有待考虑。本节把匿名数据建模成不确定数据。

当看见一个属性在区间[35, 37)时，可以把它看成在 35 和 37 之间的不确定值。这时就可以借助概率分布的概念来考虑这个问题。

3. 计算核函数的期望值

计算匿名数据实例的核函数可以通过观察一些匿名数据的实例来得到。首先，匿名记录的 QI 属性值在泛化值是相关于初始值被选择的情况下通常是正确的。然后，对于非 QI 属性，已经有了初始值，因为这些值没有被泛化。因此，需要计算带有不精确属性的核函数的期望值。

下面讨论用每个属性的统计信息来计算 KCNN-SVM 分类中需要的核函数的期望值。

给出两个 QI 属性的泛化值 $\mathrm{gen}(x_i)$、$\mathrm{gen}(x_j)$，目标是计算匿名数据核函数的期望值：$E(K(\mathrm{gen}(x_i), \mathrm{gen}(x_j)))$。现在定义 $X_d = \mathrm{gen}(x_i)^{\mathrm{T}}\mathrm{gen}(x_j)$ (X_d 表示两个匿名实例的数量积的随机变量)，$X_e = \left\|\mathrm{gen}(x_i) - \mathrm{gen}(x_j)\right\|^2$ (X_e 表示两个匿名实例的方差的随机变量)。利用这些注释，就能定义泛化值的核函数如下：

$$
\begin{aligned}
&\text{线性核函数}: K(\mathrm{gen}(x_i), \mathrm{gen}(x_j)) = X_d \\
&\text{多项式核函数}: K(\mathrm{gen}(x_i), \mathrm{gen}(x_j)) = (\gamma X_d + r)^d,\ \gamma > 0 \\
&\text{径向基函数}: K(\mathrm{gen}(x_i), \mathrm{gen}(x_j)) = \exp(-\gamma X_e),\ \gamma > 0 \\
&\text{Sigmoid核函数}: K(\mathrm{gen}(x_i), \mathrm{gen}(x_j)) = \tanh(\gamma X_d + r)
\end{aligned}
\tag{4-19}
$$

依据泰勒公式，对于任何不同的公式 $g(X)$ 和 $E(X) = \mu_X, \mathrm{Var}(X) = \sigma_X^2$ 中的随机变量 X，能近似估计 $g(X)$：

$$
g(X) \sim g(\mu_X) + (X - \mu_X)g'(\mu_X) + \frac{1}{2}(X - \mu_X)^2 g''(\mu_X) \tag{4-20}
$$

上述的近似值提供一个 $g(X)$ 期望值的一阶近似值：

$$
E(g(X)) \sim E(g(\mu_X) + (X - \mu_X)g'(\mu_X)) = g(\mu_X) \tag{4-21}
$$

让 $E(X_d^t)$ 和 $E(X_e^t)$ 分别表示期望的数量积和 t 维空间中期望的欧几里得距离。然后，能把 $E(X_d^t)$ 和 $E(X_e^t)$ 用公式表示如下：

$$
E(X_d) = \sum_{t=1}^{m} E(X_d^t) \tag{4-22}
$$

$$
E(X_e) = \sum_{t=1}^{m} E(X_e^t) \tag{4-23}
$$

下面分别讨论数值属性和分类属性的期望值：$E(X_d^t)$ 和 $E(X_e^t)$。

(1) 数值属性：首先计算 $i \neq j$ 时的 $E(\mathrm{gen}(x_i)[t]^{\mathrm{T}} \cdot \mathrm{gen}(x_j)[t])$：

$$
E(X_d^t) = E(\mathrm{gen}(x_i)[t]) \cdot E(\mathrm{gen}(x_j)[t]) \tag{4-24}
$$

同时，能容易的计算 $E(\|\text{gen}(x_i)[t]-\text{gen}(x_j)[t]\|^2)$：

$$E(X_e^t)=E((\text{gen}(x_i)[t])^2)-2E(\text{gen}(x_i)[t])\cdot E(\text{gen}(x_j)[t])+E((\text{gen}(x_j)[t])^2) \quad (4\text{-}25)$$

上述推导说明，对于数值属性只需要计算：$E((\text{gen}(x_i)[t^2]))$和$E((\text{gen}(x_i)[t]))$来实现 KCNN-SVM 分类。因此，只要能有效地估计出泛化属性的这两个元素，就不需要精确地知道概率分布函数。例如，对于区间[1,35)我们需要知道的就是它的期望值和方差。

(2) 分类属性：对于 KCNN-SVM 分类，分类属性通常采取汉明距离。因此两个分类属性的期望值表示两个分类属性值相等的概率，因此，假设 $\text{gen}(x_i)[t]$和$\text{gen}(x_j)[t]$来自同一个域 S 中，当 $i\neq j$，让 $f_v(v)$和$f_w(w)$表示泛化值 $V=\text{gen}(x_i)[t]$和$W=\text{gen}(x_j)[t]$的概率密度函数，则 $E(\text{gen}(x_i)[t]^{\mathrm{T}}\cdot\text{gen}(x_j)[t])$ 的计算如下：

$$\begin{aligned}E(X_d^t)&=\Pr(V=W)\\&=\sum_{k\in S}\Pr(V=k)\cdot\Pr(W=k)\\&=\sum_{k\in S}f_V(k)\cdot f_W(k)\end{aligned} \quad (4\text{-}26)$$

方差 $E(X_e^t)$ 能从 $E(X_d^t)$ 中推导出来：

$$\begin{aligned}E(X_e^t)&=\Pr(V\neq W)\\&=1-E(X_d^t)\end{aligned} \quad (4\text{-}27)$$

最后，需要定义原始值 $v\in S$ 的概率密度函数，那样 $E(X_e)$和$E(X_d)$在原始值和泛化值之间任意求解：

$$f_V(k)=\begin{cases}1, & v=k\\0, & \text{其他}\end{cases} \quad (4\text{-}28)$$

4. 用匿名数据发布 QI 属性统计信息

对于原始数据，没有给出背景信息，计算核函数和方差的期望值只能依赖域知识。然而，一些概率分布通过域知识分布来完美地建造数据集模型是极不可能的。因此，作者提出了在匿名数据进程中收集统计信息，在匿名数据里发布的方法。把这些群组信息称为 QI 统计信息。除了 QI 属性的泛化值以外，匿名数据应该也包含每个 QI 值的一个新属性。这个新属性包含数值属性的期望值、平方差及分类属性的概率密度函数。用这些 QI 属性的统计信息能够精确地评估核函数的期望值。表 4.1 为原始数据表。表 4.2 为不发布 QI 属性统计信息后的表。表 4.3 为发布 QI 属性统计信息的表。

表 4.1　原始数据表

R	A_1	A_2
r_1	Masters	35
r_2	Masters	36
r_3	Masters	36
r_4	Masters	28
r_5	Masters	22
r_6	Masters	33

表 4.2　不发布匿名数据 QI 统计信息

R'	A_1	A_2
r_1'	Masters	[35-37)
r_2'	Masters	[35-37)
r_3'	Masters	[35-37)
r_4'	Senior Sec.	[1-35)
r_5'	Senior Sec.	[1-35)
r_6'	Senior Sec.	[1-35)

表 4.3　发布匿名数据 QI 统计信息

R'	A_1	A_2	S_1	S_2
r_1'	Masters	[35-37)	P(Masters)=1	μx=35.6 $\sigma^2 x$=0.22
r_2'	Masters	[35-37)	P(Masters)=1	μx=35.6 $\sigma^2 x$=0.22
r_3'	Masters	[35-37)	P(Masters)=1	μx=35.6 $\sigma^2 x$=0.22
r_4'	Senior Sec.	[1-35)	P(11th)=0.66 P(12th)=0.33	μx=27.6 $\sigma^2 x$=20.22
r_5'	Senior Sec.	[1-35)	P(11th)=0.66 P(12th)=0.33	μx=27.6 $\sigma^2 x$=20.22
r_6'	Senior Sec.	[1-35)	P(11th)=0.66 P(12th)=0.33	μx=27.6 $\sigma^2 x$=20.22

发布这些信息可能被认为会破坏分类挖掘的精度和破坏隐私，但经过严密的论证和证明，发布 QI 属性的统计信息并不违反 k-匿名的原始定义。

4.3.3　实验测试和结果分析

1. 实验环境

(1) 开发环境：Windows XP 操作系统；硬件配置为 1.7GHz 主频，1GB 内存，160GB 硬盘；

(2) 开发工具：Eclipse-SDK-3.4.1，SQL Server 2000。

(3) 开发语言：Java SE 7。

2. 实验数据

实验数据是 UCI 中的 Adult 数据集，包含年龄、教育背景、工作时间、国籍、收入及工作地点等。

3. 测试结果及分析

下面分别介绍这两种核函数的实验情况。

1) 核函数选择为 Linear kernel

本节分别用 KCNN-SVM 分类与 SVM 分类对原始数据及匿名数据从 k 值、QI 属性、数据持有者角度进行实验，结果如图 4.8 和图 4.9 所示。实验结果表明，无论是在哪种情况下，KCNN-SVM 分类法都要优于 SVM 分类法，而且优势很明显。

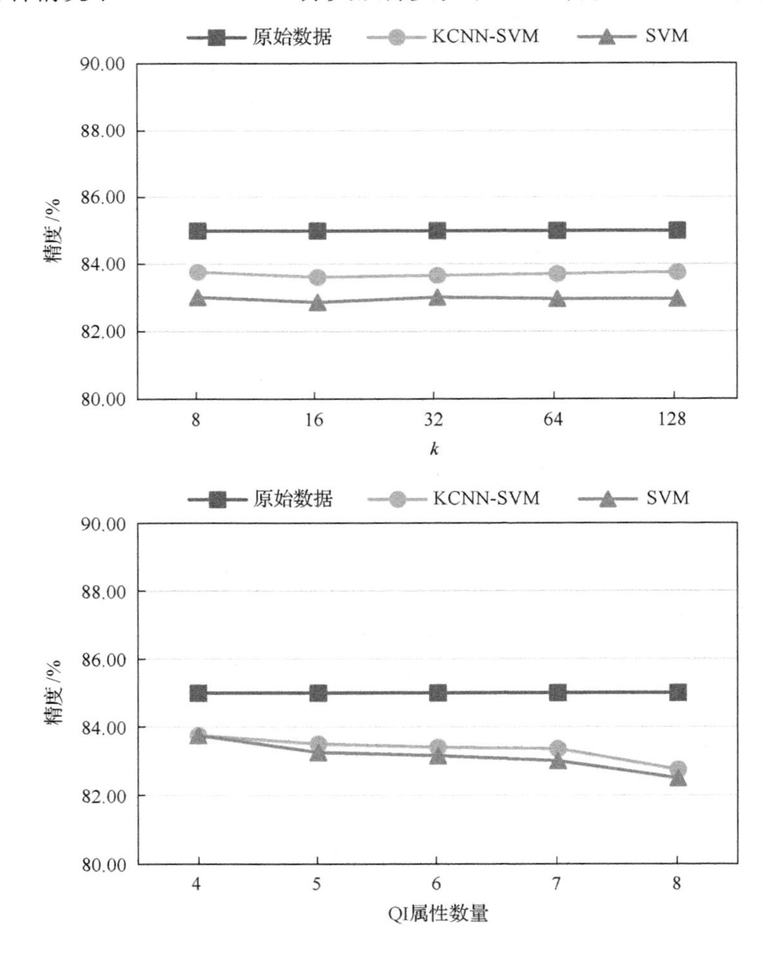

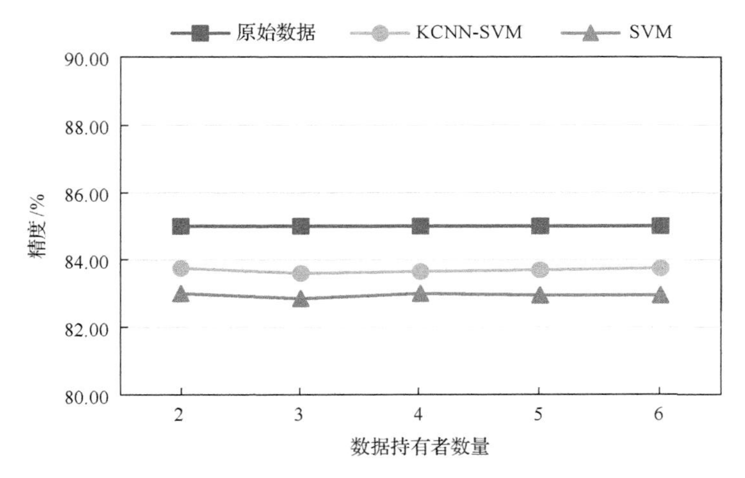

图 4.8　在原始数据上训练，在匿名数据上测试时，KCNN-SVM 分类与 SVM 分类的对比

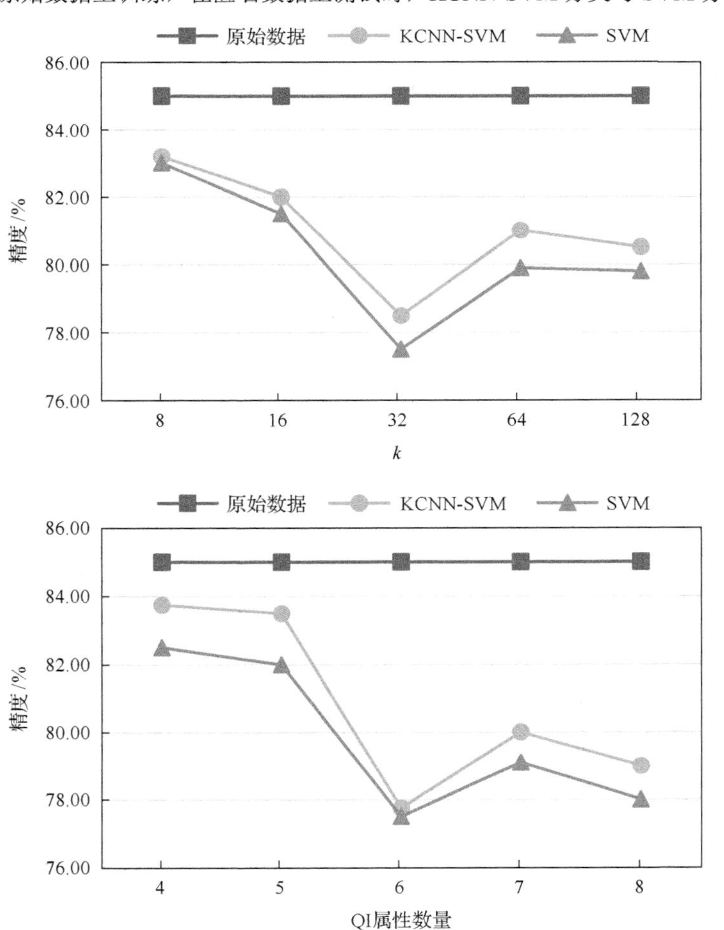

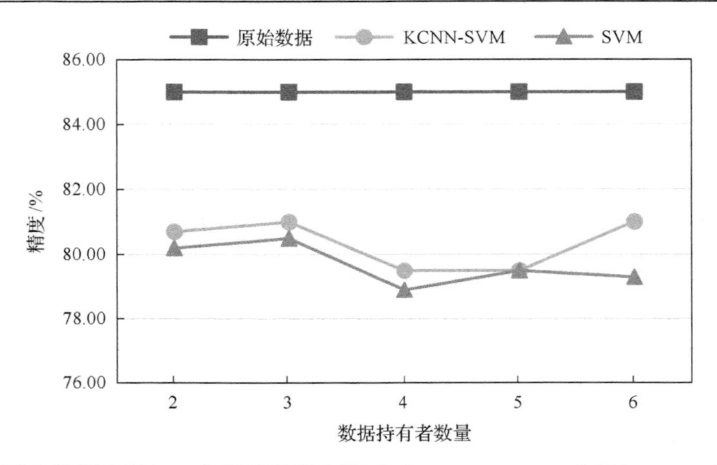

图 4.9　在匿名数据上训练，在原始数据上测试时，KCNN-SVM 分类与 SVM 分类的对比

2)核函数选择为 RBF kernel

实验结果如图 4.10、图 4.11 所示，虽然实验显示的结果不是很明显，但 KCNN-

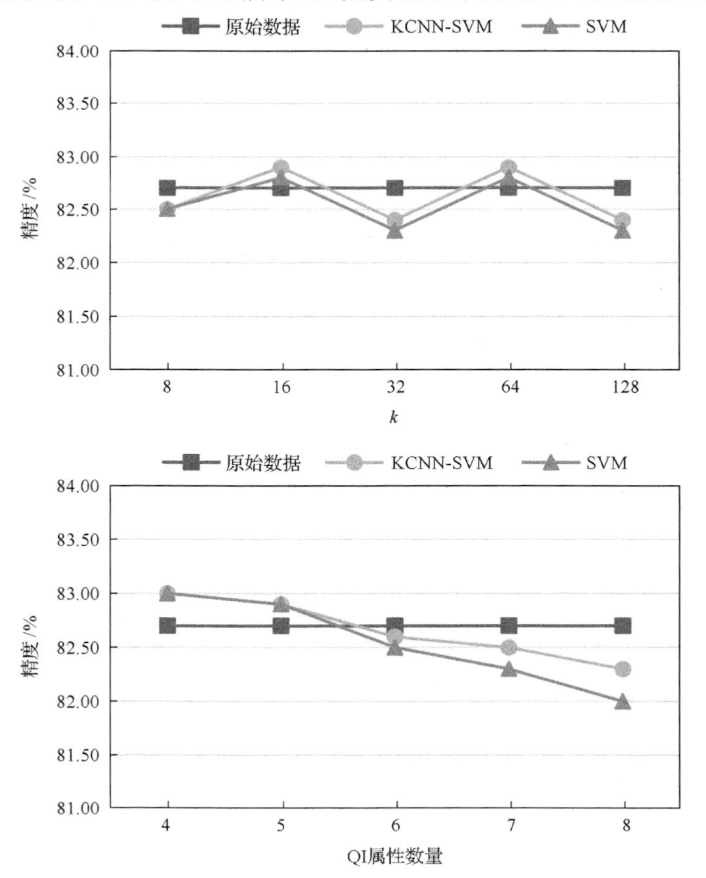

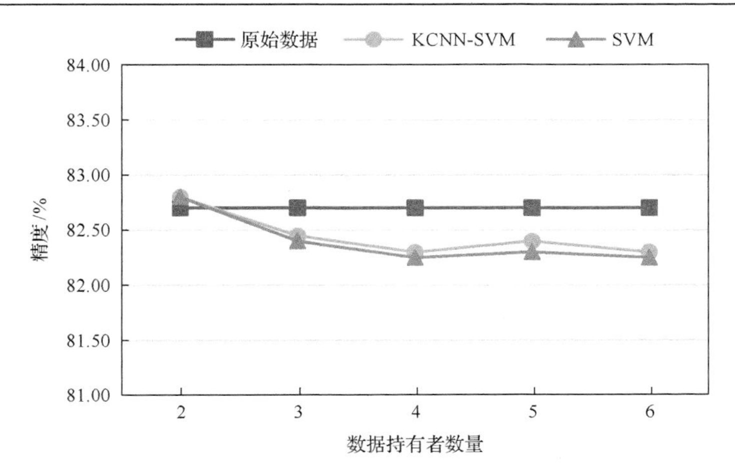

图 4.10　在原始数据上训练，在匿名数据上测试时，KCNN-SVM 分类与 SVM 分类的对比

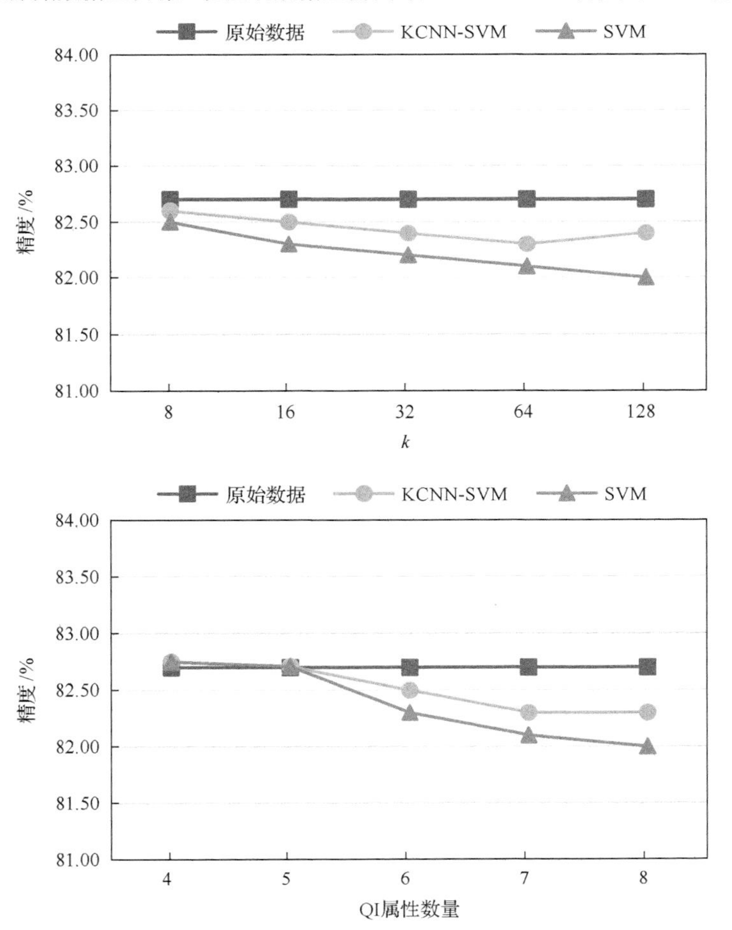

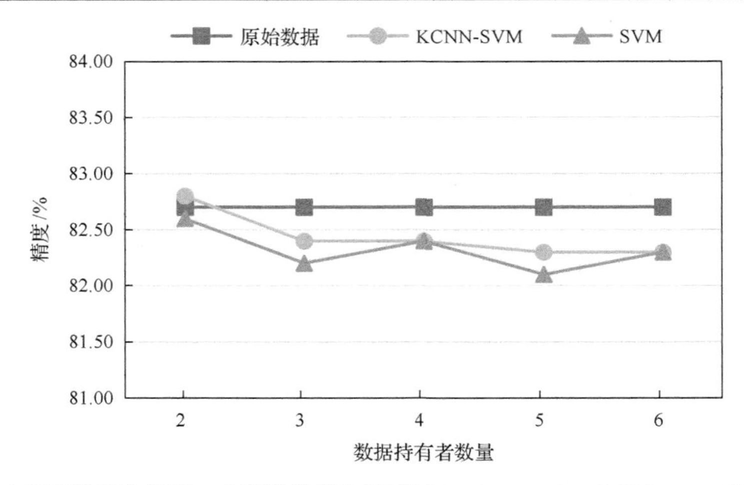

图 4.11　在匿名数据上训练，在原始数据上测试时，KCNN-SVM 分类与 SVM 分类的对比

SVM 分类精确性要优于 SVM 分类。

参 考 文 献

[1] Han J, Kamber M. Data Mining Concepts and Techniques[M]. 北京：机械工业出版社, 2001.

[2] Hand D, Mannila H, Smyth P. 数据挖掘原理[M]. 北京：机械工业出版社, 2003.

[3] Mehta M, Agrawal R, Rissanen J. SLIQ: A fast scalable classifier for data mining[C]. Extending Database Technology, Avignon, 1996: 18-32.

[4] 李荣陆，胡运发. 基于密度的 KNN 文本分类器训练样本裁剪方法[J]. 计算机研究与发展, 2004, 41(4): 539-545.

[5] 张彰，樊孝忠. 一种改进的基于 VSM 的文本分类算法[J]. 计算机工程与设计, 2006, 27(21): 4078-4080.

[6] Oliveira S R M, Zaiane O R, Saygin Y. Secure association rule sharing[C]. Pacific-Asia Conference on Knowledge Discovery and Data Mining, Sydney, 2004: 74-85.

[7] Agrawal R, Srikant R. Privacy-preserving data mining[C]. The ACM SIGMOD Conference on Management of Data, New York, 2000: 439-450.

[8] Rizvi J S, Haritsa R J. Maintaining data privacy in association rule mining[C]. Very Large Databases, Hong Kong, 2002: 682-693.

[9] Evfimievski A, Srikant R, Agarwal R. Privacy preserving mining of association rules[C]. Proceedings of the 8th ACM SIGKDD International Conference on Knowledge Discovery in Databases and Data Mining, New York, 2002.

[10] Stanley L. A survey technique for eliminating evasive answer bias[J]. The American Statistical Association, 1965, 60(309): 63-69.

[11] Du W L, Zhan Z J. Using randomized response techniques for privacy-preserving data mining[C]. The 9th ACM SIGKDD International Conference on Knowledge Discovery and Data Mining, New York, 2003: 505-510.
[12] 葛伟平, 汪卫, 周皓峰. 基于隐私保护的分类挖掘[J]. 计算机研究与发展, 2006, 43(1): 39-45.
[13] 李兴国, 周志纯, 刘辉. 一种保护原始数据的多属性值分类挖掘算法[J]. 计算机应用研究, 2008, 25(8): 32-43.
[14] Oliveira S R M, Venue O R Z. Achieving privacy preservation when sharing data for clustering[C]. Proceedings of the International Workshop Secure Data Management in a Connected World, Toronto, 2004: 67-82.
[15] Agrawal S, Haritsa R J. A Framework for high-accuracy privacy-preserving mining[C]. International Conference on Data Engineering (ICDE), Tokyo, 2005: 193-204.
[16] Vaidya J, Clifton C. Privacy preserving association rule mining in vertically partitioned data[C]. Knowledge Discovery in Databases and Data Mining, New York, 2002: 639-644.
[17] Kantarcioglu M, Clifton C. Privacy-preserving distributed mining of association rules on horizontally partitioned data[C]. Transactions on Knowledge and Data Engineering, Beaverton, 2003.
[18] Yang Z, Zhong Z. Wright RN1 privacy preserving classification of customer data without loss of accuracy[C]. International Conference on Data Mining, Vancouver, Society for Industrial and Applied Mathematics, 2005: 92-102.
[19] Lindell Y, Pinkas B. Privacy preserving data mining[C]. Annual International Cryptology Conference, New York, 2000: 439-450.
[20] 姚瑶, 吉根林. 一种基于隐私保护的分布式聚类算法[J]. 计算机科学, 2009, 36(3): 100-105.
[21] Amirbekyan A, Estivill-Castro V. Privacy-preserving k-NN for small and large data sets[C]. International Conference on Data Mining, Omaha, 2007: 699-704.
[22] 沈旭昌, 保持隐私的关联规则挖掘[J]. 计算机工程与设计, 2005, 3(26): 750-751.
[23] Du W, Zhan Z. Building decision tree classifier on private data[C]. International Conferenceon Data Mining, Maebashi City, 2002: 1-8.
[24] Breiman L, Friedman J, Olshen R, et al. Classification and Regression Trees[M]. New York: Chapman & Hall, 1984.
[25] Vapnik V N. The Nature of Statistical Learning Theory[M]. New York: Springer, 1995.
[26] Ngai W K, Kao B, Chui C K, et al. Efficient clustering of uncertain data[C]. Proceeding of the 6th International Conference on Data Mining, Hong Kong, 2006: 436-445.

第 5 章　社会网络隐私保护技术

5.1　理 论 基 础

5.1.1　社会网络及相关知识

社会网络(social networks)又称为社交网络，是互联网中一种新兴的商业模式，受到了广泛的关注。最早的社会网络是科学家对社会学进行研究而提出的，目的是发掘社会现象背后的意义。社会网络是互相关联的社会角色(social actors)的集合[1]，其中，社会角色可以是某个人、某个团体、某个组织、某个公司甚至某个国家。社会角色可以建立多种多样的联系，如交易、通信等。“社会网络”的概念，是由英国学者布朗(Roger Brown)提出的。关于社会网络的著名的小世界现象理论(也称为六度空间理论、六度分隔理论)，即通过最多六个人就可以找到你想找到的人，是 1967 年米切尔拉姆提出的。米切尔拉姆对这一理论进行了连锁信实验，证实了世界上任意的两个实体之间的联系，平均不超过六个中间步骤就能实现。

社会网络是社会角色的连接。这种连接在商业中具有很重要的意义，例如，社会网络可以扩大企业的用户群体。大多数情况下，社会网络可以作为公司出售商品或服务的一种顾客关系管理的工具。企业可以利用连接来开发市场潜在用户，也能协调职员的工作关系。在现代的社会学、地理学、经济学和信息科学中，社会网络分析已经成为一种关键技术。对社会网络进行分析的目的是揭示其隐含的信息。与传统的方法相比，社会网络分析不仅仅分析社会角色的属性，个人社会角色之间的关系分析在某些情况下更为重要。

关系数据中，隐私攻击的主要类型是通过在被公布的数据表中进行联合查询，并利用一些模仿攻击者背景知识的外部表来重新识别出攻击目标。具体而言，攻击者被假定知道目标实体的等价标识的值。而在社会网络数据发布的隐私保护问题中，由于图数据的复杂结构，攻击者的背景知识可以用各种不同的方式来建模。

研究隐私保护相关技术的目的是阻止攻击者对隐私信息的攻击。攻击者的攻击目标即隐私信息。社会网络中的隐私信息，可以归结为以下几种隐私模型，包括：节点的存在性、节点属性、敏感节点标号、连接关系、边权值、敏感边标号、图特征[2]。

1. 节点的存在性

在社会网络中，节点存在性是指目标实体是否存在于社会网络中。例如，一个由慈善家构成的社会网络中，若目标实体存在，则证明该目标是一个慈善家；不存在则说明目标实体不是慈善家。

2. 节点属性

节点的属性一般指节点的度。防止重识别威胁是图结构数据提出的一个新的挑战[3]。二维关系表格数据的标识属性可以容易地泛化、压缩或随机化。泛化或干扰图中节点的结构，产生的影响能遍布整个图。文献[4]提出一个直接匿名的基于随机干扰的替代，通过执行序列的随机边的删除和边的插入，来保持节点不被修改。实验证明了这项技术能大大减少具有可接受失真图的攻击者的重识别攻击。在发布之前删除节点的标识来匿名的技术不能保护隐私。通过解决限制图同型问题，攻击者就有可能推断出节点标识。Hay 等进一步观察到图中节点邻居的结构相似度决定网络中实体被识别的程度。节点的度和节点邻居与结构信息密切相关。根据这个特点，作者提出一个满足 k-candidate 匿名的社会网络模型，通过结构查询，检查某个节点存在的邻居或该节点邻近地区的子图结构，存在至少 k 个节点匹配查询。文献[5]研究社会网络无节点和边标号 k-匿名问题。将实体泄露情形设定为关联于节点的实体身份被辨识。为了建模攻击者的背景知识，考虑了待攻击节点的度，节点的度可能被攻击者用于重新辨识身份攻击。假设攻击者预先知道待攻击目标的度，即使当实体和节点相关联的标识和属性不被攻击者所知晓，通过从发布的网络中搜索具有相同度的节点，攻击者可能识别出实体的身份。为了抵抗节点的度攻击，提出了 k-匿名图的标准，它类似于关系数据中的 k-匿名。具体而言，如果对于图中的每个节点 v，都至少存在 $k-1$ 个其他节点与其拥有相同的度，则认为该图为 k-匿名图。攻击者利用度的背景知识，达到重新辨识目标身份的攻击目的的概率最多为 $1/k$。

文献[6]考虑了随机增删边或随机交换边，与设计特定随机算法不同的是分析了抵抗攻击中的随机效果。一个图的频谱是指图的邻接矩阵的特征向量集。网络的特征向量和重要的图拓扑性质(如直径、频繁聚类数、长路径和瓶颈及随机性)紧密联系着。证明了图的很多特性与频谱性质紧密相关，并给出了一些网络性质的全局性度量公式，深入探讨了网络的频谱。一个自然的图匿名化想法便是考虑能否在置换图的时候尽量少地改变某些特殊的特征根。如果能做到，该方法便能够更好地保留结构化特性。通过考虑随机过程中的数据的不确定性，提出的频谱保护方法比简单的边随机方法性能要好很多。该算法可以决定哪些边应该被增加、移除或交换，以使得特征值向量的改变能够在受控约束下。

在社会网络中，可以通过删除真实边和/或增加一些假边，实现图随机化匿名技术。Rand Add/Del 和 Rand Switch 是基于边的图干扰策略。在随机化之后，处理过的图与原图不同，使真的敏感或秘密的关系不会泄露。一方面，需要知道随机化应该保护这些敏感连接；另一方面，发布的随机化图应该保持一些性质而不是很多改变或者至少一些性质能在随机化图中重建。社会网络的范围与很多图特征密切相关，对一些网络性质提供全局的度量，需要研究范围随机化模型和社会网络范围的问题。

直接匿名在很多领域中是常用的方法，它通过破坏敏感数据和真实世界之间的联系来保护敏感信息，但直接匿名后的数据可用性低。网络数据中的一个特殊的威胁就是可区分的实体联系，可以用于重识别其他的匿名个体。文献[7]描述了社会网络攻击的类型。在匿名图产生之前，攻击者创建 k 个新的用户账号，将它们连接在一起创建一个子图 H。发布 G 的匿名图时，子图 H 将作为社会网络的一部分被一起发布。攻击者利用植入到 G 中 H 的副本，识别目标用户的真实位置，攻击者能确定其所有的边，因此造成隐私泄露。

3. 敏感节点标号

在社会网络中，节点标号可以分为两类：非敏感的与敏感的节点标号。类似于关系数据的情况，敏感标号的值属于实体的隐私。文献[8]注意到了随机化方法保护内容隐私的缺陷。社会网络中，个人或其他实体可以用节点表示，边可以表示个人或实体之间所存在的社会关系。社会网络中，数据隐私缺口可以归为三类。

(1) 实体暴露(identity disclosure，即节点的实体身份被攻击者识别)。

(2) 连接暴露(link disclosure，即两不同实体间的敏感边泄露)。

(3) 内容暴露(content disclosure，即与节点相关的敏感数据产生泄露，如用户在网络中的聊天的内容被非法截取)。研究打破了在没有发布任何原始数据的背景知识时隐私泄露的限制，实现匿名处理。

文献[9]将关系数据中匿名方法 k-anonymity[10, 11]和 l-diversity[12]扩展到社会网络中，在攻击者知道目标节点的邻居背景知识时，能有效地防止目标节点被重新识别。

4. 连接关系

在社会网络数据中，某些情况下，两节点之间的关系所代表的含义有可能被看作隐私信息。文献[13]给出了一个新的匿名代表二部图关系的方法，通过将节点和实体分组来保护隐私，提出能成功发现安全分组的算法，并证明它是可以减少一定攻击的模型。引入一个新的双向图匿名的家族，称为 (k,l)-groupings。这些分组完美地保护了潜在图结构，替代从实体到图的映射匿名。一个安全的(k,l)-groupings类，保证能抵抗度和多样性攻击，而且证明了如何寻找安全分组。在真实双向图中进行试验，研究匿名版本的效用和发布相同图数据的交替分组的影响。试验证明，(k,l)-groupings提供了强大的隐私和效用之间的权衡关系控制。文献[14]也采用二部图的形式对数据进行发布，将顶点划分为两类，把带有标签的顶点按聚类方法进行分组，根据聚类分组结果对另外一个顶点集进行最大匹配分组，通过隐藏实体和顶点的映射关系，保证两类实体间关系的安全发布。基于聚类的最大匹配分组方法既实现了隐私的保护又增加了发布数据的效用。

匿名图通过随机身份标识ID替换节点的身份信息，不能保护隐私。若攻击者基于背景攻击，此方法会严重损坏节点的身份标识。文献[14]调查基于边的图随机方法如何保护节点的身份和敏感连接，以及考察了保护效果。当攻击者有一种特定的背景知识，能保证不发生身份泄露和连接泄露。实验证明匿名数据效用和隐私泄露的风险性的大小。

文献[16]指出在攻击者知道目标实体的一些结构信息时，可能很容易地从这个网络中重新识别这个实体，并提出k-symmetry模型。通过修改原始数据图，让节点v至少有$k-1$个节点与它有相同的子同构图，这样攻击者就不能唯一地确定目标节点了。

文献[17]提出了k-isomorphism方法，将图G划分成k个不相交的同构子图，这样，在攻击者拥有一定的社会网络图的结构背景知识时，能保护节点信息和连接信息不被泄露。

5. 边权值

某些社会网络可能存在边权值。这些边权能够反映两节点间的亲和性，以及两实体间的通信费用。例如，社会网络中朋友之间通信联络的频繁程度可以用边的权值来刻画，对于很多人来说这涉及个人的隐私。先前的研究考虑无权重图，而加权图应用更为广泛。商业网络中的一个很现实的例子，边代表一些度量下的两个公司的交易费用，由于商业竞争，大多数管理者不愿意泄露真实的交易费用给对手。在发布相关的社会网络之前，就要干扰交易费用。文献[18]考虑社会网络边权重的匿名，建立一个线性规划模型，保护那些可以转化为边权重线性性质的图的性质。这些性质形成很多重要的图论算法如最短路径、k-最近邻居、最小遍历树等的基础。文献[19]考虑将边作为通信权重的情况。在社会网络图中，构成最短路径的边，或构成接近最短路径的边，需要考虑其权重。文献提出了这一应用的两个隐私保护的目标，第一个目标基于高斯随机化乘法，第二个目标基于图论的贪婪干扰算法。

6. 敏感边标号

社会网络中，边与节点一样可以带有标号。边标号包括敏感和非敏感的。敏感边标号连接的节点也是隐私信息。已有的研究着手于识别图节点的结构性质，或考虑节点属性的关系。文献[15]假设仅当它包含结构性质和节点属性时匿名数据是可用的，并研究了匿名算法来匹配这个假设。文献[18]的方法不同于已有的关于隐私保护的研究(关注隐藏实体的标识)，文献着手于实体之间的关系来保护隐私，将匿名图的敏感关系推断问题认为是连接重识别。部分算法考虑使用一个已知的单表定义节点数据，如 *k*-anonymization 或近期提出的 *t*-closeness[20]。

文献[21]、[22]提出一个新的由节点和关系组成的社会网络数据的匿名方法。一个节点代表一个个人实体，被标识准码和敏感属性描述。一个关系属于两个节点，没有标签，换句话说，所有的关系有相同的含义。为了保护社会网络的数据，在节点属性和节点的有关结构信息方面，可以用 *k*-anonymity 模型来掩饰。匿名方法试图尽可能少地干扰社会网络数据，包括节点的属性数据和结构信息。匿名属性数据的方法是泛化。对于结构匿名引进一个新的方法，称为边泛化，它不需要从社会网络数据集中插入或删除边。尽管方法包含了与相关文献相似的一些想法，该方法还是有创新的，如定义一个信息损失度。信息损失度可以定量由边泛化产生的结构信息丢失的大小。通过聚类匿名执行社会网络数据聚类过程。聚类形成过程平等地关注节点属性数据和节点的邻居，并且可以度量结构信息损失或泛化信息丢失量的节点的属性值。文献[23]在文献[18]的基础上，扩展了关系数据中的 *p*-sensitive *k*-anonymity[24]方法到社会网络数据隐私保护中。

隐私数据经常由实体间的联系产生。例如，顾客从药店购买药品，药品的具体名称和药品用途是公开的，对于来药店的顾客不是秘密。不管怎样，特殊的实体和特殊的药品之间的关系经常被认为是敏感的，因为它暗含着顾客的疾病或健康。最自然地方法是将这样的数据建模为图结构：节点代表实体，边代表一个它们之间的联系。研究的数据可以建模为二部图——有两种类型的实体，关系连接一个类型的一个实体。数据拥有者可以给数据增加噪声或拒绝接受一些需要数据拥有者积极参与的问题的查询，限制一些分析的可能性。学者调整了发布一些匿名版本数据的方法，确保推断任何给出数据的关系的范围是受限的，以及关键性质和基本图结构受保护。先前的研究考虑简单图数据匿名，文献[25]提出基于实体分组、伪装实体和节点之间的映射的匿名技术，而且技术允许高准确的查询，保证减少一定类型的攻击。

7. 图特征

社会网络统计分析中，图理论中的量纲属性通常用来分析整个网络的结构特点或意识形态，如中介性(betweeness，即与其他节点相比，某节点的度相对于网络而言的依赖程度)、亲密度(closeness，即某节点与其他节点的距离程度)、中心度(centrality，即节点在网络中同其他节点相比的关系数量)、路径长度(path length，即任意不同节点的距离)、可达性(reachability，即任意节点到达其他节点的程度)等。上述的图特征均属于实体隐私。文献[26]对带标签的图进行约束后，观察通过路径两个节点是否可达。节点的可达性也可能是敏感信息，也应作为社会网络数据的保护对象进行保护。

以上的这些隐私保护技术都是针对社会网络的一个实例的，而多次发布一个网络的实例会增加隐私泄露的风险。文献[27]扩展分类方法到动态社会网络的匿名，算法实现下面情况下的隐私保护：新的节点或边加入发布的社会网络时，文献[28]提出了一个将原图转换为 k-automorphism 网络的方法，在结构攻击下能实现隐私保护，匿名后发布的社会网络是确定的，而且也可以用于处理动态社会网络。动态社会网络匿名处理，需要匿名方法能够在社会网络有动态变化的情况下，如节点的增加、边的减少等，保护隐私不泄露。

5.1.2 社会网络的隐私攻击

用户参与到社会网络中，经常需要填写含有真实身份的信息表格进行注册，或者在用参与网络活动时，会不经意地泄露隐私。用户自由参与社会网络的活动或者分享信息，是社会网络的魅力所在。阻断信息分享的这类匿名方法是不可取的。社会网络用户本身的隐私保护意识欠缺，是直接造成隐私泄露的原因之一。对社会网络中存在的风险没有正确的认识，通常表现为低估自身所处的环境和发布信息的内容的隐私泄露风险。大多数用户会上传真实的信息，真实姓名、照片等。一些社会网站已经提供了简单的隐私保护措施，但是使用率极低。社会网络方面的隐私安全问题出现危机。最近，研究者针对社会网络的隐私攻击进行了分类：再识别攻击、结构再识别攻击、信息聚集攻击、推理攻击等。

1. 再识别攻击

社会网络经过匿名处理发布之后，发布的数据实现了敏感或标识信息隐藏，但是攻击者可以通过其他的途径获得准码信息等，重新确定节点的身份。这种攻击方式称为再识别攻击。基于属性的再识别攻击最初来源于关系数据库上的隐私保护[27]。例如，病例数据库中的数据，患者姓名、病例号等属性匿名处理后，攻击者可以从其他的渠道获得一些属性，整合之后依旧可以确定记录对应的个人身份。这样，即使将敏感数据删除，也存在着一定的隐私泄露的可能性。部分 k-匿名方法解决了节点再识别攻击，即使攻击者掌握了一些可用的背景知识，也可以阻断攻击的发生。

2. 结构再识别攻击

结构再识别(structural reidentification)，即基于社会网络拓扑结构的再识别攻击。将社会网络中数据的属性信息匿名，只能防止攻击者利用属性进行再识别。社会网络数据的建模方式不同于关系数据。关系数据采用二维表的形式，表中的每条记录都是独立的，社会网络数据之间是存在某种关系的，所以建模为图的形式更为准确。在发布的网络拓扑结构中包含大量有用的信息，可以用来识别用户身份。尽管节点属性被删除，但攻击者依然可以通过与节点有关的网络拓扑特性，包括节点的度、邻居子图等推断节点的身份[29]。要解决这类攻击，就需要匿名处理图结构。可以通过增加或减少边与节点，来更改原网络的拓扑结构。对于节点的邻居子图，也要进行修改，避免攻击者利用其他的背景知识寻找到突破口。改变图的结构就会降低网络的可用性，所以，要保证对网络图的修改最小。

3. 信息聚集攻击

信息聚集攻击就是攻击者利用收集到的各种目标用户的交互信息等，进行恶意推断。这些信息可以存在于同一个社会网络中，也可以存在于不同的社会网络中。如图 5.1 所示，Alice 是一个 IT 专家，她具有较高的隐私保护意识，在参与社会网络的活动时，没有使用个人的真实信息。在发送短信息的时候，Alice 会发送自己认为安全的内容。其实，攻击者如果收集到这些信息，信息的内容也产生隐私泄露。任何情况下，由于用户没有意识到潜在风险，或者进行一些错误的假想，攻击者收集到信息后，会使隐私信息很容易泄露。

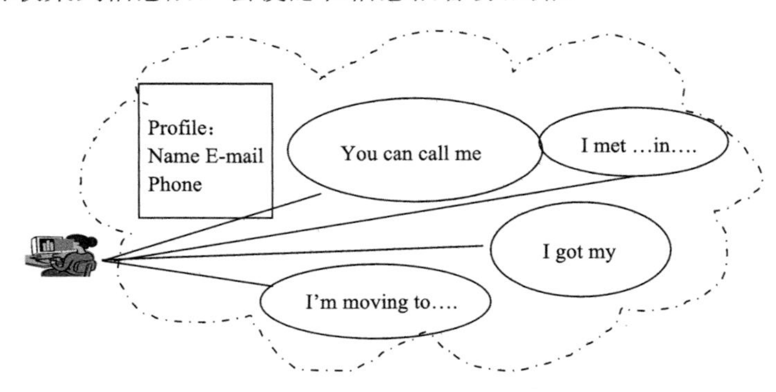

图 5.1　网络内部信息聚集攻击

4. 推理攻击

推理攻击就是攻击者利用一些可用信息推断隐私。在很多社会网络中，用户拥有公开或者隐藏信息的权利，可以设置限制访问人员，公开信息的内容和范围，以及选择内容展示的对象[29]。目标用户隐藏了信息后，攻击者可以通过与其有交往的人公开的信息，推断出目标用户的隐私。例如，某个用户居住地的所在城市被隐藏，但是，攻击者看到他朋友大部分位于上海市，攻击者就能推断该用户的居住地很大概率在上海市。

5.1.3　社会网络的隐私保护方法

为了防止社会网络数据里的隐私信息受攻击，数据在发布前必须先适当地进行匿名化。采用的匿名方法必须考虑隐私数据模型和数据用途，社会网络数据隐私保护无论在国外还是国内都是一个相对较新的研究领域[30]。研究人员也提出了大量的匿名方法。常见的匿名方法主要分为如下两大类。

(1) 聚类匿名方法。聚类匿名方法将相关的节点和边聚类成组，并将该组再聚类为一个超级节点。运用聚类匿名方法可以保护用户的隐私信息，但会造成图结构的整体性损坏，数据的有效性可能较低。此类方法可以分为节点聚类、边聚类、节点与边聚类以及节点属性映射聚类方法。

(2) 图变换匿名方法。图变换匿名方法通过修改(插入或删除)图中的边和节点来实现将图匿名化。这类方法主要包括图优化方法、随机图变换方法、贪婪式图变换方法等。

1. 聚类匿名方法

基于聚类的匿名方法将节点和边聚类成组，同时基于相应的匿名化规则并将该组聚为一个大的超级节点。运用聚类可在一定程度上保护用户的隐私信息。Cormode 等引入一个新的双向图匿名的家族，称为 (k, l) 组，用分组保护潜在图结构，代替从实体到图的映射匿名。一个安全的 (k, l) 组的类能阻止典型各种攻击，而且说明如何寻找安全分组。Campan 等指出大量的数据聚集暗含着隐私，大量学者做了大量研究对数据进行隐私保护。尽管如此，数据隐私研究大多地集中在传统的数据模型，如微型数据。此外，社会网络数据已经开始被不同的、特定的角度分析。因为在社会网络中的个体除了自身的特殊属性值外，也包括与其他个体的联系，隐私破坏的可能性增加。开发基于聚类的社会网络匿名的贪婪隐私算法，算法保证了边在泛化处理中损失的数量，最后介绍了几种结构化信息损失。兰丽辉等采用二分图对数据隐私保护后进行发布，顶点分为两种类型，其中，有标签顶点按照聚类方法分组，然后依据聚类分组的结果对另外的顶点集进行最大化匹配分组，进行隐匿个体和节点的对应映射关系，从而确保安全地发布两类个体之间的关系。Bhagat 等[25]提出了一个新的基于将实体分类来匿名化社会网络数据的技术，算法首先依据严格的安全条件分类，然后伪装实体之间的映射，并用节点表示这些映射。在减小一定类型的攻击时，该技术允许大量数据的查询，并且有高准确性。图 5.2 为聚类匿名的一种方法，运用具有相同节点数量且结构相似的节点和边进行聚类，能在一定程度上保护用户的隐私，其中也包括结构性的信息。

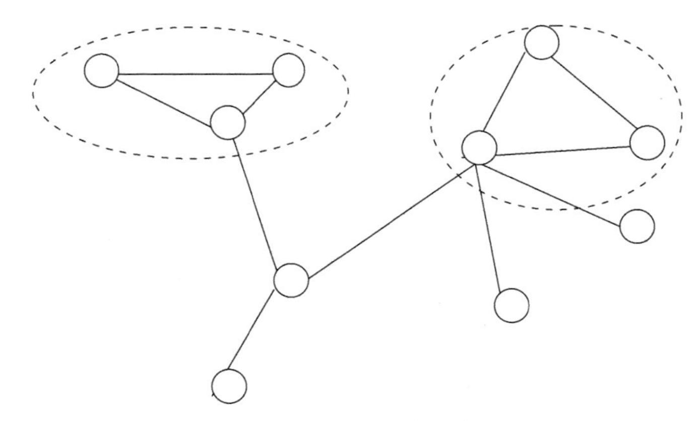

图 5.2　节点和边聚类

1) 节点聚类

林吓洪[2]介绍简单图模型的节点聚类处理方法。为了保护用户的隐私信息，提出了三种类型的基于攻击者背景知识的攻击。这些背景知识很大一部分是关于网络的结构和大小，其中包括节点的邻居知识的相关描述及全局网络的主要结构特征。假定攻击者收到的背景知识是确定的，也就是说，没有伪答案提供给攻击者。对于一个节点 x，攻击者使用查询 $Q(x)$ 提炼可行的候选集。在本节把攻击者的背景知识用以下三种询问类型来表示。

(1) 节点精炼询问。

一种基于网络中某个节点的逐渐增强攻击的结构查询类型。假设节点 x，H_0 表示最弱的知识询问，并返回节点的标签，由于是无标签图，所以 H_0 返回空集 $\varnothing$。更多的查询被定义：$H_1(x)$ 返回 x 的度，$H_2(x)$ 返回每个邻居度的多重集合等。这些查询能反复地定义，$H_i(x)$ 返回由 $H_{i-1}(x)$ 得到的节点集的邻居。

$$H_i(x) = \{H_{i-1}(z_1), H_{i-1}(z_2), \cdots, H_{i-1}(z_m)\}$$

其中，$z_1, \cdots, z_m$ 是 x 的邻居节点。

(2) 子图询问。

节点精炼查询是用一个简单的方式来描述局部扩展的结构性查询。经典的子图查询是给出图数据和一个查询图，从图数据中找出那些包含查询图作为子图的图。图 5.3 表示在目标节点 Bob (方格圆圈) 周围的 3 个子图查询。

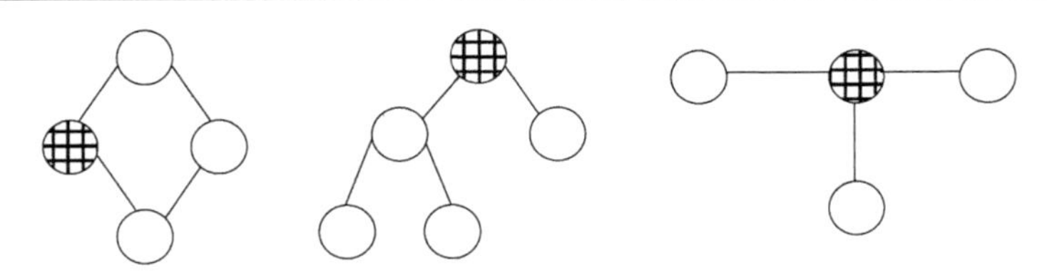

图 5.3　Bob 周围的 3 个查询样例

如果攻击者拥有目标个体的邻居子图，攻击者就有一定的概率去判断 x 是否存在于某个子图中。若已知目标节点 x 周围的若干子图，一些查询在可区分的个体上是更加有效的。

(3) 中心指纹询问。

在一个邮件通信图中，中心可能为一个知名的管理者向各个部门发布信息，中心是网络拓扑学中的重要组成部分；中心也可能是局外者，算法通过匿名保护中心的身份变得困难。目标节点 x 的中心指纹是节点连接特定集合的一个描述，采用 $F_i(x)$ 表示目标节点 x 的中心指纹，i 为可测的中心节点的上限值。例如，对于中心 Dave 和 Ed，Fred 的中心指纹是它到每个中心的最短路径的矢量，$F_1(\text{Fred})=(1,0)$，因为从 Dave 到 Fred 的距离是 1，但在一次跳跃或更少跳跃中没连接到 Ed；$F_2(\text{Fred})=(1,2)$，因为从 Dave 到 Fred 的距离是 1，从 Ed 到 Fred 的距离是 2。另外，考虑攻击者获得的中心指纹是在开发或封闭世界中，在封闭的世界中攻击者缺少到中心的连接当然也没有连接存在。在开放的世界中，可能表明攻击者的背景知识不全面。

林吓洪等提出一种节点聚类方法——结构相似性匿名方法，运用划分规模来防止攻击者的重新识别攻击，即具有结构相似的节点，攻击者是不可区分的。这种技术是一种节点聚类方法。把输入的原始社会网络中的节点划分成组，在发布时需要标记每个划分中的节点规模与边密度。这种方法与关系数据表中的 k-匿名具有一定的类似性。为了尽可能减少信息损失，划分须最大化匹配于输入图。

2) 边聚类

社会网络图数据中具有不同隐私级别的节点与连边关系。Hay 等[4]提出用非敏感边预测敏感边的聚类算法。算法考虑社会网络数据的图结构性质，不考虑节点和边的属性。算法适用于一个节点和多条边的图结构。

(1) 只移除敏感边，而对所有的可观察边进行保留。

(2) 采取移除部分观察边，这时观察边应与敏感关系相关，或者移除满足特殊特征的一定比例观察边。

(3) 采用保留完整边的集合，维持聚类每种边的数量。

第三种方法移除所有的边，这依赖于匿名社会网络的用途。最保守的匿名化方法是移除社会网络中的所有边。显然，这样会造成巨大的信息损失，不利于研究人员分析网络的统计属性。若将节点划分为等价类，然后运用关系数据库中的匿名化规则进行匿名，则等价类中的全部节点压缩在每个单一的节点，各种类型的边分别被聚类在相应的压缩图中，也是一种良好的边聚类方法。

3) 节点与边聚类

Zheleva 等[15]将社会网络数据模拟为简单无向图，但每个节点可保护相对应的识别信息，依照二维表格中的节点划分方法可将节点相应属性分为三类。

(1) 身份识别属性。利用身份识别属性能识别出用户的真实身份，如身份证号、保险号等，明显的识别属性在公开发布前需要去除。

(2) 准标识属性。准标识属性如用户的性别和年龄，联合这些属性可以识别用户的身份。

(3) 敏感属性。敏感属性一般也称为用户隐私信息，如用户的工资收入水平，病人的疾病类型等，这都不是用户愿意泄露的重要信息。

匿名方法必须考虑信息损失，否则再好的匿名方法也没有任何价值，Campan 和 Truta[21]考虑节点的标号归一化时导致的信息损失，同时也量化了攻击者的攻击成功概率，即匿名质量的高低。算法把节点相应属性分类后采用 k 匿名模型来保护用户的隐私信息。保证从属性和关联的拓扑结构信息分析的话都至少与其他 $k-1$ 个节点是不可区分的。该匿名方法采用归一化来匿名节点的属性信息。对于图中结构性质信息，同样运用边归一化的方法。这种解决方案可以让用户结合实际的需要在保留结构化信息与保留节点相关属性信息之间进行选择，增加了匿名方法的可行性。这就是节点与边聚类方法，可以保护用户的身份信息不被泄露。

4) 节点属性映射聚类

实体对象和其间的关系可用二部图进行建模，二部图中的边就是一种隐私信息，二部图 $G=(V, W, E)$ 中包括两种节点：一种为有$|V|$个节点的二部图，另一种为有$|W|$个节点的二部图，此外，还有大小为$|E|$的边集 E 包含于 $V\times W$。在发布数据之前需要存储图的结构信息，节点聚类成组，将公开发布图中的组和原始图中的组之间进行关系映射。例如，原始社会网络中的节点集$\{v_1, v_2, v_3, v_4\}$依据相应的映射关系被映射为$\{y_5, y_{20}, y_{125}, y_{526}\}$，通过映射关系划分，在一定程度上能保护用户的隐私。采用安全分组匿名化处理用户隐私，分组后的节点中同一组 V 中的两个节点在 W 中是没有相同的邻居的。为了控制匿名质量，(k, l)-组要保证 V 上的每个组都至少有 k 个节点，且 W 里的每个组都至少有 1 个节点存在。利用贪心算法检查安全分组是否可在保证安全性的前提下被放置于已有组中。如果可保证安全，就加入；否则，就另外创建新组。当处理完所有节点后，剩余节点数量小于 k 的组，不符合安全分组直接舍弃，同时运用贪婪算法继续查找更加大的分组。

2. 图变换匿名方法

为了尽可能地保留原始社会网络图的结构和属性信息，图变换匿名方法尝试通过修改(即插入或删除)图中的边和节点来达到隐私保护的要求。Cheng 等提到由于图数据的复杂性，攻击者能利用许多类型的背景知识来进行攻击。一个通常的攻击类型是利用嵌入的子图，攻击目标是获得节点信息和连边关系。研究表明 k-同构，通过形成 k 对同构的子图达到隐私保护的目的。这个问题也被表示为 NP-hard。Wu 等提出了 k-对称模型，构造实现的任何顶点至少有 k–1 个结构性同等的副本，提出样本方法来从匿名网络提取最初网络的近似版本以便最初网络的统计性质能被评估。Zou 等提出 k-自同构来保护多种结构性的攻击开发相应算法来确保 k-自同构，并处理动态的数据发布。刘桂真、禹继国、谢力同指出图同构的充分必要条件及判定算法。Bhagat 等提出处理动态社会网络的图变换匿名方法。下面详细介绍三种变换方法。

1) 随机图变换

随机化匿名方法广泛应用于关系数据中的隐私保护，在社会网络数据的匿名化问题中同样也可以合理运用，以达到图匿名的效果，同时尽量最小化信息损失。

(1) 随机边构造方法。林吓洪等[2]提出随机边构造方法。该方法从原始图中依次删除 x 条边并随后插入 x 条边来构造匿名图 G'。变换过程和变换参数 x 是对外公开的。攻击者会试图利用背景知识来重新识别用户，通过图的变换确保攻击者无法轻易去除节点集中与目标节点不匹配结构性质的候选者。随机过程中变换的次数越多，候选集的规模也就变得越大。

(2) 随机频谱方法。林吓洪等考虑了随机增加删除边或随机交换边，对随机效果也进行相应分析。一个图的频谱是指图的邻接矩阵的特征向量集，这是与图的拓扑性质紧密相连的。此外，刘英华等也讲到网络的频谱。一个自然的图匿名理想做法是置换图时尽可能不改变某些特定的特征根。周水庚等对于邻接矩阵及无符号拉普拉斯矩阵提出多点扰动方法，并在随机化过程中把社会网络的谱半径约束在一定的范围内，保证扰动后社会网络有效性，并尽可能地提高匿名质量。谱约束随机增加或删除边方法的中心思想：在满足一定谱约束的条件下，先随机添加 x 条边，然后再删除 x 条边，如此重复 k 次。与此相似，谱约束随机交换边的中心思想是：在满足一定谱约束的情况下，随机地选取两条边 (t, w)、(u, v)，且不存在边 (t, u)、(v, w)，那么将边 (t, w)、(u, v) 交换为 (t, u)、(v, w)，如此重复 k 次。基于谱约束的随机化社会网络方法匿名化后社会网络有效性好，即信息损失较小，然而匿名质量程度不高。

(3) 随机权重置换方法。社会网络中的边不是一般的简单图的边，这些边一般有相应的权重值。边权重在社会网络中可以理解为节点之间的亲密程度和交流频率，也可作为用户的隐私。Liu 等提到敏感边权值的图匿名问题，算法应用了高斯随机乘法和贪心算法。针对不同类型的边运用相应的图变化方法，依据用户的要求贪心地变换边权值，直到能够满足个人的隐私需求为止。

2）贪婪图变换

贪心算法不仅可以应用于关系数据的隐私保护，也可以用于社会网络数据的匿名。黄小英等考虑了社会网络中节点与非敏感属性相关联的匿名问题，攻击者拥有目标个体的邻居知识。为阻止这种攻击采用 k-匿名模型，对于拟发布图 G，假设攻击者获知节点 v 的邻居知识，用 Neighbor(v)表示。如果 Neighbor(v)在发布图 G'中至少有 k 个同构子图，目标节点 v 不会有高于 $1/k$ 的概率被识别。黄小英等采用了贪心算法来匿名社会网络，贪心地把节点进行分组并将在同一组中节点的邻居进行匿名，最后达到 k-匿名同构的要求。攻击者利用背景知识识别目标个体的概率最大为 $1/k$，k-匿名也是一种优化的贪婪图算法。

5.2　基于 k-同构的社会网络隐私保护研究

本节提出一种基于 k-同构算法优化改进的社会网络隐私保护方法。算法分两部分：第一部分得到 k-同构匿名的社会网络，即 k 个同构子图彼此间是同构的；第二部分对动态社会网络中节点的 ID 进行泛化。对于非动态的社会网络；直接进行 k-同构处理；对于动态的社会网络，采用动态社会网络隐私保护方法，在每次发布时采用 k-同构算法把原始图有效划分为 k 个同构子图，然后对节点 ID 泛化，阻止节点增加或删除时攻击者结合多重发布间的关联识别用户的隐私信息。对提出改进的优化算法进行性能测试，采用真实数据集进行实验。结果表明优化的 k-同构算法是相对高效的，比原有算法显著降低信息损失，又能提高匿名质量，可以有效地保护用户的隐私信息。

5.2.1　相关定义

定义 5.1（结构化攻击）　结构化攻击(structural reidentification)是基于社会网络拓扑结构进行重新识别攻击，在社会网络数据发布之前，为保护用户的隐私都需要进行匿名化处理，去掉大多数节点的属性字段，因而，进行节点属性再识别攻击是相当困难的。在基于图结构的社会网络中，攻击者通常用到的节点属性包括度(节点所连接边的数量)、邻居知识(节点及相邻节点的子图)等，例如，在主动攻击类型中攻击者优先在社会网络数据发布前试图注册部分伪账号(伪节点)，并与他们的朋友联系加入到其朋友关系中。用这些伪账号试图联系攻击目标个体，加入他们的朋友队列中。当社会网络结构公开发布后，攻击者首先利用拓扑结构信息在该网络中找到事先被植入的子图，然后再使用已经获知的目标账号和植入的子图内节点的朋友关系图，在子图邻域图关系中推断出目标账号所对应的匿名节点。然而，在被动攻击中攻击者通常事先与 k–1 个已获知的用户相互联系，这样攻击者就有一定概率在匿名社会网络数据将目标用户所映射节点识别出来。

定义 5.2(邻居攻击图)　邻居攻击图是攻击者所持有关于目标个体的相关识别信息，通常表示为 (G_a, v)，其中 G_a 为连通图，v 为 G_a 中目标个体所对应的节点，则称 (G_a, v) 为目标个体的邻居攻击图，简称为 NAG。例如，图 5.4 为两种类型的邻居攻击图，其中图(a)为目标节点在中间(方格圆圈为攻击目标)，图(b)为目标节点在侧边。

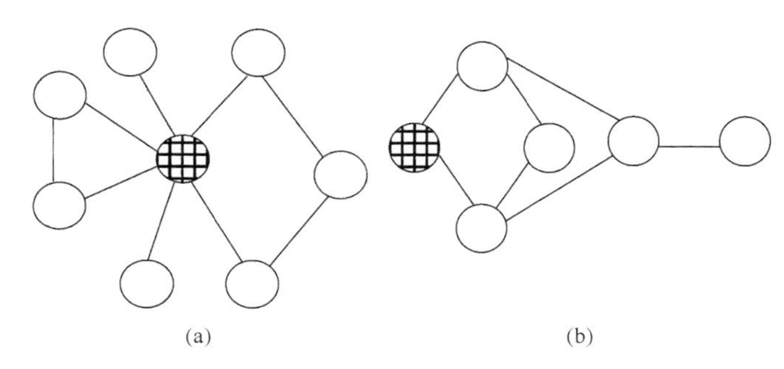

(a)　(b)

图 5.4　邻居攻击图

定义 5.3(嵌入与频率子图)　给定图 G 和其子图 g，在 G 中 g 的嵌入集表示为 $\text{embed}(g, G)=\{g': g'\subseteq G, g'=g\}$。$g$ 的频率表示为 $\text{freq}(g, G)=|\text{embed}(g, G)|$，文中使用 embed$(g)$ 和 freq(g) 表示。

在图 G 中 g 为连通图，如果 $\forall\, b_i, b_j, V(b_i)\cap V(b_j)=\varnothing$，那么称 g 的嵌入集 $\{b_1, \cdots, b_k\}$ 为节点不相交的嵌入，用“VD-embedding”表示。同理，若边是不相交的，称 g 的嵌入集 $\{e_1, \cdots, e_k\}$ 为边不相交的嵌入，用“ED-embedding”表示。例如，在图 5.5 中，G 为一个原始图，g 为其子图，G 中用虚线圈中的即为子图 g 的嵌入。

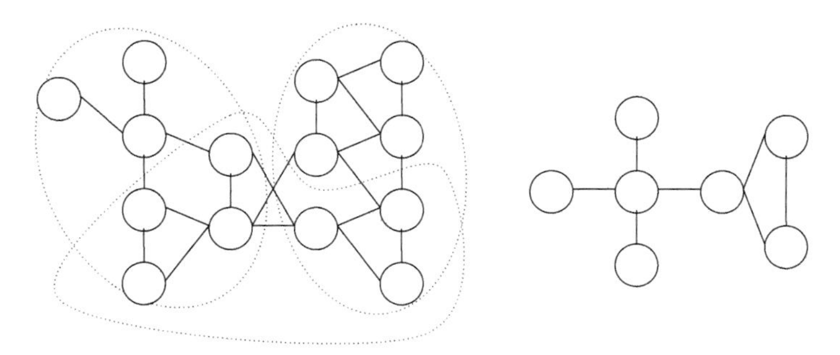

图 5.5　原始图 G 与子图 g

给定一个图 $G=(V, E)$ 和参数 f，图 G 中至少存在 f 个满足边不相交的嵌入子图 g，则称 g 为 G 的频率子图。

定义 5.4(潜在的匿名子图) 给定原始图 G 和阈值 maxPAGsize(一般取图的平均度)，G 的任何一个连通子图 g 若满足$|E(g)|\leqslant$maxPAGsize，则称为潜在的匿名子图，或简称为 PAG。

定义 5.5(最大独立集) G 为一个原始图，g 是 G 的子图，其最大独立集 MIS(g, G)定义如下。

输入：一个图 $I=(V, E)$，$V(I)$=embed(g, G)，$E(I)=\{(g_i, g_j): g_i, g_j\in$ embed(g, G)，$g_i\neq g_j$，$\exists v$ 有 $v\in V(g_i)$ 且 $v\in V(g_j)\}$；

输出：集合 $O\subseteq V(I)$，有 $\forall g_i$，$g_j\in O$，$(g_i, g_j)\notin E\notin(I)$ 且 $|O|$ 为最大。

定义 5.6 在 T_t 时刻节点 v(包括增加节点)的发布网络 G^*_t 中，v 的相关节点 $H_i(i=1, \cdots, k-1)$，称 v 为在 T_t 时刻的目标节点集，表示为 $\mathrm{Tar}(v, G^*_t)$，$|\mathrm{Tar}(v, G^*_t)|=k$。

定理 5.1 给定 G 的发布 $\Omega=\{G^*_t\}(t=1, \cdots, s)$，节点 v 如果满足：$|\mathrm{Tar}(v, G^*_1)\cap\mathrm{Tar}(v, G^*_2)\cap\cdots\cap\mathrm{Tar}(v, G^*_s)|=k$，那么 v 不会有高于 $1/k$ 的概率被识别。

证明 因为 G^*_t 是 k-同构的，所以节点 v 至少有 $k-1$ 个对称节点，可知定理 5.1 成立。

设原始图 G 经过 k-同构处理，然后 ID 泛化后的匿名图为 $G^*_t{}'$，其平均节点 ID 泛化量定义如下，如式(5-1)所示：

$$\mathrm{AvgIDSize}(G_t^{*\prime})=\frac{\sum\limits_{v\in V(G_t^{*\prime})}|\mathrm{GID}.v|}{|V(G_t^{*\prime})|} \tag{5-1}$$

$V(G^*_t{}')$ 为 $G^*_t{}'$的节点集。AvgIDSize$(G^*_t{}')$越大，信息损失越高，并且 $1\leqslant$ AvgIDSize$(G^*_t{}')\leqslant$k。

5.2.2 *k*-同构算法

本节提出的基于 k-同构算法的社会网络隐私保护实现方案，包括社会网络数据匿名和动态社会网络匿名两个方面，针对不同性质的社会网络图采用相应的处理方案，课题总体思路如图 5.6 所示。

1. 社会网络 *k*-同构算法

1)社会网络数据预处理

(1)建立社会网络模型。模拟社会网络为一个简单图，节点描述实体(如人、机构等)，边描述实体之间的联系(如朋友、同事、商业伙伴等)。一个节点在图中有一个身份(如姓名、保险号等)，且有相关的一些信息。原始图建模集合形式为 $G=(V, E)$，V 是节点集，E 是边集。假定在社会网络中的每个节点都有一个身份，并且已经被隐藏在 G 中。另外，定义 $I(v)$是在 V 中节点 v 相关的识别信息，并分别用 $V(G)$和 $E(G)$来表示节点集和边集。

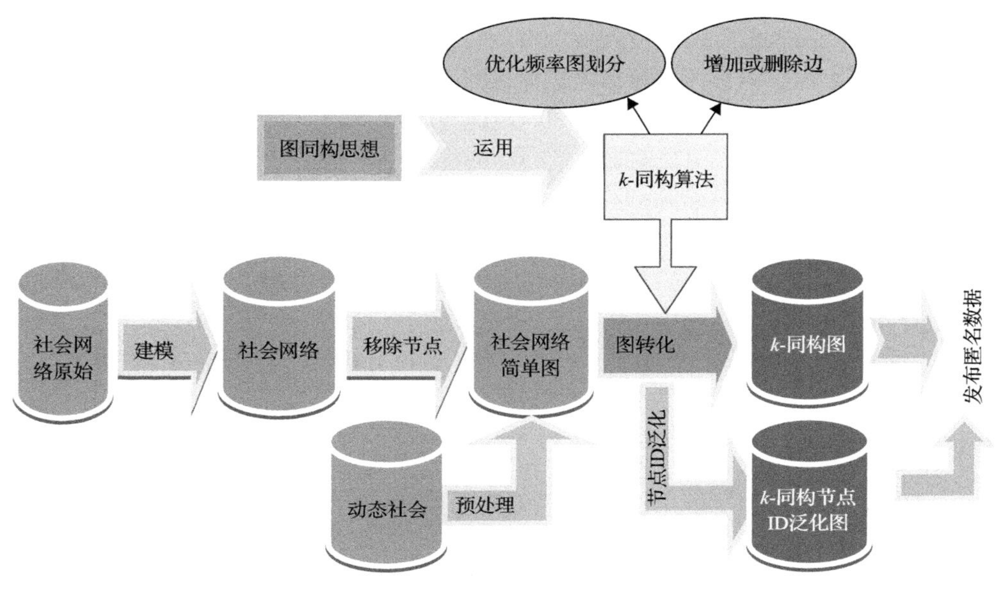

图 5.6　课题总体思路结构图

(2) 去除节点识别信息。将每个节点 v 的 NodeInfo 中的姓名或其他识别信息隐蔽，即将 $I(v)$ 从节点 NodeInfo 中分开。然后随机地划分节点集 V 成为至少有 k 个的组。NodeInfo 的相应的集合作为一个组被发布。例如，如果 $v_1, \cdots, v_k$ 形成一组，那么 NodeInfo $\{I(v_1), \cdots, I(v_k)\}$ 作为一个组被发布，如表 5.1 所示。这就破坏了对每个个体 NodeInfo 的联系，并可获得简单匿名网络 G'。

表 5.1　节点与节点信息组

节点组	节点信息组
$\{a_1, a_2, a_3, \cdots, a_k\}$	$\{I(a_1), I(a_2), I(a_3), \cdots, I(a_k)\}$
$\{b_1, b_2, b_3, \cdots, b_k\}$	$\{I(b_1), I(b_2), I(b_3), \cdots, I(a_k)\}$
…	…

2) 算法过程

由于传统的隐私保护技术无法用于社会网络图数据，而图是一种非常有效的模型来表示个体之间的关系，通常把社会网络建模为简单图，$G=(V, E)$，$G'=(V', E')$，其中，V、V'为节点集，E、E'为边集，G 和 G'满足$|V|=|V'|$且存在映射函数 h: $V(g)\rightarrow V(g')$，$(u, v)\in E$，如果$(h(u), h(v))\in E(g')$，则存在从 G 到 G'同构，即有 $G_k=(g_1, g_2, \cdots, g_k)$，$g_i$ 同构于 $g_j\,(i\neq j)$。如果 G 包含一个子图同构于 G'，那么则存在从 G 到 G'的一个子图同构。因为 $g_1, g_2, \cdots, g_k$ 彼此间是同构的，对于目标个体的 NAG 存在于每个 g_i，至少有 k 个节点对应于目标个体。

首先，根据给出的 k 值和 maxPAGsize 值(图的平均度)把 G'划分为 $G''=\{g_1, g_2, \cdots, g_k\}$，找出 G'中 PAGs 集 M，如果这些 PAGs 不能覆盖整个 G'，把剩余的子图也添加到 PAGs 集 M 中，通过图的深度优先遍历每个 PAG 的 embeddings。

其次，找出节点不相交的嵌入 VD-embeddings。图 5.7 表示图 G 和在 G 中子图 g 的 4 个嵌入 embeddings。现在我们考虑仅有的 VD-embeddings。如果我们首先包含 g_2，那么我们仅得到 g 的一个 VD-embeddings。如果我们选择 g_1, g_3, g_4，则有 g 的三个 VD-embeddings，运用最大无关集解决。对于至少有 k 个 VD-embeddings 的 PAGs 用贪婪算法(大小优先和度优先)从 G'转移到 G''，并创建节点映射表 VM，对于没有 k 个的 PAGs 运用匿名 PAG 算法创建更多的 VD-embeddings。直到 G'所有节点转移到 G''，并随之形成最终的节点映射表 VM，如表 5.2 所示。

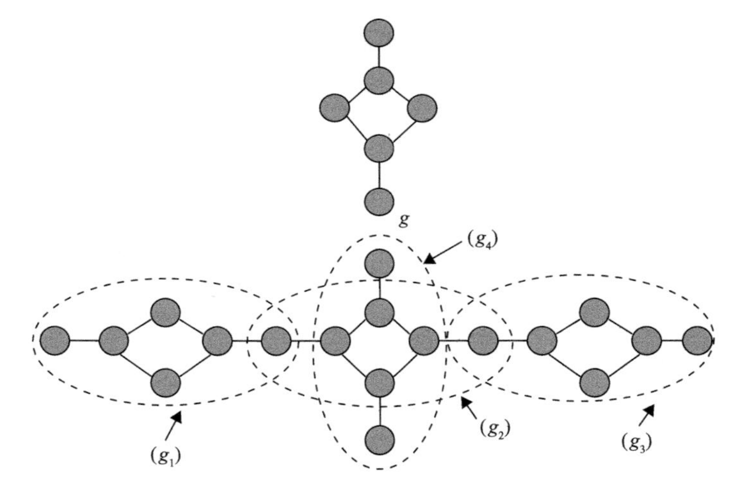

图 5.7　原始图 G 与 g

表 5.2　节点映射表

g_1	g_2	…	g_k
1	2	…	k
k+1	k+2	…	2k
2k+1	2k+2	…	3k
…	…	…	…

最后，根据节点映射表增加或删除边到 G''，形成最后的匿名社会网络 G^*。然后再发布匿名社会网络。例如，在图 5.8 中，m、n 为攻击者的背景知识 NAGs(横线及竖线圆为攻击目标)，G_k 为同构后发布图。如果攻击者目标在于攻击 m 和 n 之间的连接，最坏情况下，攻击者能在 4 个子图 g_i 中发现匹配节点。

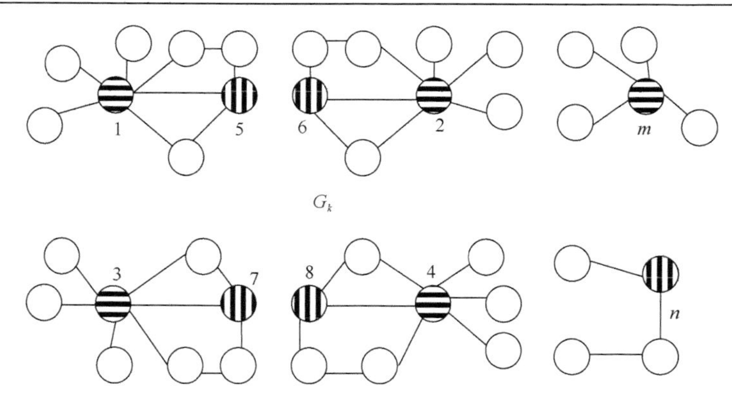

图 5.8　发布图与攻击子图

通过 4-同构后，有 4 个节点 1、2、3、4 匹配 m，有 4 个节点 5、6、7、8 匹配 n。如果 m 和 n 通过长度为 1 的路径相连接，同样在其他三个子图中也通过相同的长度 1 相连接。对于节点 1 为 m，节点 5 为 n 的概率为 $(1/4)\times(1/4)$。由于同样长度的路径存在于 4 个子图中，m 和 n 通过长度为 1 的路径相连接的概率为 $4\times(1/4)\times(1/4)$。因此，这个例子很好地说明对于连接信息同样也是 k 安全的。

3) k-同构算法实现

社会网络隐私保护的目的是保护用户的隐私信息，从数据集的结构可看出，用户的隐私信息主要分为两种：节点信息和连接信息。随机把节点信息集分成 k 组，对于每个组中相应的节点信息作为独立组进行发布。k-同构算法的重点是处理连接信息。对原始社会网络图 G 进行划分，再对边进行增加或删除使其在发布的社会网络中有 k 个同构的子图即 $G_k=(g_1, g_2,\cdots, g_k)$。因此，对于发布图的节点 v，总有 k 个其他的对称节点，即在 v 和 k–1 个对称节点之间没有结构性的不同。所以不可能运用图结构信息来区分 v 和其他 k–1 个对称节点，目标个体也不会有大于 $1/k$ 的概率被攻击者识别，那么 G_k 也是 k 安全的。

匿名的质量主要取决于图的划分，为更好地找出子图插入到同构子图中，可以采用优化频率子图来划分。Fresp 算法(即优化 k-同构算法)首先根据 k 值创建一个节点映射表来存放各个子图 $g_1, g_2, \cdots, g_k$ 相应的节点映射；其次通过图遍历找出有最大数量边不相交的嵌入的 k 个频率子图存于哈希表 M 中，当最大独立集的个数大于或等于 k 时，从频率子图中选择 k 个边不相交的嵌入 $d_1, d_2, \cdots, d_3$，这时把每个 d_i 从图 G 转移到 subgraph$_i$ 中并插入到节点映射表 VM；最后查找出所有的 PAGs 存于 M 中，对于每个 PAG 以贪婪方法选择 k 个节点不相交的嵌入 $g_1, g_2, \cdots,$ g_i，把每个 g_i 转移到 subgraph$_i$ 并且更新节点映射表 VM 和哈希表 M。

算法 5.1　Fresp 算法。

输入：原始图 G，整数 k。

输出：匿名图 $G_k=\{g_1, g_2, \cdots, g_k\}$。

```
1  for each 1≤i≤k; create VM, g_i
2    find k frequent subgraphs, store in M   //有最大数量边不相交的嵌入优先选择
3  for each frequent subgraph
4      while| MIS(g, G_k)|≥ k do
5      select k edge-disjoint embeddings d_1, d_2,…, d_i
6  for each d_i do remove d_i from G to subgraph_i
7          insert matching pair-vertex to VM
8          find all PAGs from G, store in M
9  for each PAG do
10         select k VD-embedings e_1, e_2,…, e_i of PAG by greedy method   //多的节点不相
           交的嵌入的 PAG 优先
11  for each e_i do remove e_i from G
12         insert e_i to subgraph_i
13         update VM and M
14  while G ≠∅  and |MIS(g, G_k)|<k do
15         select subgraph∈M
16         create PAG   //构造嵌入
17  add or delete edges in each subgraph
18  add edges between subgraph and subgraph
19  report G_k as release network
20  end
```

当子图少于 k 个节点不相交的嵌入时，构造 PAG 算法[17]对子图构造成 k 个节点不相交的嵌入，它们对应的节点映射插入到 VM，相应的节点转移到子图中，直到 G 为空，所有的节点插入到匿名图 G_k；最后根据更新后的节点映射表在子图中增加或删除边，在子图与子图间增加跨边使得发布图是 k-同构的。尽管如此，应该保持增加和删除边的数量近似相等，使得匿名成本 Cost(G, G_k)最小化，信息损失尽可能减少，这样数据的有效性就会提高。

例如，在图 5.9 中，表示 k 等于 4 时，原始图 G 划分为 4 个子图 g_1、g_2、g_3、g_4，4 个子图之间是彼此同构的，攻击者不会有高于 1/4 概率识别目标个体，其中虚线表示根据节点映射表 VM 增加或删除的边。

2. 动态社会网络 k-同构

1)原始图数据预处理

(1)建立动态社会网络模型。模拟社会网络为一个简单图，节点描述个体，边表示个体之间的连接关系。一个节点在图中有一个身份且有相关的一些信息。$G=(V, E)$，V 是节点集，E 是边集。假定在动态社会网络中的每个节点有一个唯一的身份已被隐藏在 G 中，另外，假定 $I(v)$是在 V 中的顶点 v 相关的信息。

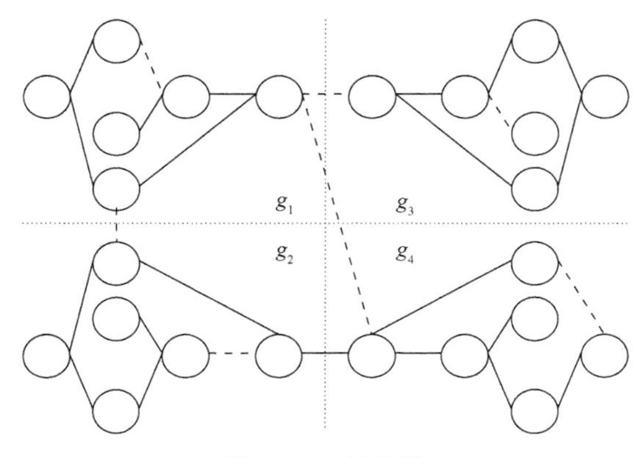

图 5.9　4-同构图

(2) 去除节点的识别信息。将每个节点 v 的姓名和其他标识信息记为 $I(v)$，节点剩余信息记为节点集 V，节点集 V 随机划分为 k 个组，例如，$v_1, \cdots, v_k$ 形成一组，对应节点信息 $\{I(v_1), \cdots, I(v_k)\}$ 作为一个组发布。获得初始简单匿名网络称为 G'。

2) 社会网络数据 k-同构

首先，在每个时刻 T 将要发布的原始社会网络图 G 进行频率子图划分，然后对边进行增加或删除使其在拟发布的网络中有 k 个同构的子图，即 $G^*=(g_1, g_2, \cdots, g_k)$。对于发布图的节点 v，总会有 k–1 个相对称的节点，即在 v 和其他 k–1 个对称节点之间没有关于图结构性的差异。所以不可能运用图结构信息来区分节点 v 和其他的 k–1 个对称节点，目标个体同样也不会有大于 $1/k$ 的概率被攻击者识别。

3) 多重发布方法

(1) 节点增加。根据 k-同构后的构造的节点映射表 VM(同构子图中节点间的对应关系)，在拟发布图 G^*定义 k–1 个同构函数 $H_i(i=1, \cdots, k-1)$，给出一个邻居攻击图 NAG，若某一个节点 v 满足 NAG，同样节点 $H_i(v)$ 也满足 NAG，那么至少能得到 k 个节点满足目标节点。

在图 5.10 中(k=2)，在 T_1 和 T_2 时刻需要发布图数据，其中节点 3、5 位置发生了变化，小网格圆圈表示 T_2 时刻新增加的节点。对于节点 1，根据表 5.3 所示的节点映射表 VM_1 和 VM_2，g_1 和 g_2 为两个相互同构的子图，映射表 VM 为两同构子图间节点对应关系，在 G_1^* 与 G_2^* 中 $H_1(7)=\{8\}$，$\mathrm{Tar}(7, G_1^*)=\mathrm{Tar}(8, G_2^*)=\{7, 8\}$，所以攻击者不能够识别目标个体。但是，对于节点 6，G_1^* 中 $H_1(6)=\{5\}$，G_2^* 中 $H_1(6)=\{3\}$，$\mathrm{Tar}(6, G_1^*)=\{5,6\}$，$G_2^*(6, G_2^*)=\{3,6\}$。假如攻击者获知目标个体(竖线圆圈)在 T_1 和 T_2 时刻一直都存在，并且对 $G^*{}_1$ 和 $G^*{}_2$ 进行关联性的 NAG 邻居攻击推断，则能够很容易地确定节点 6 为目标个体，特别是增加的节点更易于被攻击者所利用。

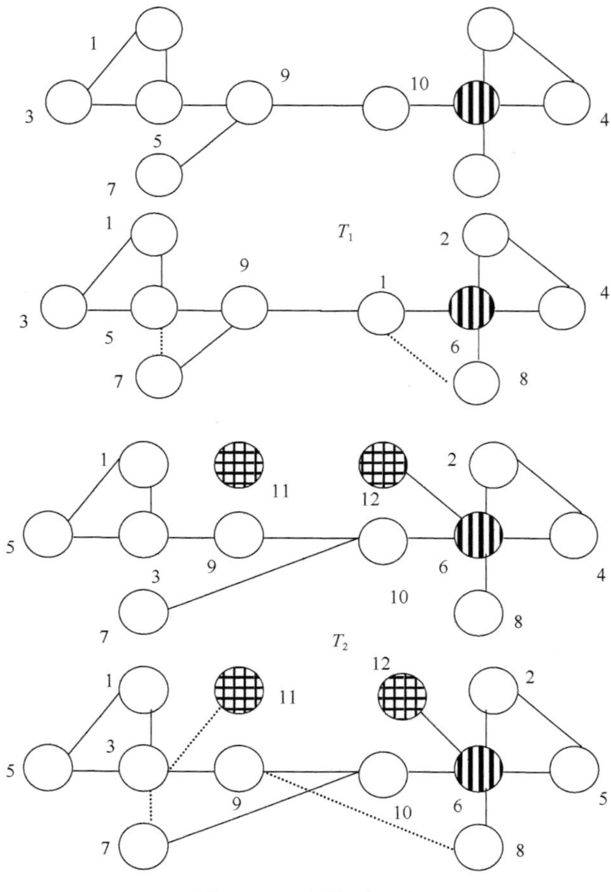

图 5.10　2-同构(k=2)

对于未来增加的节点若为目标个体的邻居节点，则根据节点映射表 VM 进行节点 ID 泛化，对于发生变化节点的 ID 同样进行泛化处理。

定理 5.2　给定 G 的发布 $\Omega=\{G_t^*\}$ $(t=1, \cdots, s)$，对于节点 v(包含增加节点)若满足：$\text{Tar}(v, G_1^*) \cap \text{Tar}(v, G_2^*) \cap \cdots \cap \text{Tar}(v, G_s^*) = \text{Tar}(v, G_1^*)$，$|\text{Tar}(v, G_1^*)|=k$，则节点 v 不会有高于 $1/k$ 的概率被攻击者识别。

证明　由于对 G_t^* 中目标个体的邻居节点的增加节点和图中发生变化节点的 ID 进行泛化，与其对称的节点也同样进行节点 ID 泛化，所以节点的 ID 是不可区分的，再根据定理 5.1 可知定理 5.2 成立。

对于未来增加的节点若为目标个体的邻居节点，则根据节点映射表 VM 进行节点 ID 泛化，对于发生变化节点的 ID 同样进行泛化处理，那么有定理 5.2。

前面利用 k-同构算法得到 G_1^* 和 G_2^*，根据节点映射表 VM_1 和 VM_2，在 G_1^* 中获得 k–1 个同构函数，在 G_2^* 获得 k–1 个同构函数，对目标个体相关的节点的 ID

进化泛化，如表 5.3 中节点 ID 泛化所示(ID 是原始节点 ID，GID 是泛化后的节点 ID)，生成最后的匿名网络 $G_2^{*\prime}$。图 5.10 中 $\mathrm{Tar}(6, G_1^*)=\{5, 6\}$，$\mathrm{Tar}(6, G_2^*)=\{3, 6\}$，为避免识别节点 6，根据定理 5.2，应该有 $\mathrm{Tar}(6, G_1^*)\cap\mathrm{Tar}(6, G_2^*)=\mathrm{Tar}(6, G_1^*)$，同理在发布网络中 $G_2^{*\prime}$中需要插入 5 到节点 ID 为 3 的节点 ID，即{3, 5}。另外，节点 11、12 为目标个体的邻居节点同样也需进行泛化。因此攻击者结合两次发布之间的关联进行综合推断不能有高于 $1/k$ 的概率识别出目标个体。

表 5.3　节点映射表与节点 ID 泛化表(k=2)

VM_1

g_1	g_2
1	2
3	4
5	6
7	8
9	10

→

VM_2

g_1	g_2
1	2
3	6
5	4
7	8
9	10
11	12

→

ID	GID
1	{1}
2	{2}
3	{3,5}
4	{4,6}
5	{3,5}
6	{4,6}
7	{7}
8	{8}
9	{9}
10	{10}
11	{11,12}
12	{11,12}

(2) 节点删除。同样对于节点 v 删除也进行节点的 ID 泛化，即随机地获取在 G_1^* 和 G_t^* 中都存在的节点 u 的 ID，把 v 的节点 ID 依次插入到 u 中，最后泛化节点变为 GID.u。如果删除的节点很多，用节点集 V 表示，同样随机地取在 G_1^* 和 G_t^* 中都存在的节点集 U，然后把节点集 V 按顺序插入到节点集 U 的泛化节点中。

匿名成本能很好地度量结构化信息损失，因为它能度量同构前后边的变化量，但是匿名成本不适合度量节点 ID 泛化所带来的信息损失。本节采用平均节点 ID 泛化量来度量由节点 ID 泛化导致的信息损失。

4) 多重发布算法

(1) k-同构。社会网络匿名的质量关键在于子图的划分，采用优化频率子图来划分，相关理论研究表明图的平均度是作为 maxPAGsize 最佳值。根据 k 值创建节点映射表 VM 来存放各个子图相应的节点；然后运用图遍历查找出 k 个频率子图；当最大独立集个数大于或等于 k 时，选择其中 k 个边不相交的嵌入，把每个嵌入 d_i 从图 G 移除，并插入相对应的对节点到节点映射表 VM，更新节点映射表 VM；对于每个 PAG，则运用贪婪方法选出 k 个节点不相交的嵌入。

算法 5.2 k-同构算法。

输入：原始图 G，整数 k。

输出：匿名图 $G^*=\{g_1, g_2, \cdots, g_k\}$。

```
1   for each 1≤i≤k; createVM, g_i
2       find k frequent subgraphs store in M   //最大数量边不相交的嵌入优先
3   for each frequent subgraph
4       when |MIS(g, G*)|≥k
5       do find k ED-embeddings d_i
6   for each d_i do remove d_i to subgraph_i
7       insert matching pair-vertex to VM
8       find all PAGs from G, store in M
9   for each PAG
10      find k ED-embedings d_i of PAG   //有多嵌入的优先选择
11   for each d_i do remove d_i from G
12      insert V(d_i) to subgraph_i
13      update VM, M
14      until G≠∅ and |MIS(g, G*)|<k
15   select subgraph∈M; create PAG   //构建节点不相交的嵌入
16   add and delete edges to each subgraph
17   add edges between subgraphs
18   release G*
19   end
```

当子图中不多于 k 个 VD-embeddings 时，对剩余的子图运用 PAG 算法[17]构造 k 个节点不相交的嵌入，并把对应的节点插入到相应子图中，直到全部节点插入到 G^*；最后根据节点映射表 VM，增加或删除边(包括跨边)使得最后发布的匿名图是 k-同构的。但是，应该保持增加和删除边的数量近似相等，使得匿名成本 $\mathrm{Cost}(G, G^*)$尽可能最小。

(2)节点 ID 泛化。根据 T_1 时刻的 VM_1 和 T_t 时刻 VM_t 及 k-同构图 G_1^* 和 G_t^*，通过 VM_1 在发布图 G_1^* 定义出 k–1 个同构函数 $H_i^1(i=1, \cdots, k-1)$，同样，通过 VM_t 定义 k–1 个同构函数 H_i^{t}；然后对于在 G_t^* 每个节 v，如果 $H_i^1(v)\neq H_i^{\mathrm{t}}(v)$ 并且增加节点为目标个体的邻居节点，则插入节点 $\mathrm{IDH}_i^1(v)$ 到 GID $H_i^{\mathrm{t}}(v)$；当节点删除时查找出在 G_1^* 和 G_t^* 都存在的节点集 U 代替删除节点集 V; 在算法最后运用泛化节点 GID 替代原始节点 ID 后发布最终版的匿名图。

算法 5.3 GID 算法。

输入：G_1^*, G_t^*, VM_1, VM_t。

输出：with GID $G_t^{*\prime}$。

```
1  create table GID
2  for each 1≤i≤k-1 do k-1 isomorphism H_i^1 in G_1^* by VM_1 and k-1 isomorphism H_i^t
   in G_t^* by VM_t
3     for each v do
4        if H_i^1 (v)≠H_i^t (v) or added vertex is the target's neighbor   //当节点增加时
5              insert ID H_i^1 (v) into GID H_i^t (v)
6        else if vertex V removed then select U exist in G_1^* and G_t^*
7              insert V into U    //当节点删除时
8  replace ID.v by generalized vertex GID.v in G_t^*   //用泛化节点 GID 代替原节点的 ID
9  release G_t^*
10 end
```

定理 5.3　给定 G 的发布$\{G_t^*\}(t=1, \cdots, s)$，运用 k-同构算法与节点 ID 泛化算法后的 $G_t^{*\prime}$中，节点 v 被攻击者识别的概率不会高于 $1/k$。

证明　在 T_t发布的图 G_t^*中，每个节点 v 满足 $\mathrm{Tar}(v, G_1^{*\prime}) \subseteq \mathrm{Tar}(v, G_t^{*\prime})$，所以 $\mathrm{Tar}(v, G_t^{*\prime}) \cap \mathrm{Tar}(v, G_1^{*\prime}) = \mathrm{Tar}(v, G_1^{*\prime})$，$\mathrm{Tar}(v, G_1^{*\prime}) \cap \mathrm{Tar}(v, G_2^{*\prime}) \cap \cdots \cap \mathrm{Tar}(v, G_t^{*\prime}) = \mathrm{Tar}(v, G_1^{*\prime})$，再根据定理 5.2 可知定理 5.3 成立。

例如，在图 5.11 中(k=2)，竖线圆圈为目标个体，小方格圆圈为新增的节点 G_2 为新增节点并调整节点位置后(相对 T_1)的图，增加节点和目标节点为邻居节点，因此，增加的节点 11、12 与 3、4、5、6 都要进行节点 ID 泛化处理，如节点{11}泛化为{11, 12}，节点{6}泛化为{4, 6}，节点{3}泛化为{3, 5}。$G_2^{*\prime}$为在 T_2 时刻发布的 k-同构节点 ID 泛化匿名图。

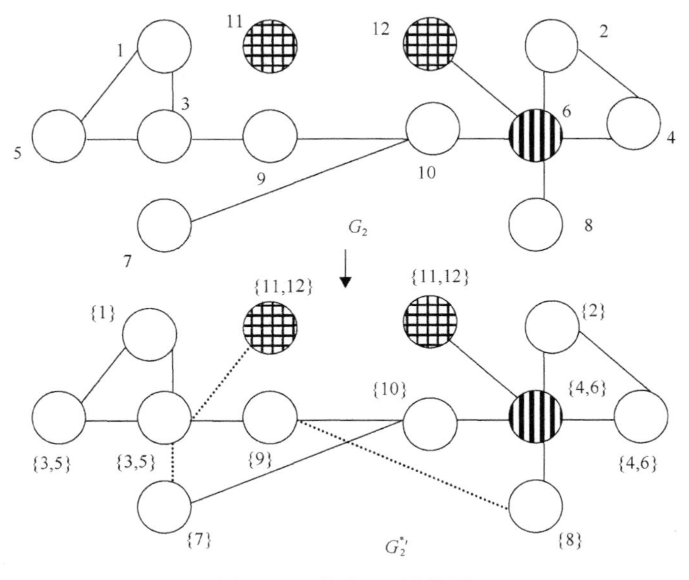

图 5.11　节点 ID 泛化图

5.2.3　实验测试和结果分析

1. 实验环境

(1) 开发环境：Windows XP Professional 操作系统；硬件配置为 2.93GHz 主频，2GB 内存，300GB 硬盘。

(2) 开发工具：Visual C++ 6.0。

(3) 开发语言：C++。

2. 实验数据

实验分别在Hepth数据集与EUemail数据集上进行匿名质量与信息损失测试。这两个数据集的具体属性如表 5.4 所示。对于动态社会网络的多重发布，从原始数据集 EUemail 和 Hepth 分别取 3000 个节点及相应的边作为 T_1 时刻要发布的数据集，对之后每一次拟发布的数据集作以下更新操作：首先，从数据集 EUemail (t) 、Hepth (t) 中随机地删除 300 个节点；其次，从原始数据集中选取 300 个节点插入数据集 EUemail (t) 、Hepth (t) ，进行更新后的数据集作为 T 时刻的实验数据集。

表 5.4　数据集属性

数据集	Hepth	EUemail
平均度	4.20	3.97
节点数	5618	5000
聚类系数	0.23	0.27

3. 测试结果及分析

实验重点考察分析匿名质量和信息损失对比，对于动态社会网络的多重发布与原有的自同构算法对比，对于匿名质量进行度分布、聚类系数、平均节点 ID 泛化量进行对比。对于 k-同构节点 ID 泛化算法在两个方面进行测试：

(1) 匿名质量测试分别在两种数据集上测试，从原始图、匿名图和随机图三个方面进行对比，k 值均取 8，随机图仅作为参考；

(2) 匿名质量也分别在两种数据集上测试，从自同构节点 ID 泛化算法、k-同构节点 ID 泛化算法进行对比，k 值均取 8。

1) k-同构算法实验

表 5.5 为 k=8 时实验结果，边变化量为原始图与发布图之间边的改变量，两个数据集运行时间相差很大，原因在于 Hepth 数据集具有高的对称性便于图的划分。

表 5.5　k=8 时实验结果

数据集	Hepth	EUemail
平均度	4.20	3.97
节点数	5618	5000
运行时间/s	432	3619
边变化量	72	1126

下面进行数据有效性对比，实验是通过对度、路径长度来测量数据的有效性。其中，度分布是指在整个图中所有节点的分布情况；路径长度分布是在图中 500 个随机节点的最短路径长度分布情况。

实验是原始图、匿名图和随机图三个图进行比较，k 值均取为 8，这里的随机图仅作为参考。从实验结果有效性统计图 5.12 可看出，匿名图能相对更有效地保留原始图的信息且随机图与原始图、匿名图差别较大。当 k 取其他值时，数据

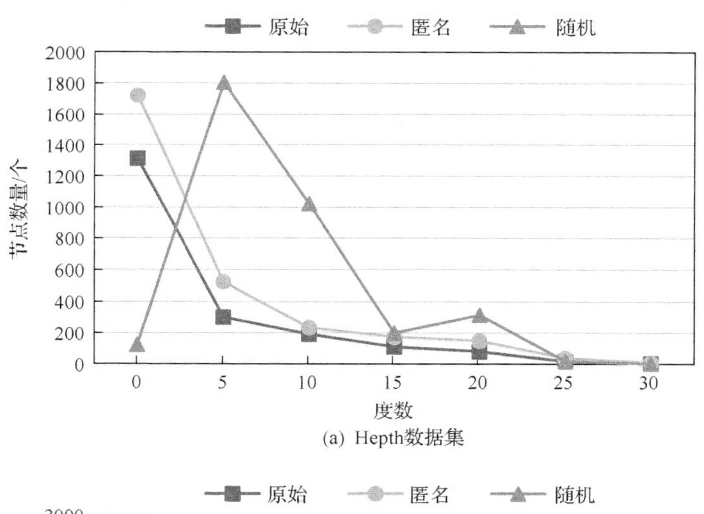

(a) Hepth数据集

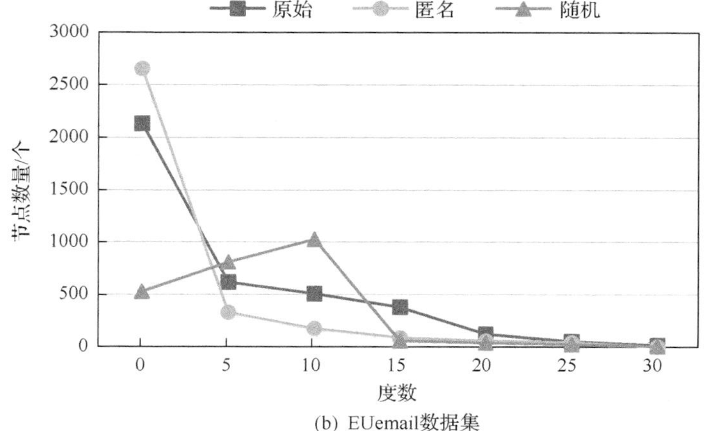

(b) EUemail数据集

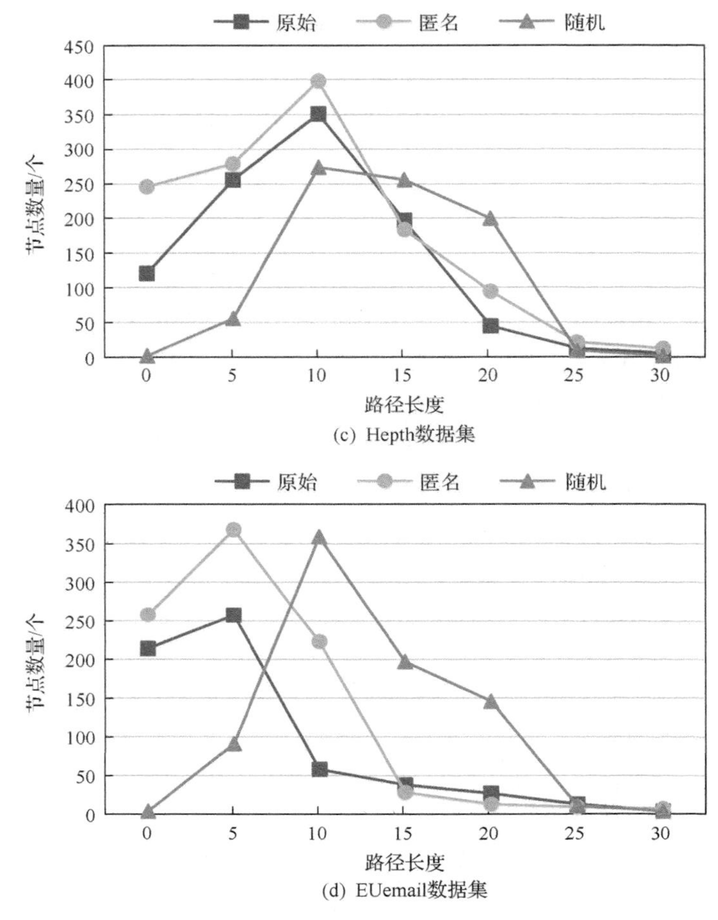

(c) Hepth数据集

(d) EUemail数据集

图 5.12　数据有效性统计

的有效性较高。总体上通过图 5.12 可以看出，优化的算法有效性得到提高，原始图信息损失相对减少。

对于匿名质量，通过子图攻击测试改进优化的 k-同构算法，这里假定攻击者知道目标个体的相关结构，随机地从原始网络数据获取子图作为攻击子图，攻击子图边数量表示不同的攻击子图并用边的数量进行区分。

图 5.13 为匿名质量图(k=8)，通过两个数据集实验结果可以明显看出优化后的 k-同构算法相对原算法匿名效果有很大的优势。

2) 多重发布方法实验

多重发布方法试验是从匿名质量与信息损失两个方面进行的，并与已有匿名算法进行性能比较，实验结果表明，k-同构节点 ID 泛化算法无论在匿名质量还是有效性上都有明显优势。

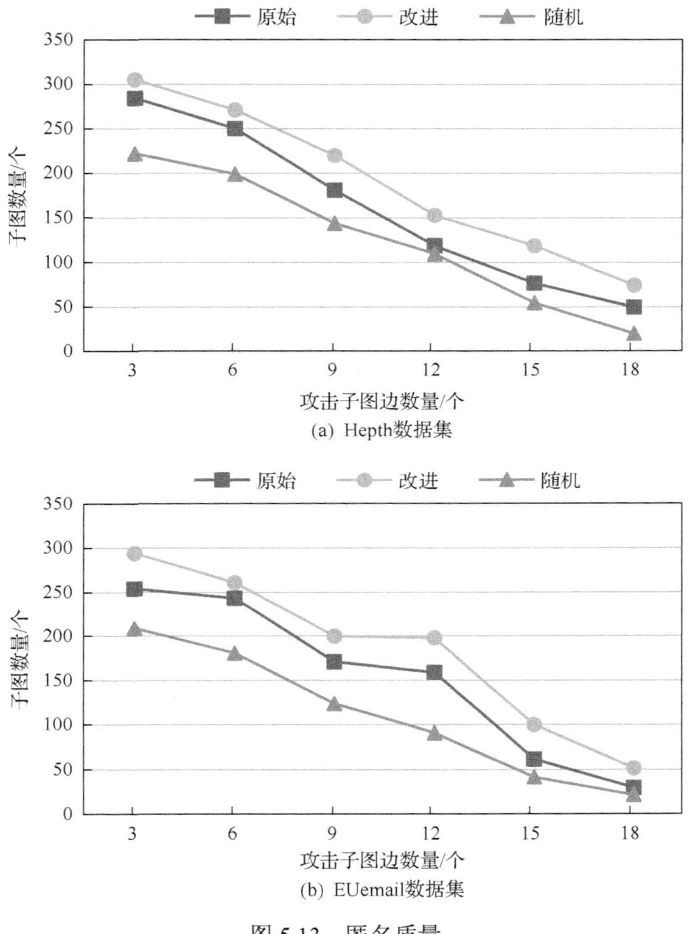

图 5.13　匿名质量

匿名质量通过子图攻击测量 k-同构节点 ID 泛化，假定攻击者知道目标个体的相关结构，随机从原始网络数据获取子图作为攻击子图。图 5.14 为匿名质量图(k=8)，随着发布次数的增长，攻击者在多次发布中查询到目标子图数量越来越少，从两个实验结果可以明显看出，在各个时刻 k-同构节点 ID 泛化比自同构节点 ID 泛化查询到的目标子图数量多，从而攻击者没有更大的概率识别出目标个体，个体的隐私信息就能得到一定程度的保护。

本节算法通过度、聚类系数及平均节点 ID 泛化量来测量 k-同构节点 ID 泛化后数据的有效性。度是指一个节点周围所连接边的个数，度分布是指在整个图中全部节点度的分布情况。在很多网络中，如果节点 v_1 连接于节点 v_2，节点 v_2 连接于节点 v_3，那么节点 v_3 很可能与 v_1 相连接，这种现象体现了部分节点间存在的密

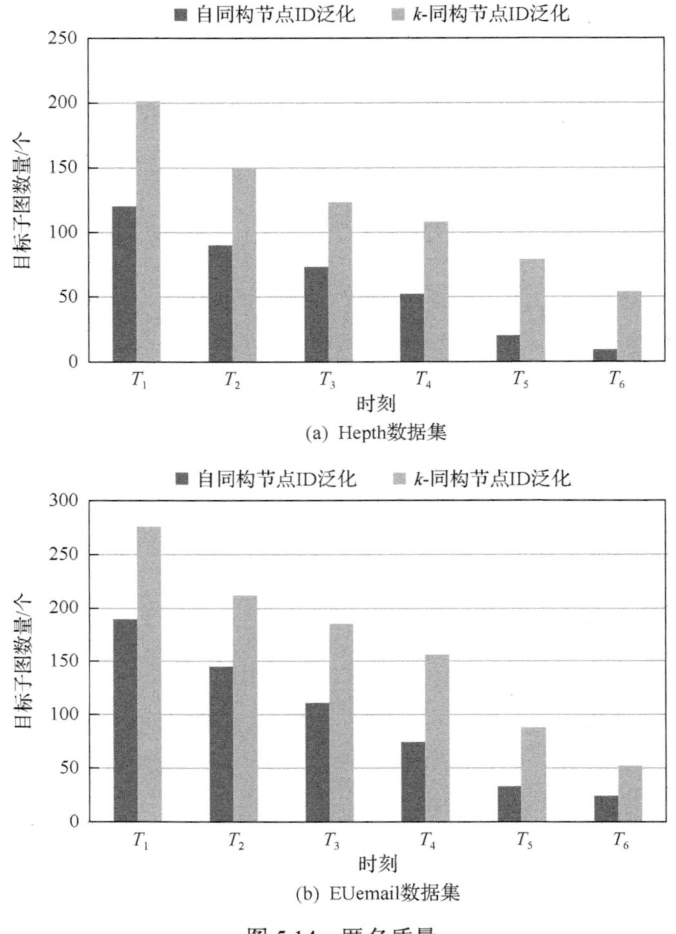

(a) Hepth数据集

(b) EUemail数据集

图 5.14　匿名质量

集连接性质。可以用聚类系数(CC)来表示，一般在无向网络中通常把聚类系数定义为表示一个图中节点聚集程度的系数，用 CC 来表示，即 $CC=n/C_{2k}$，其中 n 表示在节点 v 的所有 k 个邻居间边的数量。

本节实验对原始图、自同构节点 ID 泛化图、k-同构节点 ID 泛化图进行对比(k=8，T=3)，从图 5.15 中度分布与图 5.16 中聚类系数分布情况可以看出，k-同构节点 ID 泛化图能有效保留原始图的度和聚类系数的整体结构信息。对于多重发布中平均节点 ID 泛化量(k=8)，从图 5.17 中可以看出 k-同构平均节点 ID 泛化量显著低于自同构平均节点 ID 泛化量，并且从图中还可以容易看出平均节点 ID 泛化量是在一定限制范围内的，总是小于或等于 8，即小于 k 值。

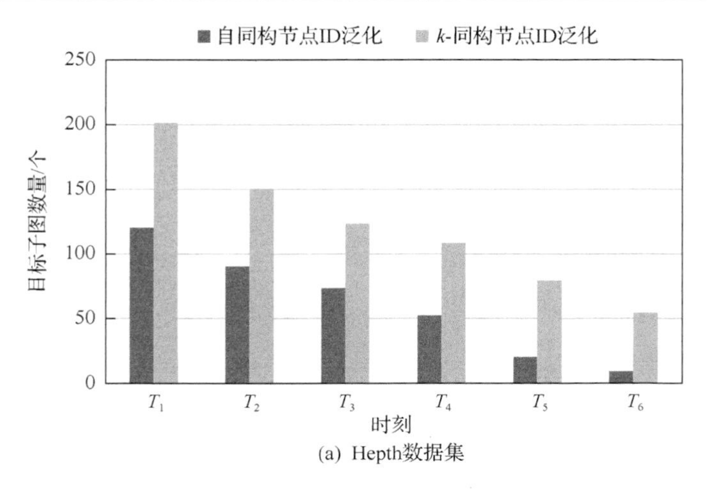

(a) Hepth数据集

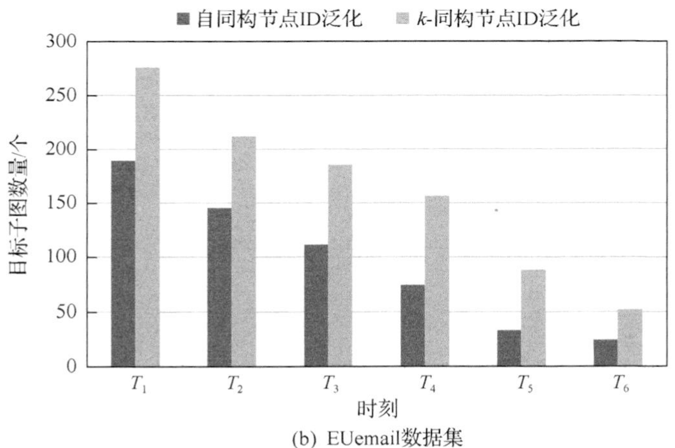

(b) EUemail数据集

图 5.15　节点度分布

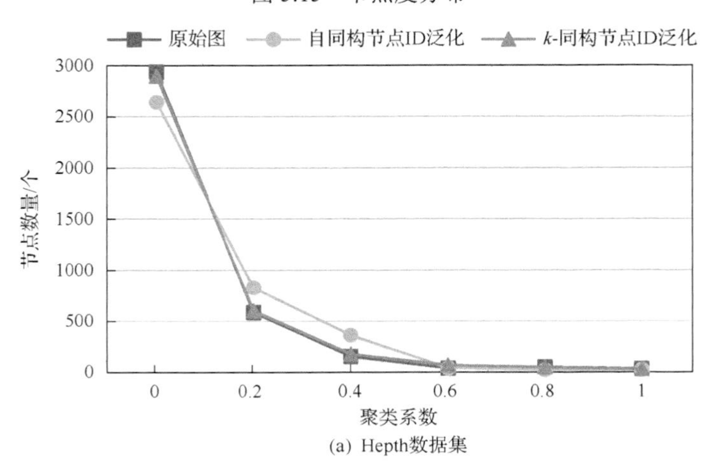

(a) Hepth数据集

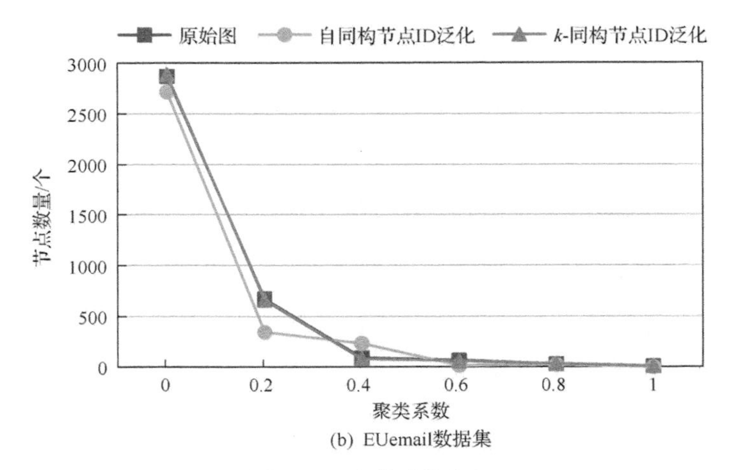

(b) EUemail数据集

图 5.16　聚类系数分布

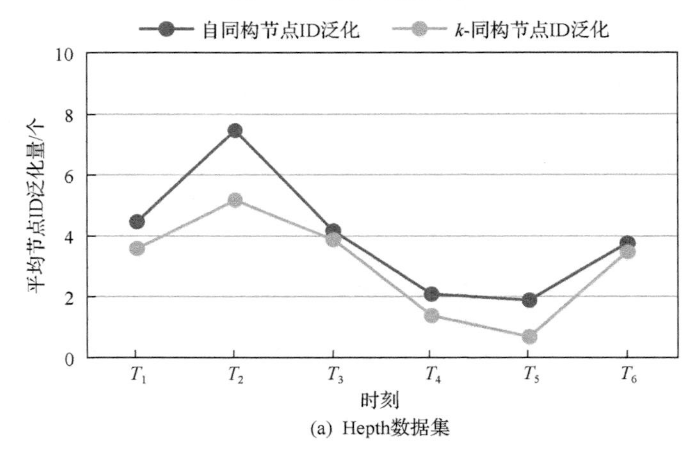

(a) Hepth数据集

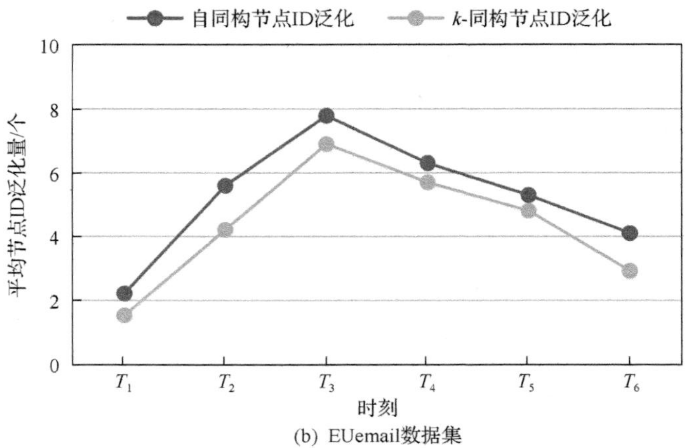

(b) EUemail数据集

图 5.17　平均节点 ID 泛化量

5.3　基于(α, k)-匿名的社会网络隐私保护研究

本节针对社会网络的隐私保护提出(α, k)-匿名方法，在进行匿名时考虑社会网络中节点和节点之间的关系，采用基于聚类的方法，对节点属性及节点之间的关系进行保护。每个聚类中的节点数至少为 k 个，聚类中任一敏感属性值相关的节点百分比不高于 α，并且信息损失要满足给定阈值。可以通过设置参数来控制不同的信息损失之间的关系。理论分析与实验结果表明，基于社会网络的(α, k)-匿名方法能在信息损失尽可能小的情况下有效地保护隐私，并且能够防止节点识别与节点之间的关系的泄露。

5.3.1　相关定义

将社会网络建模为一个简单无向图 $G=(N, E)$，N 是节点集，$E(\in N\times N)$ 是边集。节点代表一个社会网络中的实体用户；边代表两个用户之间的关系。G 中所有的节点被一个属性集描述。这些属性可以分为如下几类：

$I_1, I_2, \cdots, I_m$ 是标识属性，如 Name 和 SSN。

$Q_1, Q_2, \cdots, Q_q$ 是准码属性，如 Zip code 和 Age。它们可以在其他的公开的数据集中找到，能用于攻击个人的隐私。

$S_1, S_2, \cdots, S_r$ 是敏感属性，如 Disease。应该防止这些属性值泄露。

社会网络中的节点 N 的数据、结构信息及节点之间的关系需要适当地隐藏。匿名后的网络数据必须防止身份标识泄露和属性泄露。

定义 5.7(泛化信息损失)　设定 cl 为聚类，属性集 $\mathrm{QI}=\{N_1, N_2, \cdots, N_s, C_1, C_2, \cdots, C_t\}$，其中 $N_1, \cdots, N_s$ 是数值准码，$C_1, \cdots, C_t$ 是类别准码。由泛化聚类中的准码所引起的泛化信息损失(GIL)如式(5-2)所示：

$$\mathrm{GIL(cl)}=|\mathrm{cl}|\cdot\left(\sum_{j=1}^{s}\frac{\mathrm{size(gen(cl)}[N_j])}{\mathrm{size(min}(X[N_j]),\max(X[N_j]))}+\sum_{j=1}^{t}\frac{\mathrm{height}(\Lambda(\mathrm{gen(cl)}[c_j]))}{\mathrm{height(Hc}_j)}\right) \tag{5-2}$$

其中，gen(cl)代表聚类 cl 的泛化信息；｜cl｜代表聚类 cl 的大小；size$([i_1, i_2])$代表区间$[i_1, i_2]$的大小；$N_i(i=1, \cdots, s)$是数值属性；$C_i(i=1, \cdots, t)$是类别准码；$\Lambda(w)$ $(w\in \mathrm{Hc}_j)$是 C_j 以 w 为根的子层次树；height(Hc_j)表示层次树的高度。为了便于衡量引起的信息损失，其域标准化为[0, 1]。

将若干个节点聚成一组，形成一个超级节点，其内部的边被隐藏；不同聚类的节点之间的边也被聚成一组，用具有标号的边表示，且考虑哪些边被压缩了，

减少了对原始网络信息真实性损害。通过聚类内部结构损失(intraSIL)和聚类之间的结构损失(interSIL)，可得出匿名网络的结构信息总和，并将其域标准化到[0, 1]。

定义 5.8(泛化信息损失) 通过划分 $S=\{cl_1, cl_2, \cdots, cl_v\}$来匿名图 G 获得泛化信息损失，用 NGIL(G, S)表示如式(5-3)所示。

$$\text{NGIL}(G,S)=\frac{\sum_{j=1}^{v}\text{GIL}(\text{cl}_j)}{n\cdot(s+t)} \tag{5-3}$$

其中，n 是图 G 的节点数量；$(s+t)$是准码的数量；cl 为集合 N 的一个聚类。$G_{cl}=(cl, E_{cl})$，是 cl 在 $G=(N, E)$的子图，聚类中有多个节点，但只用一个聚类来表示，用(|cl|, $|E_{cl}|$)描述聚类中节点和边的情况，其中|cl|表示聚类中节点的个数，$|E_{cl}|$)表示聚类中的边数。

定义 5.9(聚类内部结构损失) 如式(5-4)所示。

$$\text{intraSIL}(\text{cl})=2\cdot|E_{\text{cl}}|\cdot\left(1-|E_{\text{cl}}|/\text{cl}_2\right) \tag{5-4}$$

定义 5.10(聚类之间内部结构损失) 如式(5-5)所示。

$$\text{interSIL}(\text{cl}_1,\text{cl}_2)=2\cdot|E_{\text{cl}_1,\text{cl}_2}|\cdot\left(1-\frac{|E_{\text{cl}_1,\text{cl}_2}|}{|\text{cl}_1|\cdot|\text{cl}_2|}\right) \tag{5-5}$$

定义 5.11(总信息损失) 包括聚类内部节点和聚类之间的结构信息损失，如式(5-6)所示。

$$\text{SIL}(G,S)=\sum_{j=1}^{v}(\text{intraSIL}(\text{cl}_j))+\sum_{i=1}^{v}\sum_{j=i+1}^{v}(\text{interSIL}(\text{cl}_i,\text{cl}_j)) \tag{5-6}$$

定义 5.12(标准化的结构信息损失) 如式(5-7)所示，结构信息损失标准化在域[0, 1]内。

$$\text{NSIL}(G,S)=\frac{\text{SIL}(G,S)}{[n\cdot(n-1)/4]} \tag{5-7}$$

定义 5.13(两节点之间的距离) 用 n 维布尔向量 B_i 和 B_j 来描述两个节点 X_i 和 X_j 距离，如式(5-8)所示。

$$\text{dist}(X^i,X^j)=|\{l\,|\,l=1,\cdots,n,\,l\neq i,j;b_l^i\neq b_l^j\}|/(n-2) \tag{5-8}$$

定义 5.14(节点和聚类之间的距离)　节点与聚类之间的距离被定义为节点和聚类中每个节点距离的平均值，如式(5-9)所示。

$$\text{sdist}(X,\text{cl})=\left[\sum_{X^j\in\text{cl}}\text{dist}(X,X^j)\right]\frac{1}{|\text{cl}|} \tag{5-9}$$

根据平均距离，划分节点到聚类中，将会使产生的匿名网络的结构损失最小。

定义 5.15(匿名社会网络)　社会网络的原型可以建模为图 $G=(N, E)$，节点的划分 $S=\{\text{cl}_1, \text{cl}_2, \cdots, \text{cl}_v\}$，$\sum_{j=1}^{v}\text{cl}_j = N\text{cl}_i \cap \text{cl}_j = \varnothing$ ($i, j=1, \cdots, v, i\neq j$)；匿名网络 MG=(MN, ME)，MN=$\{\text{cl}_1, \text{cl}_2,\cdots, \text{cl}_v\}$，$\text{cl}_i\in$ S，ME$\subseteq$MN×MN；如果 $\text{cl}_i, \text{cl}_j\in$ MN，$\exists X\in\text{cl}_i$，$\exists Y\in\text{cl}_j$，$(X, Y)\in E$，则$(\text{cl}_i, \text{cl}_j)\in$ ME。用$|E\text{cl}_i, \text{cl}_j|$来标记$(\text{cl}_i, \text{cl}_j)\in$ ME 的泛化边。

通过以上的构造，聚类 cl 中的所有节点都被泛化为一个节点 CL，它们之间不能相互区分。为了使匿名社会网络具有 k-匿名的性质，要使每个聚类的大小至少为 k 个节点。

定义 5.16((α, k)-匿名社会网络)　匿名社会网络 MG=(MN, ME)，MN=$\{\text{cl}_1, \text{cl}_2, \cdots, \text{cl}_v\}$，当聚类 cl_j($j=1, \cdots, v$)是 k-匿名并且每个敏感属性的频率小于 α。节点的标签信息 $X_i=\{k_1^i,k_2^i,\cdots,k_q^i,\ s_1^i,s_2^i,\cdots,s_r^i\}$，$k_i$ 是准码属性值，s_i 是隐私属性值。$|\text{cl}_j, s_j|$表示聚类中 s_j 的个数，$|\text{cl}_j, s_j|/|\text{cl}_j|<=\alpha$($j=1, \cdots, v$)与 k-匿名和 p-sensitive k-anonymity 方法相比，大大降低节点被唯一确定的风险。

定义 5.17(两个节点的属性的相同性)　两个元组 X_i 和 X_j 的关于敏感属性 s_l 的相同性如式(5-10)和式(5-11)所示，ω 是敏感属性的权重。

$$\text{Similary}\left(X_i,X_j\right)=\sum_{l=1}^{r}\omega_l\cdot\delta\left(s_l^i,s_l^j\right) \tag{5-10}$$

$$\delta\left(s_l^i,s_l^j\right)=\begin{cases}0, & s_l^i\neq s_l^i\\ 1, & s_l^i=s_l^i\end{cases},\quad \sum_{l=1}^{r}\omega_l=1 \tag{5-11}$$

定义 5.18(节点和聚类相同性)　如式(5-12)和式(5-13)所示。

$$\text{Similary}\left(X_i,\text{cl}\right)=\sum_{l=1}^{r}\omega_l\cdot\rho\left(s_l^i,\text{cl}\right) \tag{5-12}$$

$$\rho\left(s_l^i,\text{cl}\right)=\begin{cases}0, & s_l^i\notin s_l\\ 1, & s_l^i\in s_l\end{cases},\quad \sum_{l=1}^{r}\omega_l=1 \tag{5-13}$$

5.3.2　(α, k)-匿名算法

聚类的形成过程，一次形成一个聚类，每个聚类以一个节点开始，从节点集中任意选择一个节点，基于节点泛化信息损失和结构信息损失的结果，取泛化信息损失和结构信息损失最小的节点，增加到聚类中，并且一次增加一个节点。采用贪婪方法，将一个节点放入当前正在构造的聚类，直到它满足(α, k)-匿名性质。每一步所选择的节点是没有划分到任何聚类的节点，并且保证增加该节点使得聚类的信息损失最小。对于聚类过程中的信息损失和结构损失，可以通过设置参数调节泛化信息损失和结构信息损失之间的关系。设置满足 $\gamma+\beta=1$ 的两个参数 γ 和 β，控制总泛化信息损失和总结构信息损失之间的关系。$\gamma=0$，$\beta=1$，意味着在聚类时，将忽略泛化信息损失，基于结构信息损失最小来形成聚类。反过来，$\gamma=1$，$\beta=0$，则表明聚类时不考虑结构信息损失，以泛化信息损失最小形成聚类。在最后一个聚类中会出现不满足(α, k)-匿名的情况，需要把这个聚类分解，将其中的节点分配到其他聚类中，并保证带来的损失最小。

算法 5.4　(α, k)-SANGREEA 算法。

输入：社会网络 $G=(N, E)$；匿名约束 k；敏感值的频率约束 α；控制泛化损失和结构损失之间的关系，用户定义的权重参数 γ 与 β。

输出：聚类集合 $S=\{\mathrm{cl}_1, \mathrm{cl}_2, \cdots, \mathrm{cl}_v\}$；$\bigcup_{j=1}^{v}\mathrm{cl}_j = N$，$\mathrm{cl}_i \cap \mathrm{cl}_j = \varnothing$，$i, j=1, \cdots, v, i\neq j$；$|\mathrm{cl}_j|>=k; j=1, \cdots, v$, S 是满足(α, k)匿名的聚类的集合。

```
1  S=∅; i=1
2  随机从 N 中选出节点 r_seed，节点满足与其他节点有最小的相同性
3  将节点放入 cl_1 中，并从节点集 N 中删除
4  Repeat
5      if X′=argmin(γ*NGIL(G_1, S_1) +β*sdist(X, cl_i))   //G_1 是由 cl_i∪{X′}构成的子图
6      do cl_i = cl_i ∪{X′}, N = N - {X′}   // S_1 是由 cl_i∪{X′}划分
7      until (cl_i is (α, k)-匿名) or (N=∅)
8  if(|cl_i|≥k and cl_i is (α, k)-匿名)
9          S = S∪{cl_i}, i++, switch(2)
10  else DisperseCluster(S, cl_i)   //在最后一个聚类中，将聚类中的节点进行处理
11  until N=∅
12  end (α, k) –SANGREEA 算法
```

假设社会网络图 Gex 如图 5.18 所示。节点的内容如表 5.6 所示。准码是 Age、Zip code 和 Gender，敏感属性是 Illness。Age 是数值型准码，Zip 和 Gender 是类别属性。设 $k=3$，$\alpha=0.4$，$\gamma=0$，$\beta=1$，匿名社会网络图 MGex1 如图 5.19 所示。设 $k=3$，$\alpha=0.4$，$\gamma=1$，$\beta=0$，匿名社会网络图 MGex2 如图 5.20 所示。

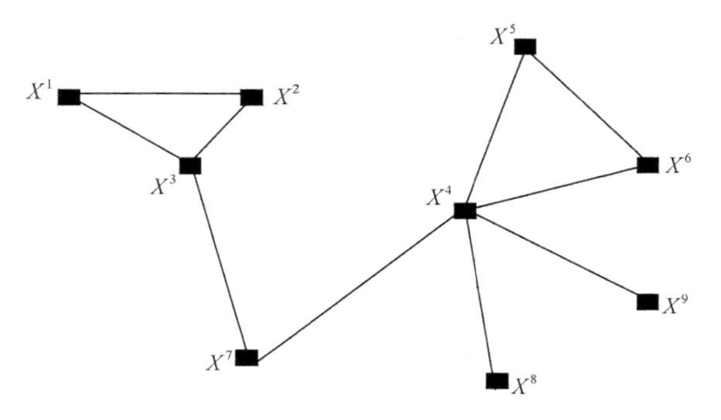

图 5.18　社会网络图 Gex

表 5.6　节点的准码和敏感属性值

节点	Age	Zip code	Gender	Illness
X^1	25	41076	Male	Diabetes
X^2	25	41075	Male	Heart Disease
X^3	27	41076	Male	Diabetes
X^4	35	48201	Male	Breast Cancer
X^5	38	48201	Female	Colon Cancer
X^6	36	41075	Female	Diabetes
X^7	30	41099	Male	HIV
X^8	28	41099	Male	Breast Cancer
X^9	33	41075	Female	HIV

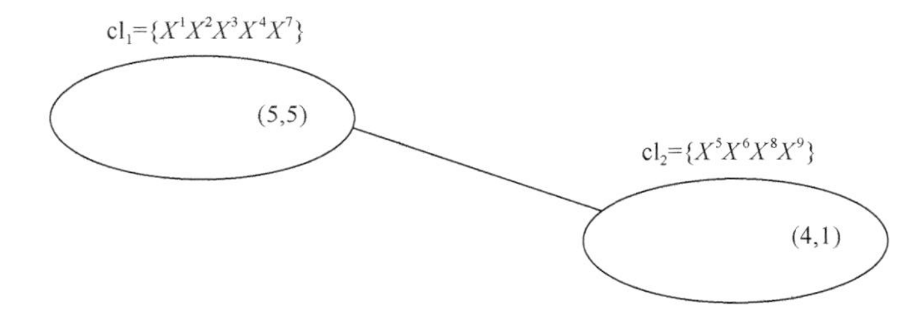

图 5.19　社会网络图 MGex1

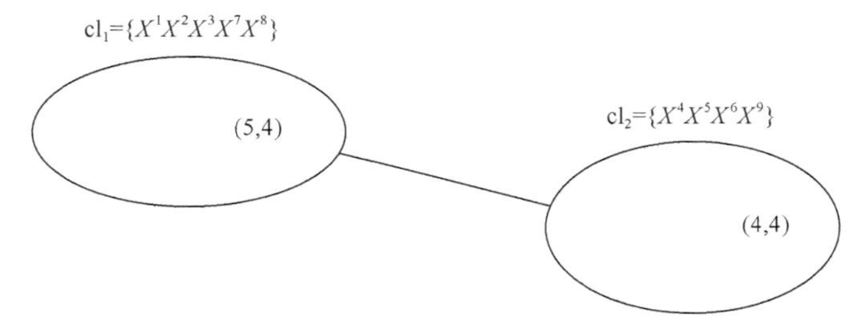

图 5.20　社会网络图 MGex2

匿名网络的泛化信息损失和结构信息损失如表 5.7 所示。当 γ=1 时的聚类过程所产生的泛化信息损失比 γ=0 时的泛化信息损失低，β=1 时的结构信息损失比 β=0 时的结构信息损失低。

表 5.7 泛化信息损失和结构信息损失

匿名网络 MG	泛化信息损失	结构信息损失
MGex1	0.59	0.34
MGex2	0.39	0.64

5.3.3 实验测试和结果分析

1. 实验环境

(1) 开发环境：Windows XP Professional 操作系统；硬件配置为 1.7GHz 主频，1GB 内存，160GB 硬盘。

(2) 开发工具：Eclipse 6.8，MySQL。

(3) 开发语言：Java。

2. 实验数据

实验采用 Enron e-mail dataset、ex-employee status report 和 Adult dataset 三个数据集。从 Enron e-mail dataset 中提取社会网络，提供社会网络的结构信息，ex-employee status report 和 Adult dataset 数据集提供节点的属性信息。Adult dataset 提供社会网络节点的准码和敏感属性是必需的。节点数据包括准码：Role、Age、Marital status 和 Race。Age 为数值型准码；其他属性为类别型准码。Role 的泛化层次为 2; Marital status 的泛化层次为 2; Race 的泛化层次为 1。Education 和 Salary range 作为社会网络节点是敏感属性。

3. 实验结果及分析

对社会网络使用 (α, k)-SANGREEA 匿名，k 从 3 到 10，α 取 0.3，0.4，实验中 γ, β 参数：(0, 1) 和 (1, 0)。(0, 1) 表示忽略准码泛化产生的损失，用最小的结构损失指导算法的进行。(1, 0) 表示忽略结构损失，用最小的属性泛化产生的损失来指导算法的进行。图 5.21 和图 5.22 分别显示了 $(\gamma, \beta)=(0, 1)$ 泛化损失和结构损失结果。图 5.23 和图 5.24 分别显示了 $(\gamma, \beta)=(1, 0)$ 泛化损失和结构损失结果。实验结果显示，当 k 相同时，随着 α 的增加，泛化损失和信息损失增大。α 相同时，随着 k 的增加，泛化损失和结构损失增加。正如所期望的，γ 和 β 可以控制泛化信

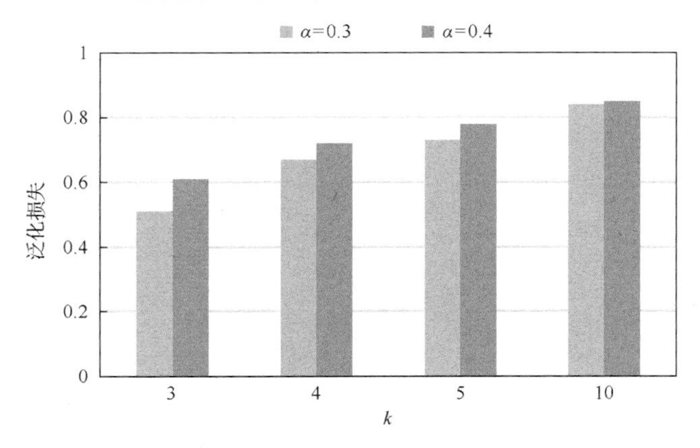

图 5.21　$(\gamma,\beta)=(0,1)$泛化损失

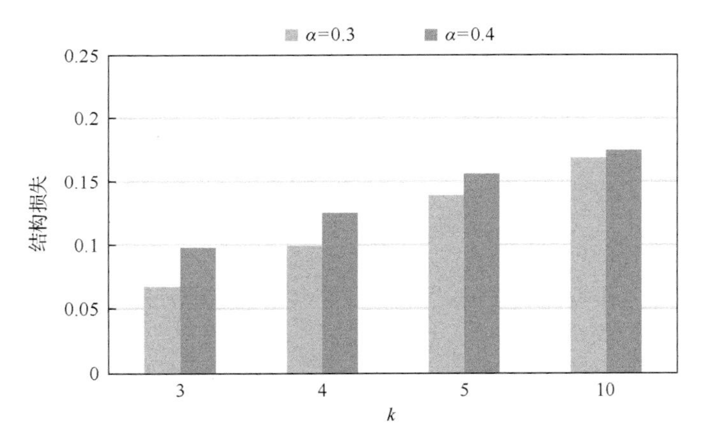

图 5.22　$(\gamma,\beta)=(0,1)$结构损失

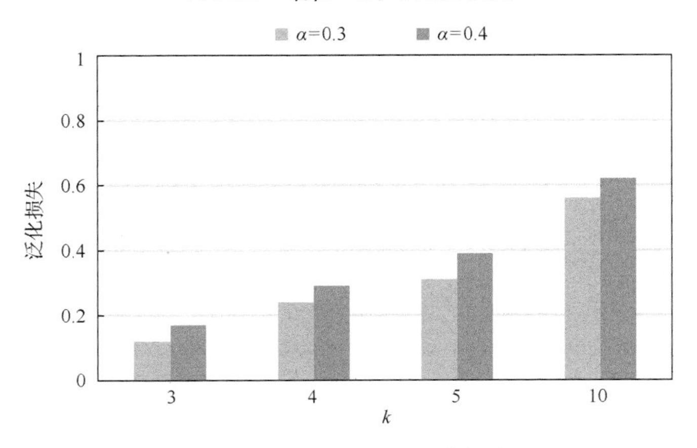

图 5.23　$(\gamma,\beta)=(1,0)$泛化损失

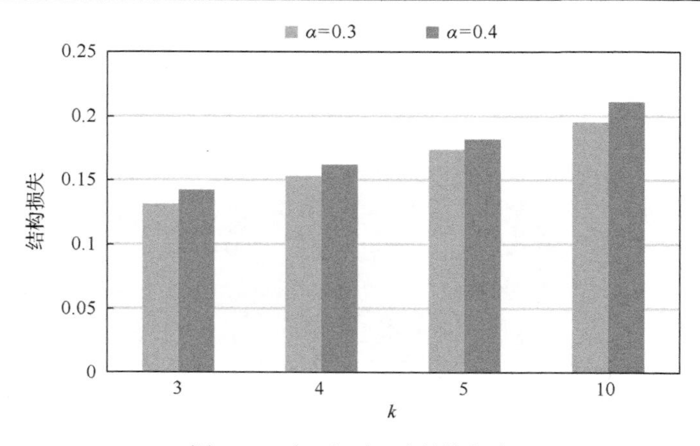

图 5.24　$(\gamma, \beta)=(1, 0)$ 结构损失

息损失和结构信息损失之间的平衡。当 $\gamma=1$，$\beta=0$ 时，聚类过程忽略结构信息损失，通过对比图 5.21 和图 5.23，可以得到 $\gamma=0$ 时泛化信息损失比 $\gamma=1$ 时泛化信息损失高。当 $\gamma=0$，$\beta=1$ 时，对比图 5.22 和图 5.24，可以得到 $\beta=0$ 时结构信息损失比 $\beta=1$ 时结构信息损失高。

参考文献

[1] Hanneman R A, Riddle M. Introduction to Social Network Method[M]. http: //www.faculty.ucr.edu/～hanneman /nettext/.

[2] 林吓洪. 社区化网络中的隐私保护[D]. 上海: 上海交通大学, 2009.

[3] Hay M, Miklau G, Jensen D, et al. Resisting structural identification in anonymized social networks[C]. Proceedings of the 34th International Conference on Very Large Databases, Auckland, 2008: 102-114.

[4] Hay M, Miklau G, Jensen D, et al. Anonymizing social[R]. Networks. Technical Report 07-19, University of Massachusetts Amherst, 2007.

[5] Liu K, Terzi E. Towards identity anonymization on graphs[C]. Proceedings of the 2008 ACM SIGMOD International Conference on Management of Data, New York, 2008: 93-106.

[6] Ying X, Wu X. Randomizing social networks: Aspectrum preserving approach[C]. Proceedings of the 2008 SIAM International Conference on Data Mining, Atlanta, 2008: 739-750.

[7] Backstrom L, Dwork C, Kleinberg J. Anonymized social network, hidden parterns, and structural steganography[C]. Proceedings of the 16th International Conference on World Wide Web, New York, 2007: 181-190.

[8] Evfimievski A, Gehrke J, Srikant R, et al. Limiting privacy breaches in privacy preserving data mining[C]. Proceedings of the 22nd ACM SIGMOD-SIGACT-SIGART Symposium on Principles of Database Systems, New York, 2003: 211-222.

[9] Zhou B, Pei J. The k-anonymity and l-diversity approaches for privacy preservation in social networks against neighborhood attacks[J]. Knowledge and Information Systems, 2010, 28(1): 47-77.

[10] Sweeney L. K-anonymity: A model for protecting privacy[J]. International Journal on Uncertainty, Fuzziness, and Knowledge-based Systems, 2002, 10(5): 557-570.

[11] Meyerson A, Williams R. On the complexity of optimal k-anonymity[C]. Proceedings of the 23rd ACM SIGMOD-SIGACT-SIGART Symposium on Principles of Database Systems, New York, 2004: 223-228.

[12] Machanavajjhala A, Gehrke J, Kifer D, et al. L-diversity: Privacy beyond k-anonymity[C]. Proceedings of the 22nd IEEE International Conference on Data Engineering, Atlanta, 2006.

[13] Cormode G, Srivastava D, Yu T, et al. Anonymizing bipartite graph data using safegroupings[J]. The VLDB Endowment, 2008, 1(1): 833-844.

[14] 兰丽辉, 鞠时光, 金华, 等. 用二分图实现数据发布的隐私保护[J]. 计算机应用研究, 2010, 27(11): 4304-4308.

[15] Zheleva E, Getoor L. Preserving the privacy of sensitive relationships in graph data[C]. Proceedings of the 1st ACM SIGKDD Workshop on Privacy, Security, and Trust in KDD, Berlin, 2007: 153-171.

[16] Wu W T , Wang W, Wang Z H, et al. K-symmetry model for identity anonymization in social networks[C]. Proceedings of the 13th International Conference on Extending Database Technology, New York, 2010: 111-122.

[17] Cheng J, Fu A W, Liu J, et al. K-isomorphism: Privacy preserving network publication against structural attacks[C]. Proceedings of the Special Interest Group on Management Of Data, New York, 2010: 459-470.

[18] Das S, Egecioglu O, Abbadi A E. Anonymizing weighted social network graphs[C]. Proceedings of the 26th IEEE International Conference on Data Engineering, Long Beach, 2010: 904-907.

[19] Liu L, Wang J, Liu J, et al. Privacy preserving in social networks against sensitive edge disclosure[R]. Technical Report Technical Report CMIDA-HiPSCCS 006-08, Department of Computer Science, 2008.

[20] Li N, Li T, Venkatasubramanian S, et al. T-closeness: Privacy beyond k-anonymity and l-diversity[C]. Proceedings of the 23rd International Conference on Data Engineering, Istanbul, 2007: 106-115.

[21] Campan T, Truta M, Miller J, et al. A clustering approach for achieving data privacy[C]. International Conference on Data Mining, Sydney, 2007: 321-327.

[22] Campan T, Truta M. A clustering approach for data and structural anonymity in socialnetworks[C]. Proceedings of the 2nd ACM SIGKDD International Workshop on Privacy, Security, and Trust in KDD, in Conjunction with KDD'08, Las Vegas, 2008: 0790-0795.

[23] Ford R, Truta T M, Campan A, et al. P-sensitive k-anonymity for social networks[C]. International Conference on Data Mining, Las Vegas: CSREA, 2009.

[24] Campan T, Truta M, Bindu V, et al. Privacy protection: P-sensitive k-anonymity property[C]. Proceedings of the 22nd International Conference on Data Engineering Workshops, Washington: IEEE, 2006: 94-95.

[25] Bhagat S, Cormode G, Srivastava D, et al. Class-based graph anonymization for social network data[J]. The VLDB Endowment, 2009, 1(2): 766-777.

[26] Jin R M, Hong H, Wang H X, et al. Computing label-constraint reachability in graph databases[C]. Proceedings of the 2010 International Conference on Management of Data, New York, 2010: 123-134.

[27] Bhaga S, Cormode G, Krishnamurthy B, et al. Privacy in dynamic social networks[C]. Proceedings of the 19th International Conference on World Wide Web, New York, 2010: 1059-1060.

[28] 罗亦军. 社会网络的隐私保护研究综述[J]. 计算机应用研究, 2010, 27(10): 3061-3064.

[29] Zhou B, Pei J. Preserving privacy in social networks against neighborhood attacks[C]. IEEE International Conference on Data Engineering, Mexico, 2008: 506-515.

[30] 兰丽辉, 鞠时光, 金华, 等. 社会网络数据发布中的隐私保护研究进展[J]. 小型微型计算机系统, 2010, 31(12): 2318-2323.

第 6 章　大规模社会网络隐私保护技术

6.1　理 论 基 础

6.1.1　Pregel-like 系统

近年来，随着线上社会关系网络(OSN)数据的急剧增加，对着这些拥有亿万个节点规模的社会网络数据的分析处理，已受到众多研究领域的关注，尤其是商业智能、机器学习、推荐系统、数据挖掘等研究领域。传统分布式计算模型在改进图数据处理技术上存在着很多问题，主要包括数据迁移 IO 较大、连续迭代代价较高等。为了解决上述问题，文献[1]介绍了 Google 在处理大规模图数据时所采用的 Pregel 系统，它利用其处理架构上的便利，使得频繁的迭代处理过程变得更加高效。这种架构上的便利主要是指 BSP 模型中的超步和同步机制。

下面介绍图数据在 Pregel 系统的分布式计算过程。当图数据被加载到系统后，系统为图中每个节点和边分配其自身的 ID 和属性值，其初始值是由用户自定义的，在计算时这些值都可以被修改。Pregel 系统会将图按节点进行分割，并组成一个个小的分区，每个分区包含一组节点和这些节点所连接的边，这些小的分区会被分布式地分配到不同的计算节点或计算任务中。用户需要自定义节点中处理任务的方法，来指定当前节点所要执行的任务，然后通过若干的程序迭代，来实现特定的图处理算法。其中，每一次的迭代称为一个超步，在每个超步的执行过程中节点都会独立地接收和发送消息，并通过超步间的同步来实现各计算节点的信息交互。

下面介绍 Pregel 系统框架的处理流程：首先根据用户自己定义的读取方法从目标文件中读取数据并将其转换成一个个的节点数据，这个过程称作初始化图数据；然后在计算开始前，图节点会被划分到不同的 Worker 任务中，每个 Worker 又分布于不同的物理节点，每次超步计算时，处于 Active 状态的图节点都会执行 vertex.compute()方法，用来完成用户定义的处理，并通过 vertex.SendMessageTo()方法向邻接节点发送消息。图节点通过 vertex.VoteToHalt()方法进行状态转换，如图 6.1 所示为 Pregel 框架中的节点状态机[1]。每一次超步中的节点都接受上次超步中邻接节点发来的消息，并根据此消息来判断是否改变当前状态，是否修改自身值和是否向邻接节点发送消息。

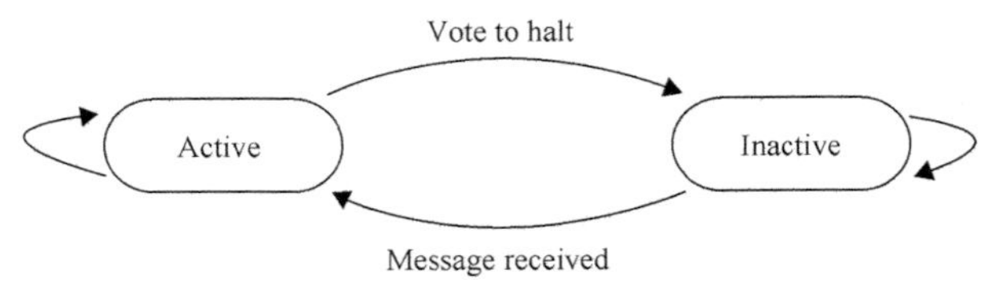

图 6.1 节点状态机

深入理解一下 Pregel 系统的内部细节可以发现，Pregel 系统在架构上遵循主从架构，Master 节点用来对整个技术任务的监控和调度，从节点负责对分配给自己的任务进行计算，以图数据为例，在开始计算后，图节点被划分到不同的物理位置上的进程中，并借助其所在节点上的进程向其他节点发送消息，同节点通过心跳保证容错。

Pregel 系统的实现和应用也激发了一系列开源 Pregel-like 系统的发展[2]，如 Apache 的 Hama，Apache 的 Giraph[1]、Mizan[3]、GPS[4]和 Spark 中的 Graphx[5]等。文献[2]借助实验对比了各个系统的优越性。下面就以其中的开源系统 Hama、Giraph 和 GraphX 为例来分别介绍各系统的特点。

1. Hama 系统

Hama 系统由 Apache 公司推出，它开源地实现了 Pregel 系统的功能，也是基于 BSP 计算模式，通过消息传递和同步。可以实现诸多科学领域中的高性能并行计算算法，如机器学习、图算法等需要多次迭代计算的算法。Hama 系统内部在进行文件存储和交互时使用的是 HDFS 文件系统，并且在启动后拥有自己独立的进程来接收和执行任务。

Hama 主要由 BSPMaster、GroomServers 和 Zookeeper 三部分组成，其整体架构如图 6.2 所示。其中 BSPMaster 用于分配和监控各个计算节点，GroomServer 位

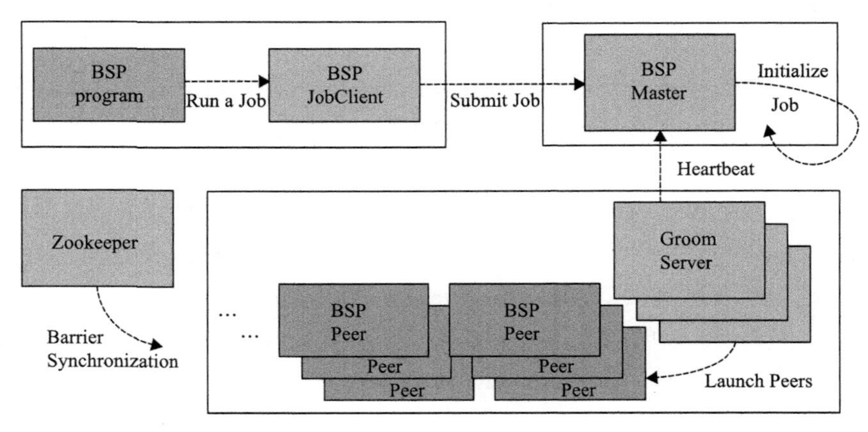

图 6.2 Hama 整体架构图

于各个计算节点上，负责执行分配来的计算任务，并且实现与 BSPMaster 的通信，而全局的 Zookeeper 系统则负责实现 BSP 中的同步，保障各个计算节点上的消息能够顺利地发送到目的节点上。下面详细介绍各组成部分。

1) BSPMaster

BSPMaster 是运行在主节点上的一个进程，其中记录着每个计算节点的状态信息，实时通过心跳机制来监控各个处于 Active 状态的计算节点。当计算任务提交到 BSPMaster 后，BSPMaster 就会为每个计算节点划分任务分片，在整个计算过程中，BSPMaster 都会实时地监控计算状态来协调整个计算集群来实现计算任务。

2) GroomServer

GroomServer 是运行在从节点上的独立进程，主要是为了完成所分配的计算任务，根据配置在每个 GroomServer 下会自动包含多个 BSP Peer 线程，每个线程在计算图数据时会独立地负责若干个图节点，因此，在计算时相当于每个图节点都是分布并行地在进行计算和发送消息，消息经过物理节点进行传递，并且在计算时优先处理本地的节点数据。因此，在计算时可以很好地实现节点称消息同步，又能够实现最佳的 data-locality 性能。

3) Zookeeper

Zookeeper 在 Hama 系统中主要用来实现各个 GroomServer 中的 BSP Peer 的节点之间消息同步。

Hama 提供了一个包 hama-graph.jar 来处理图数据，其同样实现了以节点为中心的计算思想，通过提供简单的开发接口，允许程序设计者开发出类似于 Pregel 应用的程序。在设计 Pregel-like 程序时，开发者需要继承 Vertex 类，并重新设计 compute 函数，此函数定义了每个的独立计算任务，包括对当前节点值和边值的查询与修改，以及向其相邻节点发送消息。Vertex 类和 compute 函数代码如下：

```
public abstract class Vertex<V extends Writable, E extends Writable, M extends Writable> implements VertexInterface<V, E, M> {
public void compute (Iterator<M> messages) throws IOException;
}
```

Hama 还提供了非常灵活的输入和输出供选择，并允许从你的输入数据中抽取节点，程序设计者可以通过扩展开发 VertexInputReader 类，即设计出适合自己数据格式的节点信息读取类。

2. Giraph 系统

Giraph 属于 Apache 中的项目，其通常被定义为迭代式图处理系统。它架构在

Hadoop 之上，提供了图处理接口，专门处理大数据的图问题。最早提出和使用的是雅虎公司，雅虎当初设计和使用 Giraph 系统的主要原因是进行社交图谱的计算，由于数据量的巨大，在选择使用其他框架时发现效率较低，因此就基于 Hadoop 设计了此系统，在设计时也参考了 Pregel 系统的思想，很好地满足了其对网页排名的计算需求。目前，Giraph 已经开源并且被许多网络公司使用，已经成为谷歌 Pregel 系统的主要对手，在针对图数据的计算速度上，Giraph 系统明显优于传统的 MapReduce 模型，在其官网上也对其真正的运行效率进行了实验和说明。Giraph 目前增加了几个特色功能，包括主节点计算、分散聚合、面向边输入、核外计算等。外加上其稳定的发展周期和不断扩大的全球用户，Giraph 现在已经成为大规模图数据处理的潜在的选择。

与 Hama 系统相类似，Giraph 也是基于 Hadoop 系统而建，不同的是 Giraph 系统没有独立的守护进程，而只是简单地将传统分布式计算框架进行了轻量级的改装，其使得在进行分布式计算时，仅仅借助 Mapper 来实现多层次的迭代计算，而不再使用 Reducer 进行聚合输出。其中每一次的迭代处理，都是一个超步的执行过程，整个作业的提交过程都是经过 Hadoop 来实现的。图 6.3 为 Giraph 整体架构图。

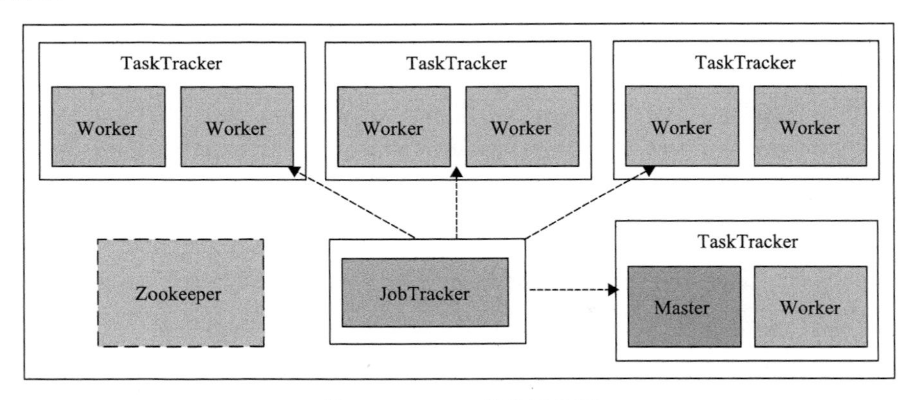

图 6.3　Giraph 整体架构图

3. GraphX 系统

GraphX 系统是属于 Spark 系统中的一个图数据处理子系统，主要结合了 ETL、探索性分析和迭代计算图算法等功能。其依赖 Spark 系统的内存计算模型，很好地实现了图计算的高效性，并且又利用 RDD 内存缓冲技术实现了较高的健壮性和容错性。GraphX 还能够很好地结合 Spark SQL 并基于此处理数据仓库中存储的图数据，例如，我们可以首先使用 ETL 工具将所要处理的数据加载至数据仓库中，并使用 Spark SQL 技术将数据输入 GraphX 系统，实现数据之间的智能处理和无缝连接，得益于这些，GraphX 系统的处理性能要明显优于其他图计算平台。图 6.4 为一个图数据在 GraphX 中的处理的过程。

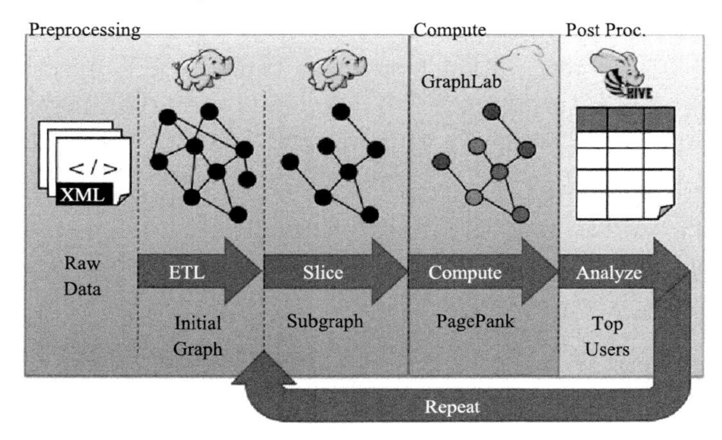

图 6.4　GraphX 图数据处理过程

与前面两个系统类似，GraphX 也是实现了 Pregel 计算模型，并对其 API 有着全面的支持。GraphX 系统与其他系统不同，其有如下特点：

(1) 对处理图数据之前，GraphX 都会将这些数据转换成一系列相关联的 RDD 操作，因此在计算时，GraphX 也就具备了 RDD 的三个关键特性，即不变性、分布性和容错性。

(2) 根据图底层划分的方式不同，GraphX 中有两种 RDD 组成，分别是按照节点划分的 RDD 和按照边来划分的 RDD。节点和边都不是以表的形式存储，而是由边分区和节点分区所索引的一个小的数据。

(3) 在使用 GraphX 设计图处理程序时，开发者可以通过使用 PartitionBy 方法来指定所使用的划分策略。

从应用角度上，GraphX 可以适用于多种社会网络分析技术，如社区发现、子图挖掘、关系预测和隐私保护等。GraphX 的实现和使用使得之前一些因计算能力限制而难以实现的图模型变得简单方便。

6.1.2　云环境下社会网络隐私保护技术

云环境是指一种提供计算资源、存储资源等服务的大数据环境。用户能够按需求向云环境中申请资源，使用这样的服务有诸多优势。用户不用购买硬件设备，同时也不用维护这些硬件。云计算，即是利用超大规模的服务器集群，协同合作，构建一个处理能力超强的云服务基础设施，如同将服务都寄托在遥远的云端。随着社交网络、交通网络等各种应用规模的不断增加，这些应用下的图结构规模也越来越大，传统的单机处理模式已经满足不了实际的需要，分布式计算成为解决该问题的必然趋势。

随着“大数据”时代的到来，各种针对云计算大数据的应用快速增长，其中对于社会网络数据处理技术也愈加火热。各个公司也纷纷加入云计算的行列，谷歌最初提出并使用了 Pregel 系统和 MapReduce 模型[6-8]，然后 Apache 基金会开源实现了 Hadoop 平台和 Hama 系统[9]。云计算的发展与大规模数据处理相关。社会网络数据量与日俱增，传统的单机处理已达不到处理要求。因此，依靠云计算环境对大规模图数据进行处理，是个非常有发展潜力的方向。分布式图处理中的任务主要都是针对图中的顶点和边进行批处理的操作任务。目前，相应出现了一些处理大规模图数据的分布式平台，主要分为两类：一类是基于 MapReduce 计算编程模型，另一类是基于 BSP 计算模型。

1. MapReduce 模型

MapReduce 模型是处理大数据的有效计算模型。主要思想是将海量数据进行切分后，放入不同的数据集合中。通过两种数据操作 Map(映射) 和 Reduce(归约) 完成用户对大数据的处理。Map 操作将数据切片后产生键值对(key/value)，在每个计算节点中合并相同 key 值的键值对。然后，通过将相同的 key 在全局网络环境下，放入到相同的分区中。Reduce 操作将分区中的数据进行统计合并，得到一次 MapReduce 计算的结果，写入磁盘。实际计算时通过多个 Map 和 Reduce 任务完成用户需求。整体的 MapReduce 作业就是将海量数据分成多个小片后，多次进行分类计算后合并后，成为最终的结果。计算时 Map 任务和 Reduce 任务之间需要进行数据交互，Map 任务的输出结果为 Reduce 任务的输入。这种将大数据分割然后合并的思想能够应用到大规模数据处理。

2. BSP 模型

BSP 模型是一个基于消息通信的并行执行模型[10]。其工作原理是将海量数据处理的迭代分为多个超级步，每个超级步中包含计算、通信和同步三个阶段。在计算阶段，每个处理器只对存储在本地内存中数据进行本地计算。在全局通信阶段，存在路由的节点之间传递消息。栅栏同步阶段，等待所有的通信行为结束。迭代执行直到完成作业。

BSP 模型与 MapReduce 模型之间的对比[11]：MapReduce 与 BSP 属于两种完全不同的并行计算框架。对大数据处理的方式不同，MapReduce 使用基于数据流的方式，BSP 使用基于消息传递更新的方式。

在计算模式上，MapReduce 属于外部读取-本地计算的数据流模式；BSP 模型属于全局消息传递更新模式。针对图特有的节点和边的形式，在对节点和边进行记录操作时，使用 MapReduce 能够很好地发挥数据操作的优势。在进行图邻接关系和节点关系等图相关操作时，使用 BSP 模型能够快速得到邻居消息，通过本地计算、全局同步、多次迭代，最后得到结果，充分利用了图的特点。以 PageRank(网页排序算法)的计算为例，MapReduce 计算需要多次进行磁盘的写入和读出操作。首先读入原始数据，将数据进行分片操作，数据映射成键值对的形式，Mapping 阶段计算 PageRank 值，计算结果作为 Reducing 的输入，全局计算合并后，得到一次的 MapReduce 结果，多次迭代收敛后，得到最后的结果。多次磁盘写入和读出操作消耗时间长，相比之下，BSP 模型就只需要一次读写，在内存中计算。计算过程中，每个节点与邻居相互发送消息，收到消息的节点进行本地计算，经过全局同步后，进行下次计算。基于内存的操作，速度快，中间结果不写入磁盘。多次迭代后，输出到磁盘保存。

在数据分割的角度上，MapReduce 处理数据时，不需要特殊处理原始数据，默认以按行形式读入数据，存放到 HDFS(Hadoop Distributed File System)中，计算时，Map 阶段和 Reduce 阶段需要从磁盘中写入和读出数据，同时，还有大量的网络通信开销，延迟时间长。BSP 模型将图数据按照节点分割，分割后的数据在整体上依然是一个完整的图，没有数据失真。计算时，读入数据后，对数据进行再分配，这个阶段会有少量的磁盘开销。但是，任务运行的过程中，通过消息传递，只有网络开销，没有磁盘开销，整体开销少。

6.1.3　分布式社会网络隐私保护技术

隐私保护方法在保证数据安全性的同时需要保证算法运行的效率，而大规模数据在单机处理遇到的瓶颈可以由分布式并行化的框架和算法解决类似问题。采用并行分布式等途径进行大规模社会网络数据的隐私保护和数据挖掘已成为研究热点。目前将分布式并行技术应用到社会网络数据中主要有两个类别：一是隐私保护的分布式并行化分析，指的是在进行各种并行化的社会网络分析时(如知识发现和数据挖掘等)，避免隐私的泄露；二是分布式并行化设计保护算法，指的是如何将传统的较为优秀的社会网络隐私保护算法转移到并行分布式环境中，从而提高保护效率。

在云环境下处理大规模社会网络图数据有很多优点，但由于对云计算的研究和使用也处在探索阶段，因此云环境下处理大规模图数据面临诸多需要克服的困难。但是，当真正去研究时才会发现，无论是上面的哪一类，在将社会网络图数据进行分布式并行化时，都会遇到图数据载入、存储困难，难以分割等许多实现上的问题。例如，执行图的并行计算过程极其烦琐，再加上大规模图计算本身的特性，处理过程中需要若干次迭代和大量的数据通信开销，使得传统应用技术根本无法解决上述问题。因此，需要研究处理上述问难的关键技术，才能使云计算环境下的大规模图处理技术得到更好的应用。

并行化社会网络隐私保护主要面临如下两个挑战[12]。

1) 图计算的强耦合性

以图结构存储的数据，数据之间都是相互关联的，对图数据执行相关的计算也是相互关联的。分布并行处理图数据的计算方法在访问内存时表现出很差的局部性。由于连通图中的节点之间都是相互连通的，若要分割成互不相关的子图进行并行处理非常值得挑战。而且由于图的并行计算原理基于 BSP 模型，每个超级步中都要等待所有节点计算完毕才进行下一个超级步，如果存在执行效率低的任务，那么将制约整个计算时间。研究学者们为了提高图计算的执行效率，需要制定相应的优化方法。可以在预处理阶段和执行阶段采取一些措施，如选取适当的图分割策略，以使子图之间的耦合性降低；选择适当的图计算模型，减少迭代、启动任务及读写磁盘的次数，减少任务调度、I/O 等开销；执行高效的同步控制和优化消息通信，降低水桶效应。

2) 云计算节点的低可靠性

一方面执行大规模图处理的时间相对较长，例如，执行 PageRank 这样的算法大约要完成 30 次迭代处理，效率低而且资源损耗大。负责云环境的集群是由若干台普通的机器搭建而成，当长时间执行一件任务时，会出现节点故障的情况，但是不能通过简单的重新开始来处理这样的故障，需要在断电处或适当的位置继续执行任务。否则，会导致大量的浪费，或者致使整个计算任务无法进行。另外，由于图计算过程中，子任务之间具有极强的耦合性，即其中某个子任务的停止很可能会导致另一个子任务的停止，这无疑会增加恢复计算任务的复杂性。所以，高效的容错机制才能降低故障恢复的开销，并且要尽可能地使重复计算不再发生，以增加大规模图数据处理的效率和稳定性。

针对云计算环境下处理大规模图数据时出现的局限性，目前有少数学者对图数据管理和图处理机制两个角度进行了研究[14, 15]。对于前者，今后要挑战图数据的分割、图数据的存储、图数据索引的建立、图查询处理等问题；对于后者，要挑战在图处理过程中的图计算模型选取、同步控制、消息通信、容错管理和可伸缩性等问题。虽然 Giraph 有很多处理大规模图数据的优势，但仍然面临以上提到的问题，例如，Giraph 是基于 BSP 模型的图处理系统，会面临消息传递陈旧和计算全局同步的障碍，于是文献[13]提出了无障碍异步并行(barrierless asynchronous parallel，BAP)计算模型，BAP 模型减少了 Giraph 系统中的消息陈旧和全局同步等缺点，并且克服了现存异步模型的局限性。BAP 模型通过使用局部障栅(分隔开逻辑超级步)来避免全局障栅，局部障栅不需要全局协调，他们是局部到每个 Worker 并且只使用一个暂停点去做任务(例如图转变或者决定是否需要一个全局障栅)。由于局部障栅是在系统内部的，他们自动发生并且对于开发者是透明的。

在 BAP 模型中通过允许立即看见局部的和远程消息来减少消息陈旧。基于 BAP 模型设计了 GiraphUC 模型，GiraphUC 模型即在开放源代码的分布式图处理系统 Giraph 中执行 BAP 模型。但是由于 GiraphUC 模型缺少实际应用，因此需要进一步实现和改进。

6.2　基于 Pregel-like 的社会网络隐私保护技术研究

本节结合传统的社会网络隐私保护方法的优缺点，以及大规模图数据的分析处理的研究现状，提出一种分布式环境下的社会网络隐私保护方法，该方法使用 Pregel-like 系统框架，利用“节点为中心”的思想实现并行，在进行分布式处理时使用超步和消息传递机制来实现算法的迭代处理，从而大大提高了社会网络数据的发布效率。

6.2.1　相关定义

当需要在社会网络中描述多种关系时，常会想到使用超图来实现，在超图中节点表示用户，超边包含了两个用户间的交互关系，本节使用二分图来表示这种拥有多交互关系的社会网络。

定义 6.1(二分图)　社会网络二分图 $G=\{V, I, E, X\}$，其中，V 表示个体节点集，$V=\{v_1, v_2, \cdots, v_n\}$，$I$ 表示交互节点集，$I=\{i_1, i_2,\cdots, i_s\}$，$E$ 表示边集，$E \subseteq V \times I$，X 表示个体节点和交互节点所对应的属性实体，$X=\{x_{v1}, x_{v2}, \cdots, x_{vn}, x_{i1}, x_{i2}, \cdots, x_{is}\}$，设 $v \in V$，且 $x_v \in X$，则 $x(v)$ 表示 v 的标识(或称标签)。

二分图结构可以编码多种社会网络数据，如消费者与商品、作者与论文、学生与课程、OSN 中用户与用户间的交互等数据。如表 6.1、表 6.2 和表 6.3 所示，表中为一个 OSN 中的子图实例，表 6.1 和表 6.2 表示子图网络中的用户信息和交互信息，表 6.3 表示用户信息和交互信息的关联关系。

表 6.1　用户信息

ID	User	Age	Sex	State
v_1	u_1	29	F	NY
v_2	u_2	20	M	JP
v_3	u_3	24	F	UK
v_4	u_4	31	M	NJ
v_5	u_5	18	M	NJ
v_6	u_6	21	F	CA
v_7	u_7	44	M	DE

表 6.2　交互信息

ID	Interaction	Information
p_1	email1	512 Bytes on 1/5/14
p_2	game1	score 9-7-8
p_3	email2	812 Bytes on 3/4/14
p_4	game2	score 8-3.6
p_5	blog1	subscribed on 9/9/14
p_6	Friend1	added on 7/6/14

表 6.3　用户信息

U_ID	I_ID
v_1	p_1
v_1	p_2
v_2	p_1
v_2	p_2
v_2	p_4
v_3	p_3
v_4	p_3
v_4	p_5
v_5	p_3
v_5	p_5
v_6	p_6
v_7	p_4
v_7	p_6

将上面的社会网络信息用二分图表示如图 6.5 所示。左侧节点表示用户，右侧节点表示用户间的交互，两种节点都有各自的标识和属性信息，边表示用户存在某种交互，使用二分图可以清晰地表示出这种多交互的社会网络。

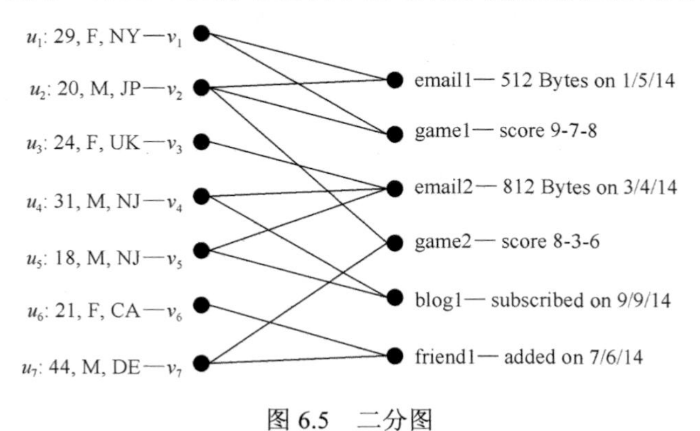

图 6.5　二分图

定义 6.2(标签列表匿名)　设经过标签列表匿名之后的二分图为 G'，其和原始图 G 为同构图，并且存在 V 到 $\varphi(X)$ 的映射 l，其中 $\varphi(X)$ 为 X 的幂集，对任意 $v \in V$，$l(v)$ 即为节点 v 的匿名标签集合(或称标签列表)，且 $x(v) \in l(v)$。

为节点产生标签列表的方法可以在一定程度保护用户隐私，但若任意挑选标识来组成标签列表同样会暴露用户间的关系隐私，因此需借助安全分组条件为节点产生备用标识。

定义 6.3(安全分组条件)　将 V 安全分组后满足安全分组条件，当且仅当对于任意节点 $v \in V$，v 最多与分组 $S \subset V$ 中的一个节点有交互关系，即

$$\forall e(v,i), e(w,i), e(v,j), e(z,j) \in E : w \in S \wedge z \in S \Rightarrow z = w \tag{6-1}$$

$$\forall e(v,i), e(w,i) \in E : v \in S \wedge w \in S \Rightarrow v = w \tag{6-2}$$

基于单机环境下实现的安全分组算法如下所示，以图 6.5 中的二分图为例，假设 $m=3$ 时得出的安全分组结果是：$\{\{u_1, u_4, u_6\}, \{u_2, u_5\}, \{u_3, u_7\}\}$。

算法 6.1　单机环境下实现的安全分组算法。

输入：messages。

输出：分组 CV。

```
1   Sort(V)
2   CV= null
3   for v ∈ V   do
4         flag = true
5         for class c ∈ CV do
6               if SIZE(c) < k and CSC(c,v) then
7                     Insert(c, v)
8                     flag = false
9                     break
10        if flag then
11              Create a New class c and add c to CV
12              Insert(c,v)
```

为保护用户隐私，安全分组条件保证了分到同一组中节点的交互是多样的。安全分组后就可为所有用户节点产生(k,m)-标签列表，其中 m 表示分组大小，即节点匿名时可用的匿名范围，k 表示匿名大小，即实际节点的匿名强度。

定义 6.4((k, m)-标签列表)　设 C_j 大小为 m 的组，$p=\{p_0, p_1, \cdots, p_{k-1}\}$为一个整数序列，$p$ 为集合$\{0, 1, \cdots, m\}$的一个大小为 k 的子集，C_j 中节点的标签列表通过式(6-3)产生，其中 $0 \leqslant i < m$：

$$\text{list}(p,i) = \{u_{(i+p_0) \bmod m}, u_{(i+p_1) \bmod m}, \cdots, u_{(i+p_{k-1}) \bmod m}\} \tag{6-3}$$

当 $p=\{0, 1, 2, \cdots, k-1\}$时产生的列表为前缀列表；当 $k=m$ 时，产生的列表为全列表。仍然以上面的分组结果为例，当 $k=2$，$p=\{0,1\}$时，得到 u_1、u_2、u_3 的前缀列表为：$\{\{u_1, u_4\}$，$\{u_2, u_5\}$，$\{u_3, u_7\}\}$，当 $k=m=3$ 时，得到 u_1、u_2、u_3 的全列表为：$\{\{u_1, u_4, u_6\}$，$\{u_2, u_5\}$，$\{u_3, u_7\}\}$。

6.2.2 安全分组和标签列表匿名

1. 基于 Pregel-like 的安全分组

结合 Pregel 框架原理，安全分组算法的基本思想是：在分布式环境下，二分图节点被 Pregel-like 系统划分到不同计算节点的 Worker 任务中，并为每个节点设置初始状态，在每次超步中，Active 状态的节点接收和发送消息，并根据节点的 vertex.compute()方法比较消息中的值和自身值，来决定是否将当前节点放到分组中，若是则节点进入非激活状态，否则节点继续发送和接收消息，直到所有节点都处于非激活状态。

vertex.compute()函数的基本步骤为：

(1)初始状态所有左侧用户节点处于 Active 状态，右侧交互节点处于 Inactive 状态；

(2)当 superstep=0 时，用户节点将自己编号值发送给其相邻的交互节点；

(3)当 superstep%2=1 时，用户节点设置为 Inactive，交互节点处于 Active，并从消息中取出最小节点编号，将此值返回给用户节点；

(4)当 superstep%2=0 时，交互节点设置为 Inactive，交互节点处于 Active，并从消息中取出最小节点编号，将此值与自己编号进行比较，若相等则将自己放到当前分组中，同时转换状态为 Inactive，若不等则状态保持不变；

(5)重复(3)、(4)，直到所有节点处于 Inactive，程序停止。

算法 6.2 安全分组的 vertex.compute()方法。

输入：messages。

输出：分组。

```
1  if isOpen() or isGrouped() then
2          voteToHalt(); return
3  if getSuperstepCount() = 0 then
4      if isRight() then
5          voteToHalt();   return
6      sendMessToNeighbors(getVertexID())
7  else if getSuperstepCount() % 2 = 1 then
8      if isLeft() then
9        voteToHalt();   return
```

```
10        sendMessToNeighbors(getMinValue(messages))
11    else if getSuperstepCount() % 2 = 0 then
12        if isRight() then
13          voteToHalt();   return
14        if getMinValue(messages) = getVertexID then
15          setValue("S_"+step)
16          voteToHalt();   return
17        else
18         sendMessToNeighbors(getVertexID())
19        end
20    end
```

以图 6.5 中的二分图为例，左侧用户节点的编号是按度排序后的编号，如图 6.6 所示。当 superstep=0 时，左侧节点将自身编号以消息形式发送给右侧交互节点；当 superstep=1 时，执行步骤(3)，从消息中取出最小值再发送给左侧节点；当 superstep=2 时，执行步骤(4)，最终得到的安全分组 S_2={1,3}。如此，进行多次迭代之后得出的安全分组结果为：{1, 3}、{2, 4, 5}、{6, 7}，相对应的用户节点标识为：$\{u_2, u_4\}$、$\{u_1, u_5, u_7\}$、$\{u_3, u_6\}$。

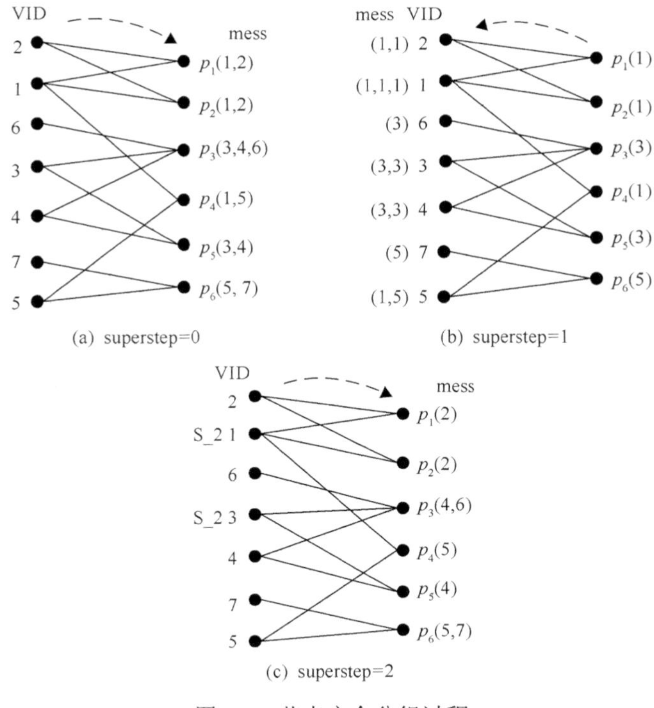

图 6.6　节点安全分组过程

2. 基于 Pregel-like 的标签列表匿名

标签匿名算法的思想是：首先，按照安全分组个数 N，产生 N 个伪节点，伪节点的值为分组信息，其邻接节点即为组中的各个节点，然后，在分布式环境下，Pregel-like 系统将各个节点分布到不同的 Worker 任务中，并在每次超步中执行 vertex.compute() 方法。

vertex.compute() 函数的基本步骤为：

(1) 初始状态所有用户节点处于 Inactive 状态，伪节点处于 Active 状态；

(2) 当 superstep=0 时，伪节点将分组信息发送给其相邻的用户节点；

(3) 当 superstep=1 时，伪节点设置为 Inactive，用户节点处于 Active，用户节点收到其所在分组信息后，结合序列 $p=\{p_0, p_1, \cdots, p_{k-1}\}$，为自己产生匿名标签列表，修改当前节点的值，程序停止。

算法 6.3　标签列表匿名的 vertex.compute() 方法。

```
1   long step = getSuperstepCount()
2   if step = 0 then
3           if isLeft() then
4               voteToHalt()
5           return
6             sendMessToNeighbors(getValue())
7   else
8             if !isLeft() then
9                 voteToHalt()
10            return
11          String g = messages   //获取分组信息
12          int index = getThisIndex(g)   //获取当前节点在 g 中的坐标
13          String new = ""   //结合匿名序列 p 产生新值
14          for int i=0; i<p.length; i++ do
15            new +=g[(index+p [i])%g.length]+","
16       setValue(new)
17       voteToHalt()
18   end if
```

基于 Pregel-like 的标签匿名只需两个超步即可完成对节点的匿名。针对 6.2.2 节中的安全分组结果和匿名序列 $p=\{0, 2\}$，运行算法 6.3 时的两个超步如图 6.7 所示，最终的前缀列表匿名结果如图 6.7(b)所示，即 u_1 的匿名标签列表为 $\{u_1, u_7\}$，u_2 的匿名标签列表为 $\{u_2, u_4\}$，等等。

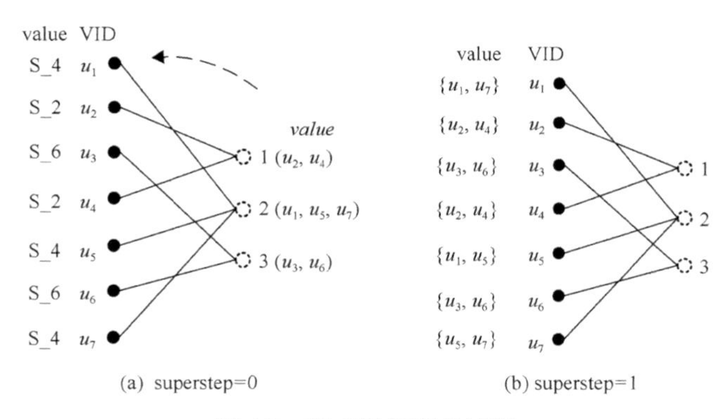

图 6.7　节点标签匿名过程

6.2.3　实验测试和结果分析

1. 实验环境

(1) 开发环境：6 台服务器所搭建的 Hadoop 集群和 1 台 Windows 7 系统的单机，硬件配置为 1.8GHz 主频，16GB 内存。

(2) 开发工具：Hama-0.6.4、Giraph-1.1.0 和 Spark-1.2.1。

(3) 开发语言：Java。

2. 实验数据

实验使用的数据是真实的 DBLP 论文数据(http://dblp.dagstuhl.de/xml)，截至 2015 年 3 月该数据中包含了 4430580 篇 DBLP 文献元数据，从中可解析出 1504237 位作者元信息。使用此数据集一方面是因为数据量可满足需要，另一方面是因为其属于真实的在线社交网络，较容易使用二分图表示，并且可随意拆分成多个规模不同的数据集。

3. 测试结果及分析

为满足实验需求，对原始数据集做了以下操作：将文献元数据随机等分为 5 份，然后按比例 1:2:3:4:5 重新将数据整合，整合后的 5 个数据集作为实验数据。处理后的数据集属性如表 6.4 所示。

表 6.4　数据集属性

数据集	作者数	文献数	作者平均度
split_0	787834	877611	2.44
split_1	1152776	1755191	3.34
split_2	1362393	2632666	4.24
split_3	1471240	3510232	5.23
split_4	1504237	4430580	6.39

针对算法在处理效率上的分析，本节实验将在五种不同规模的数据集上，分别使用 Hama、Giraph 和 GraphX 等 Pregel-like 系统，对原始网络数据进行基于分布式环境下的隐私保护处理。

1) 不同 Pregel-like 系统与传统单机系统上算法的运行时间分析

图 6.8 为与传统匿名方法的处理时间对比图(k=m=5)。从图中可知，当算法处理的数据规模较小时，传统方法的运行时间与基于分布式环境下的隐私保护方法较为接近，但是，随着数据规模的增长，传统方法运行时间越来越长，基于分布式环境下的隐私保护方法的处理效率优于传统方法。

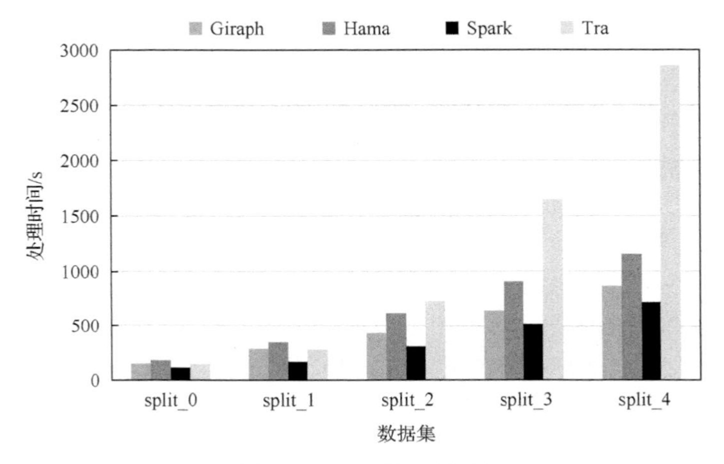

图 6.8　处理时间对比图

2) 同一个分布式系统，不同个数集群节点数对算法加速比的影响

分布式环境下的加速比公式为 $S_p=T_1/T_p$，它计算的是在单机处理环境和分布式处理环境下同一个分布式任务所需要的时间的比值。p 表示分布式环境中机器的个数。图 6.9 为不同 Pregel-like 集群系统在 split_4 数据集上的算法加速比对比图。

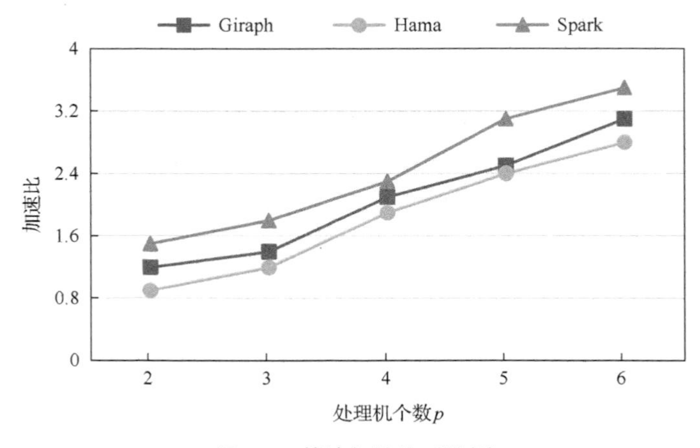

图 6.9　算法加速比对比图

由图中可以看出，同一数据集，分布式处理节点的不同在很大程度上影响着算法的计算性能。因此可得出，只要选取的集群节点个数足够，该算法的处理效率将在一定程度上优于传统单机算法。

由于标签列表匿名后的社会网络发布图 G' 是原始图 G 的同构图，所以所有基于图结构的查询(如平均最短距离、聚类系数、节点平均度等)都可得出正确结果。下面采用聚合查询(如 sum、count、avg、min、max 等)来评估隐私保护后数据的可用性。

3) 查询结果差异

提出的查询 S 为：

“在不同时间段内，有多少位中国作者在 *IEEE Software* 期刊上发表过文章？”

查询在数据集 split_4 上进行，如图 6.10 所示的实验结果中，前缀列表匿名和全列表匿名后的查询都较为逼近原始数据集上的查询，但全列表匿名的查询结果更为偏离真实结果。

图 6.11 中的实验结果为不同的 k、m 阈值对查询结果的影响。从图中可看出，匿名范围 m 的选取在一定程度上决定了数据的可用性，匿名范围越大，查询结果的准确率越低。

由图 6.10 和图 6.11 对比可知，随着所查询结果数量的增加，查询的误差率会越来越小，即说明数据在这种情况下可以保持可用性。

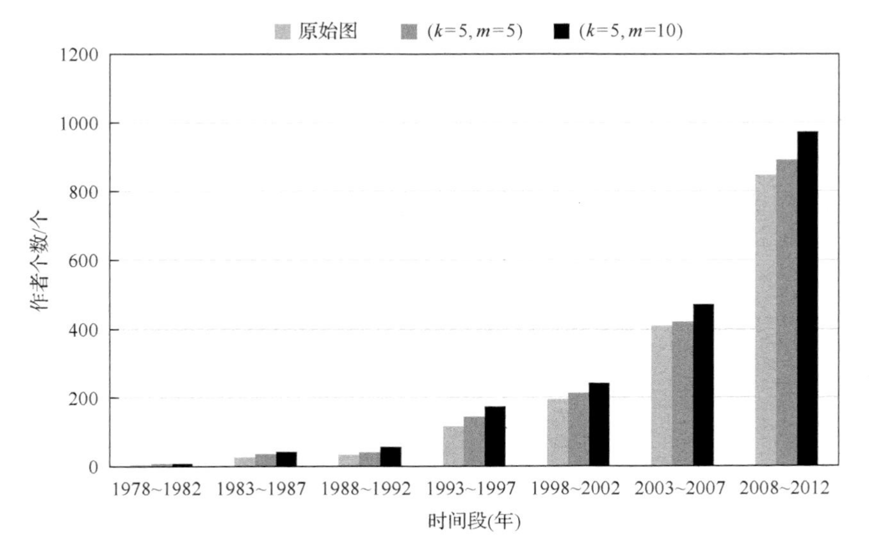

图 6.10　匿名前后的查询差异

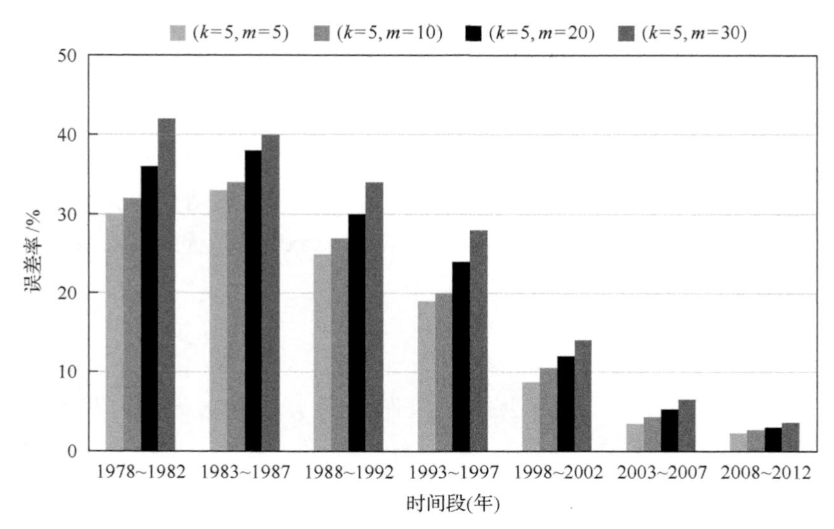

图 6.11　不同 k、m 的查询误差率

4) 平均查询误差率

针对隐私保护强度对发布后数据可用性的影响，本实验提出 20 种聚合查询，如“有多少作者 a_1 在 *Software Focus* 期刊上与作者 a_2 发表过文章，且 a_2 同时还与除 a_1 以外的作者 a_3 在此期刊合作过？”“有多少作者 a_1，其在 *Science of Computer Programming* 期刊上的合作伙伴 a_2 和 a_3 在此期刊也合作过？”等，实验在 split_4 上进行，求出的平均查询误差率如图 6.12(a) 和 (b) 所示。

由图 6.12(a) 中可知，当 k 不变，随着 m 的增大，平均查询误差率随之变大，数据的可用性越来越低；从图 6.12(b) 可得出，当 $k=m$，随着 k 和 m 越来越大，平均查询误差率越来越大，可用性也越来越低。因此，合理地选取阈值，在满足发布都隐私保护需求的情况下，还要兼顾数据可用性。

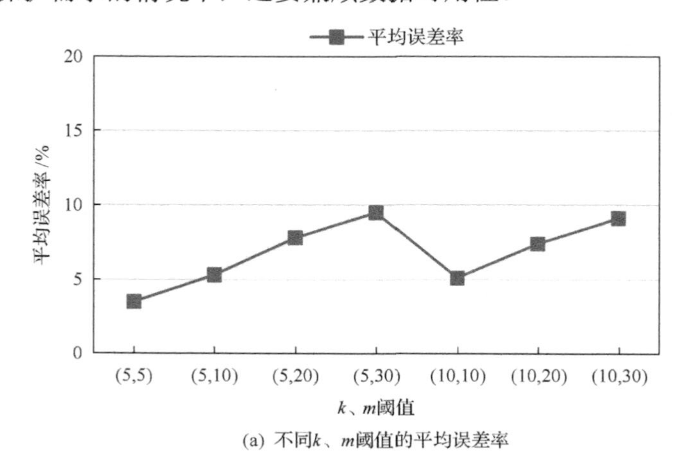

(a) 不同k、m阈值的平均误差率

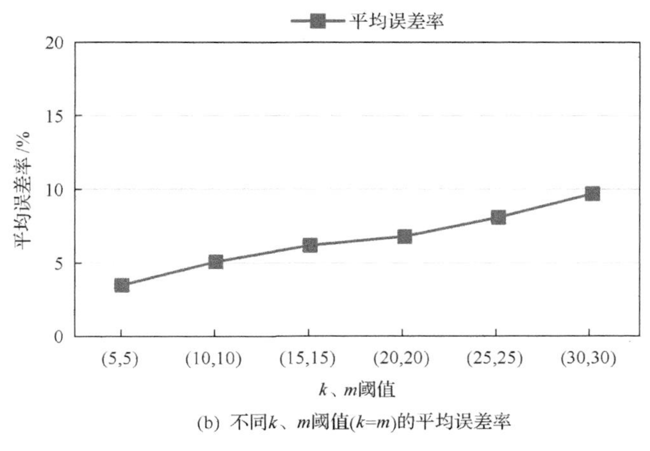

(b) 不同k、m阈值(k=m)的平均误差率

图 6.12 二十种查询的平均误差率

6.3 云环境下基于节点匿名的社会网络隐私保护研究

现阶段社会网络数据量庞大，在单工作站上执行的社会网络算法存在执行效率低等问题。在大数据的环境下，海量数据的处理效率令人担忧。因此，设计云环境下分布式社会网络匿名算法将会给大规模社会网络数据处理提供有力支持。本节结合 MapReduce 计算模型和 BSP 计算模型分布并行处理图数据，提出一种分布式节点信息匿名和节点分裂、节点 *m*-标签匿名、节点 *k*-度匿名算法，并使用分布式 ID 随机化技术扰乱 ID。

6.3.1 相关定义

一般的社会网络图可以通过带标签无向图来表示。图中的节点代表了社会网络中的个体。节点之间的边代表了个体之间的关系。节点的属性代表了个体的特征。

定义 6.5(社会网络带标签无向图 $G=\{V, E, U\}$) V 表示节点集，$V=\{v_1, v_2, \cdots, v_n\}$，$v_i$ 代表图 G 中的节点，$i\in[1, n]$。E 表示边集，$e_{ij}=e(v_i, v_j)$，其中 v_i，$v_j\in V$，U 表示标签集合，$u_i\in U$。u_i 表示节点 v_i 的标签集合。

社会网络带标签无向图如图 6.13 所示，节点标签如表 6.5 所示。节点 v_1，其标签集合 u_1={Alice, F, 22, UK}代表了节点 v_1 拥有 4 个属性，分别为姓名、性别、年龄、国籍。图 6.13 中边 $e_{12}=(v_1, v_2)$代表 Alice 和 Bob 具有敏感关系。动态社会网络图如图 6.14 所示。

表 6.5　节点标签

V	U					V	U				
	ID	Name	Gender	Age	Nationality		ID	Name	Gender	Age	Nationality
v_1	1	Alice	F	22	UK	v_5	5	Eve	F	26	USA
v_2	2	Bob	M	27	UK	v_6	6	Francis	F	29	USA
v_3	3	Carlo	M	23	USA	v_7	7	Gerald	M	27	UK
v_4	4	David	M	25	USA	v_8	8	Henna	F	22	UK

定义 6.6(标签平凡化)　给定原始图 G，能够唯一识别节点的标签集合 $S\subseteq U$，节点的标签集合为 U，则朴素匿名图为 $G'=\{V, E, U'\}$，其中 $U'=U-S=\{u_1, u_2, \cdots, u_r\}$，$r<n$。

标签平凡化的过程就是移除能够唯一识别节点的标签集合。经过节点标签平凡化处理后，得到的匿名图为 G'，其中，节点集合 V 和节点边结合 E 不变。移除唯一标识标签后，节点标签集合为 U'。

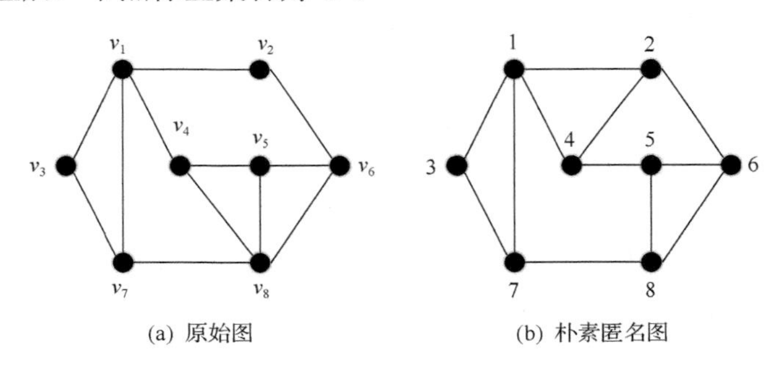

(a) 原始图　　(b) 朴素匿名图

图 6.13　原始图和朴素匿名图

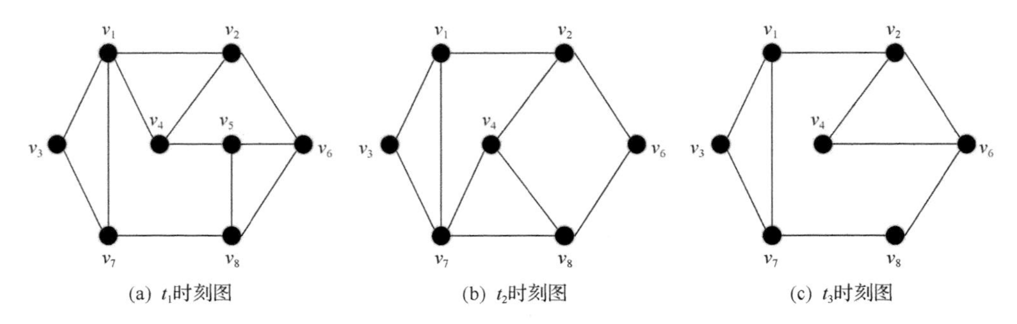

(a) t_1时刻图　　(b) t_2时刻图　　(c) t_3时刻图

图 6.14　动态社会网络图

定义 6.7(平凡化标签分组)　平凡化标签分组是将节点标签中的数值型标签按照容差集合 $\Delta=\{\delta_1, \delta_2, \cdots, \delta_i\}$泛化，再将所有标签按照数据类型进行分组。其中，$U_G=\{u_{G_1}, u_{G_2}, \cdots, u_{G_m}\}$是数值型标签集合。$\forall u_{R_i}\in U_R, \exists u_{G_p}\in U_G$ 满足对任意的

非数值标签 t_c 都有 $u_{R_i}^{t_c} = u_{G_p}^{t_c}$，且对第 s 个数值标签 t_{vs} 都有 $\left|u_{R_i}^{t_{vs}} = u_{G_p}^{t_{vs}}\right| < \delta_s$，$1 \leqslant s \leqslant r$ 若对某个 u_{R_0}，$\exists u_{G_p}, u_{G_q} \in U_G$ 同时满足上述条件，则 $p=q$ 即 $u_{G_p} = u_{G_q}$。

在社会网络中，两个相连的节点有很高的相似性，将两个节点的数值型标签进行泛化后，可以使一些相邻节点彼此不可区分。

定义 6.8（精确分组） 将 G 按照数值标签容差集 $\varDelta$ 变成 $G_G=\{V, E, U_G'\}$ 的过程。$U_G'=\{u'_{G_1}, u'_{G_2}, \cdots, u'_{G_m}\}$，其中 u_i 经平凡化标签分组后对应于 u'_{G_i}，$1 \leqslant i \leqslant n$。

对表 6.5 中的节点标签进行处理，通过标签平凡化，平凡化标签分组，得到 4 种标签类型。第一种类型为{F, (20, 25], UK}，简记为 A，第二种类型为{F, (25, 30], UK}，第三种类型为{F, (20, 25], USA}，第四种类型为{F, (25, 30], USA}。u_1 标签属于 A 类型。则最后节点 v_1 的标签为 A。

定义 6.9（选举分裂节点） V_{ni} 为节点 v_i 的邻居节点集合，选举的分裂节点集合为 V_s，V_s 满足：$V_s = \{v_i \mid d(v_i) > d(v_x),\ v_x \in V_{nx}$ 或 $d(v_i) = d(v_x),\ i > x, v_x \in V_{nx}\}$，其中，$d(v_i)$ 为节点 v_i 的度。

定义 6.10（社会网络图） 社会网络带标签无向图 $G=(V, E, L)$，其中，$V=\{v_1, v_2, \cdots, v_n\}$ 是社会网络中的用户集合，$E \subseteq V \times V$ 是边集合，$L=\{l_{v1}, l_{v2}, \cdots, l_{vn}\}$ 为节点标签组，$l_{vi}=\{l_1, l_2, \cdots, l_n\}$。

定义 6.11（动态社会网络带标签图） 一个时间段内的社会网络序列图 $G(i, j)=\{G(i), \cdots, G(j)\}$。其中，一个动态社会网络图 $G(t)=\{V(t), E(t), L(t)\}$ 表示在 t 时刻的社会网络图，$t=1, 2, \cdots, n$，$n \in \mathrm{Z}$。其中 $V(t)=\{v_1(t), v_2(t), \cdots, v_n(t)\}$ 表示 t 时刻的用户节点数量。$E(t) \subseteq V(t) \times V(t)$ 表示在 t 时刻用户之间的关系。

定义 6.12（数值型标签泛化） 如果一个节点的标签为数值 c，将数值用一个区间 $[a, b]$ 代替的过程为数值型标签泛化，且 $a \leqslant c \leqslant b$，$|c-a|+|b-c| \leqslant \delta$。

在社会网络中，两个相连的节点有很高的相似性，将两个节点的数值型标签进行泛化后，可以使一些相邻节点彼此不可区分。

定义 6.13（节点标签相似度） 节点相似度用以表示两个节点标签相似程度。社会网络图 $G(V, E, L)$ 中，两个节点 $u, v \in V$，u 的标签为 l_u，v 的标签为 l_v，若 l_u 和 l_v 标签中存在数值型标签，先对数值型标签泛化，再计算相似度。则 u、v 的节点标签相似度为式(6-4)所示。

$$\mathrm{Sim}(u, v) = \frac{|l_u \cap l_v|}{|l_u \cup l_v|} \tag{6-4}$$

定义 6.14（m-标签匿名图） 社会网络图 $G=\{V, E, L\}$ 满足 $\forall v \in V$，$\exists \left|\{u \mid l_u = l_v, u, v \in V\}\right| \geqslant m-1$ 的图叫做 m-标签匿名图。将 G 处理成为 m-标签匿名图的过程叫做 m-标签匿名。

6.3.2 节点匿名算法

1. 分布式节点信息匿名

作者针对单机串行处理方式的不足，提出分布式的节点分裂隐私保护算法(Distributed Vertex Splitting Social network Preserve privacy，D-VSSP)。

算法 6.4 分布式节点信息匿名。

输入：原始图 $G(V, E, U)$，阈值集合 Δ。

输出：节点信息匿名图 $G'(V,E,U')$。

```
1   Upload original graph to HDFS
2   TextInputFormat()   //从文件中读取数据
3   ReadFileByLine line
4   while(line is not null)
5   each line split by sign   //按标志进行划分每一行信息
6   deal the numeric label with threshold set   //处理节点的数值型属性
7   mapper(key, value)   //key 为节点的标签信息，value 为节点的 ID
8   emit(key, value)   //输出 Map 的中间运算结果
9   reducer(key, value)   //将 key 相同的数据放入同一个桶中
10  emit(key, value)   //输出 reduce 的运算结果
11  SaveAsTextFile()
12  return Initial Graph
```

首先使用 MapReduce 对原始数据进行数据处理。MapReduce 从原始数据中读取<key, value>键值对，通过条件判断，移除唯一性节点标签，实现标签平凡化。Map 任务接收一个<u_{id}, ID>的键值对，u_{id} 中存在数值型标签，进行泛化处理，Map 任务结束。MapReduce 框架会将 Map 函数产生的中间键值对中键相同的值传递给同一个 Reduce 函数。有相同标签的节点就会放入到一个 Reduce 任务中。Reduce 任务会接收一个键，以及与此键相关的一组值<u_{id}, ID-list>，将这一组值合并，得到节点标签的映射表，供查询使用。得到标签映射表的过程为标签平凡化分组。Reduce 产生的结果保存成文件。通过标签映射表将节点标签替换成为简记标签编号，实现精确分组。

以表 6.5 为例，通过移除唯一型属性和泛化数值型属性后，得到四种类型的标签，分别为{F, (20, 25], UK}、{F, (25, 30], UK}、{F, (20, 25], USA}、{F, (25, 30], USA}，再给每一种标签编号。每个节点的标签信息变成标签编号，如节点 v_1 的标签 u_1=A。

2. 分布式节点分裂匿名

作者为了保证分裂节点的 l-邻域内没有其他的分裂节点，结合 Pregel 图计算框架中以节点为中心的原理，通过节点间消息交换，在节点的 l-邻域内选举出分裂节点。

整体分布式算法的过程：将分布式节点信息匿名的数据图信息载入，构造 Pregel-like 系统能够识别的图结构。首先将所有的节点初始化成激活状态。

(1) 当 superstep=1 时，处于激活状态的节点向邻居发送编号和度信息，保持状态为激活状态。

(2) 当 superstep=2 时，接收到消息的节点将消息中的节点 ID 和度信息放入到节点 Map 映射中。判定 Map 映射中各个节点与本节点的分裂优先级。如果本节点被选中为分裂节点，本节点执行分裂操作。然后将本节点的编号和克隆节点的编号发送出去。状态变为“静默”状态。

(3) 当 superstep≥3 时，接收到消息的节点提取消息中的节点编号信息，将此节点的信息从 Map 映射中删除，更新自己的邻居节点，然后进行选举，如果本节点被选中为分裂节点，本节点执行分裂操作，然后将本节点的编号和克隆节点的编号发送出去，状态变为“静默”状态，如果本节点未被选中为分裂节点时，则发送空消息。

一直重复迭代执行第 (3) 步，直到所有的节点都处于非激活状态时结束。

算法 6.5　分布式节点分裂匿名。

输入：原始图 $G(V, E, U)$，分裂阶数 m。

输出：匿名图 $G'(V, E, U')$。

```
1   each vertex v∈V initial message queue and step=0   //初始化消息队列超步数置为 0
2   for each vertex v∈V satisfied AllVertexIsNotSilent   //所有节点不为静默状态
3   if current step =1 then
4   SendMessage(E.destinateID, Message1)   //发送 ID 和度消息给邻居节点
5   else   if queue is nonEmpty and the vertex hasnot splited then
6       sendMessage (E.destinateID, Message2)   //发送分裂消息给邻居
7         else
8           sendMessage (Empty)   //发送空消息给邻居
9         end if
10   end if
11   MergeMessage()   //合并消息
12   if (message.nonEmpty) then   //接收到的消息不为空时
13      if(step==1)
14         AddMessageToMap(message)   //接收到消息后，将消息放入 Map 映射中
15      else
16         DropTargetFromMap(message)   //将消息从 Map 映射中删除
```

```
17          ChangeTheEdge(message)   //通过消息修改边
18       end if
19          if(selected as split vertex)
20             SpiltTheNode(m)   //节点 m 阶分裂
21          else
22             Silent
23          end if
24       else
25          Silent
26       end if
27    step=step+1
28    end for
29    return G
```

经过 MapReduce 处理后，社会网络图数据将会被 master 划分到不同的 Worker 上。任务开始时，每个节点为激活状态，节点之间使用 SendMessage 函数发送消息。在第一个超步中每个节点发送自己的编号和度值给邻居。第二个超步中，节点接收到来自邻居的消息，能够构造出节点的 1 邻域子图。使用邻居消息进行分裂节点选举，选举出来的分裂节点执行分裂操作，然后将分裂的信息反馈给邻居，分裂后的节点变成静默状态。当超步数不小于 2 时，节点接收到消息为节点分裂消息，通过节点分裂消息将自己的邻居进行修改，把修改过的节点的消息从消息映射中删除。每次消息交换完成后，通过 VertexProgram 函数对消息处理，选举分裂节点，分裂后的节点进入静默状态。迭代执行，直到所有节点都为静默状态，程序停止，算法过程如图 6.15 所示。

将原始图进行信息匿名后进行分布式节点分裂匿名。超步 1：所有的节点处于激活状态。节点将自己的编号和度发送给自己的邻居节点。消息的格式为(节点编号，节点度)。节点 v_2 发送(2,3)给节点 v_1。图 6.15(a)中只列出了节点 v_1 收到的消息。超步 2：节点接收消息，节点 v_1 接收到来自 v_2、v_3、v_4、v_7 的消息，消息内容分别为(2, 3)、(3, 2)、(4, 3)、(7, 3)。通过节点选举 v_1 分裂。同理，节点 v_8 也分裂。假设节点分裂为 2 个，如图 6.15(b)所示，节点分裂成 v_1 和 v_{11}，v_1 和 v_{11} 拥有相同的标签。然后将分裂后的原始标签和子节点标签发送给邻居。如图 6.15(c)，节点 v_2 和 v_4 接收到 v_{11} 的消息后，修改边信息，将节点 v_1 的消息从消息映射中删除。然后节点 v_1 和 v_{11} 转换成静默状态。节点 v_8 执行相同的操作。经过多次迭代执行，直到所有节点变成静默状态，程序停止。在节点分裂的过程中，节点分配边的过程随机，会导致节点分裂的结果不唯一。最后，一种可能的节点分裂结果如图 6.15(d)所示。

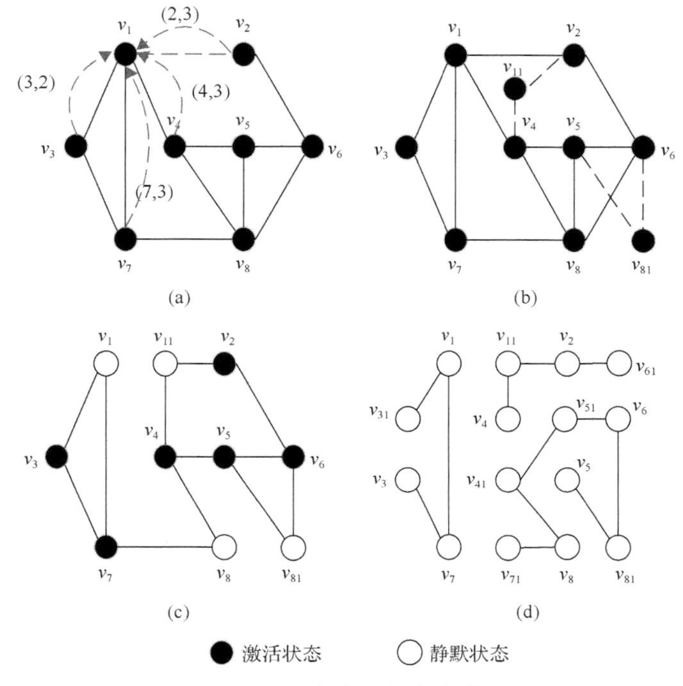

(a)　(b)　(c)　(d)

图 6.15　分布式节点分裂过程

3. 分布式节点 *m*-标签匿名

m-标签匿名过程：给定原始图 $G=\{V, E, L\}$，将 $\mathrm{Sim}\geqslant\delta$ 的节点 v 划分到簇 C_i，簇中节点数量为$|C_i|$。达到 *m*-标签匿名的节点集合为 $V_{lm}=\{C_i||C_i|\geqslant m\}$和未达到 *m*-标签信息的节点集合 $V_{ln}=\{C_i||C_i|<m\}$。若 $v\in C_i$，$C_i\subseteq V_{ln}$，$|C_i|=n<m$，v 的节点标签为 $l_v=\{l_1, l_2, \cdots, l_n\}$。添加 $m-n$ 个伪节点 $V_{fi}=\{v_1, v_2, \cdots, v_{m-n}\}$，使得$\forall u\in V_{fi}$，$\exists\,\mathrm{Sim}(u, v)\geqslant\varDelta$，这个过程称为节点分裂。所有的 V_{fi} 集合构成集合 $\mathrm{VF}=\{V_{f1}, V_{f2}, \cdots, V_{fn}\}$。*m*-标签匿名后得到的图 G^*。

如图 6.14(a) 中的 $G(t_1)$，将节点变成 2-标签匿名，经过相似度计算后，得到 $V_{ln}=\{\mathrm{LB, LD}\}$和 $V_{lm}=\{\mathrm{LA, LC}\}$。处理 V_{ln} 中的节点达到 *m*-标签匿名，则节点 3 需要添加一个节点 30，节点 7 需要添加一个节点 70，VF={30, 70}。

m-标签匿名的分布式实现：通过 MapReduce 框架将图结构中的节点信息解析为 ID 和节点标签的键值对，聚合有相同标签的节点，将相近的节点也放入到同一组中。然后将同一组的标签使用一个节点标签表示。在 combiner 阶段，将相近的节点标签合并。

首先将原始图数据预处理，移除节点 ID 和姓名等唯一性标识，按照度降序排列节点并编号。使用 MapReduce 框架处理图数据，上传原始数据到 HDFS，将数据分区，每个分区中划分为〈id, u_{id}〉的键值对，ID 为节点编号，u_{id} 为移除节点唯一性标签和泛化数值型标签后的标签组。Map 任务结束后输出一个〈id, u_{id}〉键值，通过 MapReduce 框架，将 u_{id} 的相同的键值对传给同一个 Reduce 函数作为输入，合并 key 集合，得到相同的 u_{id} 的节点在同一组。然后将 Sim 值大于 Δ 的节点合并为一组。统计不足 m 个节点的组，对节点进行克隆。

算法 6.6　分布式节点 m-标签匿名。

输入：原始图 $G(V, E, L)$，阈值集合 Δ、m。

输出：m-节点标签匿名图 G^*。

```
1   Upload original graph to HDFS
2   TextInputFormat()   //从 HDFS 中读取数据
3   ReadFileByLine()   //解析数据文件
4   for each Worker while(line is not null)
5           each line split by sign   //按照原数据格式解析数据信息
6           mapper(l_id, ID)   //通过节点的标签信息分组
7           emit(l_id, ID)
8           reduce(l_id, ID)   //将分组信息统计
9           emit(l_id, ID-list)
10    for each Worker if(count(ID-list)<m   //分组中的节点数量小于 m
11    creatNewNO=m-count(ID-list)   //创建节点
12    select a vertex v∈Cluster g_i   //从 g_i 中选择一个节点
13    AddVertexToM(Ci.type)
14    SaveAsFile()   //保存为文件
15    return G*   //返回处理后的结果图
```

以表 6.5 为例，图 6.13(a)移除节点唯一性标识，即移除节点 ID 信息和姓名信息后，得到图 6.13(b)。节点标签分组，将节点变成 2-标签匿名。分组结果为 LA、LB、LC、LD，未达到 2 标签匿名的分组为 LB 和 LD，则节点 3 需要添加一个节点 30，节点 7 需要添加一个节点 70。VF={30, 70}。通过向节点添加伪节点操作，达到对节点标签的隐匿。原始边信息没有修改，只增加伪边。增加的干扰少，匿名后节点的数据可用性高。

4. 分布式节点 k-度匿名

k-度匿名过程：m-标签匿名后的图为 G^*，将 G^*中节点按度的大小升序排列。每 k 个节点分为一组 g_i。组内 $g_i=\{v_1, v_2, \cdots, v_k\}$，$v_1, v_2, \cdots, v_k$ 按照度排序，$d(v_1) \leqslant d(v_2) \leqslant \cdots \leqslant d(v_k)$。$d(g_i)$ 表示 g_i 分组的目标度，根据策略的不同，分组的度不同，即 $\forall v \in g_i$，$d(v)=d(g_i)$。$|g_i|$表示分组中节点的数量。若最后一组$|g_i|<k$，则将 g_{i-1} 与 g_i 合并。匿名时，使用不同的处理策略。

策略一　AVO：仅使用伪节点集合 VF 中的节点与 g_i 中的节点互相连接。目标度 $d(g_i)=\max\{d(v_1), d(v_2), \cdots, d(v_k)\}$。从集合 VF 中选择一组节点进行添加边。通过 Sim 比较，选择 Sim 值大的组 g_i，从 g_i 中选择一个伪节点添加边；倘若最大的 Sim 值相同，则随机选择一个节点添加边。

如图 6.13(a)所示，节点按照 2-度分组为 $g_1=\{1, 2\}$，$g_2=\{4, 5\}$，$g_3=\{6, 7\}$，$g_4=\{8, 3\}$。当使用 AVO 策略时，只增加边，$d(g_1)=4$，$d(g_2)=3$，$d(g_3)=3$，$d(g_4)=3$。未达到 k-度匿名的有 g_1 组和 g_2 组。g_1 组中的节点 2 和 VF 中的节点进行相似度计算。Sim(2, 30)=0.2，Sim(2, 70)=0.2。所以从节点 30 或者 70 中选择一个节点添加边。g_4 中节点 3 与 70 添加一条边，达到 2-度匿名。

策略二　DVO：使用节点分裂方式。目标度 $d(g_i)=\min\{d(v_1), d(v_2), \cdots, d(v_k)\}$。若 $v\in g_i$，$d(v)>d(g_i)$ 将节点 v 分裂成两个节点，同时删除一个有相同标签的伪节点。分裂后节点 v 的度为 $d(v^*)$，添加一个伪节点 u，$lu=lv$，$d(v^*)+d(u)=d(v)$，$d(v^*)=d(g_i)$。最后将所有孤立的伪节点删除，将相同非孤立伪节点分裂，优先分裂度大的伪节点。

将图 6.13(a) 中节点按照 2-度匿名分组为 $g_1=\{1, 2\}$，$g_2=\{4, 5\}$，$g_3=\{6, 7\}$，$g_4=\{8, 3\}$。使用 DVO 策略时，$d(g_1)=3$，$d(g_2)=3$，$d(g_3)=3$，$d(g_4)=2$。未达到 k-度匿名的有 g_1 组和 g_4 组。节点 1 分裂成两个节点 1 和 10，节点 1 的度为 3，节点 10 的度为 1，节点 1 的邻居集合 NV(1)={2, 3, 4}，NV(10)={7}。同理，节点 8 分裂成 8 和 80。$d(8)=2, d(80)=1$。

策略三　ADV：使用 AVO 和 DVO 结合的混合策略。计算目标度值 $d(g_i)$ 如式(6-5)所示。

$$d(g_i)=\left\lfloor \frac{1}{k}\sum_{i=1}^{k} d(v_i)+\frac{1}{2} \right\rfloor \tag{6-5}$$

每个组修改节点的度为 $d(g_i)$。邻域标签表中每个标签所对应的节点集合为 $LV=\{V_{l1}, V_{l2}, \cdots, V_{ln}\}$。若 $v\in g_i$，$d(v)<dt$，则连接 v 和 VF 中的节点。从 VF 中选择一个与节点 v 标签一致的节点；当 VF 中不存在与节点 v 标签一致的节点时，从 VF 中选择度最小的一个节点添加。若 $d(v)>dt$，则将节点 v 分裂成两个节点，同时删除一个有相同标签的伪节点。分裂的原则，分裂后节点 v 的度为 $d(v^*)$，添加一个伪节点 u，$lu=lv$，$d(v^*)+d(u)=d(v)$，$d(v^*)=dt$。节点 u 的邻域为 Nu，v^* 邻域为 Nv^*，v 邻域为 Nv。Nv=N$v^*\cap$Nu。

算法 6.7　分布式节点 k-度匿名。

输入：G^*、k。

输出：k 度匿名图 G'。

```
1  construct the graph G*   //通过m-标签匿名图构造图G*
2  each vertex collect own degree   //每个节点收集度信息
3  for each Worker while(line is not null)
4       mapper(ID/k, degree)   //通过节点编号将k个节点分为一组
5       emit(ID/k, degree)
6       reduce(ID/k, degree)   //统计每组节点度
7       emit(ID/k, degree-list)
8    for each Worker
9       for each group g_i
10         for each vertex v in g_i
11            if(d(v)!=d(g_i))   //节点度与目标度不同，则处理节点
12            select a strategy to process the edges   //选择一种策略处理边
13  SaveAsFile()
14  return G'   //返回度匿名后的图
```

使用 ADV 策略时，$d(g_1)=4$，$d(g_2)=3$，$d(g_3)=3$，$d(g_4)=3$。未达到 k-度匿名的有 g_1 组和 g_4 组。因 g_1 中节点 2 和 g_4 中节点 3 的度满足 $d(\theta_2)<4$，$d(\theta_3)<4$，所以采用 AVO 策略。g_1 组中的节点 2 和 V_f 中的节点进行相似度计算。Sim(2, 30)=0.2，Sim(2, 70)=0.2。所以从 30 或者 70 中选择一个节点添加边。g_4 中节点 3 与 70 添加一条边，达到 2-度匿名。k-度匿名过程如算法 6.7。

分布式 k 度匿名的目的是将节点度进行匿名。分布式节点 m-标签匿名后的图为 G^*。首先使用 MapReduce 统计每个节点的度信息，连接 VF 中的节点，达到节点 k 度匿名。G^*中的节点是按照度大小排序后编号，所以相邻的节点的度差值是最小的，将相邻 k 个节点分为一组，度的损失是最小的。Map 任务解析节点为键值对，Map 任务输出<ID/k，degree>作为 Reduce 输入，将相同 ID/k 的节点合并成一组，使用不同的边添加策略给节点添加边，直到每组节点的度都一样，程序停止。

5. 分布式 ID 随机化

分布式 ID 随机化过程是将节点 ID 进行扰乱的过程。为了抵御度序列攻击，将节点 ID 扰乱。节点 ID 的改变不会改变节点的属性，也不会改变节点与节点之间的连接，不会破坏图结构。

算法 6.8　ID 随机化算法。

输入：k-度匿名图 G'。

输出：ID 随机化图 $G^{*\prime}$。

```
1  construct the graph G′
2  for each vertex v∈V
3  if current step = 1 then
4  SendMessage(E.destinate, Message1)  //发送自己 ID 给其中一个邻居
5  else if queue is nonEmpty then
6      SendMessage(E.destinate, Message2)  //将消息队列中的一个 ID 发送出去
7  else
8      SendMessage(Empty)  //其他条件都不满足，就发送空消息
9      MergeMessage()  //收到消息的节点将消息合并
10  if(message.nonEmpty) then
11     if(step%3 = = 1)  //假如是第一阶段，接收消息存储
12       AddMessageToMap(message)
13     else  if(message==target)
14       SwitchID(sourceID)  //交换源 ID
15       SwitchID(targetID)  //交换目的 ID
16       Silent  //节点变为静默状态
17     if(step%3==2)
18        AddMessageToMap(message)  //将消息加入消息队列
19     if(step%3==0)
20       MessageQueue=null  //清空消息队列内容
21  return G*′
```

分布式 ID 随机化步骤：

步骤 1　每个节点将自己的编号发送给自己的邻居中的一个。每个接收到节点编号的节点将接收到的节点编号放入消息队列。

步骤 2　每个节点检查自己的消息队列，如果消息队列中只有一条来自邻居节点的消息，节点编号修改为消息队列中的消息。如果一个节点的消息队列中的消息数量大于或等于两条，则选择其中的一个节点的编号交换，然后将消息队列中的编号从不同的边发送出去。若是消息队列中消息数量为零，则将节点设置为静默状态。重复直到所有的节点都处于静默状态。

如图 6.16(a)所示，步骤 1，每个节点将节点 ID 发送给一个邻居，消息内容为(1, 7)，(2, 6)，(3, 1)，(4, 2)，(5, 6)，(6, 2)，(7, 3)，(8, 5)，收到消息后，只有一个消息的节点为 1, 3, 5, 7。节点 1 的 ID 将变为 3，然后变为静默状态。消息队列长度大于 1 的节点为 2 和 6。节点 2 选择与 4 交换，则节点 2 发送 6 的消息给 4。同理，节点 6 将节点 5 的消息发送给节点 8。通过将 ID 扰动后，得到结果如图 6.16(b)所示。

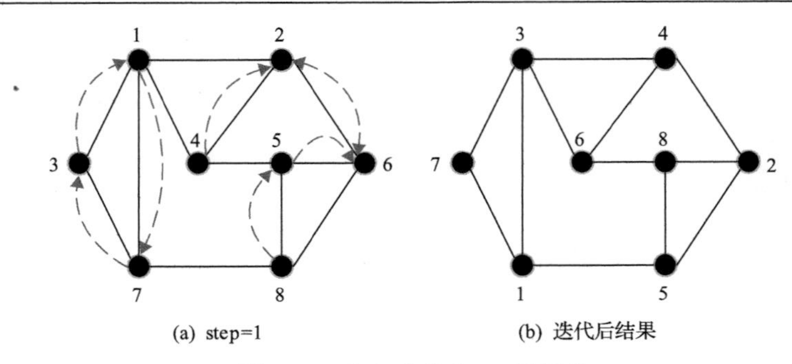

图 6.16　分布式节点 ID 随机化

6.3.3　实验测试和结果分析

1. 实验环境

(1) 开发环境：12 台服务器所搭建的 Hadoop 集群和 1 台 Windows 7 系统的单机，硬件配置为 1.8GHz 主频，16GB 内存。

(2) 开发工具：Giraph-1.1.0 和 Spark-1.3.1。

(3) 开发语言：Java。

2. 实验数据

实验所使用的数据集合均为斯坦福大学数据平台提供的真实数据集。其中，Friendster 和 cit-Patents 均为真实社会网络数据集合。将 cit-Patents 数据中以边为单位，将 cit-Patents 分割成若干个边数量相等的数据片段，然后将数据片段组合成 1:2:3 的数据片段 split_1、split_2 和 split_3，其中具体参数如表 6.6 所示。

表 6.6　数据集合

名称	节点数量	边数量
Friendster	65 608 366	1 806 067 135
cit-Patents	3 774 768	16 518 948
split_1	1 525 139	8 000 000
split_2	2 203 846	12 000 000
split_3	3 774 768	16 518 948
Epinions	131 828	841 372

3. 测试结果及分析

1) 分布式节点分裂匿名实验

(1) 处理时间分析。

使用分布式节点分裂匿名处理大规模社会网络图数据，处理平台分别使用

Spark、Giraph 系统和原始算法。对原始数据进行处理时，分别使用不同大小的数据集合，使用 2 个 Worker 进行分布式处理。

从图 6.17 中可以看出，在对 4 个不同的数据集合进行处理时，当数据量小时，原始算法和 D-VSSP 算法所用时间相差不多，两种平台使用 D-VSSP 算法运行时间相差不多；当数据量超过百万时，Giraph 和 Spark 的处理时间要小于原始算法的处理时间，同时 Giraph 和 Spark 的处理时间有些差异，使用 Spark 平台性能要优于 Giraph 平台，但两种平台相对于单机串行处理都有较高的处理效率。2 个 Worker 的速度是单机的 1.5 倍左右，若是 Worker 数量增加，处理的效率将会提高。运用于大规模图数据的效率提升将会是显著的。

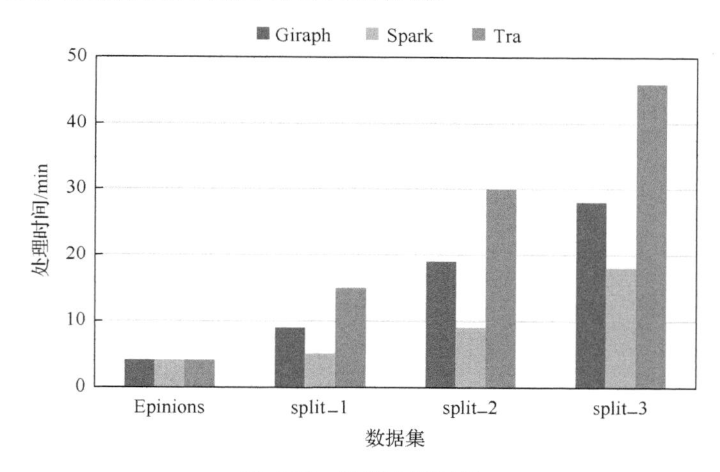

图 6.17　数据处理时间

图 6.18(a) 中，使用 4 个 Worker，节点分裂数目 m=2 时，改变每个 Worker 的处理内存。当数据集小时，修改内存，处理时间变化不明显。使用大的数据集时，处理时间变化明显。当内存小，数据集合大时，处理时间尤为明显。主要是因为，内存小时，数据集频繁地调入调出内存，消耗时间。当内存相同时，随着数据集的增大，处理时间增加。当内存足够使用时，增加内存不能够明显地加快计算计算时间。

图 6.18(b) 中 Worker 数量递增，处理数据集合 split_3 时，随着 Worker 数目的增加，处理时间减少。但是处理时间的减少不是呈线性的。图线的斜率逐渐降低，由于随 Worker 数量增加，各个节点的通信的数量增加，通信延迟导致加快的速度降低。

图 6.18(c) 中使用 4 个 Worker 对 cit-Patents 据集做处理时，分裂的节点数 m 的变化对图处理效率的影响不大。当节点分裂 m 值变大时，处理时间变长。

图 6.18(d) 中对 cit-Patents 数据集合分析处理，显示每个 Worker 的核每秒钟处理边的数量，随着核数量增大，每秒处理边的数量增大。表明 Spark 平台使用相同资源对大规模图处理的效果更加理想。

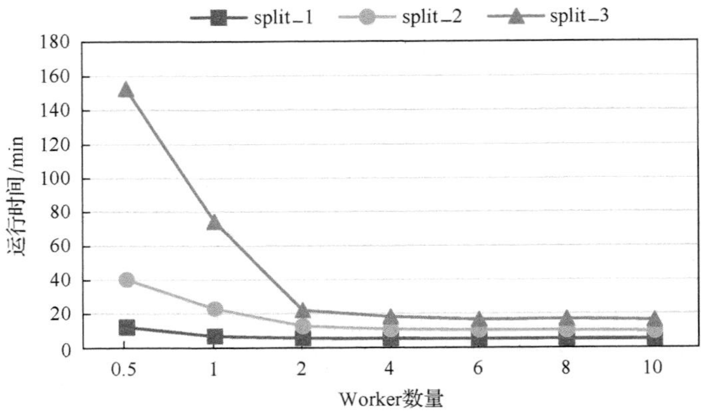

(a) 数据集处理时间随Worker数量变化

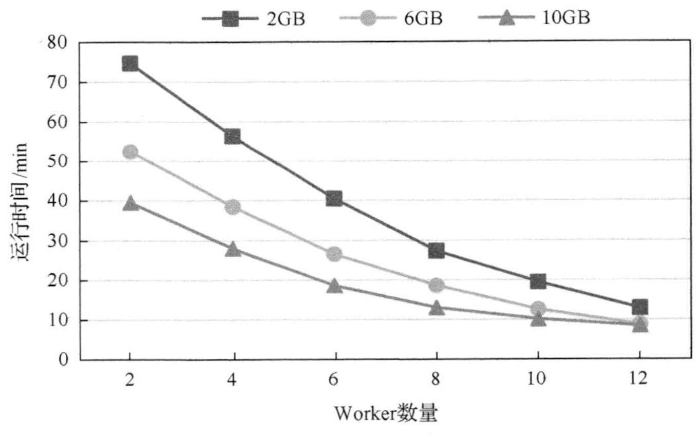

(b) 不同内存及Worker数量执行时间

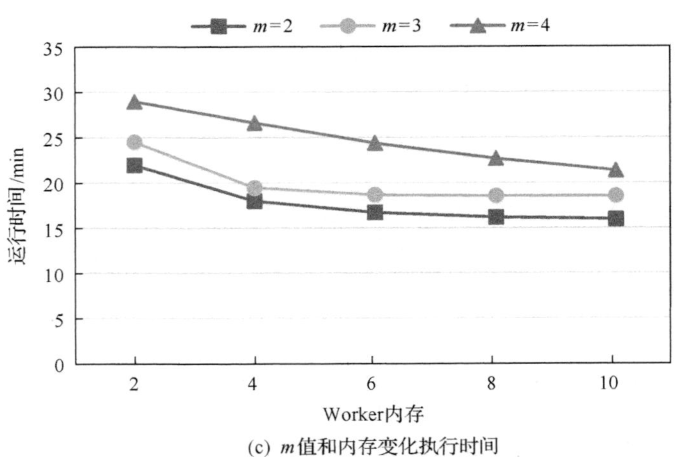

(c) m值和内存变化执行时间

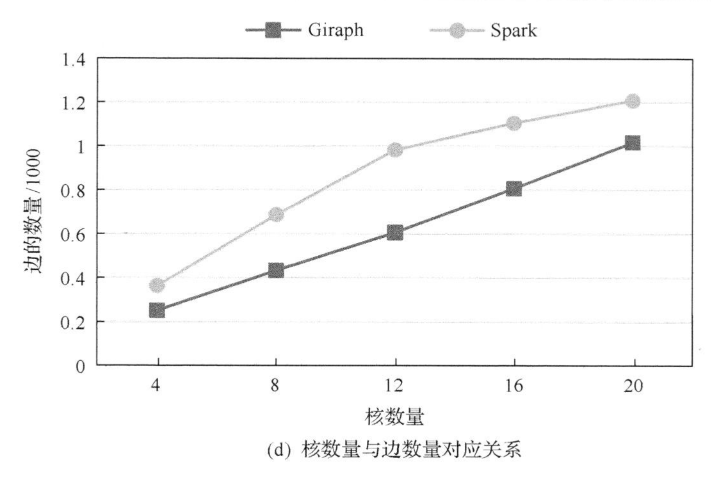

(d) 核数量与边数量对应关系

图 6.18　处理时间随各参数变化

(2) 安全性分析。

本节实验通过对匿名后的数据的测试，对每个节点的候选节点进行统计。实验通过节点候选节点数量的分布情况来反映节点的安全性。如图 6.19 所示，候选节点数量越少，被识别出的节点的数量比例越大，则越不安全。图 6.19 中对匿名后节点的候选集合进行统计的结果。在较小的数据集合中，能够以大于 0.1 的概率识别出来的节点数量占整个图中节点数量不足万分之四；在大数据集中，能够以大于 0.1 的概率识别出来节点数量占整个图中节点数量不足万分之一。所以通过节点分裂匿名后的图数据的安全性高。

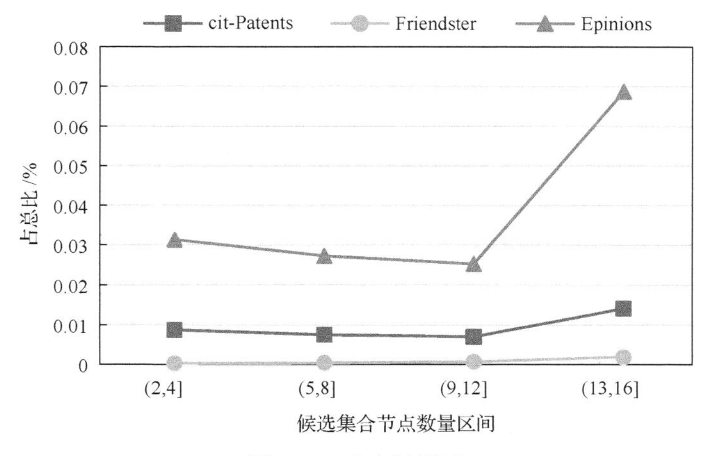

图 6.19　安全性测试

(3) 数据可用性。

针对两类查询，提出 4 种查询条件分别为 Q_1、Q_2、Q_3 和 Q_4，Q_1 是只针对单一节点信息的查询，Q_2 是精确约束查询，Q_3 是双边约束查询，Q_4 是单边约束查询。分别在原始数据集合中和匿名集合中进行多次查询，统计多次信息后求平均值的方式减小误差。每种查询条件对应的相对误差率为相同条件下，在原始图与匿名图中的查询结果的差集占原始查询结果的比值。当使用不同的 m 值作为参数变量时，结果如图 6.20(a)所示。对于 Q_1 查询，数据可用性高，与原始数据的查询结果非常相近。对于 Q_2、Q_3、Q_4 的查询，查询的相对误差主要由可预见误差构成，经过修正后，数据的可用性高。当 m=3 时，针对不同的数据集，查询的效果与原始图相差不大，而且相对误差率都在 5%以下。当 m=3 时，针对不同的数据集，相对误差率的变化如图 6.20(b)所示，对不同的数据集合，查询相对误差率与图个体差异的关系不大，但是，不同图的误差率有所波动。总体上，相对误差率在 5%以下，数据可用性高。

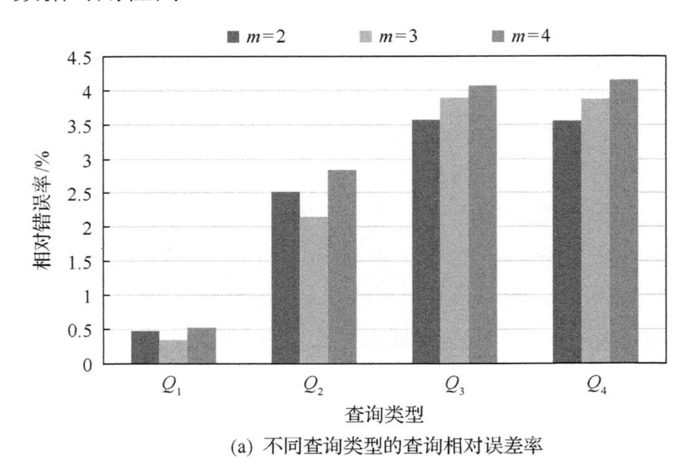

(a) 不同查询类型的查询相对误差率

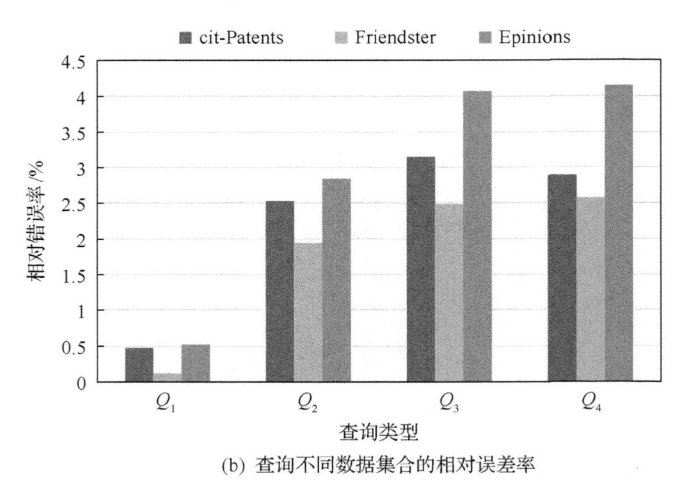

(b) 查询不同数据集合的相对误差率

图 6.20　查询相对误差

2）分布式动态社会网络隐私保护实验

（1）时间开销。

实验使用相同数据集合成的不同分片，分别修改处理时的并行 Worker 数量，Worker 内存和 k 的大小。

图 6.21（a）中为分布式方法中的 3 种不同处理策略的对比。其中，AVO 策略处理效率最高，AVO 策略只增加到伪节点的边，不需要其他的判断，相比之下，DVO 策略分裂节点，在节点分裂时需要修改边和增加节点，增加的节点操作使得 RDD 总是要切换出内存。所以，DVO 操作要比 AVO 操作耗时。ADV 操作时，需要判断节点组的目标度，同时需要分裂节点和向伪节点加边，时间开销大于 AVO 处理时间，小于 DVO 处理时间。实验结果符合 Spark 系统，在并行处理的角度上，资源越多，处理速度越快。最理想的增长方式为线性增长。

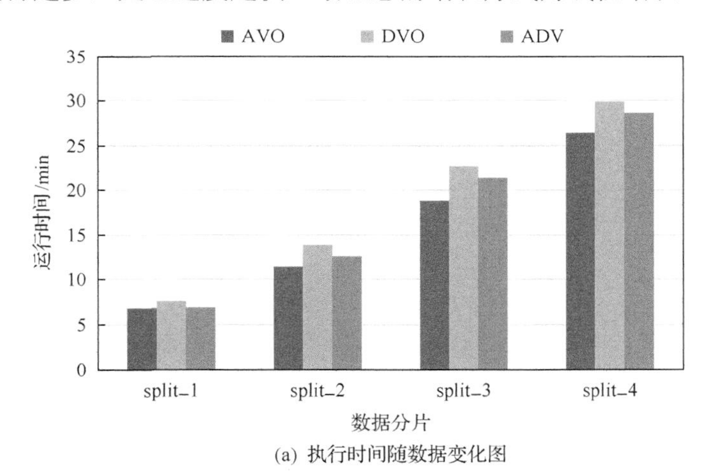

(a) 执行时间随数据变化图

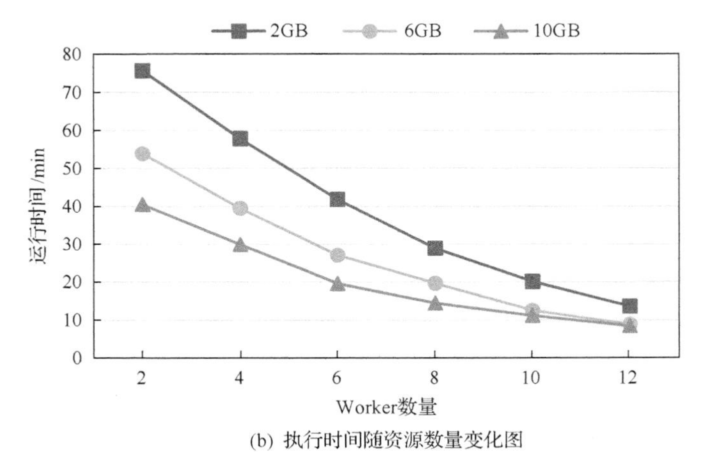

(b) 执行时间随资源数量变化图

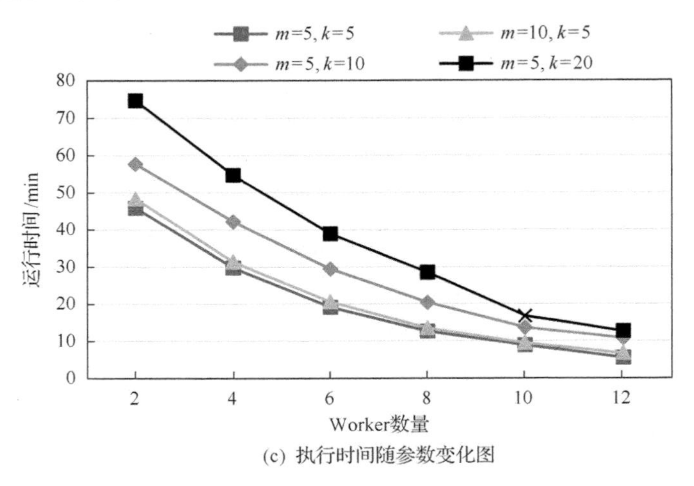

(c) 执行时间随参数变化图

图 6.21　时间处理分析图

由图 6.21(b)可知，Worker 个数一定时，在一定条件下，使用内存越大，处理耗时越少，处理效率越高。当内存为瓶颈时，增加内存能够有效提高算法效率。当内存不为瓶颈时，增加内存不能够提高处理效率。

图 6.21(c)中，实验在 split_2 数据集合中，使用 8 台机器和 10GB 内存，得到不同的处理参数 m 与 k 对处理效率的影响。m 值相同时，k 值增加，处理时间增加，且增加幅度大。k 值越大，所需的添加边操作越多，导致开销增加。k 值相同，m 值增加，处理时间增加，增加时间的幅度整体变化不剧烈。

(2)数据可用性。

数据可用性通过对图的结构修改、标签的修改来衡量。在保证社会网络数据安全性的同时，对社会网络图的修改越小越好，从而使社会网络提供的数据信息越接近原始图，对于数据分析者分析出的信息越真实。因为 D-DSPP 方法同时修改了节点和边，所以，需要通过图结构和数据查询两个方面来分析数据可用性。

针对图结构，使用指标为图聚集系数和节点平均度变化等；针对图中标签的改变使用聚合查询来进行判断。使用聚合查询的可以使用第一类查询和第二类查询。

第一类查询是反映节点数据标签变化程度的，针对的是节点存在性。提出查询 Q_1 为："在分片 4 中中国男性有多少？" 如图 6.22(a)所示，在数据集合 split_2 中，使用 12 台机器，10GB 内存，k、m 分别取不同数值，当 k 值增加、m 值不变时，查询的结果的相对误差率变化不大。使用 DVO 策略的匿名图的可用性不如 AVO 策略，AVO 策略只在 m-标签匿名时添加伪节点。DVO 策略会在分裂时增加节点，从而破坏了节点的存在性。k 值不变、m 值增加时，平均误差率上升。m 值

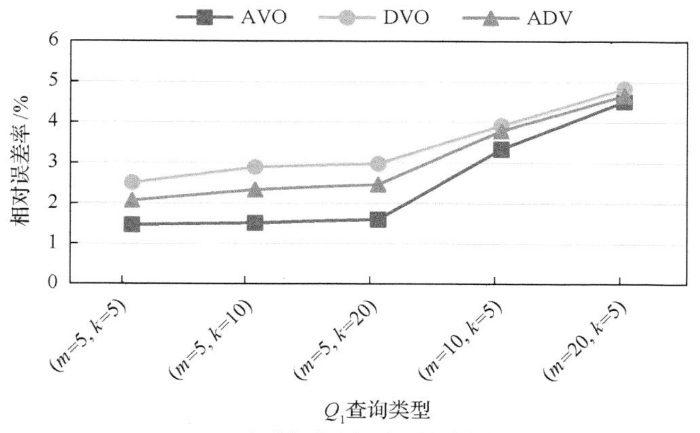

(a) 各数据集中相对误差随参数变化

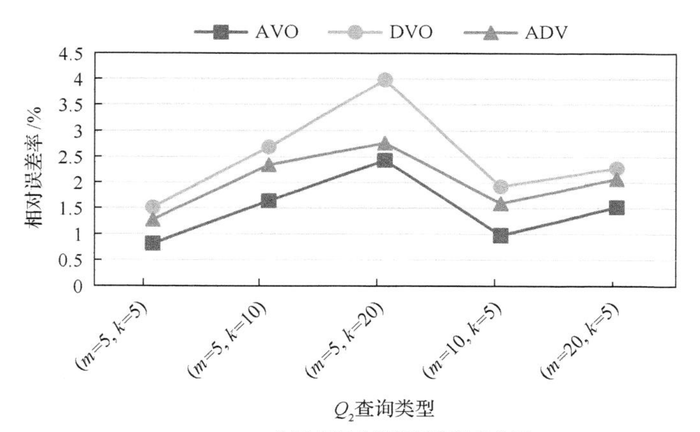

(b) 各策略相对误差随参数变化图

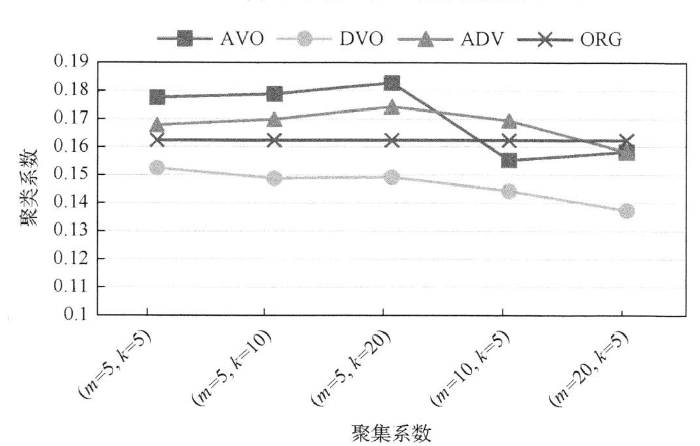

(c) 聚集系数随参数变化图

图 6.22 数据可用性分析图

增加导致节点克隆的次数变多，使得对节点存在性的查询变化剧烈。m 值变化越大，平均相对误差越大。但是，相对误差值仍然保持在一个可接受的范围内。

第二类查询为节点边上信息的查询。提出第二种查询为“平均每个中国男性有多少美国女性朋友？”“有多少英国人与有美国朋友的中国人是朋友？”等查询。如图 6.22(b) 中所示，当 k 值不变、m 值增加时，平均相对误差增加，增加幅度小。当 m 值不变、k 值增加时，平均相对误差也增加，增加幅度剧烈。k 值越大，说明匿名时需要添加的边的数量越多，边添加的数量增加，对节点之间边关系的改变越大，可用性就越差。AVO 策略增加的边的数量要比相同情况下的 DVO 修改的边的数量多。所以针对第二类查询，DVO 处理后的图数据可用性要优于 AVO 的。

图 6.22(c) 中，实验针对图的结构信息的改变，用图的聚集系数指标来衡量数据可用性。图中的聚类系数值都与原始图很接近。主要导致图聚类系数改变的是节点分裂后，与原节点相连接的邻居节点分到不同的节点中，导致节点分裂后的邻居之间的连接减少，聚集系数变小。在使用 AVO 策略添加边时，在伪节点上的边的添加，会导致伪节点的邻居中互为邻居的节点数量增加，聚集系数变大。通过实验可以得出，D-DSPP 方法能够在一定程度上提高匿名后图的可用性。

6.4　云环境下基于数据扰动的社会网络隐私保护研究

本节针对社会网络中的链接关系隐私保护问题，提出了一种基于图结构扰动的分布式社会网络隐私保护方法 D-GSPerturb(Distributed Graph Structure Perturb)。该方法以节点为中心，通过节点间消息传递、节点值更新和程序多次迭代，依次完成了在大规模社会网络中查找可达节点、传递可达信息和链接关系随机扰动。高效率地完成对大规模图数据集的隐私保护。

6.4.1　相关定义

定义 6.15(链接关系转移)　在社会网络有向图中，假设节点$\{u, v\} \in V$，$(u, v) \in E$，$(u, w) \notin E$，删除链接关系(u, v)并且增加链接关系(u, w)到有向图中，称此操作为链接关系转移；其中 w 称为源节点 u 的假目标节点。

定义 6.16(r-邻居)　给定整数 $r \geqslant 0$，图 G 中的源节点用 u 表示，在有向图 G 中，把源节点 u 在 r 跳之内的所有可达目标节点集合表示为 $N_r(u)$。

在有向图 G 中，源节点 u 经过任意节点可达的目标节点集合表示为 $N^*(u)$。源节点 u 的 1 跳邻居集合表示为 $\mathrm{Dst}(u)$。

源节点 u 的目标节点 w 的候选集合表示为 PTS(u, r, s)，其中 r 指源节点 u 的 r-邻居半径$(r>1)$，s 指 PTS(u, r, s) 中包含的节点个数，$s \geqslant |\mathrm{Dst}(u)|$。假设 $s_1=|N_r(u)|-|N_1(u)|$，$s_2=|N^*(u)|-|N_1(u)|$，$s_2 \geqslant s_1 \geqslant s$，选取 PTS$(u, r, s)$ 集合分为三种情况：

(1) $s_1>s$，即 $N_r(u)-N_1(u)$ 中有足够 s 个节点，因此，PTS(u, r, s) 中的 s 个节点随机地选自 $N_r(u)-N_1(u)$。

(2) $s_1<s \leqslant s_2$，即 $N_r(u)-N_1(u)$ 中的节点个数小于 s，因此，PTS(u, r, s) 中包括 $N_r(u)-N_1(u)$ 中的所有节点及 $s-s_1$ 个节点随机地选自 $N^*(u)-N_r(u)$。

(3) $s_2<s$，即 $N^*(u)-N_1(u)$ 中的节点个数小于 s，因此，PTS(u, r, s) 中包括 $N^*(u)-N_1(u)$ 中的所有节点及 $s-s_2$ 个节点随机地选自 $V-N^*(u)$。

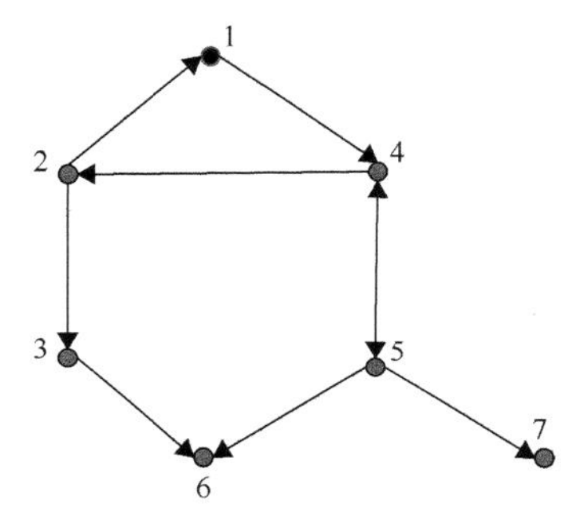

图 6.23　社会网络有向图 G_1

以图 6.23 中社会网络有向图 G_1 为例，$V=\{1, 2, 3, 4, 5, 6, 7\}$。假设 $r=2$，$s=2$，对于源节点 $u=1$，有 $s_1=2 \geqslant s$，因此，PTS$(1, 2, 2)=\{2, 5\}$。对于源节点 $u=3$，则有 $s_1=0<s$，$s_2=0<s$。因此，PTS$(3, 2, 2)$ 包括 $V-N^*(3)$ 中的任意两个节点，如 PTS$(3, 2, 2)=\{5, 7\}$。

基于单机环境的局部邻居的随机扰动算法如算法 6.9 所示。

算法 6.9　基于局部邻居的随机扰动算法。

输入：原始图，路径保留概率 P，邻居半径 $r \geqslant 2$，目标节点的候选集合 PTS(u, r, s)。

输出：匿名图 G^*。

```
1   G* ← ∅
2   for each source node u in G do
3       compute DDS(u, r, s(u))
4           for each link (u,v) ∈ G do
5               toss the coin with head probability p
6               if the coin lands on head then
7                   add (u, v) to G*
8               else
9                   add (u, w) to G* with w randomly sampled from DDS(u, r, s(u)) without
                        replacement
10              end if
11          end for
12  end for
13  return G*
```

6.4.2 图结构扰动

1. 快速查找可达节点

在分布式环境下，图节点被分配到不同的计算节点上，并为每个节点设置初始状态，在每个超级步中，Active 状态的节点接收消息，并判断消息中的节点编号是否存在于节点的可达节点列表中(可达节点列表即为每个节点的值，每个可达节点列表使用 Map 数据结构存储，其中 key 为源节点的节点编号，value 为超级步数)，若不存在，则更新可达节点列表，并发送消息；若不更新，则节点进入 InActive 状态。每个节点查找可达节点的过程如算法 6.10 所示。查找源节点的可达节点主要包括两种情况。

(1) 当 superstep=0 时，将有出度邻居的节点设置为 Active 状态，其他节点设置为 InActive 状态，处于 Active 状态的节点将自己的节点编号发送给所有邻居节点。

(2) 当 superstep≠0 时，根据接收的消息判断节点状态，处于 Active 状态的节点遍历消息列表，查找未在可达节点列表的节点编号，并更新可达节点列表，然后发送此节点编号给下一跳邻居节点；若所有节点编号都被查找到，则此节点进入 InActive 状态。

(3) 重复情况(2)，直至所有节点转变为 InActive 状态，程序停止。

算法 6.10　分布式查找可达节点算法。

输入：超级步间传递的消息 messages。

输出：可达节点列表 reachMapList。

```
1   reachMapList← ∅
2   long step = getSuperstep()
3   if step = = 0 then
4           setValue(reachMapListput(VertexID, 0))
5           if getEdges == null then
6               voteToHalt();    return
7           else
8             msgListadd(VertexID)    //VertexID 为当前节点编号
9             sendMessToNeighbors (msgList)
10          end if
11     else
12          if messages == null then
13              voteToHalt();    return
14          else
15              reach MapList = getValue()
16              for each messList in messages do
17                      for eachVertexID in messList do
```

```
18                  if isNotExistInReachMapList(VertexID) then
19                      setValue(reachMapListput(VertexID, step)
20                      msgListadd(VertexID)
21          end for
22      end if
23      if msgListsize = =0 then
24          voteToHalt();   return
25      sendMessToNeighbors (msgList)
26  end if
27  return reachMapList
```

以图 6.23 中简单社会网络图为例，当 superstep=0 时，执行第一种情况，如图 6.24(a)中节点 5 发送自己的节点编号 5 给节点 4 和节点 7。当 superstep=1 时，如图 6.24(b)所示，执行第二种情况，更新后每个节点的可达节点列表如图 6.24(b)中大括号内所示，如节点 4 的可达节点列表为{(4, 0)，(1, 1)，(5, 1)}。重复 superstep=1，直至所有节点转为静默状态，则程序停止。图 6.24(a)在 6 个超级步后，程序停止。算法 6.10 的结果如表 6.7 所示，每个节点的可达节点列表使用 Map 数据结构存储，以节点 1 的值为例，表示源节点 1、2、4、5 可到达节点 1，距离分别为 0、1、2、3。

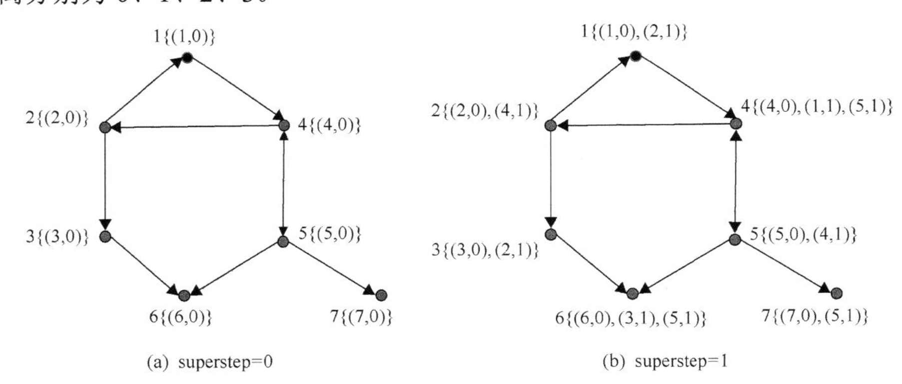

图 6.24 查找可达节点

表 6.7 查找可达节点结果

节点 ID	节点值
1	(1, 0)，(2, 1)，(4, 2)，(5, 3)
2	(2, 0)，(4, 1)，(1, 2)，(5, 2)
3	(3, 0)，(2, 1)，(4, 2)，(1, 3)，(5, 3)
4	(4, 0)，(1, 1)，(5, 1)，(2, 2)
5	(5, 0)，(4, 1)，(1, 2)，(2, 3)
6	(6, 0)，(3, 1)，(5, 1)，(4, 2)，(2, 2)，(1, 3)
7	(7, 0)，(5, 1)，(4, 2)，(1, 3)，(2, 4)

2. 快速传递可达信息

将源节点的目标节点和源节点到此目标节点的距离的组合称为可达信息。源节点的所有可达信息集合称为可达信息列表。使用 Map 数据结构存储可达信息列表，其中 key 为目标节点编号，value 为源节点到目标节点的距离。

首先，遍历每个节点的可达节点列表，查找跳步大于或等于 2 的源节点编号，建立目标节点到源节点的伪链接关系(如图 6.24(a)和(b)中的链接关系)；然后，在分布式图处理系统中，目标节点通过伪链接关系将可达信息传递给源节点。传递可达信息主要包含两种情况。

(1)当 superstep=0 时，所有源节点处于 Active 状态，其他节点处于 InActive 状态，源节点通过伪链接关系将节点值中的可达信息(自己的节点编号 vertexID 和目标节点对应的跳步 distance)发送给目标节点。

(2)当 superstep=1 时，未接收到消息的节点设置为 InActive 状态，所有接收到消息的节点处于 Active 状态，目标节点接收到消息并保存所有可达信息到节点值，程序停止。

算法 6.11 展示了分布式传递可达信息算法。

算法 6.11　分布式传递可达信息。

输入：超级步间传递的消息 messages。

输出：可达信息列表 ReachInforList。

```
1   ReachInforList← ∅
2   longstep = getSuperstep()
3   if step = 0 then
4       if getEdges == null then
5           voteToHalt();    return
6           reachMapLis t= getValue()
7       for each value in reachMapList do    //将可达信息通过伪边发送给源节点
8           msgMapput(vertexID, distance)
9           sendMess(targetID, msgMap)
10      end if
11   else if step =1 then
12       if messages == null then
13           voteToHalt();    return;
14         for each mess in messages do
15          ReachInforListput(destID, distance)
16          setValue(ReachInforList)    //把接收到的可达信息赋值给当前节点
17          voteToHalt()
18         end if
19   end if
20   return ReachInforList
```

针对图 6.25(a)执行算法 6.11，只需要两个超步即可完成可达信息传递。如图 6.25(a)和(b)所示，以节点 7 为例，当 superstep=0 时，将可达信息(7, 3)发送给节点 1，(7, 4)发送给节点 2，(7, 2)发送给节点 4；当 superstep=1 时，节点 1、2、4 分别接收可达信息并保存到可达信息列表。图 6.25(b)中大括号内为每个节点的可达信息列表。

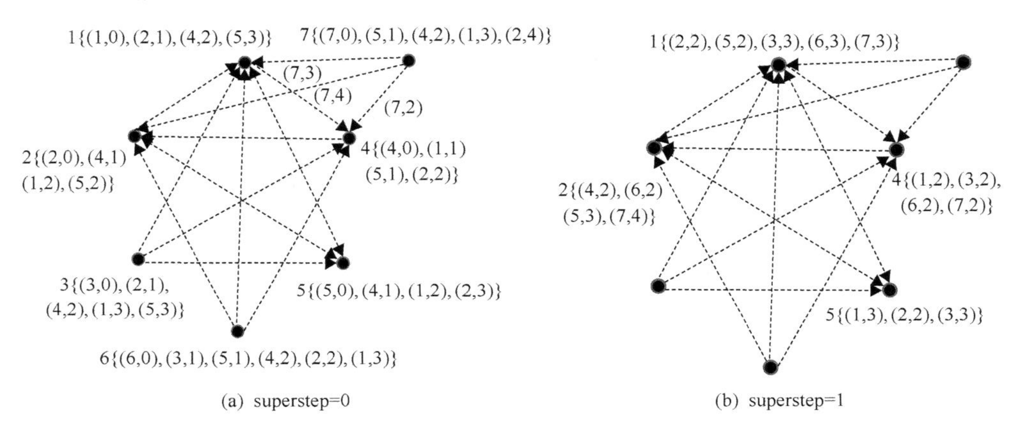

图 6.25　传递可达信息

3. 链接关系随机扰动

链接关系随机扰动算法首先得出每个源节点的可达信息列表。然后，根据局部邻居半径 r，PTS(u)的大小 s，计算 PTS(u, r, s)集合。最后，针对源节点中的每一条边，根据随机概率 p 执行链接关系随机扰动。每个节点的链接关系随机扰动如算法 6.12 所示。

D-GSPerturb 隐私保护方法在扰乱过程中仍遵循 NR 隐私保护方法的基本思想，以概率 p 留原始边到发布图，因此，无法判断目标节点是属于 Dst(u)或者 PTS(u, r, s)。假设已知目标节点属于 PTS(u, r, s)，根据 PTS(u, r, s)的选取原则可知，PTS(u, r, s)的范围无法推测，即无法识别敏感边的目标节点。因此，本算法可抵抗链接关系再识别攻击。

算法 6.12　分布式随机扰动算法。

输入：简单社会网络有向图 G，局部邻居半径 r，PTS(u)集合的大小 s，链接保留概率 p。

输出：扰动图 G^*。

```
1  G*←∅
2  if getEdges == null then
3      voteToHalt();   return
```

```
4   else
5        ReachInforList= getValue()
6        PTSuList= ComputePTSuList(ReachInforList, r, s)
7      for each edge in edgeList do
8            EdgeRandom Perturb(p, PTSuList)
9      voteToHalt()
10  end if
11  return G*
```

4. 基于图结构扰动的社会网络隐私保护方法的扩展

针对基于图结构扰动的社会网络隐私保护方法进行扩展，为加快算法的执行效率，将分布式查找可达节点和传递可达信息合并成利用 Rip 路由原理一步查找完成，省略了传递可达信息和建立伪链接关系的过程，从而提高算法的执行效率。如图 6.26 所示，当 superstep=0 时，目标节点将自己的节点编号发送给源节点；当 superstep=1 时，源节点接收消息并建立如表 6.8 中所示的 Rip 路由表，其中包括源节点、目标节点，二者间的跳步数及标志位，标志位表示此条关系是否已发出过，若发出过则不再发送，并置标志位为 0。表 6.8 记录 superstep=1 时节点 2 和节点 5 的值，superstep=2 时节点 2 和节点 5 的值。

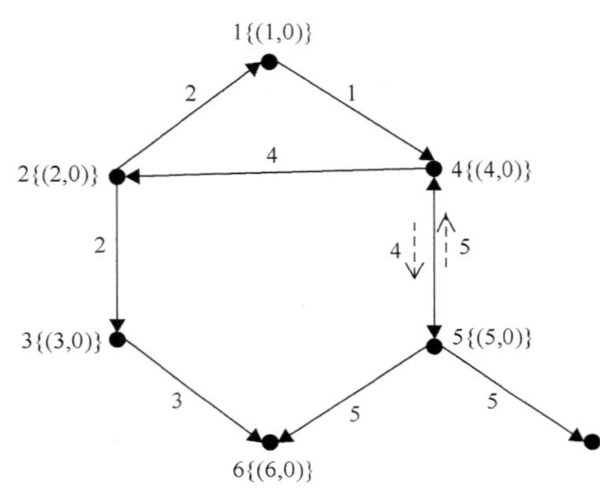

图 6.26　传递可达信息和建立伪链接图

表 6.8　源节点接收信息

superstep = 1				superstep = 2			
源节点	目标节点	跳数	标志位	源节点	目标节点	跳数	标志位
2	1	1	1	2	1	1	0
2	3	1	1	2	3	1	0
5	4	1	1	2	4	2	1
5	6	1	1	2	6	2	1
5	7	1	1	5	4	1	0
				5	6	1	0
				5	7	1	0
				5	2	2	1

6.4.3　实验测试和结果分析

1. 实验环境

(1) 开发环境：5 台服务器所搭建的 Hadoop 集群和 1 台 Windows 7 系统的单机，硬件配置为 1.8GHz 主频，16GB 内存。

(2) 开发工具：Giraph-1.1.0 和 Spark-1.3.1。

(3) 开发语言：Scala。

2. 实验数据

实验采用了真实有向图 LiveJournal 数据集，LiveJournal 是一个综合型 SNS 交友网站，其中共包含 4847571 个用户，68993773 条社交链接。实验中目标节点的替换概率用 δ 表示，δ=1–p。表 6.9 显示了图数据集相关统计数据。

表 6.9　数据集相关统计数据

属性	数量
Nodes	4847571
Edges	68993773
Nodes in largest WCC	4843953（0.999)
Edges in largest WCC	68983820 (1.000)
Nodes in largest SCC	3828682（0.790)
Edges in largest SCC	65825429 (0.954)
Average clustering coefficient	0.2742
Number of triangles	285730264
Fraction of closed triangles	0.04266
Diameter（longest shortest path)	16
90-percentile effective diameter	6.5

3. 测试结果及分析

1) 处理时间分析

基于图结构扰动的社会网络隐私保护方法(D-GSPerturb) 的重点是在保证传统链接关系随机扰动方法(NR) 隐私保护效果的同时，提高处理大规模图数据集的效率。首先将原始数据集分割成 8 等份，然后按 1:2:4:8 重新整合数据。在这 4 种数据集上，分别使用 Giraph 和 GraphX 系统执行 D-GSPerturb 社会网络隐私保护方法。

图 6.27 为 D-GSPerturb 方法与 NR 方法的处理时间对比图(r=2，s=2|Dst(u)|,

δ=0.5)，由图中可以看出，在处理小数据集(split_1 和 split_2)时，二者运行时间相差不大，但随着数据量的成倍增加(split_3 和 split_4)，NR 方法处理效率远远高于 D-GSPerturb 方法。

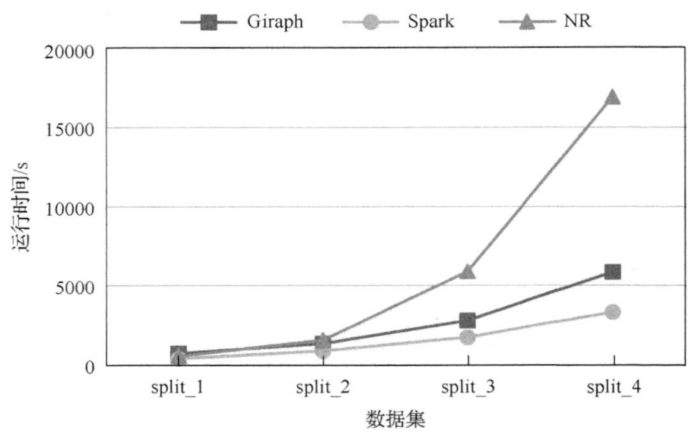

图 6.27　处理时间对比图

2)数据可用性分析

D-GSPerturb 方法是基于局部邻居的链接关系随机扰动，极大地降低了图结构信息损失。本节通过测试扰动前后图结构变化情况来分析数据可用性，主要衡量以下参数的变化：平均最短路径，应用在消息传递、查找、计算等方面；最大特征向量，最大度、着色数和病毒传播的门限值都与最大特征值相关；度中心性，节点的度中心性越高，在社会网络中越受欢迎；接近中心性，节点的接近中心性越高，传递消息越迅速。

使用 Relative Error=$(u-u^*)/u$(u 和 u^*分别指原始图和扰动图中的度量标准)评估扰动前后平均最短路径(ASD)和最大特征值(LE)的变动情况，其值越小，数据可用性保持得越好。计算原始图和扰动图中的节点排名等级列表的斯皮尔曼相似性(Similarity)来判断度中心性和接近中心性的变动情况，其值越大，数据可用性越高。

图 6.28、图 6.29 着重分析了选取不同的局部邻居半径对平均最短路径和最大特征向量的影响(注：横轴坐标指局部邻居半径大小，纵轴坐标指扰动前后的图结构误差率，δ=0.5，x 指$|\mathrm{Dst}(u)|$)。从两幅图中可以看出随着局部邻居半径的增大，平均最短路径和最大特征向量的相对误差率逐渐增大，数据可用性逐渐降低。

图 6.30、图 6.31 分别分析了选取不同的局部邻居半径对度中心性、接近中心性的影响(注：横轴坐标指局部邻居半径大小，纵轴坐标指扰动前后的图结构的相似性，δ=0.5，x 指$|\mathrm{Dst}(u)|$)。从两幅图中可以看出随着局部邻居半径的增大，扰动图与原始图的度中心性和接近中心性的相似性都逐渐减小，数据可用性呈下降趋势。

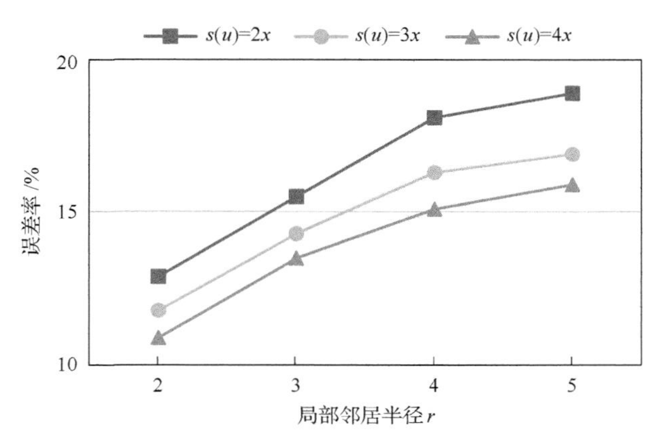

图 6.28　平均最短路径误差率

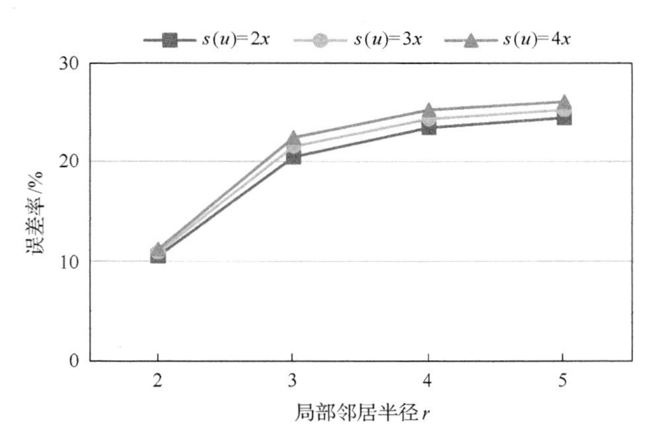

图 6.29　最大特征向量误差率

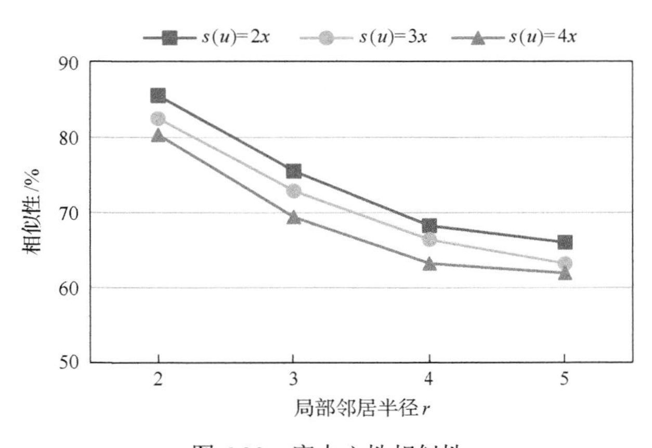

图 6.30　度中心性相似性

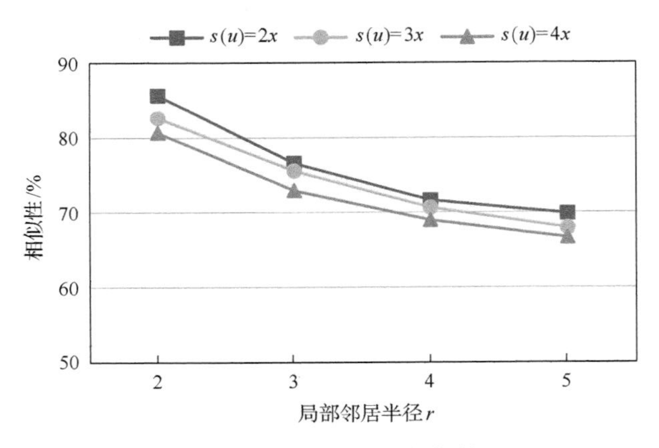

图 6.31　接近中心性相似性

图 6.32(a)和(b)分析了选取不同的链接关系替换概率 δ 对图结构特征的影响。

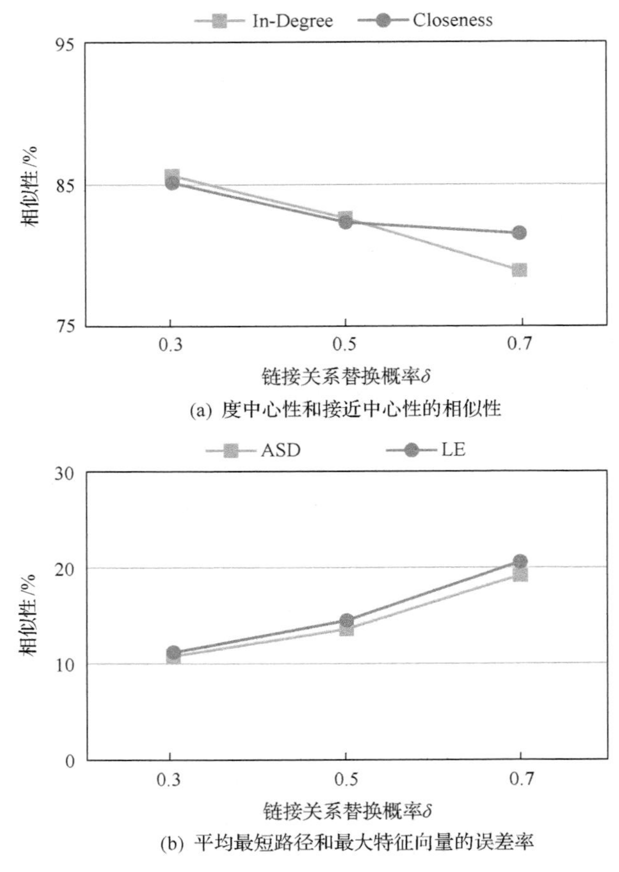

(a) 度中心性和接近中心性的相似性

(b) 平均最短路径和最大特征向量的误差率

图 6.32　不同 δ 的图结构变化对比图

随着 δ 的增大，度中心性和接近中心性相似性逐渐降低，平均最短路径和最大特征向量的相对误差率逐渐增加，即数据可用性降低。图 6.28～图 6.32 表明：s、r 和 δ 的值越小，越能保护图结构。因此，在达到隐私保护需求的基础上，要合理选取阈值，才能保证图数据发布的可用性。

6.5　云环境下基于 k-度匿名分布式社会网络隐私保护研究

为了提高传统隐私保护技术处理大规模图数据的效率，本节提出一种分布式社会网络隐私保护方法 PLRD-(k, m) (Distribute k-degree-m-label Anonymity with Protecting Link Relationships)，该方法基于图处理系统 GraphX，目的是提高处理大规模社会网络图数据的效率，保证对社会网络中的任意节点 v，即使攻击者同时掌握度信息和标签信息也无法从匿名图中将节点 v 准确地识别出来，并且保护其链接关系。

在社会网络中，攻击者很容易获取攻击目标的多种信息，如住址、性别等。若仅根据某一种背景知识对用户进行保护，当攻击者结合多种背景知识进行攻击时，仍能从匿名图中识别出攻击目标。

现实生活中，相同属性越多的两人(如住址、兴趣等)，具有联系的概率越高，即在社会网络图 $G=(V, E)$ 中，若节点 u 与节点 v 具有越高的标签相似度，则 u 与 v 越可能存在链接。

6.5.1　相关定义

社会网络可以有多种不同的表示形式，本节将社会网络表示由四元组构成的无向图 $G=\{V, E, L, \delta\}$，如图 6.33 所示。V 是节点集合，节点集中每个节点均对应社会网络中的一个用户；E 是边的集合即 $(u, v)\in E$，其中 $u\in V$，$v\in V$，e 代表社会网络中两个用户间存在的某种联系；L 是节点标签的集合，是社会网络中用户属性信息的抽象表示；σ 是映射函数，表示节点集 V 与标签集 L 之间的映射关系 δ: $V\rightarrow L$。

如图 6.34 所示，图 G_1^*和 $G_1^\#$是图 6.33(a)中社会网络图 G_1 的匿名图，其中，G_1^*是原始图 G_1 通过添加伪边(1, 3)所得到的 2-度匿名图，在匿名图 $G_1^\#$中，通过泛化用户的年龄，例如将节点 1 的年龄泛化成区间[21, 25]，可以使用户的年龄不唯一。在 G_1 中对任意节点 u，都至少存在一个节点 v 满足：$d_u=d_v$(d_u、d_v 表示节点的度)。当攻击者以节点的度作为背景知识时，由于 G_1^*中节点的度不唯一，无法从 G_1^*中准确判断出哪一个是目标节点。然而，攻击者能够很容易地收集到用户的属性信息，如年龄、性别、国籍等，并结合节点的度 d_v 对目标节点展开进一步攻击。

定义 6.17(匹配链接泄露)　假设 $C=\{v_0, v_1, \cdots, v_n\}$是攻击者以节点度信息和节

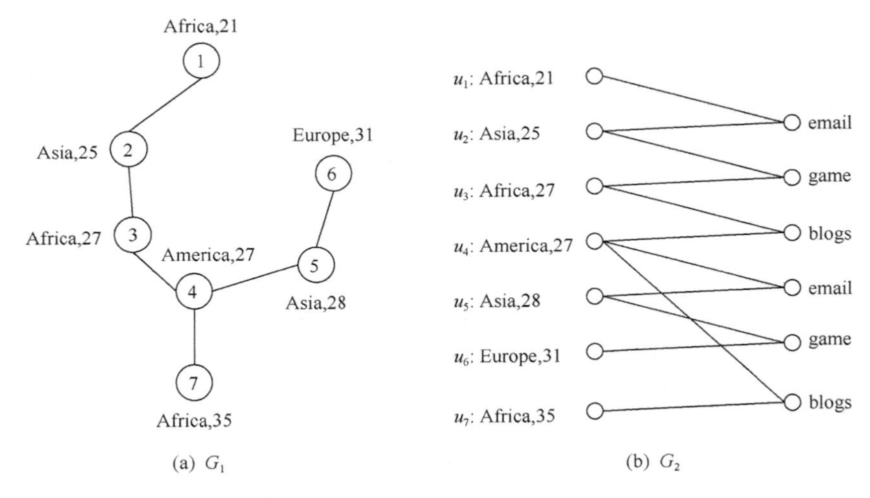

(a) G_1　　(b) G_2

图 6.33　简单社会网络图 G_1 和 G_2

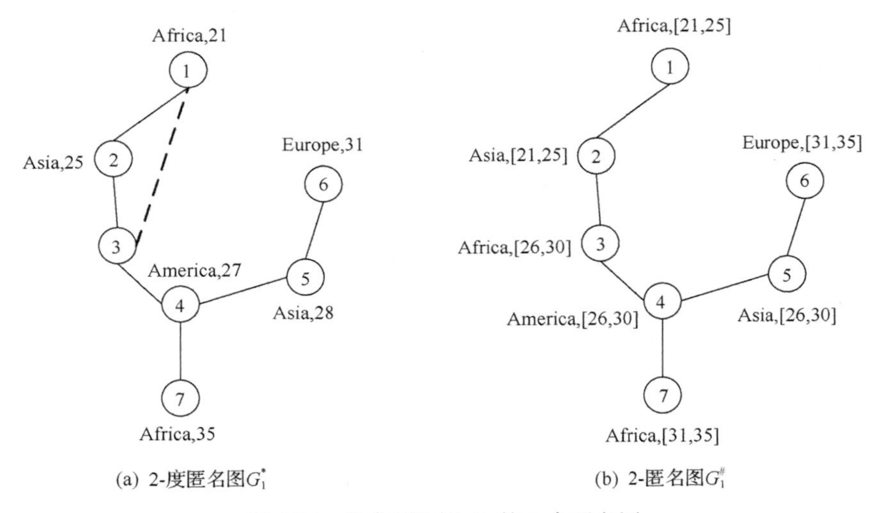

(a) 2-度匿名图G_1^*　　(b) 2-匿名图$G_1^{\#}$

图 6.34　社会网络图 G_1 的 2 个匿名图

点标签信息为背景知识，从社会网络图 $G=\{V, E, L, \delta\}$中匹配出的一组节点，对$\forall v_i \in C, \forall v_j \in C$ ($0 \leqslant i, j \leqslant n$)，若攻击者能以一定概率推测出节点 v_i，v_j 间存在链接，则称社会网络图 $G=\{V, E, L, \delta\}$存在匹配链接泄露。

定义 6.18(PLR-(k, m)匿名)　给定社会网络原始图 $G=\{V, E, L, \delta\}$，并将其匿名图记作：$G^*=\{V^*, E^*, L^*, \delta^*\}$，若 G^*是 PLR-(k, m)匿名的，则满足下述条件。

(1) G^*是 k-度匿名图，即以节点 v 的度 d_v 为背景知识进行攻击时，攻击者从图 G^* 中准确识别出 v 的概率不大于 $1/k$。

(2) G^*是 m-标签匿名图，即以节点 v 的标签为背景知识时，从图 G^*中识别出

节点 v 的概率不大于 $1/m$。

(3)若攻击者以节点 v 的度和标签信息对 v 进行攻击时，则从 G^*中识别出节点 v 的概率 p 满足：$1/k \leqslant p \leqslant 1/m$。

(4)匿名图 G^*不存在匹配链接泄露。

如图 6.35 所示，假设攻击者了解到 Bob 存在 3 个朋友，来自 America，年龄为 27 岁。由匿名图 $G_1^\&$中可知，节点 2、节点 4 及节点 6 的度都是 3，若攻击者以度为 3 进行攻击，则从 $G_1^\&$中识别出 Bob 的概率为 1/3；若攻击者根据 27 岁且来自 America 作进一步推测时，节点 2 和节点 4 均满足条件，因此 Bob 被识别出的概率为 1/2；同时，可知攻击者利用节点的度和标签所匹配出的节点 2 和节点 4 并不存在链接。因此，匿名图 $G_1^\&$是 PLR-(k, m)匿名图。

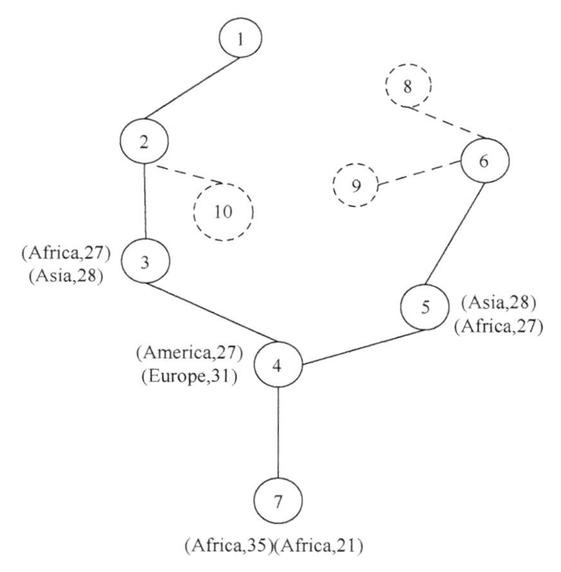

图 6.35　社会网络图 G_1 的 PLR-(k, m)匿名图 $G_1^\&$

定义 6.19(最大缺失值)　已知社会网络图 $G=\{V, E, L, \delta\}$，设 C_i $(i=1, 2, 3, \cdots, n)$ 是由节点集 V 中 k 个节点构成的分组，即 $C_i=\{v_1, v_2, \cdots, v_k\}$，$v_i \in V$，且 $C_i \wedge C_{i+1} = \varnothing$，令 $\Delta_i=|d_{\max}-d_{\min}|$，其中 $d_{\max}$、$d_{\min}$ 分别表示 C_i 内节点的最大度值与最小度值，若 M 是最大缺失值，则 $M=\{\Delta_1, \Delta_2, \cdots, \Delta_i, \Delta_{i+1}, \cdots, \Delta_n\}$。

定义 6.20(无向完全图)　已知简单无向图 $G=\{V, E\}$，若 G 是完全图，则

$$\forall u \in V,\ \ \forall v \in V \Rightarrow (u,v) \in E$$

定义 6.21(安全分组)　设 $C=\{v_1, v_2, \cdots, v_k\}$是由社会网络图 $G=\{V, E, L, \delta\}$中 k 个节点构成的分组，并设 $\mathrm{dist}(v_i, v_j)$是节点 v_i、v_j 间的最短路径长度。若分组 C

是安全分组，则对 $\forall v_i \in C$ ，$\forall v_j \in C$ ，均满足 dist$(v_i, v_j) \geqslant 2$。

为了说明安全分组条件的正确性，下面给出严格的数学证明。

定理 6.1　给定社会网络图 $G=(V, E, L, \delta)$，$C=\{v_1,v_2,\cdots,v_k\}$ 是 k 个节点构成的分组，其中 $v_i \in V$ ，设 dist(v_i, v_j) 为节点 v_i 、v_j 间的最短路径长度，若 $\forall v_i \in C$ ，$\forall v_j \in C$ 均满足 dist$(v_i, v_j) \geqslant 2$，则分组 C 满足：$(v_i, v_j) \in E \Rightarrow v_i = v_j$ 。

证明　反证法。假设 $\exists v_i \in C$ ，$\exists v_j \in C$ 满足：$(v_i, v_j) \in E$ ，即存在节点 $v_i \in C$ ，$v_j \in C$ ，使得 dist(v_i, v_j) 满足条件 dist$(v_i, v_j)=1$，而这与定理 6.1 中 $\forall v_i \in C$ ，$\forall v_j \in C$ ，均满足 dist$(v_i, v_j) \geqslant 2$ 相矛盾，假设不成立。因此定理 6.1 成立。

定理 6.2　已知社会网络图 $G=(V, E, L, \delta)$，dist(u, v)表示节点 u、v 间的最短路径长度，对 $\forall u \in V$ ，$\forall v \in V$ 满足：$v \in \{s \mid (s \in V) \wedge (\text{disu}(u,v)=1)\}$ ，设节点 w 满足：$w \in V$ 且 $w \in \{z \mid (z \in V) \wedge (\text{dist}(v,z)=1)\}$ ，节点 w 与 u 是 2-hop 邻居，即 dist$(u, v)=2$，则节点 w 满足：$w \in \{g \mid (g \in V) \wedge (g \neq u) \wedge (\text{dist}(u,g) \neq 1)\}$ 。

证明　反证法。假设 dist$(u, w) \neq 2$，即者不是 2-hop 邻居，则 u、w 的关系存在三种情况：①dist$(u, w) \geqslant 2$；②$u=w$；③dist$(u, w)=1$。若 dist$(u, w) \geqslant 2$ 成立，则根据 $v \in \{s \mid (s \in V) \wedge (\text{disu}(u,v)=1)\}$ ，可知此时 dist$(u, w)>1$，而题设中节点 w 满足条件：$w \in \{z \mid (z \in V) \wedge (\text{dist}(v,z)=1)\}$ ，两者相矛盾，故 dist$(u, w) \geqslant 2$ 不成立；若 $u=w$ 和 dist$(u, w)=1$ 成立，则与 $w \in \{g \mid (g \in V) \wedge (g \neq u) \wedge (\text{dist}(u,g) \neq 1)\}$ 矛盾，所以 $u=w$ 和 dist$(u, w)=1$ 均不成立。综上所述，dist$(u, w) \neq 2$ 不成立，故节点 w 与节点 u 是 2-hop 邻居关系。

定义 6.22（个性化社会网络图）　个性化社会网络图抽象成四元组 $G=(V, E, L, \delta)$，节点集 V 代表社会网络中的用户，E 是边集合代表用户间的联系，社会网络中个体的属性信息用节点标签 L 表示，函数 δ：$V \rightarrow L$ 表示节点与标签之间的映射。其中，标签 L 是一个二元组：$L(v)=\{L_a, l_v\}$，其中 L_a 是指节点 v 的标签信息，而 l_v 是节点的隐私级别，如图 6.36 所示，节点 1 的隐私级别为 level1，而标签信息为 (Africa, 20)，则 $L(1)=\{$(Africa, 20), level1$\}$。

定义 6.23（PLRDPA 匿名）　图 G^* 是社会网络图 $G=(V, E, L, \delta)$的匿名图，其匿名图记作：$G^*=(V^*, E^*, L^*, \sigma^*)$，若 G^* 是 PLRDPA 匿名的，则对 $\forall v \in G^*$ ，满足下述条件：

(1) 若节点 v 的隐私级别为 level0，则不需要对用户进行保护。

(2) 若节点 v 的保护级别为 level1，则在图 G^* 中，至少存在其他 k–1 节点与 v 具有相同的度。

(3) 若节点 v 的保护级别为 level2，则在图 G^* 中，至少存在其他 k–1 节点与 v 具有相同的度，同时至少存在其他 m–1 个节点具有 v 的标签。

定义 6.24（个性化安全分组条件）　分组 $C=\{v_1, v_2, \cdots, v_k\}$ 是个性化社会网络

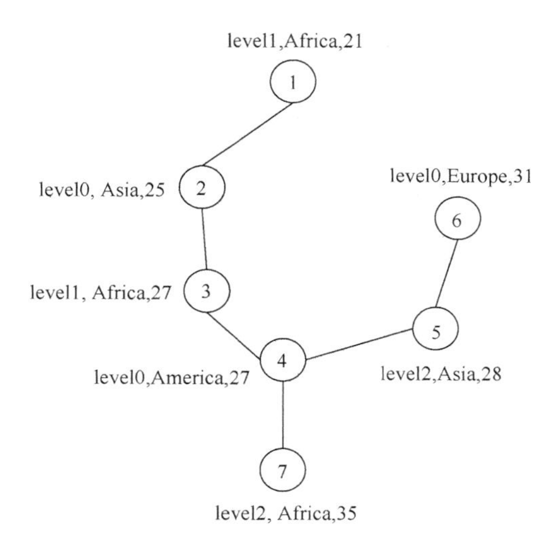

图 6.36　个性化社会网络图 G

图 $G=(V, E, L, \delta)$ 中一个分组，$\mathrm{dist}(v_i, v_j)$ 表示节点 v_i、v_j 间的最短路径长度。若分组 C 是个性化安全的，则满足以下条件：

(1) $\forall v_i \in C, \forall v_j \in C \Rightarrow v_i \cdot l_v = v_j \cdot l_v$。

(2) $\forall v_i \in C, \forall v_j \in C \Rightarrow \mathrm{dist}(v_i, v_j) \geqslant 2$。

其中，条件(1)表明对 $\forall u \in C$，$\forall v \in C$，节点 u 和节点 v 的保护等级 level 是相同的；条件(2)则表示对 $\forall u \in C$，$\forall v \in C$，节点 u 和节点 v 间的最短路径长度 $\mathrm{dist}(u, v)$ 不小于 2。

6.5.2　匿名算法

1. *k-度匿名算法*

1) 2-hop 邻居搜索

节点 u 通过 GraphX 的二次迭代便可以找出节点 w 的 GroupID，其中 $\mathrm{dist}(u, w) = 2$。在第一次迭代时，所有节点以消息的形式向邻居发送 GroupID，收到消息的节点从消息中取出邻居的 GroupID，并生成 SHNList(single hop neighborhood list)；第二次迭代，节点将 SHNList 发送给邻居节点，节点收到消息后遍历所有的 SHNList，然后根据定理 6.2 产生 THNList(two hop neighborhood list)，具体如算法 6.13 所示。

算法 6.13　2-hop 邻居搜索算法。

输入：messages。

输出：The list of 2-hop neighborhood of vertex u。

```
1   THNList  //初始化 2-hop 邻居节点列表
2   long step = getsuperstep()  //取出超级步
3   if step = = 0 then
4       for each vertex u do
5           sendMessToNeighbors (vertext.GroupID)  //超级步为 0 时，节点发送 GroupID
                给邻居节点
6   else if step= =1 then
7           long  neighborhoodlist=getValue(messages)  //取出消息，生成 SHNList
8           sendMessToNeighbors(neighborhoodlist)  //发送 SHNList 给邻居节点
9   else if step= =2 then
10      for each messages do  //处理所有 1-hop 邻居节点列表
11          if the GroupID in messages meet {GroupID ≠ u.GroupID} ∧ {GroupID ∈
                u.neighborhoodlist}
12          THNList←GroupID  //添加 2-hop 邻居列表
13  return THNList
```

以图 6.33(a)为例，算法 6.13 的具体过程如图 6.37 所示。为了方便表述，在图 6.37 中略去了节点信息(NodeID)，仅标出了分组信息(GroupID)。

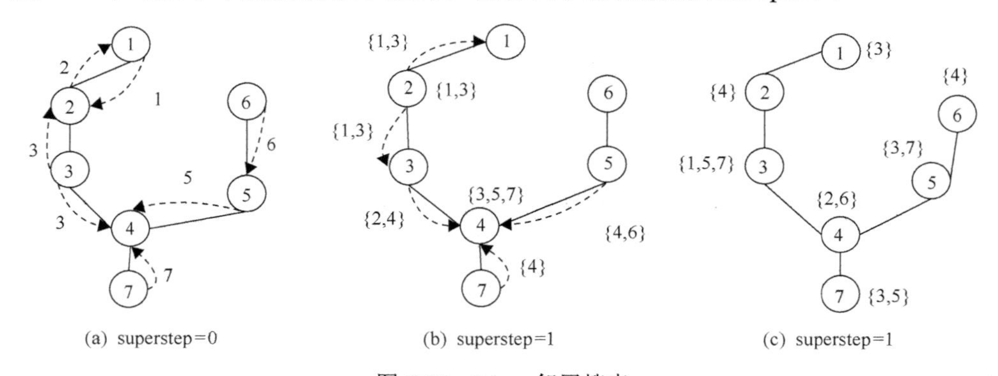

图 6.37　2-hop 邻居搜索

当 superstep=0 时，图中节点均处于 Active 状态，并向邻居节点发送 GroupID，如图 6.37(a)所示；当 superstep=1 时，收到消息的节点，从消息中取出邻居的 GroupID 生成 SHNList，然后将 SHNList 转发给邻居。当 superstep=2 时，节点收到消息后遍历收到的所有的 SHNList，依据定理 6.2 产生 THNList。

2)分组合并

通过图 6.37(c)可知，对节点 v 而言，若将 v.GroupID 随机修改为 v.THNList 中的某个值，有很大概率导致无法完成分组合并。针对如上未能成功合并分组的情况，作者提出一种 W&N(Will-Negotiation)策略。在社会网络图 $G=\{V, E\}$中，对 $\forall v \in V$ 均为其邻居节点 u 的“调解人”。互为 2-hop 邻居的两个节点是否进行分组合并由“调解人”决定，具体做法如下。

(1) 节点 u 生成 2-hop 邻居列表 THNList，并从 THNList 中选出最小的 GroupID（记作 u.min），并结合自身 GroupID 以 (u.GroupID, u.min) 的形式向“调解人”发送消息。

(2)“调解人”收到消息后，遍历所有消息，若存在满足条件：

(u.GroupID=v.min) ∧ (v.GroupID=u.min) 的节点 u、v，则返回消息 (u.GroupID, v.GroupID) 给节点 u、v；否则，保持“沉默”。

(3) 节点 u、v 收到“调解人”发送的消息 (u. GroupID，v. GroupID) 后，令 GroupID=min{(u. GroupID，v. GroupID)}，完成分组合并。

算法 6.14　实现的分组算法。

输入：messages。

输出：分组。

```
1   long step = getsuperstep()   //取出超级步
2   if step = = 0 then
3       for each vertex u do
4          long u.min=getMinValue(THNList) //选择最小 GroupID
5          sendMessToNeighbors ((u.GroupID, u.min))   //发送消息给“调解人”
6   else if step= =1 then
7         long merlist=getValue(messages)
8   if IsExist (u.GroupID=v.min∧v.GroupID=u.min) IN merlist then
9   sendMessToNeighbors(u.GroupID, v.GroupID)   //“调解人”发送消息给邻居节点
10  else if step= =2 then
11  u.GroupID=min{u.GroupID, v.GroupID}   //修改 GroupID，合并分组
```

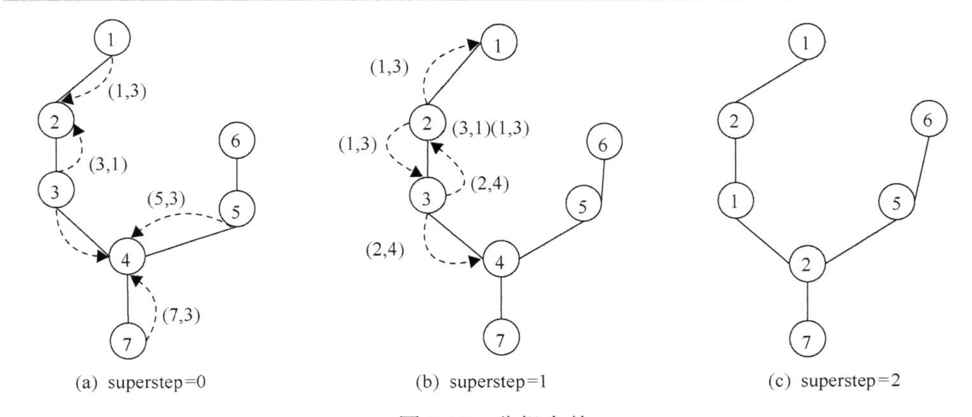

图 6.38　分组合并

原始图 G_1，通过 3 次循环迭代就可以完成节点分组，其产生的两个分组为：$group_1$={1, 3, 5, 7}和 $group_2$={2, 4, 6}。

3) 分布式 k-度匿名

为了不将链接引入分组 C，k-度匿名采用向图 $G=\{V, E, L, \delta\}$添加节点和边的方法，并对添加方式作出要求：给定社会网络图 $G=\{V, E, L, \delta\}$，V^*是有向图 G 中添加的节点集，若 $e=(u, v)$ 是添加的边，则边 $e=(u, v)$ 满足：$(v \in V) \wedge (u \in V^*)$ 或 $(u \in V) \wedge (v \in V^*)$。伪节点集 V^*包含的节点数目利用公式(6-6)得出。

$$N = (1 + \max(M, k)) \bmod 2 + \max(M, k) \tag{6-6}$$

在式(6-6)中，参数 k 表示分组 C_i 中节点的数目，参数 M 为最大缺失值。

定理 6.3　FUG 算法是收敛的，且当 FUG 收敛时，构建的新图 G_n 是无向完全图。

证明　反证法。

(1) 假设 G_n 是完全图时，而算法并没有收敛。由于图 G_n 是无向完全图，所以对 $\forall u \in G_n$，$\forall v \in G_n \in$，满足 dist$(u,v)=1$。根据算法 6.13 可知，由于对 $\forall u \in G_n$ 均不存在 2-hop 邻居节点，则图中节点为 InActive 状态，算法停止，故假设不成立。

(2) 假设当 FUG 收敛时，G_n 并不是完全图。由于 G_n 并非完全图，则存在节点 $u \in G_n$ 与 $v \in G_n$ 满足条件：dist$(u, v) \geqslant 2$。因此，节点 u 和 v 仍为 Active 状态，FUG 算法并未收敛，故假设不成立。综上所述，定理 6.3 成立。

分析 FUG 算法可知，图 G_n 中的节点为分组 C_j，并且记录有分组 C_j 所包含节点集$\{v_0, v_1, \cdots, v_i, v_{i+1}, \cdots, v_n\}$的内容。因此，基于 GraphX 系统通过分组节点 C_j 彼此间的通信，最大缺失值 M 很容易计算出来。由于 FUG 没有考虑分组 C_j 内节点的数目，即 k 的值。因此，计算最大缺失值之前，需要对分组 C_j 进行调整，方法是：假设符号 d_{v_i} 表示节点 v_i 的度，首先将分组 C_j 中节点按 d_{v_i} 的值非减序排列，即 $C_j=\{v_0, v_1, \cdots, v_i, v_{i+1}, \cdots, v_n\}$，其中 $d_{v_{i-1}} \geqslant d_{v_i}$；然后，将 C_j 划分为若干个子分组(记作 sub)，即 $C_j=\text{sub}_0 \cup \text{sub}_i \cup \text{sub}_n$，其中 $\text{sub}_i=\{v_i, v_{i+1}, \cdots, v_{i+k-1}\}$，若 sub_n 中节点数目少于 k，则令 $\text{sub}_{n-1}=\text{sub}_{n-1} \cup \text{sub}_n$。因此，计算 M 值的步骤如下。

(1) 初始化时，分组 C_j 被划分成若干子分组，即 $C_j=\text{sub}_0 \cdots \cup \text{sub}_i \cdots \cup \text{sub}_n$，然后，为子分组 sub_i 计算：$\Delta\text{sub}_i=|d_{\max}-d_{\min}|$，即 sub_i 中节点的最大度值与最小度值的差，令 $M=\max\{\Delta\text{sub}_0, \Delta\text{sub}_1, \cdots, \Delta\text{sub}_i, \cdots, \Delta\text{sub}_n\}$。

(2) superstep%2=0 时，节点将自己的 M 值发送给邻居。

(3) superstep%2=1 时，节点 u 收到消息后，取出邻居的 M 值并与之作对比。若 $u.M < u.\text{neighbor}.M$，则令 $u.M=u.\text{neighbor}.M$，并保持 Active 状态，否则，置为 InActive 状态。

(4) 重复(2)、(3)，直至节点处于 InActive 状态。

算法 6.15　最大缺失值算法。

输入：messages, k。

输出：Max deficiency M。

```
1  Initialization   //初始化，将 group 划分成若干 subgroup，并计算 M 值
2  long step = getsuperstep()   //取出超级步
3  if step%2 = = 0 then
4    sendMessToNeighbors(M)   //发送 M 给邻居节点
5  if step%2= =1   then
6      long Value=getValue(messages)   //取出 M 值
7        if Value > M
8            set M=Value   //更新自己的 M 值
9        else
10       voteToHalt()   //转为 InActive 状态
11   return M
```

以 $group_1$={1, 3, 5, 7}和 $group_2$={2, 4, 6}举例说明，并设 k=2。初始化时，首先按 d_{v_i} 的值非减序排列，并生成两个子分组 sub_1={5, 3}及 sub_2={1, 7}，然后计算 Δsub_i，即 Δsub_1=|2−2|=0，Δsub_2=|1−1|=0，故分组{5, 3, 1, 7}的 M 值为 0；同理，若{2, 4, 6}划分为 sub_1={4, 2}和 sub_2={6}，此时 sub_2 中节点数目少于 2，故将 sub_2 合并到 sub_1 中，即 sub_1={4, 2, 6}，所以 Δsub_1=|3−1|=2，即 M=2，如图 6.39(a)所示。当 superstep=0 时，节点为 Active 状态并将 M 值以消息的形式发送给邻居，如图 6.39(b)所示；当 supertep=1 时，收到消息后，节点从消息中取出邻居的 M 值并与自身的 M 值作对比：若邻居的 M 值大，则将自身值更新为邻居的 M 值，并保持 Active 状态；否则置为 InActive 状态，如图 6.39(c)所示。在图 6.39(c)中，节点 1 的 M 为 0，节点 2 的 M 为 2，则将节点 1 的 M 值(1.M)更新为 2，并保持 Active 状态；同理，由于 2.M>1.M，则节点 2 不作更新操作仅置为 InActive 状态。因此，最终 M=2。

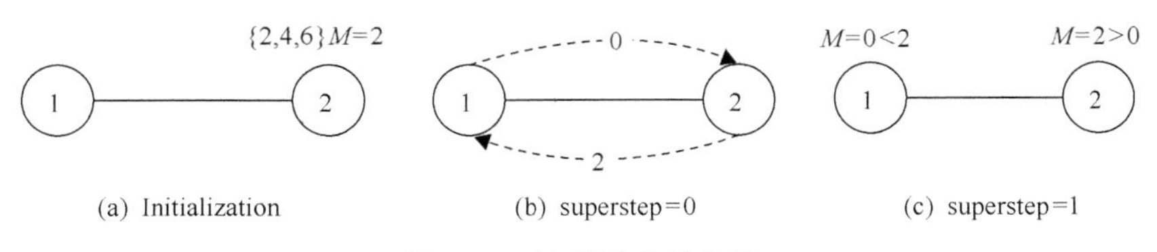

图 6.39　计算最大缺失值

GraphX 系统提供了一个名为 Graph.fromEdgeTuples 的操作，通过此操作用户可以对边信息构建图。因此，首先为节点 u 添加边 $e=(u,v)$ $(v\in V^*)$，并将边 e 的信息存储到 edgeRDD 中；然后通过 Graph.fromEdge 的 Tuples 操作从 edgeRDD 构建出 k-度匿名图。具体算法的具体步骤如下：

(1) superstep=0 时，分组 sub_i 内的节点 $v_1, \cdots, v_i, v_{i+1}, \cdots, v_k$ 处 Active 状态，

节点 v_i 向虚拟节点(nodeID, degree)发送消息，符号 nodeID 为节点 v_i 的编号，degree 为 v_i 的度。

(2) superstep=1 时，虚拟节点收到消息后，将 $v_1, \cdots, v_i, v_{i+1}, \cdots, v_k$ 按节点的度非减序排列，并将最大值设为目标度；计算节点 v_i 所需要添加的伪边的数目 Δd_i，以及 v_i 前 $i-1$ 个节点所添加的伪边的总数目 num，并发送消息(vir.ID, Δd_i, num)给节点 v_i。其中，vir.ID (vir.ID=0, 1, 2, $\cdots$, n, $\cdots$)是虚拟节点的编号。

(3) superstep=2 时，节点 v_i 收到消息后，利用 vir.ID、Δd_i、num、k 及 M 进行 k-度匿名。方法是：计算伪节点的数目 N；然后建立矩阵 Matrix=$\Delta d_i \times 2$，Matrix 的第 0 列为节点 v_i 的 nodeID，第 1 列按行依次写入 $\text{pesudo} = [(\text{vir.ID} + \text{num} + X) \bmod N]$，其中 $X=\{1, 2, \cdots, \Delta d_i\}$；最后，将伪边信息以(nodeID, pseudo[i])的形式存入 edgeRDD。

算法 6.16　Generate Pseudo edge。

输入：k messages, k, M。

输出：The Pseudo edge list of u。

```
1   PseudoedgeList←∅
2   long step = getsuperstep()
3   if step = = 0 then
4      for each vertex u do
5      if isLeft() then
6   sendMessToNeighbors((vertext.nodeID, vertext.degree))   //节点发送消息给虚拟节点
7   if step= =1 then
8      if notisLeft() then
9          long List = getValue (messages)   //取出消息
10        Set max degree as target degree   //将最大度设为目标度
11        for every node u in List
12        Computing Δd_i, num   //节点计算Δd_i 和 num
13   sendMessToNeighbors(virID, Δd_i, num)   //发送消息给邻居
14   if step= =2 then
15      if isLeft() then
16    Add pseudoedge (nodeID, pesudo[i])   //添加伪边
17   return PseudoedgeList
```

根据算法 6.16 得到的 k-度匿名图如图 6.40 所示。

4) 分布式 m-标签匿名

设 $\text{sub}_i=\{v_1, \cdots, v_i, v_{i+1}, \cdots, v_k\}$是社会网络原始图 $G=\{V, E, L, \delta\}$中 k 个节点构成的分组，$p=\{p_0, p_1, \cdots, p_{m-1}\}$是整数序列$\{0, 1, 2, \cdots, k-1\}$的子集，其大小为 m ($m \leqslant k$)，对 $\forall v \in C$，用符号 u_i 表示节点 v_i 的标签列表，则其 m-标签列表由式(6-7)产生。

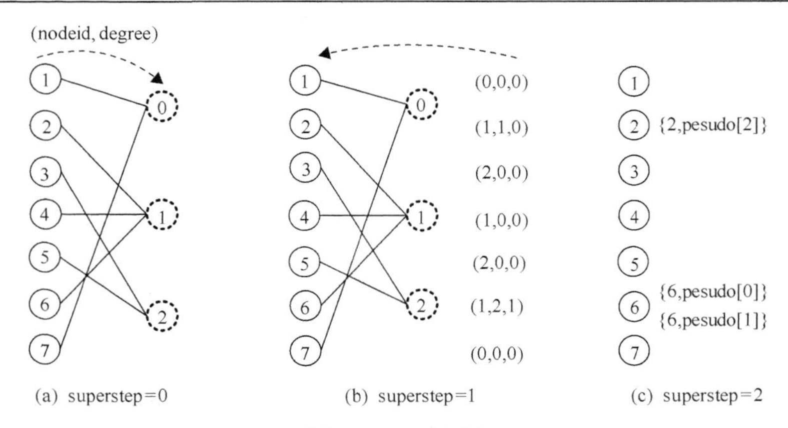

图 6.40　k-度匿名

$$\text{list}(p,i)=\{u_{(i+p_0 \bmod k)},\cdots,u_{(i+p_{m-1} \bmod k)}\} \tag{6-7}$$

由式(6-7)可知，分布式 m-标签匿名具体如下。

(1) superstep=0，节点 v_i 向虚拟节点发送消息(nodeID, labellist)。

(2) superstep=1，收到消息后，虚拟节点利用式(6-7)为节点 v_i 产生 m-标签列表(m-labellist)，并返回消息(v.nodeID,$v.m$-labellist)给 v_i。

(3) superstep=2，节点 v_i 收到(v.nodeID,$v.m$-labellist)后，令 v.label=$v.m$-labellist。

算法 6.17　m-标签匿名算法。

输入：messages。

输出：m-labellist。

```
1  longstep = getSuperstep()
2  if step = = 0 then
3  for each vertex u do
4    if isLeft() then
5    sendMessToNeighbors ((u.nodeID, u.labellist))    //节点向虚拟节点发送消息
        (nodeID,labellist)
6  if step= =1 then
7   if notisLeft() then
8    long list=getValue(messages)  //虚拟节点取出消息
9      for vertext u in list do
10       new=(u.nodeID, u.genlabellist)  //标签匿名
11      sendMessToNeighbors(new)  //虚拟节点向用户节点返回新的标签
12  if step==2 then
13   if isLeft() then
14     long Anolabel=getValue(message)
15     setValue(Anolabel)  //节点 u 修改自身标签
```

以图 6.33(a)为例，令 $m=2$，p={0, 1}，节点 v_i 的标签用 u_i 来表示，则 sub_1={1, 7}，sub_2={5, 3}和 sub_3={2, 4, 6}的标签分组分别为：$\{u_1, u_7\}$、$\{u_5, u_3\}$及$\{u_2, u_4, u_6\}$。当 superstep=0 时，节点 v_i 发送(nodeID, labellist)给虚拟节点，如图 6.41(a)所示；当

superstep=1 时，收到消息后，虚拟节点利用式(6-7)为 v_i 产生 m-labellist，并发送消息(v_i.nodeID, v_i.m-labellist)给 v_i，如图 6.41(b)所示；当 superstep=2，v_i 收到(v_i.nodeID, m-labellist)后，令 u_i=m-labellist，即将标签列表 u_i 修改为 m-labellist，如图 6.41(c)所示。

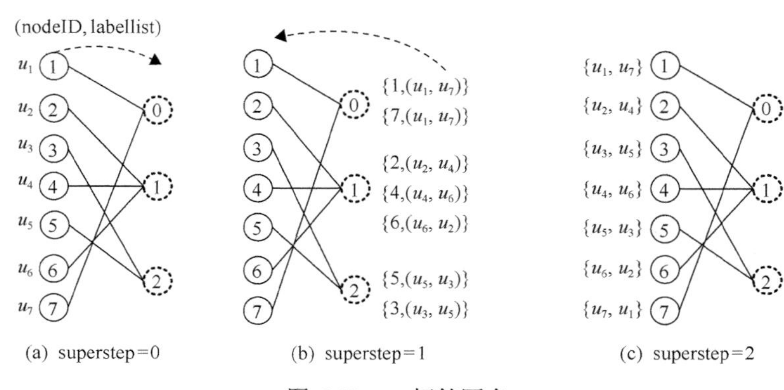

图 6.41　m-标签匿名

2. 个性化的分布式 PLRDPA 算法

在现实中，不同的人可能会有不同的隐私标准，并且某些社会网站，如 QQ 空间和人人网，它们允许用户指定自己的基本信息、相册和好友列表等信息是否可以被他人访问。另外，在社会网络中，节点的度是呈幂率分布的，只有少量的节点有很大的度值，对这类节点进行匿名将会带来很大的数据可用性损失及更多的时间开销。事实上，这些少数具有很大度值的节点往往是社会网络的“著名节点”，如公众人物、明星、官方账号等。一般情况下，这些“著名节点”通常具有相对较低的隐私需求甚至某些节点希望完全公开。因此，若不考虑用户对隐私保护强度的个性化需求，不仅会为那些具有相对较低隐私需求的用户提供过度的隐私控制，而且还将降低匿名数据的可用性。如图 6.33(a)所示，假设在社会网络原始图 G_1 中，节点 2、节点 4 及节点 6 认为自己的信息是完全可以公布的；节点 1 和节点 3 认为不能让攻击者通过节点的度从匿名图中将自己识别出来；节点 5 和节点 7 要求，在攻击者同时获知节点的度 d_v 及标签(label)的情况下，仍不能从匿名图中准确识别出自己。根据用户的隐私需求可以提供两种解决方案。方案 1：不考虑用户隐私需求的不同，利用 PLRD-(k, m)算法进行保护；方案 2：根据用户需求提供不同的隐私保护措施。两种方案的匿名图 G_{11}^* 和 G_{12}^* 分别如图 6.42(a)和(b)所示。

从图 6.42 可以看出，根据用户的隐私需求并提供不同的保护策略，对原始图作出的修改相对较少，因此能够很大程度上降低匿名开销及更好地保护数据的可用性。基于此种原因，作者提出一种个性化的分布式社会网络隐私保护方法——

PLRDPA (protecting link relationship distributed personalized anonymity)，该方法将用户的隐私保护级别分为 level0、level1 和 level2，允许用户将自己的隐私级别设置为其中某个等级并提供相应的保护，具体如下。

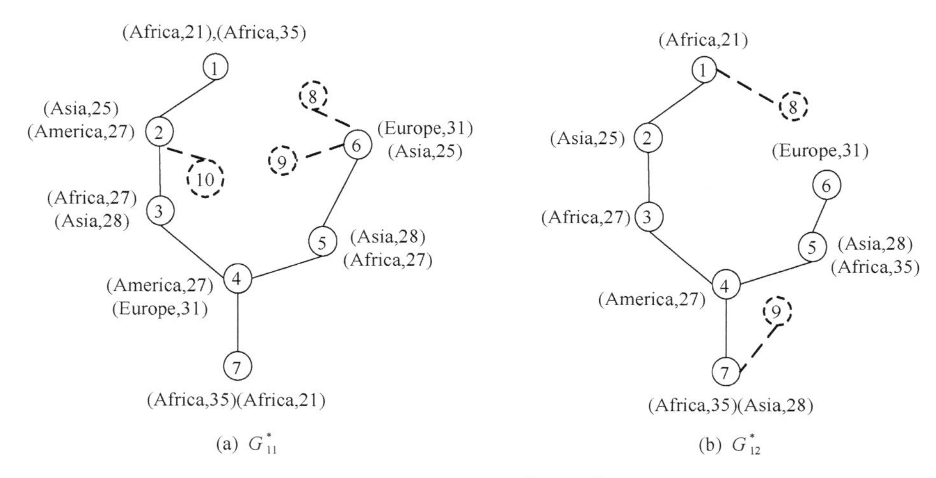

图 6.42　匿名图 G^*_{11} 和 G^*_{12}

level0：用户要求自己的身份不要被隐藏，故不需要对其作匿名处理，如图 6.42(b) 中的节点 2、节点 4 及节点 6。

level1：用户要求即使攻击者获知节点的度信息，也无法推测出自己的真实身份，故对节点进行 *k*-度匿名，如图 6.42(b) 中的节点 1 和节点 3。

level2：用户要求即使攻击者同时获知节点的度信息和属性信息，仍无法推测出自己的真实身份。因此，对节点进行 *k*-度匿名和 *m*-标签匿名，如图 6.42(b) 中的节点 5 和节点 7。

通过对比定理 6.1 和个性化安全分组条件可知，PLRDPA 算法的实现只需要修改算法 6.13 和算法 6.15 即可。因此，作者提出个性化的 2-hop 邻居搜索算法 PTHHS (Personalized Two-hopneighborhood Searching) 及个性化的最大缺失值计算方法 PCMD (Personalized Computing Max Deficiency)。PLRDPA 算法的整体思想是：首先，利用 PTHHS 算法为节点查找 2-hop 邻居和算法 6.14 进行节点分组；然后，利用 PCMD 算法和算法 6.16 对隐私级别为 level1 和 level2 的节点进行 *k*-度匿名；最后，通过算法 6.17 对隐私级别为 level2 的节点进行 *m*-标签匿名。

结合 GraphX 系统的消息传递机制和 FUG 算法的思想，PTHHS 算法的步骤如下。

(1) 当 superstep=0 时，节点以 (GroupID, level) 的形式向邻居节点发送消息。

(2) 当 superstep=1 时，收到消息的节点，生成自己的 1-hop 邻居 (GroupID, level)

列表，并将列表转发给邻居。

(3)当 superstep=2 时，收到消息的节点遍历所有的列表，将隐私保护级别与自身相同，并且不在自己 1-hop 邻居列表的 GroupID 写入 2-hop 邻居列表。

具体过程如算法 6.18 所示。

算法 6.18　Personalized Two-hop neighborhood Searching。

输入：messages。

输出：The list of 2-hop neighborhood of vertex u。

```
1   THNList   //初始化 2-hop 邻居节点列表
2   long step = getsuperstep()   //取出超级步
3   if step = = 0 then
4       for each vertex u do
5       sendMessToNeighbors (vertext.GroupID, vertex.level)   //超级步为 0 时，节点发送
        GroupID 和隐私级别 level 给邻居节点
6   else if step= =1 then
7       long neighborhoodlist=getValue(messages)   //取出消息，生成 1-hop 邻居节点列表
8       sendMessToNeighbors(neighborhoodlist)   //发送 1-hop 邻居(level, groupip)列表给
        邻居节点
9   else if step= =2 then
10      for each messages do   //处理所有 1-hop 邻居节点列表
11      if the GroupID in messages meet condtions{GroupID ≠ u.GroupID} ∧ {GroupID ∉
        u.neighborhoodlist} ∧ {level ≠ u.level}
12    THNList←GroupID   //添加 2-hop 邻居列表
13    return THNList
```

以图 6.42 为例，算法 6.18 如图 6.43 所示。为了便于表述，图中省略了 nodeID，仅标出了节点的隐私级别(level，用数字 0,1,2 表示)和 GroupID。

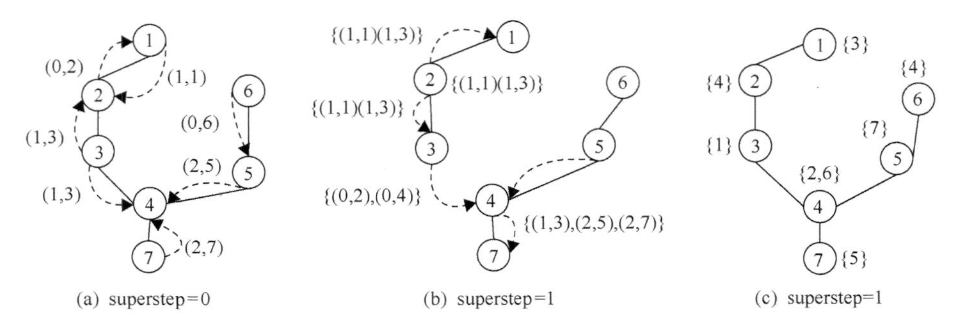

图 6.43　个性化 2-hop 邻居查找

当 superstep=0 时，节点 u.GroupID 向邻居节点发送 GroupID 和 level，如图 6.39(a)所示；当 superstep=1，节点 u 收到消息后，生成个性化的 1-hop 邻居列表 PSHList

(Personalized Single-hop neighborlist)，PSHList 的项由二元组(level, GroupID)构成，然后将 PSHList 转发给邻居节点。例如，节点 2 收到消息(1,1)和(1,3)后，生成列表{(1,1),(1,3)}，并将{(1,1),(1,3)}发送给节点 1 和节点 3，如图 6.39(b)所示；当 superstep=2 时，收到消息的节点遍历所收到的 PTHNLis，依据算法第 11 行产生个性化的 2-hop 邻居列表 PTHNList(Personalized Two-hop neighborlist)。例如，节点 7 收到列表{(1,3),(2,5),(2,7)}，依据算法第 11 行，排除 GroupID=3 和 GroupID=7，则 PTHNList={5}，如图 6.39(c)所示。

由 FUG 算法可知，在完成 2-hop 邻居查找后需要进行分组合并。对 PLRDPA 算法的分组合并仍然采用算法 6.14。然后利用 GraphX 系统提供的 Graph.fromEdgeTuples 操作构建图 $G_i=(V_i,E_i)$。在图 $G_i=(V_i,E_i)$ 中，节点 S_i 代表第 i 次迭代所产生的分组，而 S_i 的隐私级别为其所包含的节点的隐私级别。如图 6.44 所示为第一次迭代完成后的构建的新图。其中，圆圈内的数字表示分组(GroupID)，花括号内的数字分别为 level 及其所包含的节点。例如，节点 1 表示分组标号为 1，隐私级别为 level1，包含节点 1 和 3。

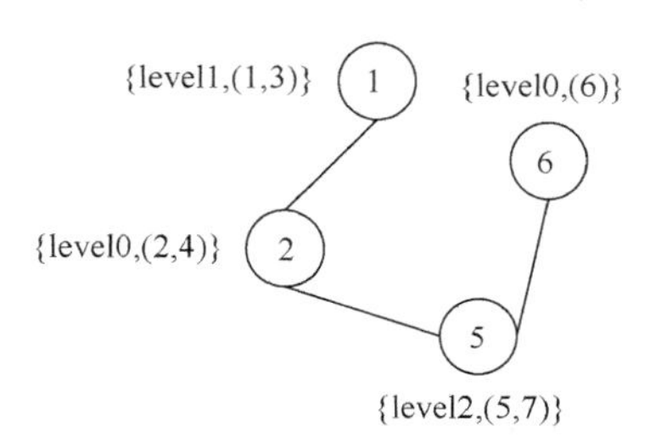

图 6.44　PTHHS 算法构建的新图

如此，经过 2 次循环迭代，原始图的最终分组结果为：$group_1=\{1,3\}$，$group_2=\{5,7\}$ 和 $group_3=\{2, 4, 6\}$。同 FUG 算法相似，PTHHS 算法在进行节点分组时同样并未考虑参数 k。因此，在计算最大缺失值 M 之前，首先是调整 PTHHS 算法所产生的分组。不同于 PLRD-(k, m) 算法，隐私级别为 level0 的节点并不需要 k-度匿名和 m-标签匿名，因此，在调整分组时只需要调整隐私级别为 level1 和 level2 的节点所构成的分组，具体方法是：首先将分组 C_j 内节点 $v_0,v_1,\cdots,v_i,v_{i+1},\cdots,v_n$ 按 d_{v_i}(节点 v_i 的度)非减序排列；然后将 C_j 划分为若干个子分组(记作 sub)，即 $C_j=\text{sub}_0\cup\text{sub}_1\cup\cdots\text{sub}_i\cup\cdots\text{sub}_n$，其中 $\text{sub}_i=\{v_i,v_{i+1},\cdots,\ v_{i+k-1}\}$，若 sub_n 中节点数目少于 k，则令 $\text{sub}_{n-1}=\text{sub}_{n-1}\cup\text{sub}_n$。因此，最大缺失值 M 的计算的具体流程如下：

(1)初始化时，将 level0 级别的分组的 M 值置为 0；对隐私级别为 level1 和 level2 的分组 C_j，将其划分成若干子分组，即 $C_j=\text{sub}_0\cdots\cup\text{sub}_i\cdots\cup\text{sub}_n$，并为子分组 sub_i 计算：$\Delta\text{sub}_i=|d_{\max}-d_{\min}|$，即 sub_i 中节点的最大度值与最小度值的差，令 $M=\max\{\Delta\text{sub}_0, \Delta\text{sub}_1, \cdots, \Delta\text{sub}_i \cdots, \Delta\text{sub}_n\}$。

(2)superstep%2=0 时，节点处于 Active 状态，并发送 M 值给邻居节点。

(3)superstep%2=1 时，收到消息的节点，从消息中取出 M 值并与自身值做对比。若小于邻居的 M 值，则将自身值更新为邻居 M 值，并保持 Active 状态；否则，转为 InActive 状态。

(4)重复步骤(2)和(3)，直至节点均处于 InActive 状态。

具体如算法 6.19 所示。

算法 6.19　ID 随机化算法。

输入：messages, k。

输出：Max deficiency M。

```
1   Initialization
2   if level=0   //若分组节点的隐私级别为 level
3       Set M=0   //设置分组的 M 值
4       if level=1 or level=2
5           split group and computing Max deficiency M   //分割分组并计算 M 值
6   long step = getsuperstep()   //取出超级步
7   if step%2 = = 0 then
8    sendMessToNeighbors(M)   //发送 M 给邻居节点
9   if step%2= =1 then
10      long Value=getValue(messages)   //取出 M 值
11       if Value＞M
12           set M=Value   //更新自己的 M 值
13       else
14      voteToHalt()   //转为 InActive 状态
15   return M
```

以算法 PTHHS 产生的分组 $group_1$={1, 3}，$group_2$={5, 7}及 $group_3$={2, 4, 6}为例，并设 k=2，算法 6.19 的具体流程如图 6.45 所示。在图 6.45 中，圆圈内的数字表示分组 C_i 的编号，而花括号内的数字则表示分组 C_i 内的节点。初始化时，因为 $group_3$={2,4,6}的隐私级别为 level0，所以其 M 值被置为 0。同理，对 $group_1$={1,3}，其 M 值为 $sub_i=|d_{max}-d_{min}|=2-1=1$，$group_2$={5, 7}的 M 值为 $sub_i=|d_{max}-d_{min}|=2-1=1$。当 superstep=0 时，节点处于 Active 状态并将自身 M 值发送给邻居节点，如图 6.45(b)所示；当 superstep=1 时，收到消息的节点，将邻居的 M 值与自身值做对比，若邻居的 M 值大于自身，则更新为邻居节点的 M 值并保持 Active 状态，否则转为 InActive 状态，如图 6.45(c)所示。例如，节点 2 令 M=1，并保持 Active 状态，而节点 1 和节点 5 则处于 InActive 状态。因此，通过两次迭代，得到 M=1。

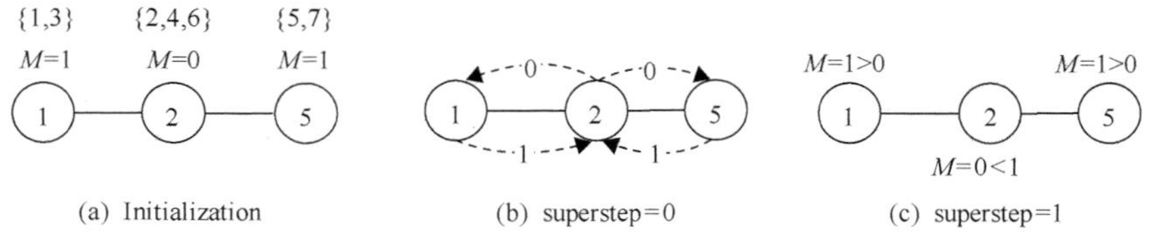

图 6.45　计算最大缺失值

在得出最大缺失值 M 后，首先通过算法 6.16 对隐私级别为 level1 和 level2 的节点进行 k-度匿名，然后利用算法 6.17 对 level2 的节点进行在 k-度匿名的基础上进行 m-标签匿名。最终，得到如图 6.37(b)所示的个性化匿名图。

3. 分布式匿名方法的扩展

在真实社会网络中，随着时间的推移，不同的个体彼此之间可能会建立链接关系或取消彼此间的联系，甚至某些用户会退出社会网络。文献[16]对社会网络的动态性进行分析，提出匿名方法应该满足社会网络数据随着时间变化的性质。文献[17]将社会网络抽象成连续的不同时刻图的时间序列图，并基于时间序列图模型提出一种动态社会网络隐私保护方法。然而，动态社会网络中，两个用户也可能取消相互间的联系，单独考虑边的添加并不全面。针对此问题，文献[18]在文献[17]的基础上提出了一种启发式动态社会网络的边保护方法。在时间序列图中，每个节点都带有一个时间戳以记录节点是何时加入社会网络，具有相同时间戳的节点表示加入社会网络的时间相同。

设 $g=\langle G_0, G_1, \cdots, G_T\rangle$是时间序列社会网络图，表示社会网络随时间的演变。时间序列社会网络图在 t 时刻的图表示为 $G_t=(V_t,E_t,L_t)$，其中 V_t 表示 t 时刻节点的集合，E_t 表示 t 时刻边的集合，L_t 表示 t 时刻节点标签的集合，并且 $V_{t-1}\subseteq V_t$，$E_{t-1}\subseteq E_t$，$L_{t-1}\subseteq L_t$，即对 t 时刻的图 G_t 而言，其下一个时刻图 G_{t+1} 的节点数量和边数量都是非减的，如图 6.46(a)和(b)所示。在图 6.46(b)中，虚线和虚线圆表示在 t=1 时刻新增的节点和边。

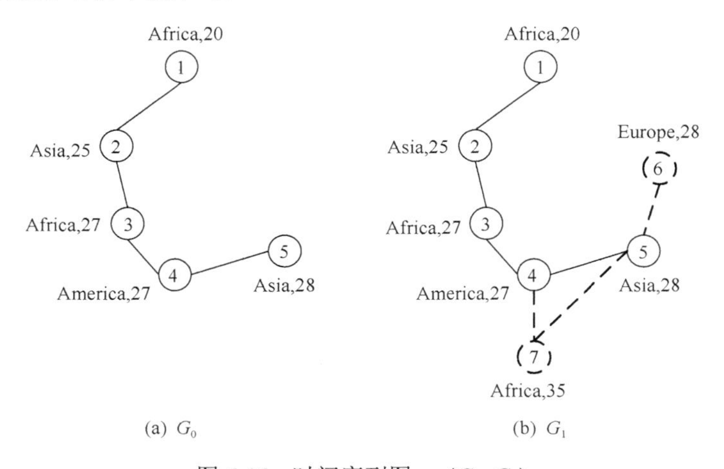

图 6.46　时间序列图 $g=\langle G_0, G_1\rangle$

在现实生活中，如果攻击者获知相邻两个时刻某个节点的度的变化情况，很有可能推测出目标节点。如图 6.46 所示，假如攻击者获知在 t=0 时刻，Bob 在社会网络中有一个朋友，而到了 t=1 时刻 Bob 的朋友数目达到了 3。在图 G_0 中，由于节点 1 和节点 5 的度均为 1，因此攻击者无法准确识别 Bob 的身份。在图 G_1 中，节点 5 和节点 4 的度均为 3，仍无法准确识别出 Bob。但是，当攻击者将图 G_0 与 G_1 相结合时，符合攻击者所获知的背景知识的只有节点 5，因此攻击者判断出节点 5 就是 Bob。

针对上述问题，考虑将 PLRDPA 匿名方法扩展到时间序社会网络图的隐私保护，其基本思想是：假定时间序列图为 $g=\{G_i,G_{i+1}\}$，将节点在图 G_i 中度用 d_i 表示，而在图 G_{i+1} 中的度表示为 d_{i+1}，并用符号Δd 表示节点从 $t=i$ 时刻到 $t=i+1$ 时刻的变化，即$\Delta d=|d_{i+1}-d_i|$，若对 $\forall v \in G_i$ 至少存在 k–1 个其他节点 u 满足条件：$(\forall u \in G_i) \wedge (v.d_i = u.d_i) \wedge (v.\Delta d = v.\Delta d)$，即在 $t=i$ 时刻与节点 v 具有相同的度，并且与节点 v 具有相同的Δd。由于Δd 相同，则可知在图 G_{i+1} 中节点 u 与节点 v 的度仍然相同，因此攻击者无法准确识别出目标节点。节点的时间戳类似节点的隐私级别，因此涉及时间戳的节点分组，只需要对个性化安全分组条件稍加修改即可：

(1) $\forall v_i \in C, \forall v_j \in C \Rightarrow v_i.t = v_j.t$；

(2) $\forall v_i \in C, \forall v_j \in C \Rightarrow \mathrm{dist}(v_i, v_j) \geqslant 2$。

其中，条件(1)表明同一分组的节点具有相同的时间戳；条件(2)表明同一分组的节点彼此间的最短路径长度 dist$(v_i, v_j) \geqslant 2$。基于时间序列社会网络图的隐私保护基本步骤如下。

步骤 1　输入 t_{i+1} 时刻的社会网络原始图 G_{i+1}，根据节点分组条件利用类似于 PTHHS 算法，将节点分组。

步骤 2　利用 6.15 算法和 6.16 算法对分组内节点进行 k-度匿名以及 m-标签匿名，通过 GraphX 系统提供的 Graph.fromEdgeTuples 从 edgeRDD 中构建匿名图 G_{i+1}^*。

步骤 3　删除匿名图 G_{i+1}^* 中时间戳为 t_{i+1} 的节点和边，并对不满足 k-度匿名的分组再次 k-度匿名，得到 t_i 时刻的匿名图 G_i^*。

步骤 4　发布匿名时间序列图 $g=\langle G_1^*, G_{i+1}^*\rangle$。

图 6.46 所示的原始时间序列社会网络图的匿名结果如图 6.47 所示。

6.5.3　实验测试和结果分析

1. 实验环境

(1) 开发环境：12 台服务器所搭建的 Hadoop 集群和 1 台 Window7 系统的单机，硬件配置为 2.2GHz 主频，16GB 内存。

(2) 开发工具：Giraph-1.1.0 和 Spark-1.6.3。

(3) 开发语言：Scala。

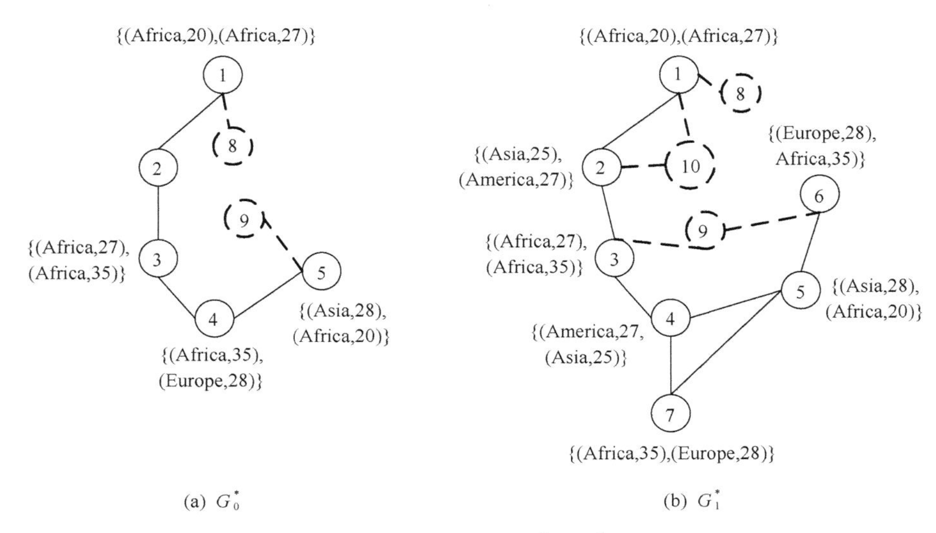

图 6.47 匿名图 G_0^*和 G_1^*

2. 实验数据

本节实验的数据集即来自 SNAP 网站共享的 com-Youtube 图数据集，共包含 1134890 个节点、2897624 条链接。因为算法 PLRD-(k, m)和 PLRDPA 均涉及分布式 m-标签匿名，需要对节点标签进行处理。然而，com-Youtube 是一个简单无向图数据，节点并不含有标签。因此，人工的为节点添加标签，节点标签由国籍(Nationality)、性别(Gender)、年龄(Age)三部分构成。其中，国籍包含 80 多个国家，年龄范围为 15～75 岁，并且标签的值均服从同一分布。

3. 测试结果及分析

基于 GraphX 的分布式社会网络隐私保护方法 PLRD-(k, m)和 PLRDPA，其研究的重点是在保护用户敏感信息的前提下，提高算法处理大规模社会网络的效率。因此，实验从执行效率、加速比和规模可扩展性三个方面衡量 PLRD-(k, m)及 PLRDPA 的性能。

1) 处理时间分析

算法的执行时间是衡量算法执行效率最直观的表现。实验分别在集群环境以及单机环境实现了本节所提出的算法，分别记作："PLRD-(k, m)"，"PLRDPA"，"PLR-(k, m)" 及 "PLRPA"，实验结果如图 6.48 所示。从图 6.48 可以看出，随着参数 m 值的增大，无论是单机环境下的 PLR-(k, m)和 PLRPA，还是集群环境下的 PLRD-(k, m)算法和 PLRDPA 算法，其时间开销都随之增大，因为参数 m 的值越大，整数序列 $p=\{p_0, p_1, \cdots, p_{m-1}\}$的范围越广，虚拟节点为用户生成 m-

标签列表的时间就越久，从而导致 m-标签匿名消耗的时间增多。同时可以看出，个性化匿名方法 PLRDPA 和 PLRPA，在时间开销上均要低于 PLRD-(k, m) 和 PLR-(k, m) 算法，说明根据用户的不同需求而提供相应的保护能够有效地降低匿名成本。此外，从实验结果还可以看出，分布式匿名算法 PLRD-(k, m) 和 PLRDPA 的匿名开销远小于 PLR-(k, m) 和 PLRPA，并且两种算法能够在大约 0.5h 内完成 113 万个节点的匿名。因此，所提出的 PLRD-(k, m) 和 PLRDPA 算法在处理大规模社会网络数据具有明显的优势。

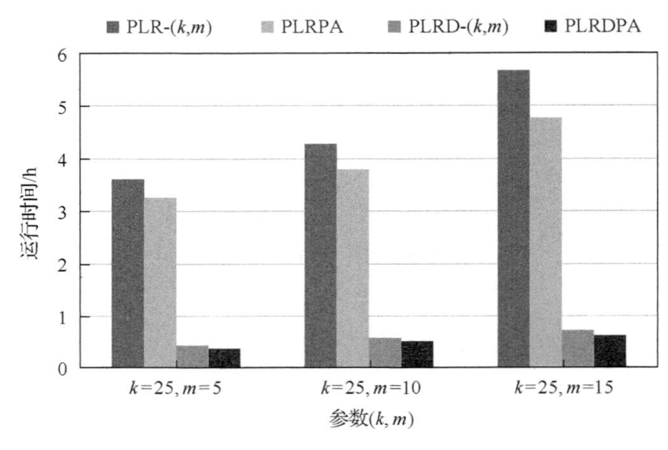

图 6.48　运行时间

2) 加速比和规模可扩展性

相对加速比是评价并行算法性能的一个重要标准，通常用于描述并行算法的可扩展性，其方法是计算同一并行算法在处理相同问题时，其在单计算节点与在由多个相同计算节点所构成的系统上所消耗的时间比。相对加速比的计算如式(6-8)所示。

$$\text{Speedup} = \frac{T(1)}{T(N)} \tag{6-8}$$

在式(6-8)中，$T(1)$ 表示算法在单计算节点上消耗的时间，$T(N)$ 是同一并行算法在 N 个相同计算节点所构成的处理系统上消耗的时间。实际操作中，实验将计算节点的数目从 3 逐步增加到 12，并将数目为 3 时所消耗的时间作为 $T(1)$，实验结果如图 6.49 所示。从实验结果可以看出，PLRD-(k, m) 算法和 PLRDPA 算法均具有良好的加速比，但随着计算节点数目的增多，加速比并没有呈现出理想的线性关系，出现这种情况是因为计算节点越多，其部分性能被用于处理更多的通信量，从而加速比不是理想的线性关系。

规模可扩展性是评价并行算法的另一重要指标，通常用来测试算法时间复杂度的标准，其方法是固定计算节点的数目，扩大数据规模并求处理时间比，其计算方法如式(6-9)所示。

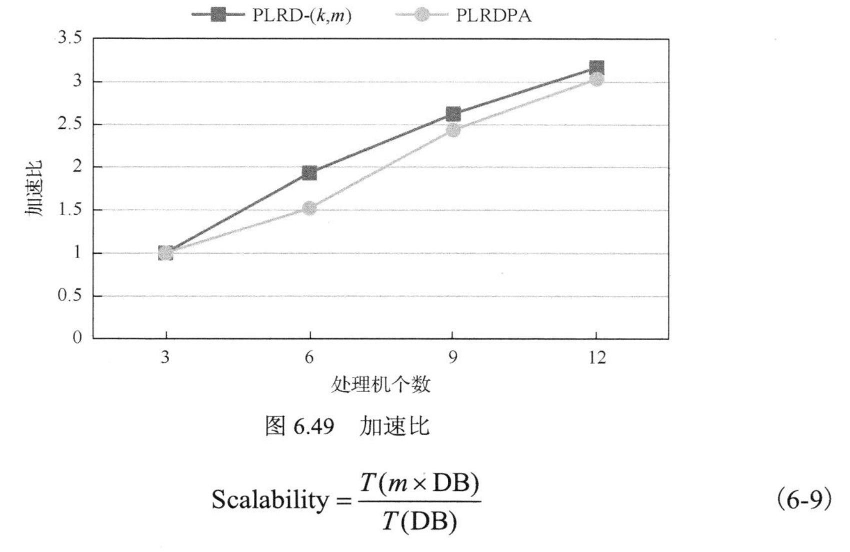

图 6.49　加速比

$$\text{Scalability} = \frac{T(m \times \text{DB})}{T(\text{DB})} \tag{6-9}$$

在式(6-9)中，DB 是基础数据集，$m\times$DB 是 m 比例于 DB 的数据集，$T(*)$ 表示处理 DB 或 $m\times$DB 所消耗的时间。实际操作中，将 com-Youtube 数据等分成 5 份，并按比例 1:2:3:4:5 重新聚合成 5 份，即 split_1~split_5。实验首先将 split_1 作为 DB，然后再利用 GraphX 处理 split_1~split_5。GraphX 系统在处理 5 份数据时的运行时间如图 6.50 所示。由式(6-6)可知，在理想状态下，Scalability 的值应该不大于数据规模的比率 m。由图 6.50 可以看出，在处理 split_5 时，Scalability 的值是大于 5 的，其原因是 CPU 的计算能力有限，并且随着数据规模的增大也产生了更多的 I/O 消耗。同时，也可以看出个性化的 PLRDPA 算法要优于 PLRD-(k, m)算法。

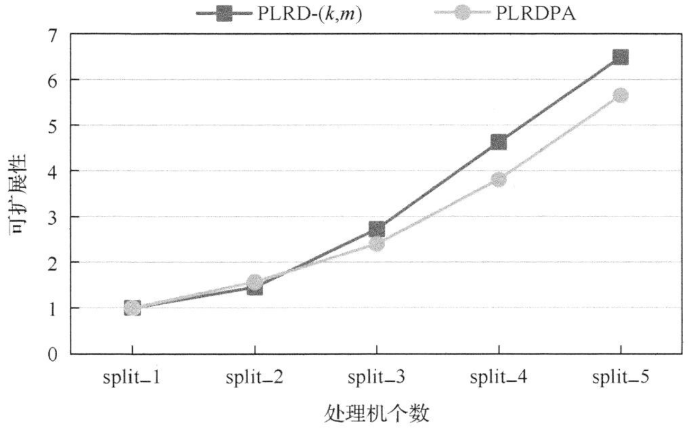

图 6.50　可扩展性

因为，在个性化隐私保护中隐私级别为 level0 的节点并不参与匿名过程，并且只有 level2 的节点参与 m-标签匿名，很大程度上降低了 CPU 的计算负载，表现出更好的效果。

3) 数据可用性分析

无论是 PLRD-(k, m) 算法还是 PLRDPA 算法，均修改了社会网络图 $G=(V, E, L, \delta)$ 的结构及节点的标签属性值。因此，实验从两方面出发来评测算法在维持数据可用性上的表现：①相较于原始图 G，匿名图 G^* 在图结构性质上的信息损失；②相较于原始图 G，在匿名图 G^* 进行查询操作时其查询结果的准确性。

(1) 图结构信息损失。

在社会网络中，节点间的最短距离(shortest distance)广泛应用于消息传播、搜索以及社会网络分析的指标(如中心性)，是社会网络一个重要的图性质特征。聚集系数(clustering coeffient)分为全局的和局部的，常用来描述图中节点倾于聚集在一起的趋势，能够反映社会网络中节点彼此间具有链接的可能性。其中，全局聚集系数是指节点 v 的邻居节点所形成的闭三元组(closed triplet)与开放三元组(open triplet)的比，而局部聚集系数是指节点 v 的邻居节点实际边与可能存在边的数目之比。因此，实验通过平均最短距离(average shortest distance，ASD)及平均聚集系数(average clustering coeffient，ACC)的变化率来评测图结构的信息损失，其计算方法为：Rate=$|G-G^*|/|G|$，其中 G 为原始数据上的测量结果，而 G^* 是匿名图上的测量值。可知，Rate 越小，可用性越高。

图 6.51 和图 6.52 分别展示与原始图 G 相比，匿名图 G^* 的 ASD 和 ACC 随参数 k 变化的情况。由实验结果可以看出，随着参数 k 的逐渐增大，即随着分组内节点数目的递增，平均最短距离及平均聚集系数的变化率逐渐增大，G^* 的图结构信息损失相对增加。同时也能够看出，与 PLRD-(k, m) 算法相比，PLRDPA 算法能够更好地保护社会网络的图结构性质，原因是个性化匿名的过程中，那些隐私级

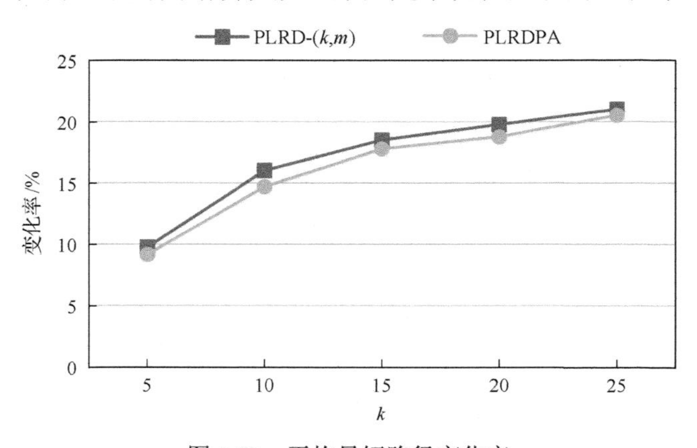

图 6.51　平均最短路径变化率

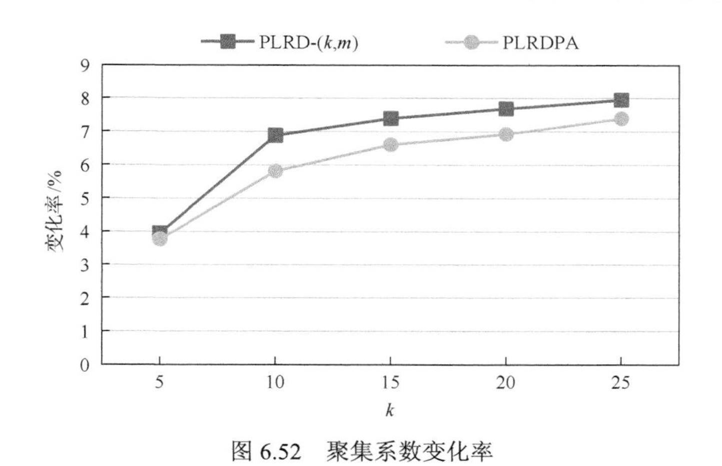

图 6.52　聚集系数变化率

别为 level0 的节点并不需要添加伪节点及伪边。因此 PLRDPA 算法在保护图的结构性质方面优于 PLRD-(k, m) 算法。

(2) 查询准确性。

社会网络匿名化方法研究目标是在保护个体隐私，同时保证匿名图的变化尽可能小，以使得社会网络分析者从匿名图中分析的结果与从原始图中分析的结果尽可能保持一致，而查询操作是社会网络中很常见的一种操作。因此，实验对查询的准确性进行分析。实验采用文献[19]所提出的两类查询对 PLRD-(k, m) 算法和 PLRDPA 算法进行评测。

单跳查询：如查询来自 A 国的用户中与 B 国用户有朋友关系的数量。

双跳查询：如查询来自 A 国的用户中与 B 国用户有朋友关系，且此朋友又与 C 国用户有朋友关系的数量。

在评测查询准确性时，通过计算相对误差率来作为度量的标准，其计算方法为：$|N-N^*|/|N$。其中，N 和 N^*分别表示在原始图 G 及匿名图 G^*上查询结果的数目。实验通过多次计算并取平均值作为相对误差率。

实验首先利用单跳查询对算法 PLRD-(k, m) 及 PLRDPA 进行评测，所实提出的操作："在各个年龄段，国籍为 A 与国籍为 B 的用户间存在多少条链接"。图 6.53 是两个算法随着阈值 (k, m) 变化时查询误差率的变化情况。可以看出，当阈值 (k, m) 中参数取值相同时，在查询误差率上，PLRDPA 方法低于 PLRD-(k, m)。因此，根据用户不同的隐私需求提供相应的保护能够有效地提高匿名数据的可用性。

由式(6-4)可知，m-标签匿名过程中涉及参数 k 和 m。因此，实验分别测试了算法 PLRD-(k, m) 和 PLRDPA 随参数 k 及 m 变化时，两者在查询准确性上的变化。在评测查询准确性随参数 k 变化的情况时，实验将 m 设置为 5 并逐渐增大参数 k 的值，两算法在单跳查询及双跳查询的变化情况如图 6.54 和图 6.55 所示。实验结

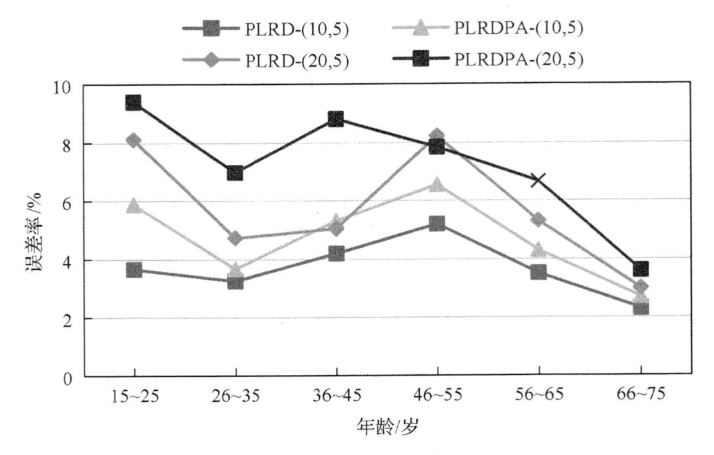

图 6.53　查询误差率

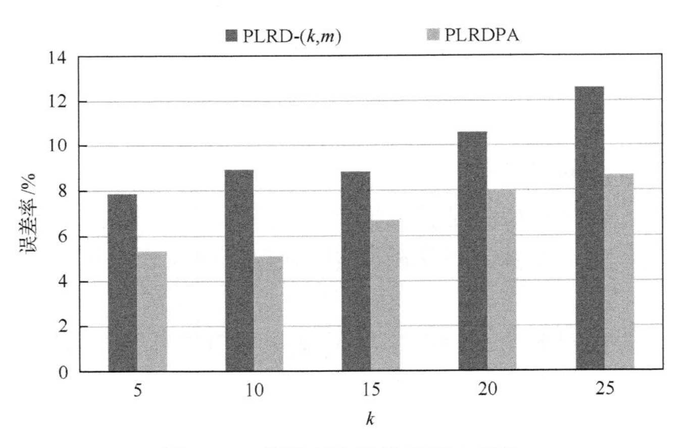

图 6.54　单跳查询误差率随 k 变化

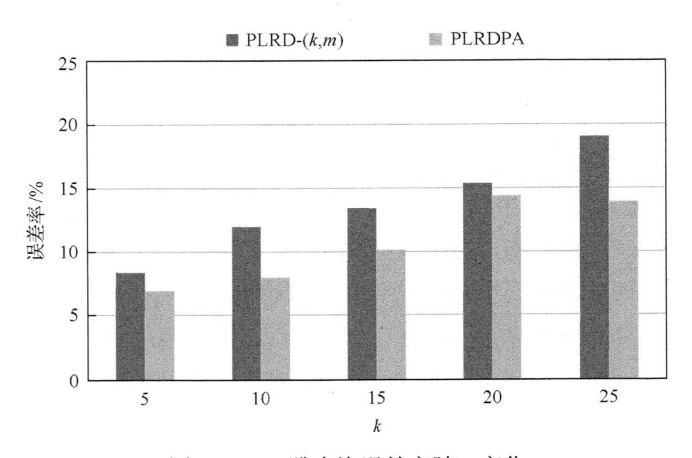

图 6.55　双跳查询误差率随 k 变化

果表明，随着参数 k 的增大，算法 PLRD-(k, m) 和 PLRDPA 的查询准确性逐渐降低。Rate 的值增大的原因是，随着 $C=\{v_1, v_2, \cdots, v_k\}$ 内节点数目的增多，其候选标签的范围随之增大，以致查询结果的准确性降低。同时表明，由于 level0 和 level1 节点的存在，PLRDPA 算法的误差率明显低于 PLRD-(k, m) 算法，能够更加安全地查询准确性。

为了测试算法 PLRD-(k, m) 和 PLRDPA 的查询准确性随参数 m 的变化情况，实验将参数 k 的值设置为 25，并逐渐增大 m 的值，实验结果如图 6.56 和图 6.57 所示。通过实验可知，随着参数 m 的增大，查询结果的误差率逐渐增大。这是因为，m 的值越大，匿名图 G^* 中包含节点 v 的标签的节点越多，从而导致查询的准确性降低。

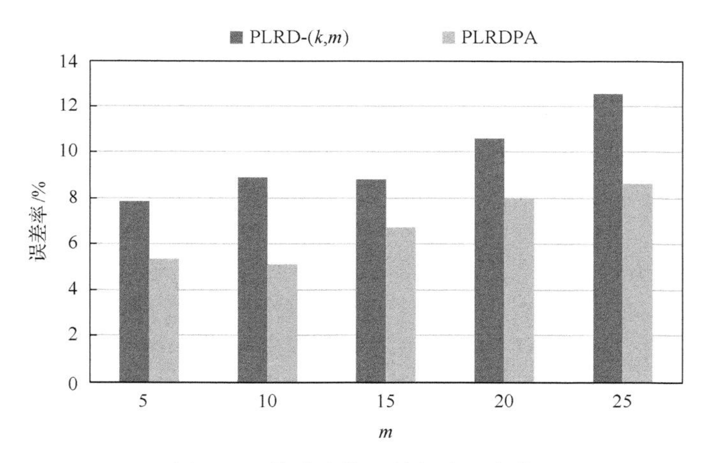

图 6.56　单跳查询误差率随 m 变化

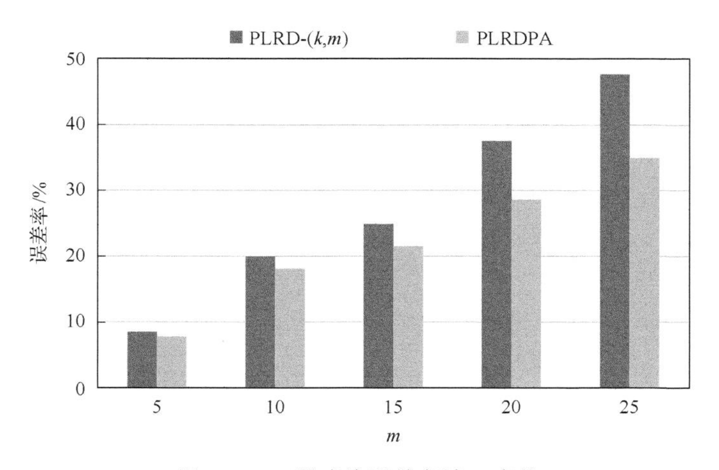

图 6.57　双跳查询误差率随 m 变化

6.6 云环境下基于预测方法的社会网络隐私保护技术研究

针对单机工作站环境下处理大规模动态社会网络图时执行效率低，以及动态社会网络匿名后数据可用性较差，本节提出一种云环境下基于预测链接的动态社会网络隐私保护方法。该方法通过修改节点的链接关系得到匿名图。首先动态划分组使得边的改变量最少；其次基于预测链接方法，将路径长度个数和共同邻居数量作为度量候选节点的指标，找到候选节点。该方法基于 GraphX 模型，通过动态划分组算法求得匿名度序列使得边的改变量最少。使用 UMC 度量标准提高算法预测链接的准确性，减小由边添加引起的匿名代价。最后构建互斥边集合完成云环境下的社会网络图数据的匿名保护。

6.6.1 相关定义

给定动态社会网络 G_t 和 G_{t+1}，如图 6.58(a)、(c)所示。攻击者知道节点 v_{15} 的度由 $d_{15}=1$ 变为 $d_{15}=2$，则通过节点度的变化，能够唯一识别节点 v_{15}(度攻击)。传统的动态度匿名方法通过考虑当前图的拓扑结构，然后修改图中节点之间的边，使得每个图都达到 k-度匿名，但以这种方式选择伪边，却忽略了动态图之间的联系。为了解决此类问题，提出预测链接的方式选择伪边，即通过当前图的拓扑结构预测下一个图的连接关系，将此连接关系作为修改图中节点之间的伪边。

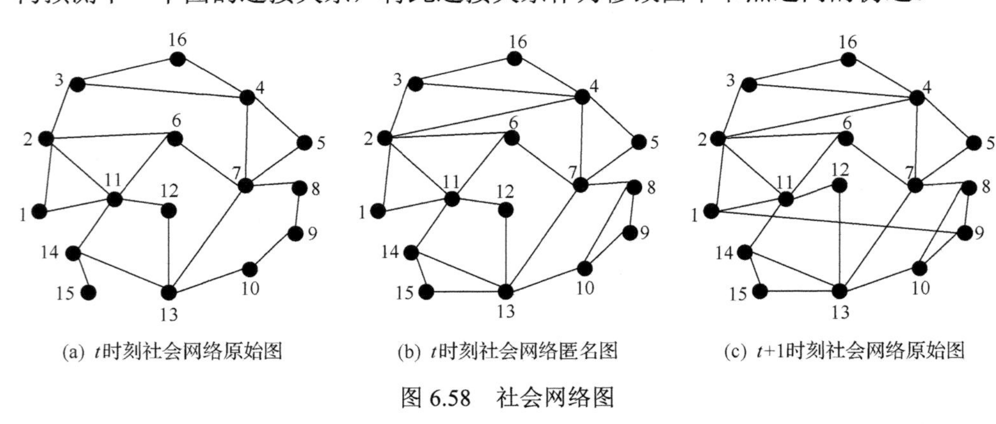

(a) t时刻社会网络原始图　(b) t时刻社会网络匿名图　(c) t+1时刻社会网络原始图

图 6.58　社会网络图

定义 6.25(动态社会网络图)　动态社会网络图 $G=(V_t, E_t)$。$V_t=\{v_1, v_2,\cdots, v_n\}$ 代表 t 时刻社会网络图的节点，$E_t \subseteq V_t \times V_t$ 代表 t 时刻社会网络图的边。$\Gamma=\{G_1,G_2,\cdots,G_t\}$ 表示在 t 时刻的社会网络图集合，其中 t=1, 2, ⋯, n。$\Gamma^*=\{G_1^t,G_2^t,\cdots, G_t^t\}$ 表示在 t 时刻的社会网络匿名图集合。

定义 6.26(k-度匿名序列)　动态社会网络图 $G=(V_t, E_t)$ 中的节点 $v \in V$ 按照度降序所构成的序列称为非递增度序列 DS′。若 DS′中任意一个节点的度都有 k–1 个节点和它有相同的度则称这个度序列为匿名度序列，标记为 DS^*。满足匿名度序列的图称为 k-度匿名社会网络图，表示为 G^*，令 d_v 表示节点 v 的度。

定义 6.27（共同邻居数）　动态社会网络图 G 中，给定节点 u，$v\in V$ 且 $v\neq u$，则共同邻居数 $\mathrm{CN}(u,v)=\dfrac{1+|N_1(u)\cap N_1(v)|}{1+|N_1(u)\cup N_1(v)|}$。例如，图 6.54(a) 中，$\mathrm{CN}(v_1, v_6)=0.75$，$\mathrm{CN}(v_{11}, v_{13})=0.62$。

定义 6.28（节点间路径数）　动态社会网络图 G 中，两个节点 u，$v\in V$ 且 $v\neq u$ 则两个节点之间的路径数为 $\mathrm{PC}_\beta(u,v)=\sum_{i=1}^{\beta}\mathrm{Path}_i(u,v), \beta\to\infty$。$\mathrm{Path}_i(u,v)$ 表示 u 到 v 的路径长度小于等于 i 的个数。例如，图 6.54(a) 中，$\mathrm{PC}_3(v_1, v_6)=|\{(v_1, v_2, v_6), (v_1, v_{11}, v_6), (v_1, v_2, v_{11}, v_6), (v_1, v_{11}, v_2, v_6)\}|=4$。

$N_r(v)$ 表示节点 v 在第 r 步到达的所有节点集合，简称 r 邻居。文中也表示为 r-邻居。例如，图 6.54(a) 中，$N_2(v_{15})=\{v_{13}, v_{11}\}$，即 v_{15} 的二邻居是 v_{11}, v_{13}。

定义 6.29（预测链接）　给定图 G_i 和 G_j，存在 $e_1=e(v_1,v_2)\notin G_i$，$e_1=e(v_1,v_2)\in G_j$，且 $i<j$。在 i 时刻，利用图 G_i 的某些特性预测出 e_1 的过程，称为预测链接。

在社会网络图中，共同邻居信息是预测链接的衡量指标之一，但是单独以共同邻居作为预测链接的指标，忽略了共同邻居之间的关系，所以使用路径信息进一步获得节点之间的链接强度。即将共同邻居数量和路径信息共同作为达到匿名图的度量标准 UMC（Utility Metric Criterion）：

$$\mathrm{UMC}(u,v)=a\mathrm{CN}(u,v)+(1-a)\mathrm{PC}_\beta(u,v)，\ 0<a<1。$$

UMC 值越大说明两个节点链接关系越强，在下一时刻存在链接的可能性也越大。

如果发布的图 G^* 的度序列满足 k-度匿名序列，则可以防止度攻击。

定义 6.30（(k, d_{target})-度匿名）　由 DS′划分成若干个独立的组 $C_1, C_2, \cdots, C_i, \cdots, C_m$，每个组至少有 k 个节点。$v,u\in C_i$，$\forall dv\geqslant du, 1<i<m$，则 $d_{\max}(C_i)=dv$。在 t 时刻，为了使得组中的节点有同样的度，节点需要添加 Attr 个伪边或者节点属性值，即 $\mathrm{Attr}(v_i)=d_{\max}(C_j)-dv_i$。$v_i\in C_j$，$i=1, 2, \cdots, |C_j|$，$j=1, 2, \cdots, m$。

6.6.2　预测链接匿名

D-DSNBLP 隐私保护方法的主要思想：首先将社会网络中的节点通过 DP 动态划分组得到每个节点的 $\mathrm{Attr}(v_i)$，$\mathrm{Attr}(v_i)\neq 0$ 的节点及对应的 $\mathrm{Attr}(v_i)$ 存放在序列 S 中；其次 S 中的节点并行选择候选节点集合 $\mathrm{CandSet}(v_i)$；最后构建互斥边集合，根据互斥边集合更新序列 S，基于 GraphX 的 D-DSNBLP 社会网络隐私保护方法如算法 6.20 所示。

算法 6.20　算法 D-DSNBLP 隐私保护方法。

输入：社会网络图 $\Gamma=\{G_1,G_2,\cdots,G_t\}$，匿名参数 k。

输出：匿名的社会网络图 $\Gamma^*=\{G_1^t,G_2^t,\cdots,G_t^t\}$。

```
1  for every graph
2  Stemp<－Attr(vi) ≠ 0; DS′=degree(vi)    //初始化集合
3  if (the first graph)
4  splitGroup(DS′, k)
5  anonmization(group, S)
6  else
7  for each g in group
8  if g.size<k then g union other group by cost and get Attr(vi)
9  if exist new node union other group by cost and get Attr(vi)
10        Anonmization(group, S)
11        def splitGroup(array( ID, degree), k){
12                costall=计算 array 为一个分组的代价
13             if   count(array)<2k
14                   return costall
15             else
16                   for i <–k to count(array)–k
17                   costi=compute cost by location i
18             if costi<costall
19             return costi else costall      }
20  def anonmization(group, S)
21  allEdge=null
22  while (S≠ ∅ || r≤6)
23  r=2   //表示 N2(v)
24  everyNodeCandSet=call 算法 6.21(r)
25  everyNodeCandEdge+=call 算法 6.22(everyNodeCandSet).EdgeSet
26  S=update by everyNodeCandEdge
27  allEdge+=everyNodeCandEdge
28  r=r+1
29  G*=G.Add(allEdge)
```

动态图的第一个图需要分组，后续的图需要按着第一个图的分组进行匿名，即仅需要一次分组。算法第 3～5 行根据 DP 动态算法划分组，求得每个节点达到匿名需要添加的边数并追加到集合 S，然后匿名；第 6～10 行表示新加入的节点根据组间匿名代价加入 Cost 最小的组求得 Attr(v)；若某组节点不满 k 个，则根据组间匿名代价合并，求得 Attr(v)；第 11～19 行说明了分组算法。第 20～29 行表示由于互不为 1 邻居的节点才能添加边，所以 $r\geqslant 2$，由“小世界理论”和“六度分割原理”定义 r 小于等于 6。r=2，当 $N_2(v)$ 中节点不能够满足 Attr(v) 个节点时，将 $N_2(v)$ 的范围变为 $N_3(v)$，以此类推，直到 r=6 时停止。如果 r=6 时仍然无法找到候选节点，则在图 G 中随机寻找节点作为候选节点，使得候选节点总数能够达到 Attr(v) 个。第 24～25 行表示寻找候选节点结合，计算并筛选候选边 CandEdge；得到互斥边集合并存储，第 26 行根据互斥边集合更新 S。第 29 行向图 G 中添加所有互斥边，匿名结束。

例 6.1　图 6.58(a) 为 t 时刻原始图，以 k=5 为例，度序列如表 6.10 所示，通过 DP 动态算法分组为 $C_1=\{v_7, v_{11}, v_{13}, v_4, v_2\}$，$C_2=\{v_3, v_{14}, v_6, v_8, v_{10}\}$，$C_3=\{v_9, v_1, v_{15}, v_{16}, v_5\}$，假设加入伪边 (v_2, v_4)，(v_{10}, v_8)，(v_{13}, v_{15}) 得到匿名图 6.58(b)。那么 t+1 时刻，如图 6.58(c) 所示，由于三条伪边真实存在，C_1、C_2 分组内节点没有发生变化，故不需要匿名，匿名代价为 0。C_3 组内 $dv_1=dv_9=3$，则利用 (k, d_{target}) 匿名得到 Attr(v_{15}) = Attr(v_{12})=Attr(v_{16})=Attr(v_5)=1。节点得到 Attr(v_i) 后，选择候选节点集合 CandSet(v)。S={(v_{15}, 1), (v_{12}, 1), (v_{16}, 1), (v_5, 1)}。

表 6.10　度序列及节点属性

VertexID	7	11	13	4	2	14	6	3	8	10	1	9	5	12	16	15
DS′	5	5	4	4	4	3	3	3	2	2	2	2	2	2	2	1
DS*	5	5	5	5	5	3	3	3	3	3	2	2	2	2	2	2
Attr	0	0	1	1	1	0	0	0	1	1	0	0	0	0	0	1

1. 并行构建候选节点集合

Pregel 是一个消息迭代更新模型，能够高效的分布式处理大规模社会网络图。一个 Pregel 任务可分为多个超步(supersteps)。每个 superstep 分为 vprog、sendMsg、mergeMsg 三个阶段。vprog 阶段节点在本地处理接收到的消息；sendMsg 阶段节点将更新后的消息发送给 1-邻居；mergeMsg 阶段节点合并接收到的消息。当全部节点没有消息更新时或者达到最大的迭代次数时，Pregel 操作停止迭代并返回结果。每个超级步并行发送消息。若节点更新消息则将节点状态置为 Active，否则节点为 InActive 状态。

节点 v 的候选节点集合 CandSet(v) 是将 UMC(v, u) 值最大的 Attr(v) 个节点 $u\in N_r(v)$ 加入 v 的候选节点集合 CandSet(v)。由于 u 和 v 之间所有的路径信息 Path 包含了源节点 u 和目标节点 v 的 1-邻居，所以 UMC 的计算只需寻找该节点 Path_{r+1} 再比较得出候选节点集合 CandSet(v)。以下为并行寻找 Path_{r+1} 的过程(以 r=2 为例)：

(1) superstep=0 时，每个节点状态设置为 Active 状态，处于 Active 状态的节点将自己的信息 Info 发送给邻居节点。

(2) 当 superstep≠0 时，接收到消息的节点判断消息队列中的每条消息的生命值是否为 0，是则停止发送此条消息给邻居，节点置为 InActive 状态，否则将当前节点的 VertexID 加入路径，生命值减 1，继续传递消息，重复执行(2)，直到生命值为 0 或者没有节点更新消息时停止迭代。Info 信息为(VertexID，lifeValue，Path(VertexID))。Path 是用来存储长度在 r+1 以内的每一条路径的数据结构，Path 初始值为节点本身的 VertexID 值，初始 lifeValue=3(因为查找 3 步内的所有路径信息)，并行构建候选节点集合的算法如 6.21 所示。

算法 6.21 并行构建候选节点集合算法。

输入：带节点属性 Attr(v)的原始图 G。

输出：每个节点 v 及其对应的 Candset(v)。

```
1  Gn2Pc3= Pregel()
2  {
3        Initial graph G, Max iterator MaxValue
4        Call updateMsg()
5        Call sendMsgToNeibor()
6        Call mergeMsg()
7  }
8  updateMsg{
9  if(superstep=0) then
10   send its Info to Neighborhood
11   if(superstep!=0) then
12   if(Info.lifeValue!=0) then
13         add current VertexID to Path
14         lifeValue-1
15         send its Info to neighborhood
16   }
17   sendMsgToNeighbor{
18   send Info to neighborhood which not contains source VertexID
19   }
20   mergeMsg{
21   merge all Info
22   }
23   compute UMC for every Node by Gn2Pc3
```

算法 6.21 第 1～2 行是 Pregel API 接口的调用。调用过程初始化运行时的图，最大迭代次数和消息传递方向，调用消息更新模型，消息发送模型和消息合并模型。第 3～17 行是第 1 行调用的三个方法。第 3～11 行的方法 updateMsg 是节点处理接收到的消息的方法，若 superstep=0，表示节点目前只拥有初始值，直接发送信息即可；如果 superstep 不等于 0，表示节点收到了消息，需要将自己的 VertexID 加入到每个路径中，lifeValue 减 1，继续发送信息，直到所有节点信息的生命值为 0。第 12～14 行 sendMsgToNeighbor 的方法是将多次包含源节点信息去除，再发送给邻居，避免环路发送信息。第 15～17 行是每个节点合并收到的所有信息，处理后将信息给 updateMsg 方法更新节点信息。第 18 行，每个节点均携带路径信息，路径信息和邻居信息计算两个节点 UMC 值，进而选择候选节点集合。

以图 6.59(a) 中节点 v_{16} 获得的路径 Path(v_1, v_2, v_3, v_{16}) 为例。

(1) superstep=0 时，如图 6.59(a) 所示，节点 v_1 初始化消息 Info((v_1, 3, Path(v_1)) 并发送给邻居。

(2) superstep=1 时，如图 6.59(b) 所示，节点 v_2 接收消息后合并，加入自己的 VertexID 且生命值减 1，处理后得消息 Info((v_1, 2, Path(v_1, v_2))，最后自身置为 Active 状态并发送消息。

(3) superstep=2 时，如图 6.59(c) 所示，节点 v_3 接收消息后合并，加入自己的 VertexID 且生命值减 1，处理后得信息为 Info((v_1, 1, Path(v_1, v_2, v_3))，自身置为 Active 状态并发送消息。

(4) superstep=3 时，节点 v_{16} 接收到消息、合并，生命值减 1 为 0，所以自身置为 InActive 状态，Info((v_1, 0, Path(v_1, v_2, v_3, v_{16}))，停止迭代。

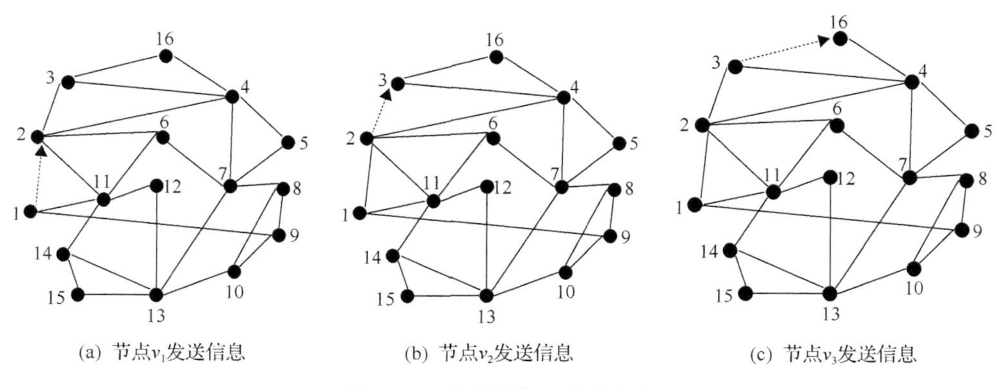

(a) 节点v_1发送信息　(b) 节点v_2发送信息　(c) 节点v_3发送信息

图 6.59　节点接收、发送信息

在 3 个超级步之后，每个节点均携带路径信息。在并行添加边时，节点之间的消息不能保证节点消息的一致性，可能导致一个节点并行添加多条边的情况。例如，CandEdge={(v_{16}, v_5)，(v_{12}, v_5)}而 Attr(v_5)=1，则 CandEdge 不能全部添加，否则可能导致节点添加的边数大于节点的 Attr，所以提出互斥边集合的概念。

2. 互斥边集合

候选边集合 CandEdge 按照 UMC 降序排列，依次加入集合 EdgeSet，EdgeSet 是所有可以同时添加的边集合。在 EdgeSet 集合中的边需要满足以下条件：节点 v 的 ID 在集合 EdgeSet 中出现的次数小于等于 Attr(v)。构造互斥边集合后，并行添加边时就不会出现边添加异常。

算法 6.22　并行构建候选节点集合算法

输入：所有节点的候选边 CandEdge(按照 UMC 值降序排列)。

输出：可添加的边集合 EdgeSet。

```
1  EdgeSet← ∅
2  EdgeSet = Foreach edge e in CandEdge
3  If count(e.dstID)<Attr(e.dstID) and count(e.srcID) < Attr(e.srcID)
4  then EdgeSet←e
```

例 6.1 中，候选边 CandEdge={(v_{16}, v_5), (v_{12}, v_{15})}，此时两条边均满足条件，则 EdgeSet{(v_{16},v_5),(v_{12},v_{15})}。此时 S 中的 Attr 均为 0，直接删除即可，S 为空。则 t+1 时刻匿名图如图 6.60 所示。

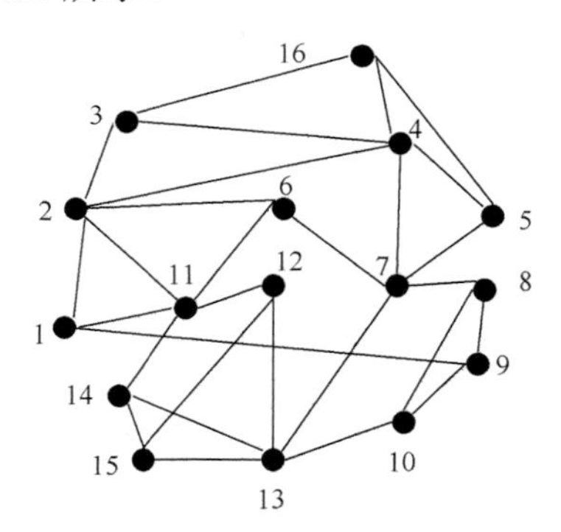

图 6.60　t+1 时刻社会网络匿名图

6.6.3　实验测试和结果分析

1. 实验环境

(1) 开发环境：5 台 Dell 服务器所搭建的 Spark 集群和 1 台 Windows 7 系统的单机，硬件配置为 1.8GHz 主频，16GB 内存。

(2) 开发工具：Hadoop 2.5.2 和 JDK1.7.0_65。

(3) 开发语言：Scala。

2. 实验数据

实验使用的数据是 DBLP 论文数据(http://dblp.dagstuhl.de/xml)，在进行一系列的数据过滤、清洗后，2015 年 3 月～7 月的数据如表 6.11 所示。使用此数据集的原因一方面是因为数据量足够大，且数据格式容易解析，另一方面是因为其属于真实的动态社会网络数据集，并且可随意拆分成多个规模不同的数据集片段。同时为了验证不同大小的数据集的执行效率将原始数据集 A 分为四等份，然后按着比例 1:2:3:4 重新将数据整合，同样将重新整合后的 4 个数据集作为实验数据。处理后的数据集属性如表 6.12 所示。

表 6.11　数据集

数据集	节点总数	边总数	年月
A	1618274	11386415	2015 年 3 月
B	1551960	11563003	2015 年 4 月
C	1567058	11702027	2015 年 5 月
D	1578377	11830438	2015 年 6 月
E	1590850	11952448	2015 年 7 月

表 6.12　数据集 A 的切片

数据集 A 的切片	作者数量	边的数量
split_1	702711	4286537
split_2	1007850	6248670
split_3	1475349	9556302
split_4	1618274	11386415

3. 测试结果及分析

1) 处理时间分析

D-DSNBLP 隐私保护方法通过修改节点的链接操作达到 k-度匿名，保证图结构信息的同时，提高处理大规模社会网络数据集的效率。对表 6.12 的四种数据集执行 D-DSNBLP 方法。由图 6.61 可知在处理小数据集(split_1, split_2)时，D-DSNBLP 方法在两个数据集上的执行时间相近，随着数据量的增加(split_3, split_4)，D-DSNBLP 方法执行时间相差无几，说明 Spark 模型更适合大数据的迭代并行操作。从并行处理的角度上，资源越多，处理速度越快，由于 Worker 是集群资源的贡献节点，由图 6.62 可知，对于数据集 A，Spark 集群在处理任务时，将任务分发到不同的 Worker 上，运行时间随着 Worker 的增大而减小。当 Worker 数量增加时，并行处理的速度也会有所提升。无限的提升 Worker 的数量并不一定能够加快算法执行速度，原因可能是 Worker 的数量增多导致 Worker 之间的通信量过大，此时计算性能的提升被网络开销的代价所抵消。

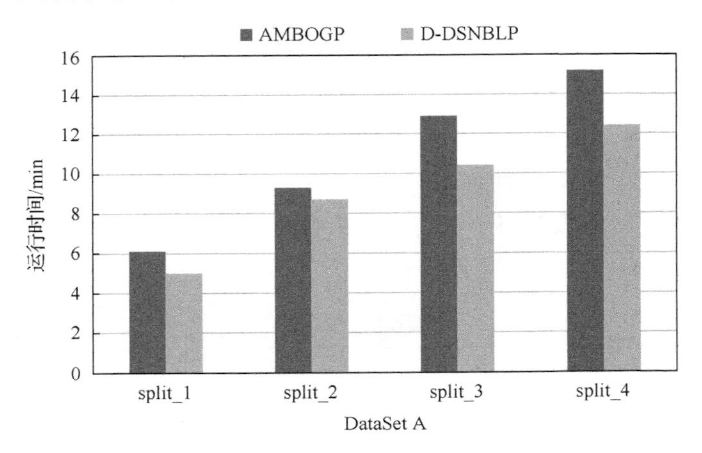

图 6.61　处理效率分析图

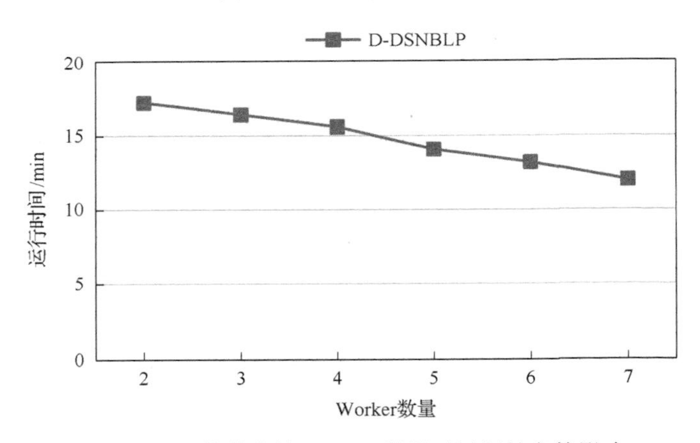

图 6.62　工作节点的 Worker 数量对运行效率的影响

2) 数据可用性分析

D-DSNBLP 隐私保护方法是基于预测链接和添加伪边进行 k-度匿名方法，很好地保护了动态图的结构。通过测试添加伪边前后动态图结构变化情况来分析数据可用性，主要衡量边的变化、平均聚集系数并说明图结构的变化程度。

图数据可用性与图结构的变化程度呈反相关的趋势，图结构变化越大，则图数据的可用性越低，反之则越高。图结构的变化 C 是指匿名图 G^*中边的数量相对于原始图的改变量 $C=|E(G^*)-E(G)|$。如图 6.63 所示，将传统方法修改的边的数量与 D-DSNBLP 方法修改的边的数量进行比较，假定 k=5，随着 t 时刻动态图的发布，原始算法对于图的修改量增加迅速，而 D-DSNBLP 由于在添加边的

时候选择下一个发布图中可能存在的链接关系，所以图的增加量较为缓慢，图数据的可用性提高。对于数据集 A，由图 6.64 可知，AMBOGP 对于图的修改量随着 k 的增加不断增大，而 D-DSNBLP 对于图的修改量相对较小。这是由于动态划分组可以最小化图的修改量，使得 D-DSNBLP 方法更好地保证图数据的可用性。

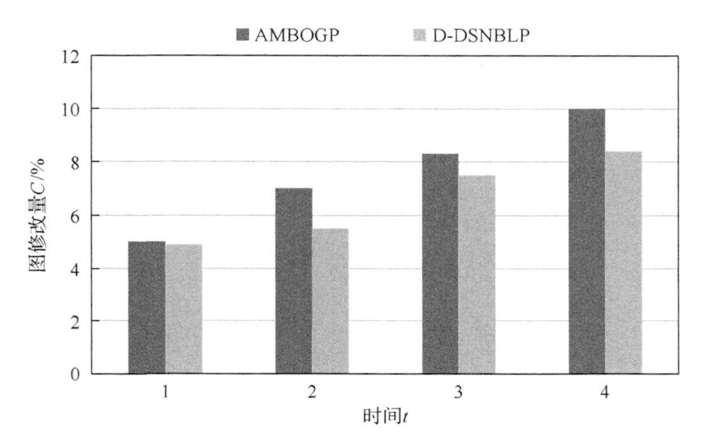

图 6.63　图修改量随着不同时刻的变化

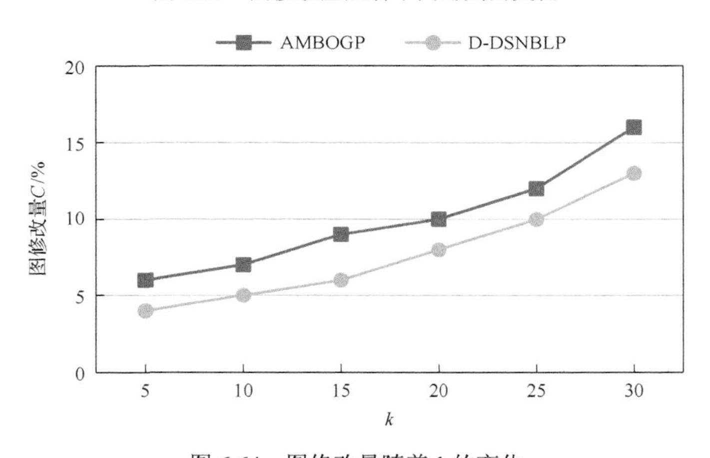

图 6.64　图修改量随着 k 的变化

针对动态社会网络的不断变化，评估其匿名图与原始图的拓扑结构的改变，若改变较小，说明其结构保持较好，数据可用性较高。图的拓扑结构有平均聚集系数、平均最短路径、接近中心性等，限于篇幅，分析平均聚集系数在动态图匿名前后的改变。平均聚集系数用来度量图结构的聚集程度。D-DSNBLP 方法中边的修改会导致图的聚集系数的改变。图 6.65 分析在不同的时刻预测边对平均聚集系数(average clustering coefficient，ACC)的影响。预测链接技术通过减少未来图中边的修改量来提高图数据的可用性。随着动态图的发布，原始算法添加的边的数量呈上升趋势，这是由于边的添加使得图中三角形的个数增多，从而平均聚集系数增大。与原始算法相比，D-DSNBLP 隐私保护方法对原始图的聚集系数保持较好，数据可用性较高。

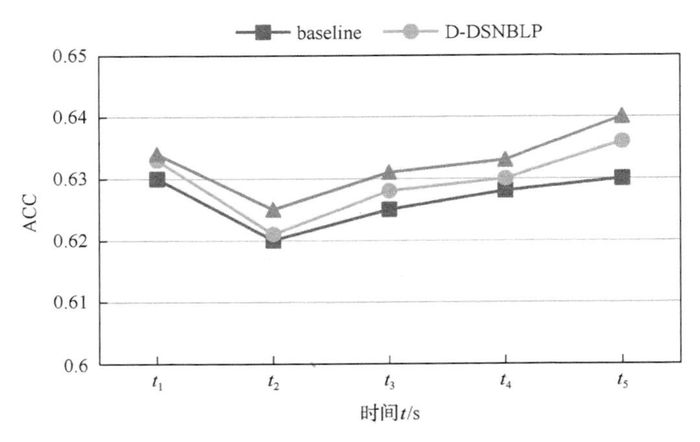

图 6.65　不同时刻聚集系数的变化

预测精度的高低直接影响图匿名添加的伪边质量高低。图 6.66 着重分析了预测边在未来图的匿名过程中，预测的精确度对动态图匿名的影响。相比 t 时刻，t+1 时刻添加的边为 $E(G_{t+1})-E(G_t)$，在 t 时刻加入的伪边是 $E(G_t^*)-E(G_t)$，预测精确度如式(6-10)所示。

$$\text{accurate}=\frac{(E(G^*)-E(G_t))\cap(E(G_t+1)-E(G_t))}{E(G_t+1)-E(G_t)} \tag{6-10}$$

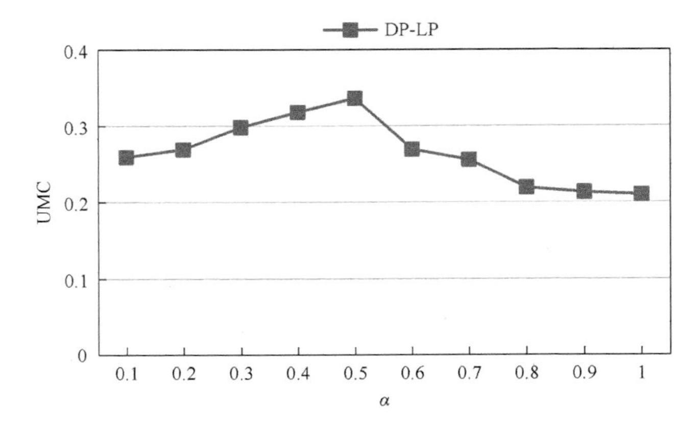

图 6.66　α 对可用性度量标准 UMC 值的影响

即 t 时刻匿名图添加的伪边在 t+1 时刻网络中真实添加的边中所占的比例。

当预测的准确度提高时，匿名代价随之降低，图结构受到的影响较小。而选择添加边的衡量指标由 UMC 值来决定，所以 accurate 与 UMC 值中的 α 关系紧密。在 α=0.5 时，预测的值达到最大，这是因为在关系网中，节点间的相似度与共同邻居个数和他们之间的路径数量均有很大关系。在 α 分别取 0.9 和 1 时，预测精准度不高。这说明单独以共同邻居个数作为衡量指标过于片面。在 α 分别取 0.3 和 0.4 时预测精度更接近最大值是因为路径个数信息比共同邻居信息更能反映节点之间关系的链接强度。

参考文献

[1] Ching A, Kunz C. Giraph: Large-scale graph processing infrastructure on Hadoop[C]. Hadoop Summit, Santa Clara, 2011, 11(3): 5-9.

[2] Han M, Daudjee K, Ammar K, et al. An experimental comparison of pregel-like graph processing systems[C]. Proceedings of the VLDB Endowment, Hangzhou, 2014, 7(12): 1047-1058.

[3] Khayyat Z, Awara K, Alonazi A, et al. Mizan: A system for dynamic load balancing in large-scale graph processing[C]. Proceedings of the 8th ACM European Conference on Computer Systems, New York, 2013: 169-182.

[4] Salihoglu S, Widom J. GPS: A graph processing system[C]. Proceedings of the 25th International Conference on Scientific and Statistical Database Management, New York: ACM, 2013: 22-23.

[5] Zaharia M. An Architecture for fast and general data processing on large clusters[R]. Berkeley: University of California, 2014.

[6] Zhang Y, Gao Q, Gao L, et al. MapReduce: A distributed computing framework for iterative computation[J]. Journal of Grid Computing, 2012, 10(1): 47-68.

[7] 潘巍，李战怀，伍赛，等. 基于消息传递机制的 MapReduce 图算法研究[J]. 计算机学报，2011, 34(10): 1768-1784.

[8] Qin L, Yu J X, Chang L, et al. Scalable big graph processing in MapReduce[C]. ACM International Conference on Management of Data, New York, 2014, 1(21): 827-838.

[9] 蔡大威. 基于 Hadoop 和 Hama 平台的并行算法研究[D]. 浙江：浙江大学, 2013.

[10] Salihoglu S, Widom J. Optimizing graph algorithms on pregel-like systems[C]. Proceedings of the VLDB Endowment, Hangzhou, 2014, 7(7): 577-588.

[11] 杜雅红. 基于云计算平台的图算法研究[D]. 北京：北京邮电大学, 2011.

[12] Quick L, Wilkinson P, Hardcastle D, et al. Using pregel-like large scale graph processing frameworks for social network analysis[C]. ACM International Conference on Advances in Social Networks Analysis and Mining, New York, 2012: 457-463.

[13] 于戈，谷峪，鲍玉斌，等. 云计算环境下的大规模图数据处理技术[J]. 计算机学报，2011, 34(10): 1753-1767.

[14] Han M Y, Khuzaima D. Giraph unchained: Barrierless asynchronous parallel execution in pregel-like graph processing systems[C]. VLDB, VLDB Endowment, 2015, 8(9): 950-961.

[15] 杨天晴, 王津, 杨旭涛, 等. 一种 Spark 环境下的高效率大规模图数据处理机制[J]. 计算机应用研究, 2016, 33(12): 3730-3733.

[16] Viswanath B, Mislove A, Cha M, et al. On the evolution of user interaction in Facebook[C]. ACM Workshop on Online Social Networks, Barcelona, 2009: 37-42.

[17] Wang C J L, Wang E T, Chen A L P. Anonymization for multiple released social network graphs[C]. Pacific-Asia Conference on Knowledge Discovery and Data Mining, Berlin, 2013: 99-110.

[18] Yu L, Wang Y, Wu Z, et al. Edges protection in multiple releases of social network data[C]. International Conference on Web-Age Information Management, Macau, 2014.

[19] Bhagat S, Cormode G, Krishnamurthy B, et al. Class-based graph anonymization for social network data[J]. Proceedings of the VLDB Endowment, 2009, 2(1): 766-777.

第 7 章　个性化社会网络隐私保护技术

现有的社会网络隐私保护技术大部分都是针对攻击者拥有的某一背景知识进行隐私保护，并未考虑用户对隐私保护要求不同的实际情况。对所有用户完全相同的隐私保护方法导致发布数据的可用性降低，基于此部分研究学者已经将目标转移到个性化社会网络隐私保护领域。

随着在线社会网络的发展，人们逐渐开始意识到社会网络中隐私保护信息的重要性，开始逐渐的关注个人的隐私数据有没有得到很好的保护。在日常的在线社会网络中，对于同一种网络隐私，人们常常会有不同的隐私保护需求。然而，以前的研究中，对用户的保护级别没有详细的区分，而仅是对攻击者所拥有某一种背景知识采取相应的防御措施，并没有考虑到用户隐私保护的多样性和攻击者所拥有背景知识复杂性。因此，对不同用户级别的隐私信息进行个性化的隐私保护是值得研究者所重视的。文献[1]首次提出一种针对不同人群的定制化的隐私保护措施，它将用户的隐私级别分为三种：

level1：假设攻击者仅知道用户节点 u 的标签信息，如攻击者使得 Bob 是一个 26 岁的男孩；

level2：假设攻击者知道用户节点 u 的标签和度的信息如攻击者使得 Bob 是一个 26 岁的男孩，并且有三个朋友；

level3：假设攻击者知道用户节点 u 的标签信息、度信息和 u 邻边的标签类型，如攻击者使得 Bob 是一个 26 岁的男孩，有三个朋友，并且这种朋友的关系类型分别是同班同学、舍友和发小。

文献[2]、[3]假设社会网络中的用户对以上三种隐私级别拥有着不同的保护需求，并基于此提出一种能够满足上面需求的隐私保护策略，针对以上不同级别的保护需求进行不同的隐私保护措施，从而实现此目的。

文献[4]～[11]基于现实社会网络中每个用户对自己隐私保护要求不同的实际情况，提出了个性化社会网络隐私保护方法。文献[4]提出将 k-匿名隐私保护方法个性化。文献[5]设计了一种隐私偏好授权模型，此模型能够支持用户自定义隐私保护效果和进行个性化查询。文献[6]同样研究了一个按用户个人隐私需求提供隐私保护服务的模型，模型中将标签泛化和结构化保护技术相结合设计了三个层级的隐私保护策略。文献[7]～[9]均为分级个性化隐私保护方法，文献[4]针对不同的攻击者背景知识提出与之对应的隐私保护策略。文献[8]中把相同隐私保护需求的用户定义为同一子集，设计了三个隐私保护层次：去除节点标签、使用基于动态规划思想的 k-d_sub 算法保护节点度隐私、使用 k-d_l_sub(l-diver 和 k-d_sub 算法相结合)算法添加最少的链接关系保护社会网络中的敏感属性。文献[9]主要研究加权社会网络中隐私保护需求不一致的实际情况，将隐私保护级别分为不需要保护、防止权重被攻击和防止敏感属性泄露三个等级，设计了一种动态社会网络隐私保护方法。文献[10]基于聚类思想提出了个性化扩展(a, k)-匿名模型，此模型不仅可以避免由敏感属性值不平衡导致的隐私泄露，并且可以满足个性化的隐私保护需求，实现了面向敏感属性值和面向个性化隐私保护方法的结合。文献[11]针对现有的匿名化技术可能改变图结构属性的问题，提出一个基于可用性的个性化敏感标签隐私保护模型。首先提出了一种计算社会网络拓扑特征变化的度量工具。然后设计了一种基于此度量工具的有效节点分割匿名方法。

但是在真实社会网络中，由于很难准确预测攻击者的背景知识以及背景知识的多样性，几乎很少考虑不同用户对隐私保护要求不一致的实际情况。因此，有关这方面的研究还处于萌芽阶段。因此，对社会网络的个性化隐私保护技术的研究依然是个非常具有挑战性和实际应用性的方向。

7.1　基于(θ, k)-匿名模型的个性化隐私保护技术研究

现有的社会网络隐私保护通常是基于所有用户完全一致的隐私保护，忽略了用户之间对隐私保护的需求存在差别和攻击者拥有的背景知识多样性。针对这一问题，针对目前社会网络邻域隐私保护相关研究并没有考虑对于子集的保护，并且邻域子集中的特定属性分布情况也会造成个体隐私泄露这一问题，作者提出了一种新的(θ, k)-匿名模型。基于 k-同构思想，利用邻域组件编码技术和节点精炼方法处理候选集中的节点及其邻域子集信息，完成同构操作，其中考虑特定敏感属性分布问题，最终满足邻域子集中的每个节点都存在至少 k–1 个节点与其邻域同构，同时要求每个节点的属性分布在邻域子集内和在整个子集的差值不大于 θ。

通过大量不同的实验测试方案测试算法性能，理论分析和实验测试证明，实验证明，提出的个性化隐私保护框架中各个方法和(θ, k)-匿名模型的实现皆通过添加最少数量的边，降低匿名成本并且最大化数据效用，有较高的匿名质量，能有效保护社会网络中用户的隐私。

7.1.1　相关定义

社会网络可以用图的形式表示，节点带有敏感属性的社会网络具有如下特点：①社会网络中的个体都是同一类型的；②社会网络中的个体都带有标签的，标签

里含有非敏感属性和敏感属性；③社会网络中个体与个体间的连边关系是同一类型的并且边是无标签无权重的。

定义 7.1(节点带有敏感属性的社会网络)　节点带有敏感属性的社会网络 G 由一个 5 元组表示，其表示形式为 $G=(V,E,L,L_v,T)$，其中：V 表示节点集，$V=\{(v_i,t_i)\}$，其中 $i=1,2,3,\cdots,n;t\in T$。E 表示边集，$E=\{(v_i,v_j)\}$，其中 $i,j=1,2,3,\cdots,n$。L 表示标签集，是节点的属性的集合。L_v 表示节点标签函数，是节点到其标签的映射。T 表示节点标签中属性类型，$T=\{\{a_{11},a_{12},\cdots,a_{1n},a_{1s}\},\{a_{21},a_{22},\cdots,a_{2n},a_{2s}\},\cdots,\{a_{n1},a_{n2},\cdots,a_{nn},a_{ns}\}\}$，其中 $a_{i1},a_{i2},\cdots,a_{in}$ 表示第 i 个节点的非敏感属性，a_{is} 代表第 i 个节点的敏感属性。节点 v_i 表示社会网络中的个体，边 (v_i,v_j) 表示 v_i 和 v_j 之间存在关系。

定义 7.2(顶点的度)　一个顶点 v_i 的度 d_i 是指与 v_i 相连的其他顶点的数量，其中 $\{v_j\in V,(v_j, v_i)\in E, i\neq j\}$。

定义 7.3(图的子图)　给定一个图 $G=(V, E, L, L_v, T)$，其子图为 $G'=(V', E', L', L_v', T')$ 其中 $V'\subseteq V$，$E'\subseteq E$，$L'\subseteq L$，$L_v'\subseteq L_v$，$T'\subseteq T$。

定义 7.4(社会网络的子集)　一个社会网络图的若干个之间相连接或不相连接的子图，构成了社会网络的子集。

定义 7.5(顶点子集的度序列)　一个度序列 $\mathrm{DS}_m=\langle d_1, d_2, \cdots, d_{|m|}\rangle$ 是由每个 $v\in V_m$ 的度构成的序列，其中一个集合 $V_m\subseteq V$。这里假设被指派的顶点的排列是按照度的降序排列以便形成的度序列也是按照降序被分类列举。为防止节点再识别，根据用户保护级别和攻击者相应的背景知识从原始社会网络中提取若干个子集予以匿名保护后进行发布，最终形成 k-度子集匿名图。

定义 7.6(k-度子集匿名度序列)　一个从第 i 个节点到第 j 个节点间形成的度序列，即 $\mathrm{DS}_m[d_i, d_j]$，如果是 k-匿名的，则对于在 $\mathrm{DS}_m[d_i, d_j]$中每个 d_i 出现的次数至少为 k 次，其中 $i<j$，$i,j\in m$，$V_m\subseteq V$。

例如，如图 7.1(b)所示原始社会网络图中各个顶点对应的度序列为：$\{c_2(4), c_4(3), c_5(3), c_1(2), c_3(2), c_6(2)\}$，如图 7.3 所示，经过 k-度子集匿名后形成的社会网络匿名图中各个顶点对应的度列为：$\{c_2(4), c_4(4), c_3(3), c_5(3), c_6(2), c_1(2)\}$。

定义 7.7(k-度匿名的顶点子集)　如果 V_m 的度序列 DS_m 它自身是 k-匿名的，顶点的一个集合 $V_m(V_m\subseteq V)$ 被称为是 k-度匿名的。

定义 7.8(k-度子集匿名图)　将原始社会网络图进行匿名后，使得社会网络的子集中每个的顶点的度出现的次数至少为 k 次，则形成的图为 k-度子集匿名图。

定义 7.9(最佳 k-匿名度序列)　如果一个顶点集的度序列是 k-匿名度序列并且它的度匿名代价是最小的，则称此度序列为最佳 k-匿名度序列。

节点含有敏感属性标签的社会网络图，即给定一个含有 n 个顶点社会网络 $G=(V, E, L, L_v, T)$ 其中每个顶点都与一个含有非敏感属性和敏感属性的标签相关联，一个 l 多样性分割是指将 V 中的顶点划分成 m 个顶点的等价组，由此得到 $\frac{\text{freq}(c)}{|\text{EG}|} \leqslant \frac{1}{l}$，其中 freq(c) 是在等价组 EG (equivalence groups) 中携带最频繁的含有该敏感属性的标签的顶点的数量，|EG|是在相应的等价组中顶点的数量。根据以上说明得到 l-多样性分割概念。

定义 7.10 (l-多样性分割)　在一个社会网络 $G = (V, E, L, L_v, T)$ 中，$|V| =n$ 并且每一个顶点携带着含有敏感属性的标签，则存在 n 个顶点的一个 l-多样性分割，当且仅有至多 $\frac{n}{l}$ 个顶点和含有同一个敏感属性的标签相关联。

7.1.2　个性化隐私保护匿名发布算法

1. 个性化隐私保护框架

1) 级别一的保护

级别一的背景知识是社会网络图中顶点的标签列表，利用简单的隐匿顶点的 ID 信息方法来提供级别一的保护。首先移除每个顶点对应的标签，然后将除 ID 信息外的信息放入表中，用其他标识信息表示原社会网络中的 ID，由此形成了简单匿名图和匿名表。

原始社会网络图如图 7.1 所示。社会网络简单匿名图如图 7.2 所示，相应的简单匿名信息表见表 7.1。

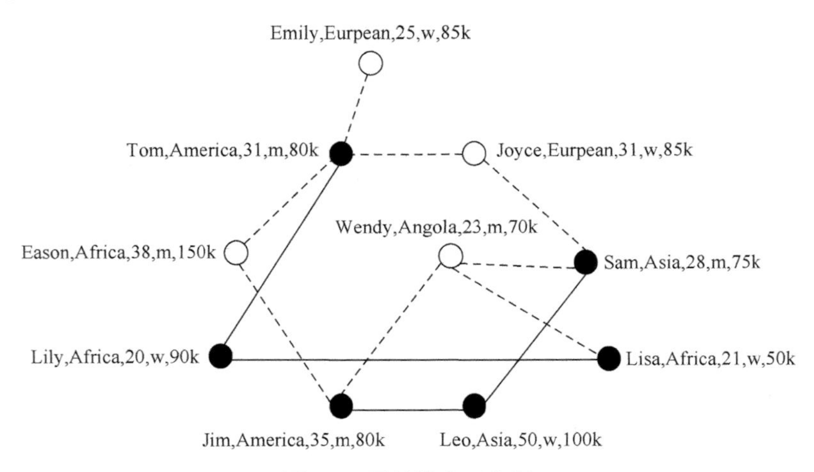

图 7.1　原始社会网络图

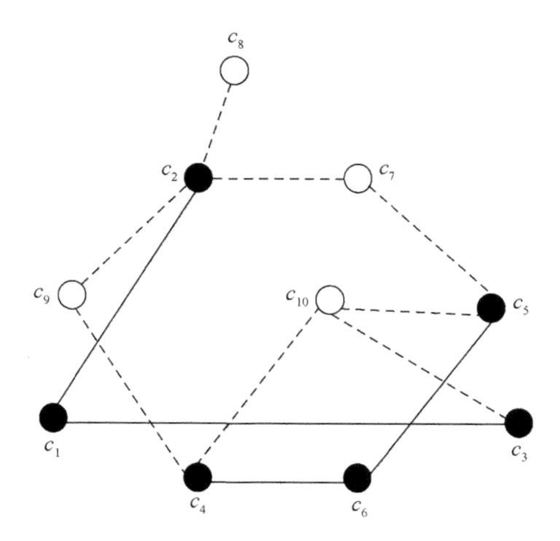

图 7.2　社会网络简单匿名图

表 7.1　简单匿名信息表

ID	ID's Information
c_1	Africa,20,w,90k
c_2	America,31,m,80k
c_3	Africa,21,w,50k
c_4	America,35,m,80k
c_5	Asia,28,m,75k
c_6	Asia,50,w,100k
c_7	Eurpean,31,w,85k
c_8	Eurpean,25,w,85k
c_9	Africa,38,m,150k
c_{10}	Angola,23,m,70k

2) 级别二的保护

级别一中，对顶点设定特定的 ID 值，简单的移除顶点信息，然而，如果一个攻击者既知道一些顶点的标签信息又知道顶点的度信息，则能成功地再识别一些顶点。例如，如果一个攻击者知道 Tom 的度是 4，从图 7.2 中就能识别顶点 c_2 是 Tom。图 7.3 为 2-度子集匿名图。黑色的顶点是原始社会网络中提取出来的顶点子集。在 2-度子集匿名图中，每一个顶点的度出现的次数至少为 2。通过度的背景知识无法唯一的识别 Tom。

找到最佳 k 度序列：

(1) 从原始社会网络中提取顶点子集，对现有图深度遍历，统计顶点子集度信息，并且根据统计出来的度的值进行从大到小的排序。

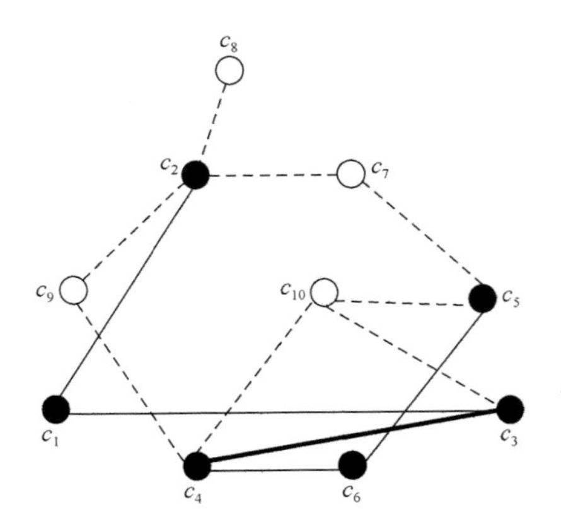

图 7.3　2-度子集匿名图

(2) 将动态规划思想运用到 *k*-度子集算法中，寻找度匿名代价最小的度序列形成最佳的 *k*-度序列。

(3) 比较形成的新的度序列和原来的度序列，优先考虑从此顶点集合中进行添加连边，其次选择不在此集合中的顶点添加边，最终形成最佳 *k*-度序列。

3) 级别三的保护

在级别二的保护基础上，社会网络中一些用户很重视一些敏感属性信息的隐私，恰好攻击者拥有除了顶点标签信息和度信息之外，攻击者在发布的匿名图中发现度相同的顶点其对应的匿名表中的敏感属性信息是一样的，造成个体敏感属性信息被识别。由于 *k*-度子集匿名图仍然会泄露隐私，为了便于说明，将敏感属性分别标注在图中各个顶点上，如图 7.4 中 c_2 和 c_4 属于同一个匿名组，其标签中敏感属性 salary 的值都是 80k。

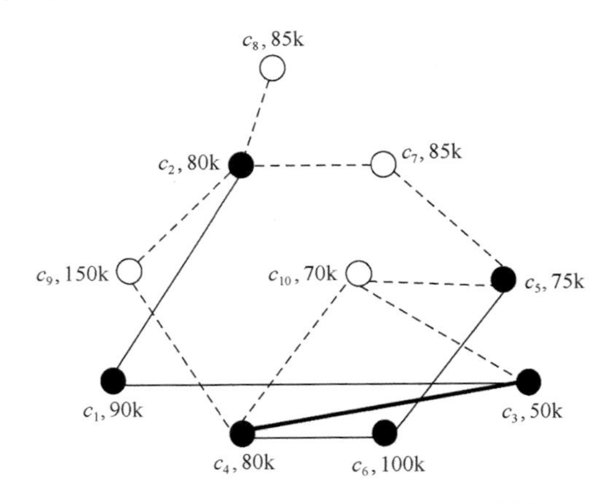

图 7.4　带敏感属性的 2-度子集匿名图

如图 7.5 所示，满足了 2-度_2-多样性子集匿名。在此 2-度_2-多样性子集匿名图中，每一个顶点的度出现的次数至少为 2，并且每个匿名组中顶点的敏感属性满足 2 多样性要求。

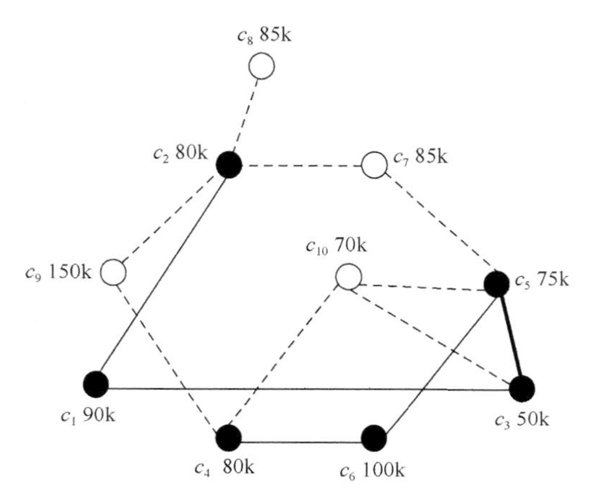

图 7.5　2-度_2-多样性子集匿名图

基于级别二的算法将 l-diversity 思想扩展进去，设计了 k-degree_l_subset 算法。

2. k-d_sub 算法描述

对于防止顶点再识别和顶点属性敏感属性一致性攻击导致的隐私泄露，设计了个性化隐私保护框架，设计了算法 7.1，算法及分析如下。

算法 7.1　k-degree-subset 算法(k-d_sub)。

输入：社会网络原始图 $G=(V, E, L, L_V, T)$，$m \subseteq V$，整数 k。

输出：社会网络匿名图 G^*；最佳 k 度序列。

```
1   int originalPersonLen = 0; Integer recordValue = null
2   for i = 0 to ergodicResult.length do
3   对现有图的深度遍历和对度的统计
4   end for
5   for i = 1 to statisticSide.length do
6       并根据统计出来的度的值进行从大到小的排序
7       Boolean result = true
8       for (i = 1 to sideCounts.length) do
9         if (result) return k 度序列
10        else find_k_Order(theFirstT, k, persons, tContainer, level)
```

```
11          end if
12        end for
13        for t_temp = k to oldOrder.length – k do  进行分组
14            if (recordValue[t_temp] != null)
15            int dudaijia= calculate(theFirstT, k, newOrder, tContainer, level)
16          end if
17   if ((oldOrder.length – 1) <2k)
18          for i = 0 to oldOrder.length do
19          end for
20   else if (oldOrder.length≥2k)
21          for j = k+1 to find_k_Order.length do
22          根据整数 k 不断进行递归排序操作并找到度代价最小的分组及相应的 t
23          end for
24   end if
```

算法 7.1 描述分析如下：

对现有图的节点进行编码，提取需要保护的子集，并且按照从大到小顺序统计出度的值和每个度值出现的次数，然后将统计出来的数值分别与 k 进行比较，判断是否满足已知条件。若满足 k-度匿名则保存相应的信息，如果不满足 k 的情况，则计算度代价找到合适的 k，其中定义一个参数 t 的容器，t 满足一定的范围，这个范围内逐层寻找度改变后匿名代价最小的 t 值。如此递归的调用 find_k_Order(theFirstT，k，persons，tContainer，level)方法运用动态规划思想找到最佳度序列。关于函数 calculate(theFirstT, k, newOrder, tContainer, level)如果当前这个 t 值小于或等于 k 时，直接进行第一部分消耗和第二部分消耗的计算，若 t 比 k 大，则再次进行度匿名代价最小的计算，如此递归的调用相应的函数。

3. k-d_l_sub 算法描述

级别三在级别二的基础上为避免敏感属性被识别，结合 l-diversity 方法，同时满足 k 度匿名和 l 多样性匿名要求，设计了 k-degree_l_subset 匿名算法。

算法 7.2　k-degree-subset 算法(k-d_sub)。

输入：社会网络匿名图 G^*；最佳 k 度序列；整数 l。

输出：社会网络匿名图 G'；最佳 k_l 度序列。

```
1   Person tempAttri = bestSortPerson[1]
2   int indexFlag = 1; Boolean insideLoopFlag = false
3   for (i = 2 to bestSortPerson.length) do
4       if(!insideLoopFlag) do
5           将度的变化和对应对象的信息记录下来
6       end if
7       for i = 1 to oldPersonArray.length do
8       根据度值得不同进行分组
9       end for
10  end for
11  for each crDetail∈ChangeRecorder
12          统计敏感属性出现的次数
13      for each person∈Person
14          根据属性多样性要求添加新节点选择改变的度值
15      end for
16  end for
```

算法7.2描述分析如下：

遍历最佳的 k 度序列与原始按降序排列后的度序列，并将两者进行对比，记录下变化的度值和对应的对象信息。ChangerRecorder中记录了数据发生变化的情况，统计出原始的序列中的敏感属性个数，在进行统计之前，应先把原始数据按照度的大小进行分组，与目标敏感属性个数进行对比判断。通过结合算法7.1构建最佳 k_1 度序列，最后添加新的顶点和连边形成新的匿名图。

4. (θ, k)-匿名算法

社会网络子集中攻击者通过结构信息背景知识进行隐私攻击。最简单的结构信息如度信息，通常保护策略是构造原始目标节点的 k-度序列防止节点被识别。然而攻击者一旦拥有更复杂的结构背景知识时，例如：节点及其邻域信息，k-度匿名方法已经不足以解决隐私泄露问题。对于一个给定的敏感属性，其在一个特定的邻域子集中的分布比在整个提取的子集中的分布有极大的不同时，这样会造成一定的隐私泄露危险，因为攻击者能够得知一个目标节点的邻域子集属性标签分布值。根据上一节相关定义和概念提出了 (θ, k)-匿名模型，该模型满足社会网络子集中任意一个节点至少有 k–1个与其邻域同构的节点存在，即每个节点及其直接邻域子集节点形成的度序列是相同的。在邻域同构的同时考虑每个节点的属性标签在总的社会网络子集中的分布值接近于其在直接邻域子集中分布值，即满足 θ 接近性。

1) 邻域攻击问题

如图 7.6 所示，代表简单匿名后的社会网络图，黑色圆圈表示从原始社会网络提取出的有相同爱好的个体子集。此简单的匿名社会网络图满足 2-度子集匿名，但是，若攻击者有更复杂的背景知识，则此网络的某些个体隐私仍面临泄露危险。例如，假设一个属于社会网络中提取的子集中的一成员 Lily，她在此子集内部好友的个数为 3 个，并且其中两个好友是另一个好友的共同好友，因此攻击者通过此描述抽象出一子图，经过查询后得知 E_3 满足此要求，并且唯一存在，E_3 及其 1-邻域的子图为如图 7.7 中所示。因此通过 E_3 的邻域子集识别出 E_3 节点。

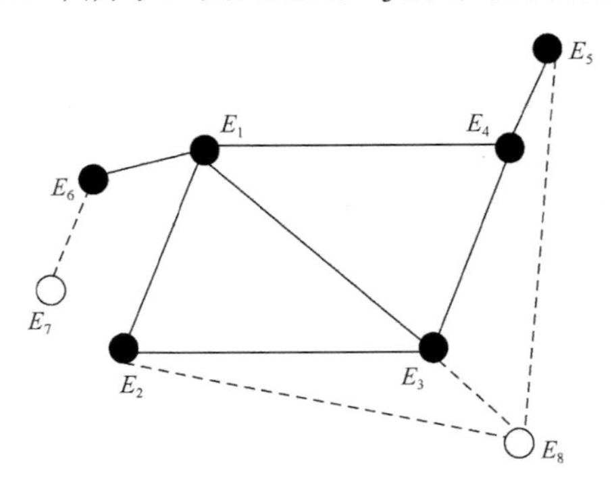

图 7.6　简单匿名后的社会网络图

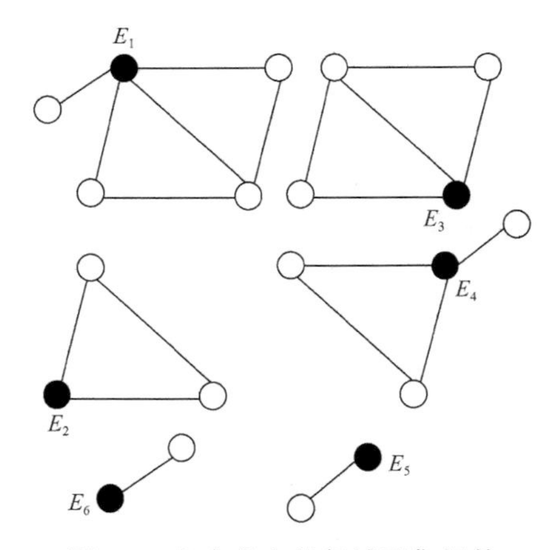

图 7.7　各个节点的邻域子集组件

该模型考虑一个节点的直接邻域，即 1-邻域，$u_i \in U(U \leqslant V)$ 的直接邻域子集是 $\mathrm{NeighborSub}_G(u_i) = G\ (\mathrm{NS}_{ui})$，即 $\mathrm{NeighborSub}_G(u_i) \subseteq \mathrm{Neighbor}_G(u_i)$

2) 域同构

针对社会网络子集中邻域子集隐私泄露问题，使其满足邻域子集的 k-匿名要求。步骤如下：

(1) 提取社会网络中需要被保护的子集及其每个节点的直接邻域。在社会网络图 G 中，节点 v_i 的邻域组件是由若干个最大连接子图构成，为了编码整个邻域，首先，编码每一个邻域组件，采用最小深度优先搜索树 (DFS-tree) 编码节点和边，得到最小深度优先搜索树组件编码各个集合，比较各个子集的邻域组件大小，利用邻域组件进行编码 NCC (v_i) 对节点直接邻域组件集合进行排序，合并所有的最小邻域组件的深度优先搜索编码为一个编码。

(2) 将节点集分组，在同一个小组中匿名节点集的邻域子集。通过以上编码确定了节点集 UV 及其各个节点的邻域子集组件集合 NSCC (u_i)，分别将 NSCC (u_i) 中的邻域组件量化，将其放在一个哈希映射容器中，其中 key 值存子集中的目标节点对象，将目标节点及其直接邻域子集节点度值和节点信息封装成一个对象放在 value 中。

(3) 利用动态规划思想计算每个节点及其邻域子集度序列之间的差值，为了最小化匿名代价，取差值最小的放入候选集 C_w 中进行同构操作。

3) 属性泄露

例如：如图 7.8 所示，提取出的子集 (黑色节点) 中各个节点的标签中的属性，根据 k 匿名思想泛化后的属性用图中小写字母标识，对于属性泛化标识为 a 在整个子集中的概率分布为 0.5。属性泛化标识为 b 的三个节点对应的邻域子集属性序列为 (b，a，a，a)、(b，a，a)、(b，a)。如果攻击者知道 a 在这三个节点对应的邻域子集中的概率分布分别是 (0.75，0.67，0.5)，第三个节点的邻域子集的标识 a 和标识 a 在整个网络中的分布一样，其他两个节点有可能隐私被泄露。

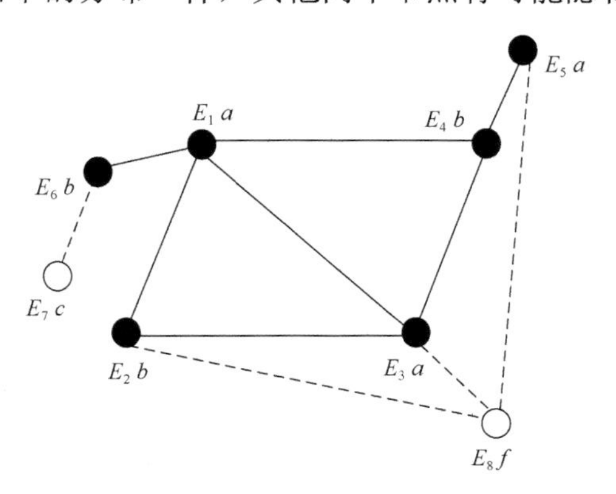

图 7.8　属性泛化后的简单匿名社会网络图

4) 属性分布值满足 θ 接近性实现思路

在进行邻域同构的过程中计算邻域子集中的各个节点属性值分布性，通过增加边集使得其满足属性分布接近性，即 θ-closeness。例如：如图 7.9 所示通过添加边 (E_2，E_4)，属性标识为 b 的节点对应的邻域子集属性序列为 (b，b，a，a，a)、 (*b*，*b*，*a*，*a*)、(*b*，*a*)，可计算属性标识 *a* 的节点对应的邻域子集中的概率分布分别是(0.6，0.5，0.5)和原始 *a* 的概率分布接近。

实现 θ 接近性(θ-closeness)的边的添加策略：

(1)将在候选集中的各个邻域子集组件依据属性标签值类别进行分类。

(2)优先在属性标签相同的节点之间添加边，其次选取属性不同的节点之间进行添加。

为解决以上由属性分布情况和邻域造成隐私泄露这一问题，最小化匿名代价和图修改，形成了如图 7.9 所示的满足 2-邻域子集_0.1- closeness 匿名图。

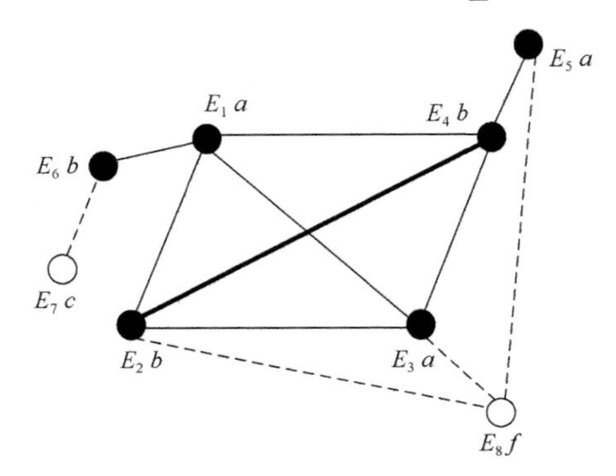

图 7.9　2-邻域子集_0.1- closeness 匿名图

5) (θ, k)-算法实现

基于以上讨论，对于社会网络子集邻域及其节点属性泛化标识导致的隐私泄露，设计了(θ, k)-匿名模型，并设计了相应的算法。具体算法及分析如下：

算法描述如下。

算法 7.3　并行构建候选节点集合算法。

输入：社会网络原始图 $G=(V，E，L，L_v，T)$，$U\subseteq V$，整数 k、θ。

输出：满足 k-邻域子集_θ- closeness 社会网络匿名图 G^*。

```
1  初始化图 G，标志节点 u_i 属于提取子集为未匿名
2  按照 u_i∈U 中邻域子集组件编码的 UList 大小对 u_i 进行降序排列
3  while UList≠null do
4        令 First_U = U.head()；并将该节点从 V_s 中删除
5      for each u_i∈U do
6        计算两个节点邻域子集匿名代价，即 C_NDA(First_U, u_i)
7      end for
8    if UList.size()≥2k–1 then
9      取前 k–1 个最小匿名代价的节点集构成候选集 Cand
```

```
10      else
11          添加未匿名的节点到候选集 Cand
12      end if
13     令 Cand = {c1, …, cm}, 匿名 NeighborSub(First_U)和 NeighborSub(c1)
14      for j = 2 to m do
15     匿名 NeighborSub(cj)和{NeighborSub(First_U), NeighborSub(c1), …, NeighborSub(cj-1)}
16          while G*的邻域子集不满足 θ 接近性 do
17              根据节点属性标签分类节点，根据 θ 接近性的边的添加策略进行构建边
18            if 图 G*的邻域子集仍然不满足 θ 接近性 do
19                从原始图边集随机添加一条新边
20            end if
21          end while
22       end for
23   end while
```

7.1.3　实验测试和结果分析

1. 实验环境

(1) 开发环境：Windows 7 操作系统；硬件配置为 3.2 GHz 主频，8GB 内存，400GB 硬盘。

(2) 开发工具：Eclipse 4.3.2，JDK 6.0。

(3) 开发语言：Java。

2. 实验数据

实验测试所用数据集是 Tele-Contact 数据集，该数据集中包含 204 个节点、401 条边。

3. 测试结果及分析

1) 社会网络个性化隐私保护策略中算法测试分析

本实验选取 Tele-Contact 中顶点集中部分顶点子集，设计 3 组实验。

第一组实验选取数据集中 129 个节点，令 k 分别取值为 2、4、6、8、10，l 取 2，对比 k-d_sub 算法、k-d_l_sub 算法与 k-d(经典 k-度匿名算法)匿名效率。由图 7.10 可见，随着 k 值的增加，k-d 算法响应时间逐渐增加；k-d_sub 算法和 k-d_l_sub 算法的响应时间小幅度下降，这是因为随着 k 值的增加，所需要划分的匿名组的

数量逐渐降低，由于动态规划思想将匿名代价最小的匿名组划分方式都记录下来，因此时间有所降低。k-d_sub 算法和 k-d_l_sub 算法比 k-d 算法运行时间明显少。

第二组实验如图 7.11 所示，分别令 l 取 2、3、4、5、6，k 取 6，即在 k 为 6 时求得原始图的最佳 6-度序列，在此基础上分别取不同的 l 值，分别提取不同的子集对 k-d_l_sub 算法进行效率验证，子集大小分别为 $0.1|V|$、$0.2|V|$、$0.3|V|$、$0.4|V|$、$0.5|V|$。可观察到随着子集逐渐增大，k-d_l_sub 算法的执行时间程略微上升趋势。

第三组实验中运用度分布变化率来衡量本个性化框架中提出的两个算法对原始图度分布的改变情况，以此观察匿名算法对原始图数据的效用。

度分布(degree distribution)来分析社会网络。通过测试原始图和发布匿名图度分布的变化来显示图结构的不同。本节使用原始图的度分布和发布图的度分布之间的 EMD[17](earth mover distance)来代表度分布的变化。

EMD 是指对于在连续数值 $P[(v_1, p_1), (v_2, p_2), \cdots, (v_m, p_m)]$和 $Q[(v_1, q_1), (v_2, q_2), \cdots, (v_m, q_m)]$($v_i$ 是数值，即 p_i 和 q_i 的分布值)，令 $r_i = p_i - q_i$，$(i= 1, 2, \cdots, m)$，因此 P 和 Q 之间的 EMD 计算公式如下：

$$\mathrm{EMD}[P,\ Q] = \frac{1}{m-1}(|r_1| + |r_1 + r_2| + \cdots + |r_1 + r_2 + \cdots + r_m|) = \frac{1}{m-1}\sum_{i=1}^{m}\left|\sum_{j=1}^{i} r_j\right| \quad (7\text{-}1)$$

假设 mind 和 maxd 是原始图中度的最大值和最小值。根据本节的算法约束条件，在发布图中的所有节点的度都落在了[mind，maxd]范围内。因此可以在[mind，maxd]区间产生原始图和发布图的度分布，并且直接地计算它们的距离。例如，如图 7.2 和如图 7.3 所示黑色顶点的度分布分别为$\left[\left(4,\ \frac{1}{6}\right),\left(3,\ \frac{2}{6}\right),\left(2,\ \frac{3}{6}\right)\right]$和$\left[\left(4,\ \frac{2}{6}\right),\left(3,\ \frac{2}{6}\right),\left(2,\ \frac{2}{6}\right)\right]$。

通过计算 EMD，得到实验结果，如图 7.12 所示，EMD 越大，说明度分布改变的越大，数据损失率越大，匿名效果更高。

第四组实验中运用平均最短路径长度查询错误率，即 $R=(d-d^*)/d$，来衡量本个性化框架中提出的两个算法对原始图的匿名效果，其中 d 和 d^*分别代表原始网络和匿名后发布网络的平均最短路径长度，以此观察匿名算法对原始图的匿名质量。如图 7.13 所示，本文提出的两种算法有较好的匿名质量，其中 k-d_l_sub 算法比 k-d_sub 算法匿名质量稍差些，是由于背景知识越复杂，匿名代价增加，相应的匿名质量略下降。

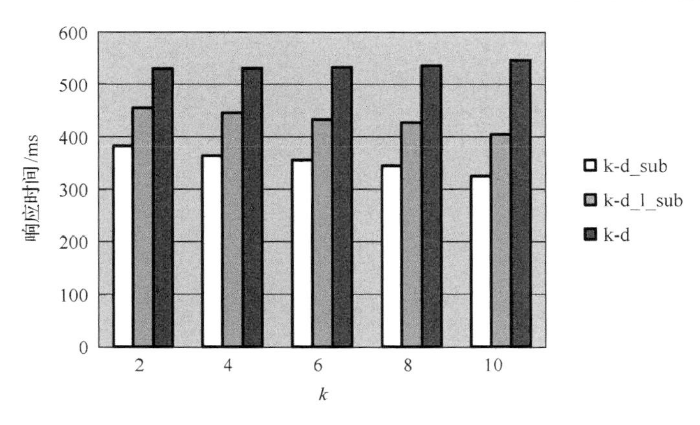

图 7.10　图算法效率对比图

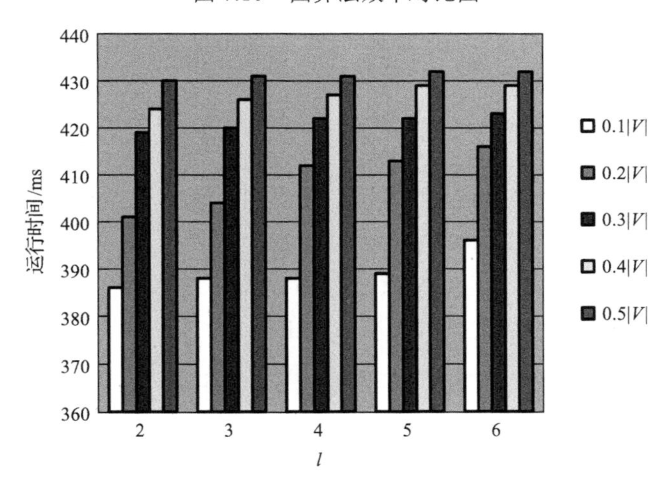

图 7.11　不同子集运行时间对比图

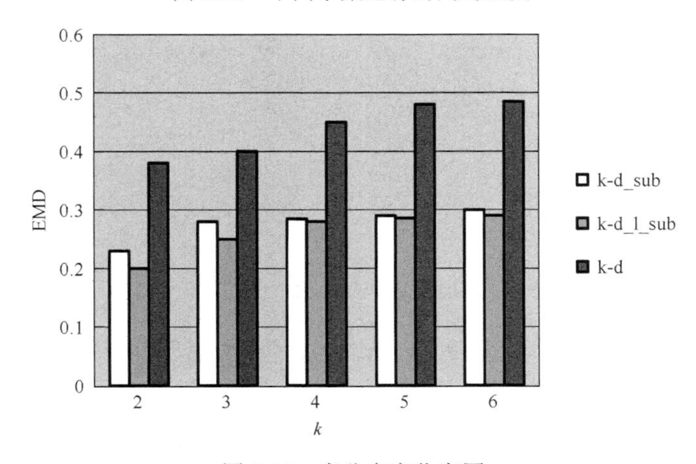

图 7.12　度分布变化率图

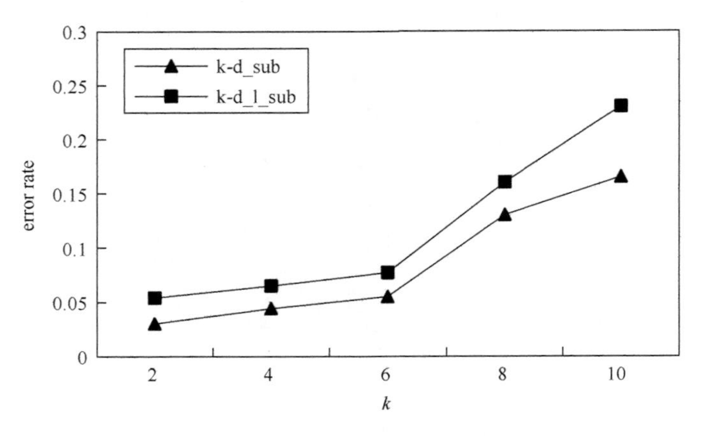

图 7.13　平均最短路径长度查询错误率图

2) $(\theta,\ k)$匿名算法测试分析

本实验选取 Tele-Contact 中顶点集中部分节点子集，设计 4 组实验。

第一组实验如图 7.14 所示，分别令 θ 取 0.05、0.1、0.15、0.2、0.25、0.3，k 取 5，令子集$|U|$变化的数量为分别为{10，20，30，40，50}可观察到随着 θ 增大，原始图边的改变率呈现下降趋势。正如前文它的定义可知，随着 θ 的增加需要添加更少的边。当 θ 取非常小的一些值时，趋势线有突然的下降并且此后相对地较小变化，说明当 θ=0.1 的时候可以实现较好的匿名。

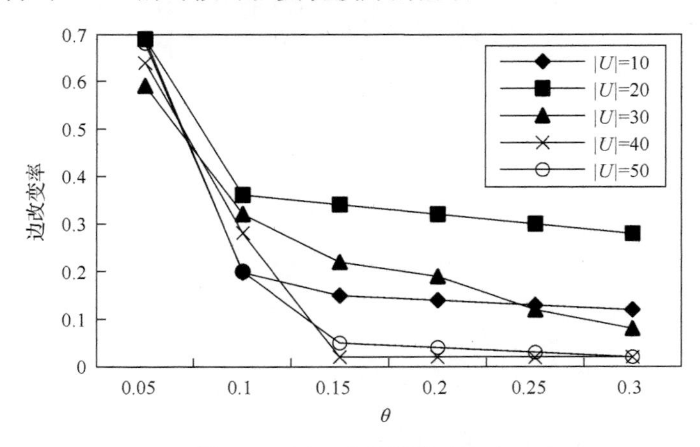

图 7.14　随 θ 变化边的改变率

第二组实验令 k 分别取 2、4、6、8、10，θ 取 0.1，子集$|U|$=0.7$|V|$。通过计算满足$(\theta,\ k)$-匿名模型所需添加的边占原始边的比率来衡量$(\theta,\ k)$-匿名模型算法和经典的 k-邻域同构算法各自的匿名代价。如图 7.15 所示，添加边的比率越小，匿名代价越小，同时也可看出利用$(\theta,\ k)$-匿名算法对于原始图添加的边数比 k-邻域

同构算法少，对于原始图修改过少，图的完整性更高。

第三组实验中运用度分布变化率来衡量本模型对原始图度分布的改变情况，其中原始图的度分布和发布图的度分布之间的 EMD 来代表度分布的变化。以此观察匿名算法对原始图数据的效用。其中令 k 分别取 2、4、6、8、10，θ 取 0.1，子集$|U|=0.5|V|$。通过计算 EMD，得到实验结果，如图 7.16 所示，EMD 越大，说明度分布改变的越大，数据损失率越大，匿名效果更高；同理，EMD 越小，说明度分布改变的越小，因此(θ, k)-匿名算法与已有 k-邻域同构算法相比较，添加了最少的边，降低了匿名成本且最大化数据效用。

第四组实验通过聚类系数来测量(θ, k)-匿名算法和 k-邻域同构算法对原始图数据匿名后数据的有效性。聚类系数用(CC)来表示，通常在无向网络中通常把聚类系数定义为：聚类系数是表示一个图中节点聚集程度的系数，用 CC 来表示：$\mathrm{CC}=n/C_k^2$，其中 n 表示在节点 v 的所有 k 个邻居间边的数量。正如图 7.17 所示结果，其中令 k 分别取 2、4、6、8、10，θ 取 0.1，在匿名的数据中，随着 k 值得增

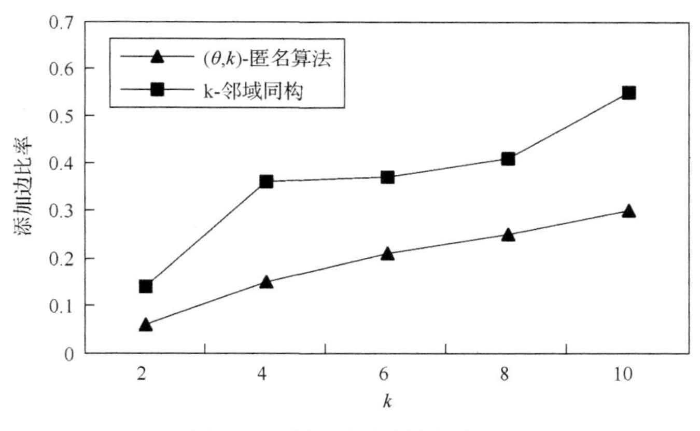

图 7.15　随 k 变化添加边比率

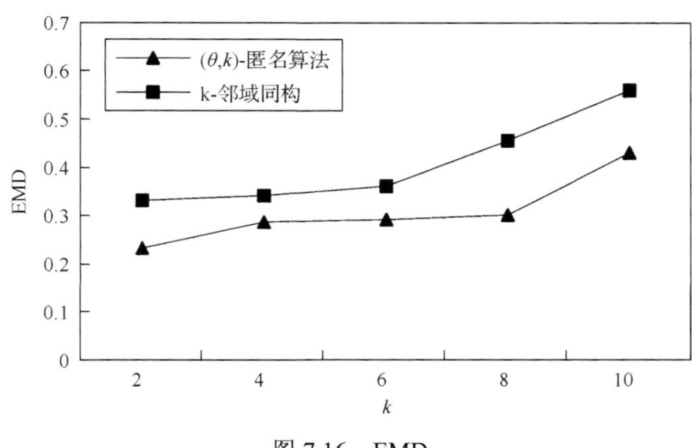

图 7.16　EMD

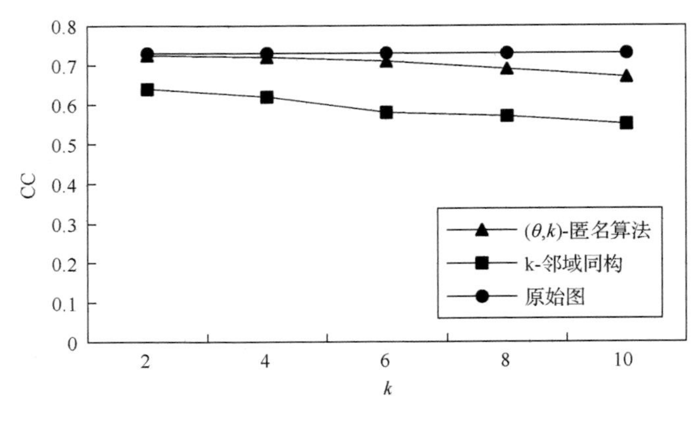

图 7.17 不同 k 值聚类系数

加聚类系数略微下降。然而，此匿名图的聚类系数仍然相当接近原始数据值，当 k=10 时，原始图数据和匿名图数据的聚类系数之差仅为 0.06。

7.2 基于 Pregel-like 的个性化隐私保护技术研究

本节提出一种分布式环境下的个性化隐私保护方法，该方法将社会网络用户划分为保守节点和开放节点，在进行隐私保护的过程中，仅仅处理那些保守的节点，而对开放节点进行过滤处理，这样不但可以满足个性化保护需要，还能提高分布式隐私保护效率。

在现实社交网络中，用户之间有不同的隐私保护需求。例如，当一个用户注册并加入到某一社交网络时，通常会保留自己的基本信息，如年龄、性别、个人喜好等，还有一些可能会涉及自己的隐私，如毕业学校、工作经历等。对于这些隐私信息，大多数用户不想被公开，但是有部分用户可能不介意这些信息被公开，因此，本节将这两种用户分别定义为“保守用户”和“开放用户”，同样，对于交互信息，也应该有“保守交互”和“开放交互”。

7.2.1 相关定义

定义 7.11(个性化二分图) 个性化二分图 G 可以使用一个六元组来表示：$G=\{V, V', I, I', E, X\}$。其中，V 表示保守用户集，$V=\{v_1, v_2, \cdots, v_n\}$，$V'$表示开放用户集，$V'=\{v_1', v_2', \cdots, v_n'\}$，$I$ 表示保守交互集，$I=\{i_1, i_2, \cdots, i_s\}$，$I'$表示开放交互集，$I'=\{i_1', i_2', \cdots, i_s'\}$，$E$ 表示边集，$E\subseteq(V\cup V')\times(I\cup I')$，$X$ 表示各节点所对应的属性实体集，设 $v\in(V\cup V')$，且 $x_v\in X$，则 $x(v)$ 表示 v 的标识(或称标签)。

二分图结构同样可以编码多种社会网络数据，如消费者与商品、作者与论文、学生与课程、OSN 中用户与用户间的交互等数据，在不同的社会网络中都可能存在着保守用户和开放用户，也存在着保守的交互和开放的交互。一个在线社交网络的子图实例，表 7.1 为用户信息表，表 7.2 为交互信息表，假设其中用户 u_3 是开放用户，交互 game 为开放交互，它们在数据发布时不需要被保护。因此，这个子图网络的个性化二分图即如图 7.18 中所示。

表 7.1　用户信息

ID	User	Age	Sex	State
v_1	u_1	29	F	NY
v_2	u_2	20	M	JP
$v_3(v_1')$	u_3	24	F	UK
v_4	u_4	31	M	NJ
v_5	u_5	18	M	NJ
v_6	u_6	21	F	CA

表 7.2　交互信息

ID	Interaction	Information
p_1	email1	512 bytes on 1/5/14
$p_2(p_1')$	game1	score 9-7-8
p_3	email2	812 bytes on 3/4/14
$p_4(p_2')$	game2	score 8-3.6
p_5	blog1	subscribed on 9/9/14
p_6	friend1	added on 7/6/14

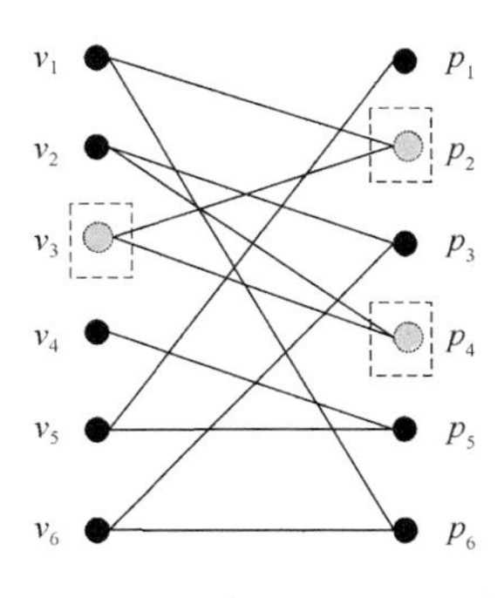

图 7.18　个性化二分图

因此，这个子图网络的个性化二分图即如图 7.18 中所示。

定义 7.12（个性化标签列表匿名）　设经过标签列表匿名之后的二分图为 G'，其和原始图 G 为同构图，并且存在 V 到 $\varphi(X)$ 的映射 l，其中 $\varphi(X)$ 为 X 的幂集，对任意 $v \in V$，$l(v)$ 即为节点 v 的个性化匿名标签集合（或称标签列表），且 $x(v) \in l(v)$。

本节为节点产生标签列表的方法可以在一定程度保护用户隐私，但若任意的挑选标识来组成标签列表同样会暴露用户间的关系隐私，因此需借助安全分组条件为节点产生备用标识。

定义 7.13（个性化安全分组条件）　将 V 安全分组后满足安全分组条件，当且仅当对于任意节点 $v \in V$，v 最多与分组 $S \subset V$ 中的一个节点有交互关系，即

$$\forall e(v,i), e(w,i), e(v,j), e(z,j) \in E : w \in S \wedge z \in S \Rightarrow z = w \tag{7-2}$$

$$\forall e(v,i), e(w,i) \in E : v \in S \wedge w \in S \Rightarrow v = w \tag{7-3}$$

基于单机环境下实现的个性化安全分组算法如 7.4 所示，以图 7.18 中的二分图为例，假设 m=3 时得出的安全分组结果是：$\{\{v_1, v_2, v_4\}$，$\{v_5, v_6\}\}$。

表 7.3　用户信息

U_ID	I_ID
v_1	p_2
v_1	p_6
v_2	p_3
v_2	p_4
v_3	p_2
v_3	p_4
v_4	p_5
v_5	p_1
v_5	p_5
v_6	p_3
v_6	p_6

算法 7.4　个性化安全分组算法。

输入：message。

输出：分组 CV。

```
1  Sort(V)
2  CV=null
3  for v∈V do
4        flag=true
5        for class c∈CV do
6              if SIZE(c) < k and CSC(c, v) then
7                    Insert(c, v)
8                    flag = false
9                    break
```

```
10        if flag then
11            Create a New class c and add c to CV
12            Insert(c, v)
```

定义 7.14（(k, m)-标签列表）　设 C_j 大小为 m 的组，$p=\{p_0, p_1, \cdots, p_{k-1}\}$ 为一个整数序列，p 为集合$\{0, 1, \cdots, m\}$的一个大小为 k 的子集，C_j 中节点的标签列表通过式(7-4)产生，其中 $0\leqslant i<m$：

$$\text{list}(p,i)=\{u_{(i+p_0)\bmod m},u_{(i+p_1)\bmod m},\cdots,u_{(i+p_{k-1})\bmod m}\} \tag{7-4}$$

当 $p=\{0, 1, 2, \cdots, k-1\}$时产生的列表为前缀列表；当 $k=m$ 时，产生的列表为全列表。仍然以上面的分组结果为例，当 $k=2$，$p=\{0, 1\}$时，得到 u_1, u_2, u_4 的前缀列表分别为：$\{u_1, u_2\}$，$\{u_2, u_4\}$，$\{u_1, u_4\}$，当 $k=m=3$ 时，得到 u_1, u_2, u_4 的全列表分别为：$\{v_1, v_2, v_4\}$，$\{v_1, v_2, v_4\}$，$\{v_1, v_2, v_4\}$。

7.2.2　基于 Pregel-like 的个性化安全分组和标签列表匿名

1. 基于 Pregel-like 的个性化安全分组

结合 Pregel 框架原理，基于分布式环境下的安全分组算法的基本思想是：在分布式环境下，二分图节点被 Pregel-like 系统划分到不同计算节点的 Worker 任务中，并为每个节点设置初始状态，在每次超步中，Active 状态的节点接收和发送消息，并根据节点的 vertex.compute()方法比较消息中的值和自身值，来决定是否将当前节点放到分组中，若是则节点进入 Inactive 状态，否则节点继续发送和接收消息，直到所有节点都处于 Inactive 状态，在整个算法运行过程中开放用户节点始终处于 Inactive 状态，其不接收和发送消息。

个性化安全分组的 vertex.compute()方法的基本步骤如下，其对应的算法如算法 6.1 所示：

(1)初始状态所有左侧保守用户处于 Active 状态，开放用户和右侧交互节点处于 Inactive 状态；

(2)当 superstep=0 时，Active 状态节点将自己编号值发送给与其相邻的节点；

(3)当 superstep%2=1 时，左侧用户节点设置为 Inactive，交互节点处于 Active，并从消息中取出最小节点编号，将此值返回给用户节点；

(4)当 superstep%2=0 时，交互节点设置为 Inactive，用户节点处于 Active，并从消息中取出最小节点编号，将此值与自己编号进行比较，若相等则将自己放到当前分组中，同时转换状态为 Inactive，若不等则状态保持不变；

(5)重复(3)、(4)，直到所有节点处于 Inactive，算法停止。

个性化安全分组中 vertex.compute()方法见算法 7.2。

算法 7.5　个性化安全分组中 vertex.compute()方法。

输入：messages。

输出：分组 CV。

```
1  if isOpen() or isGrouped() then
2      voteToHalt(); return
3  if getSuperstepCount() = 0 then
4      if isRight() then
5          voteToHalt();  return
6          sendMessToNeighbors(getVertexID())
7  else if getSuperstepCount() % 2 = 1 then
8       if isLeft() then
9           voteToHalt();  return
10          sendMessToNeighbors(getMinValue(messages))
11  else if getSuperstepCount() % 2 = 0 then
12   if isRight() then
13      voteToHalt();  return
14       if getMinValue(messages) = getVertexID then
15           setValue("S_"+step)
16          voteToHalt();  return
17       else
18          sendMessToNeighbors(getVertexID())
19   end
20  end
```

以图 7.18 中二分图为例，左侧用户节点的编号是按度排序后的编号，如图 7.19 所示，(a)中当 superstep=0 时，左侧节点将自身编号以消息形式发送给右侧交互节点，(b)中当 superstep=1 时，执行步骤(3)，从消息中取出最小值再发送给左侧节点，(c)中当 superstep=2 时，执行步骤(4)，最终得到的安全分组 S_2={1, 2, 4}。如此，进行多次迭代之后得出的安全分组结果为：{1, 2, 4}，{5, 6}，相对应的用户节点标识为：$\{u_1, u_2, u_5\}$，$\{u_4, u_6\}$。

2. 基于 Pregel-like 的个性化标签列表匿名

由于分组过程中，并未考虑匿名范围参数 m，因此，在算法 7.5 执行完成后，只需根据参数 m 将得出的分组进行简单的调整即可。在完成安全分组之后，即可结合分组信息以及整数序列 $p=\{p_0, p_1, \cdots, p_{k-1}\}$，对目标节点进行个性化标签列表匿名。本节提出的个性化标签列表匿名的基本思想是：首先，按照安全分组个数 N，产生 N 个伪节点，伪节点的值为分组信息，其邻接节点即为组中的各个节点，

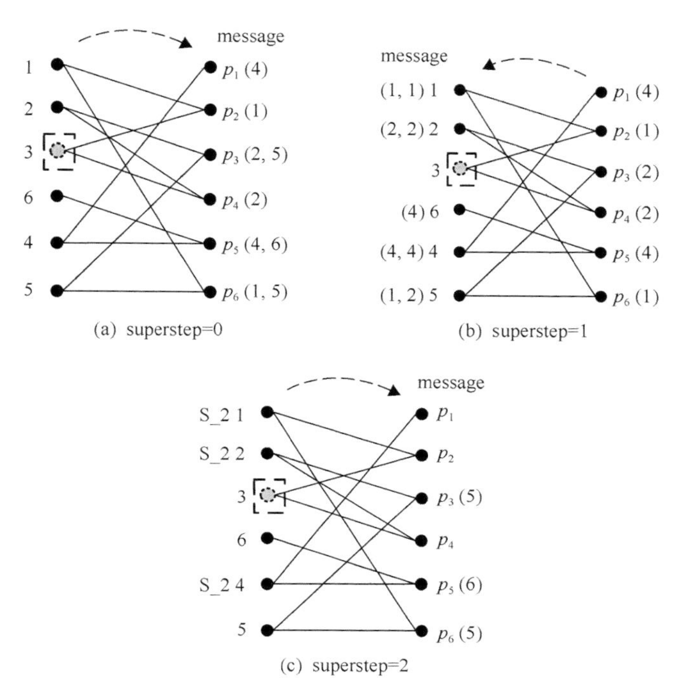

图 7.19　节点个性化安全分组过程

然后，在分布式环境下，Pregel-like 系统将各个节点分布到不同的 Worker 任务中，并在每次超步中执行 vertex.compute() 方法。同样在整个算法运行过程中开放用户节点始终处于 Inactive 状态，其不接收和发送消息。

个性化标签列表匿名的 vertex.compute() 方法的基本步骤如下，其对应的算法如算法 7.6 所示：

(1) 初始状态所有保守用户节点处于 Inactive 状态，伪节点处于 Active 状态；

(2) 当 superstep=0 时，伪节点将分组信息发送给其相邻的用户节点；

(3) 当 superstep=1 时，伪节点设置为 Inactive，用户节点处于 Active，用户节点收到其所在分组信息后，结合序列 $p=\{p_0, p_1, \cdots, p_{k-1}\}$，为自己产生匿名标签列表，然后修改当前值，算法停止。

算法 7.6　个性化标签匿名中 vertex.compute()。

输入：messages。

输出：分组 CV。

```
1  if isOpen() then
2      voteToHalt()
3        return
4  if getSuperstepCount() = 0 then
```

```
5   if isLeft() then
6         voteToHalt();   return
7         sendMessToNeighbors(getValue())
8   else
9   if isRight() then
10        voteToHalt();   return
11    String g = messages
12    String new_value = ""
13    for int i=0;i<p.length;i++ do
14        new +=g[(getThisIndex(g)+p [i])%g.length]+","
15    setValue(new_value)
16    voteToHalt();
17    end if
```

基于 Pregel-like 的个性化标签列表匿名只需两个超步即可完成对节点的匿名。针对上节中的个性化安全分组结果，和匿名序列 p={0, 2}，运行算法 7.6 时的两个超步如图 7.20 中(a)和(b)所示，最终的个性化前缀列表匿名结果如图 7.20 中(b)所示，即 u_1 的个性化匿名标签列表为{u_1, u_5}，u_2 的个性化匿名标签列表为{u_1, u_2}等。

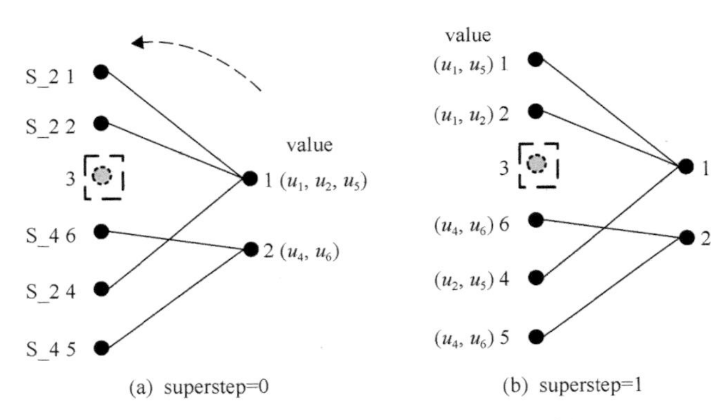

图 7.20　节点个性化标签列表匿名过程

7.2.3　实验测试和结果分析

1. 实验环境

(1) 开发环境：6 台服务器所搭建的 Hadoop 集群和 1 台 Windows 7 系统的单机，硬件配置为 1.8GHz 主频，16GB 内存。

(2) 开发工具：Hama-0.6.4、Giraph-1.1.0 和 Spark-1.2.1。

(3) 开发语言：Scala。

2. 实验数据

实验使用的数据是真实的 DBLP 论文数据(http://dblp.dagstuhl.de/xml)，截至 2015 年 3 月该数据中包含了 4430580 篇 DBLP 文献元数据，从中可解析出 1504237 位作者元信息。使用此数据集的原因一方面是因为数据量可满足需要，另一方面是因为其属于真实的在线社交网络，较容易使用二分图表示，并且可随意拆分成多个规模不同的数据集。

与 6.2 节不同的是，在本实验开始前，首先需要针对整合后的数据集，从用户节点中按 5%的比例随机的虚构出部分开放用户，然后设置 k、m 阈值为 $k=m=5$。

3. 测试结果及分析

1) 不同 Pregel-like 系统与传统单机系统上算法的运行时间分析

如图 7.21 所示，其为基于分布式环境下的个性化隐私保护方法与传统匿名方法的处理时间对比图。从图中可知，只有在数据规模较小的情况下传统方法的运行时间与基于 Pregel-like 的隐私保护方法较为接近，且低于 Hama 系统运行时间，但是，随着数据规模的增长，传统方法运行时间越来越长，处理效率也越来越低于基于分布式环境下的个性化隐私保护方法。

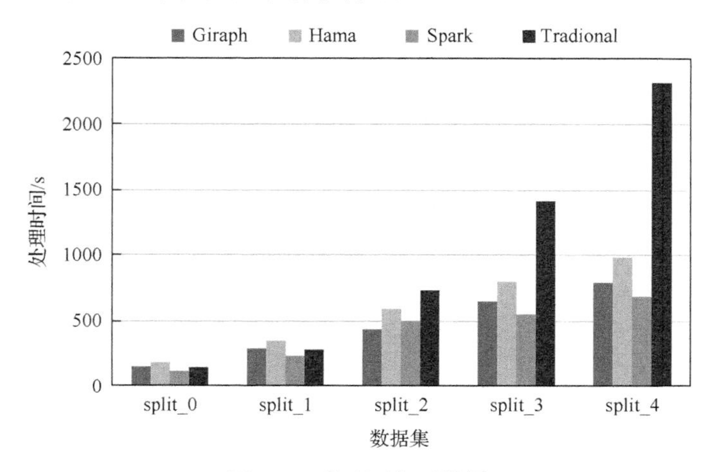

图 7.21　处理时间对比图

2) 相同的 Pregel-like 系统，不同个数的集群节点对算法加速比的影响

与 6.2 节中加速比的计算方法相同，本实验也是在 split_4 数据集上进行，计算节点分别由 2～6 个节点组成，图 7.22 展示了不同 Pregel-like 集群系统在的各类别节点上的算法加速比。

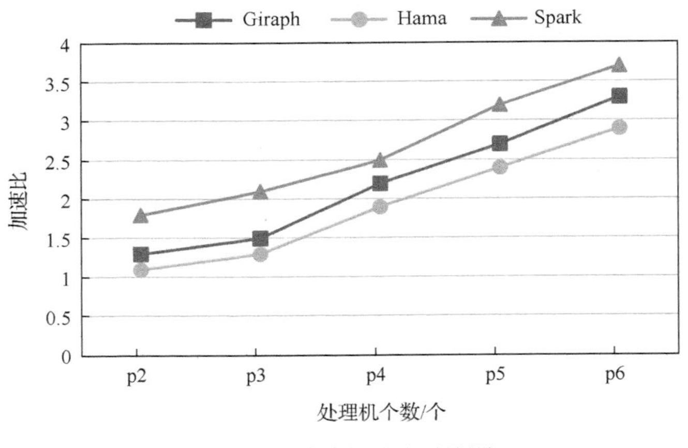

图 7.22　算法加速比对比图

由图 7.22 可以看出，同一数据集，分布式处理节点的不同在很大程度上影响着算法的计算性能。因此，可得出只要选取的集群节点个数足够，该算法的处理效率将在一定程度上优于传统单机算法。

7.3　云环境下基于数据扰动的社会网络隐私保护研究

本节针对个性化社会网络中的敏感链接关系隐私保护问题，提出了一种基于图结构扰动的分布式个性化社会网络隐私保护方法 DP-GSPerturb(distributed personalized graph structure perturbation)。在方法中将社会网络中的链接关系定义为敏感链接关系和非敏感链接关系，并且在隐私保护过程中只处理敏感链接关系。方法的具体思想为：在分布式环境下，以节点为中心，通过节点间消息传递和节点值更新，查找敏感源节点的可达节点，传递可达信息给敏感源节点，随机扰乱敏感源节点的链接关系，实现敏感链接关系的个性化隐私保护。实验结果表明，DP-GSPerturb 方法提高了处理大规模社会网络图数据的效率和数据发布的可用性。

7.3.1　相关定义

定义 7.15(个性化社会网络有向图)　$G=\{V, E, E'\}$，其中 $V=\{v_1, v_2, v_3, \cdots, v_i\}$ 表示用户节点集合，其中的每一个节点对应于社会网络中的一个真实用户；$E=\{e_1, e_2, e_3, \cdots, e_i\}$表示非敏感链接关系集合，$E'=\{e_1', e_2', e_3', \cdots, e_i'\}$表示敏感链接关系集合，其中$(u,v)\in E\cup E'$，表示由用户 u 指向用户 v 的有向社交连接，称 u 为源节点，v 为目标节点，敏感链接关系中的源节点为敏感源节点。

例如，个性化社会网络有向图 G_1，如图 7.23 所示，其中$\{(v_1, v_4)$，(v_2, v_1)，(v_3, v_6)，(v_4, v_6)，$(v_5, v_6)\}$是有向图 G_1 中的敏感链接关系集合。

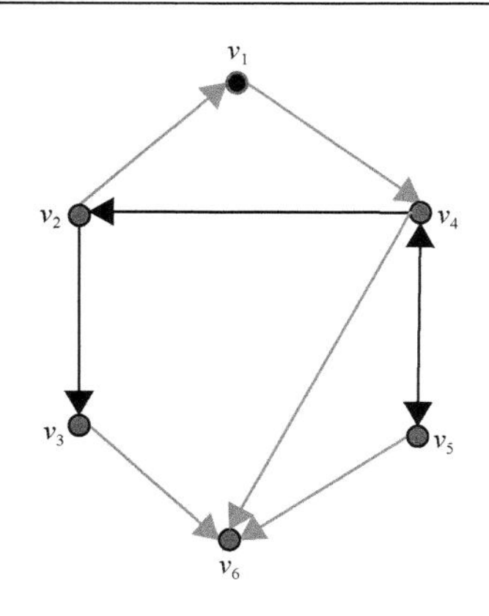

图 7.23　个性化社会网络有向图 G_1

定义 7.16（个性化链接关系转移）　在个性化社会网络有向图中，假设节点 $\{u, v, w\} \in V$，$(u, v) \in E'$，$(u, w) \notin E \cup E'$，删除边 (u, v) 并且增加 (u, w) 到有向图中，称此操作为个性化链接关系转移；其中 w 称为源节点 u 的假目标节点。

例如图 7.23 中个性化社会网络有向图 G_1，$(v_1, v_4) \in E'$，$(v_1, v_5) \notin E \cup E'$，删除 (v_1, v_4)，增加 (v_1, v_5) 到 G_1 称为个性化链接关系转移操作，其中 v_5 称为 v_1 假目标节点。

定义 7.17（可达信息和可达信息列表）　将源节点的目标节点和源节点到此目标节点的距离称为可达信息。源节点的所有可达信息集合称为可达信息列表。使用 Map 数据结构存储可达信息列表，其中 key 为目标节点编号，value 为源节点到目标节点的距离。

以图 7.23 中个性化社会网络有向图 G_1 中的节点 v_1 为例，v_1 的可达信息列表是 $\{(v_1, 0)，(v_2, 1)，(v_4, 2)，(v5, 3)\}$，其中的每个元素都是 v_1 的可达信息。

7.3.2　个性化链接关系随机扰动

1. 个性化查找可达节点

对个性化社会网络有向图执行 DP-GSPerturb 隐私保护方法前需要进行数据预处理。对个性化社会网络用户节点随机编号；将原始图数据转换成分布式图处理系统能够处理的数据形式。DP-GSPerturb 隐私保护方法的基本步骤如下。

在分布式环境下，图节点被分配到不同的计算节点上，并为每个节点设置初始状态，在每个超级步中，Active 状态的节点接收消息，并判断消息中的节点编号是否存在于节点值中(每个值使用 Map 数据结构存储，其中 key 为源节点编号，value 为超级步数)，若不存在，则更新节点值，并发送消息；若不更新，则进入 InActive 状态。

如算法 7.7 所示，查找敏感源节点的可达节点主要包括两种情况：

(1)当 superstep=0 时，将敏感源节点设置为 Active 状态，其他节点设置为 InActive 状态，处于 Active 状态的敏感源节点将自己的节点编号发送给所有邻居节点。

(2)当 superstep≠0 时，根据接收的消息判断节点状态，处于 Active 状态的节点遍历消息列表，查找未在节点值中的节点编号，并更新节点值，然后发送此节点编号给下一跳邻居节点；若所有节点编号都被查找到，则此节点进入 InActive 状态，重复情况(2)，直至所有节点转变为 InActive 状态，程序停止。

算法 7.7　个性化查找可达节点。

输入：超级步间传递的消息 messages。

输出：可达节点列表 reachMapList。

```
1   reachMapList← ∅
2   longstep = getSuperstep()
3   if step ==0 then
4        setValue(reachMapListput(VertexID,0))
5        if isNotSensitiveSourceNode() then
6              voteToHalt();   return
7        else
8        msgListadd(VertexID)
9        sendMessToNeighbors (msgList)
10       end if
11   else
12       if messages == null then
13          voteToHalt();   return
14       else
15        reachMapList = getValue()
16       for each messList in messages do
17       for each VertexId in messList do
18           if isNotInReachMapList(VertexID) then
19                 setValue(eachMapListput(VertexID, step)
20                 msgListadd(VertexID)
21           end if
22       if msgListsize = =0 then
23           voteToHalt();   return
24       sendMessToNeighbors (msgList)
25    end if
26    return reachMapList
```

以图 7.24 个性化社会网络有向图为例，当 superstep=0 时，执行第一种情况，如图 7.24(a)中，节点 1、2、3、4、5 为敏感源节点，发送自己的节点编号给所有邻居节点。当 superstep=1 时，如图 7.24(b)所示，执行第二种情况，更新后每个节点的值如图 7.24(b)中大括号内所示，如节点 6 的可达节点列表为{(6, 0)，(3, 1)，(4, 1)，(5, 1)}。重复 superstep=1，直至所有节点转为静默状态，则程序停止。图 1 在 5 个超级步后，程序停止。算法 7.7 的结果如表 7.4 所示，以节点 6 为例，表示源节点 1、2、3、4、5、6 可到达节点 6，距离分别为 2、2、1、1、1、0。

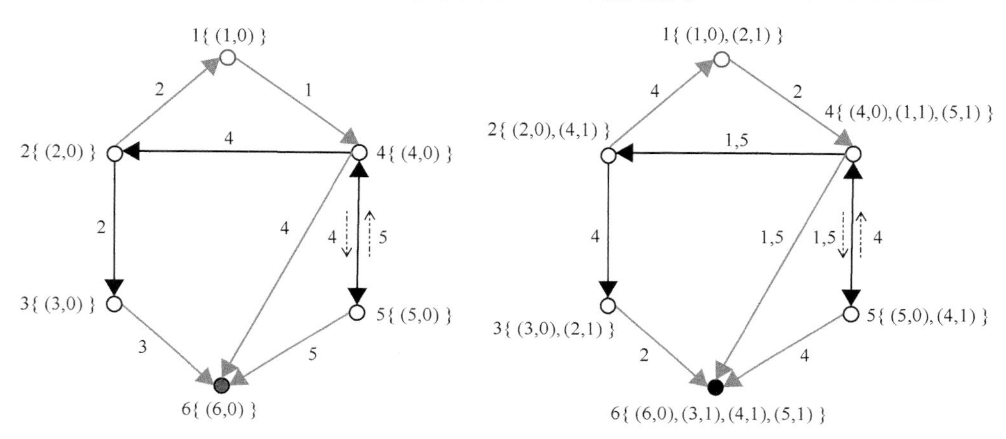

图 7.24　查找可达节点

表 7.4　查找可达节点结果

VertexID	Vertex Value
1	(1, 0)，(2, 1)，(4, 2)，(5, 3)
2	(2, 0)，(4, 1)，(1, 2)，(5, 2)
3	(3, 0)，(2, 1)，(4, 2)，(1, 3)，(5, 3)
4	(4, 0)，(1, 1)，(5, 1)，(2, 2)
5	(5, 0)，(4, 1)，(1, 2)，(2, 3)
6	(6, 0)，(3, 1)，(5, 1)，(4, 1)，(1, 2)，(2, 2)

2. 个性化传递可达信息

首先，遍历每个节点的可达节点列表，查找跳步大于等于 2 的源节点，建立目标节点到源节点的伪链接关系(如图 7.25(a)和(b)中的伪链接关系)；然后，通过伪链接关系将目标节点值中的可达信息传递给源节点；最后，源节点根据可达信息列表计算 PTS(u, r, s)集合，执行边随机扰动。

如算法 7.8 所示，传递可达信息主要包含两种情况：

(1)当 superstep=0 时，所有源节点处于 Active 状态，其他节点处于 InActive 状态，源节点通过伪链接关系将节点值中的可达信息发送给目标节点。

(2)当 superstep=1 时，未接收到消息的节点设置为 InActive 状态，所有接收到消息的节点处于 Active 状态，接收消息并保存所有可达信息，程序停止。

算法 7.8　个性化传递可达信息。

输入：超级步间传递的消息 messages。

输出：可达信息列表 ReachInforList。

```
1   ReachInforList←∅
2   long step = getSuperstep()
3   if step = 0 then
4     if getEdges == null then
5           voteToHalt();   return
6           reachMapList= getValue()
7         for each value in reachMapListdo    //将可达信息通过伪边发送给源节点
8             msgMapput(vertexID,distance)
9             sendMess(targetID, msgMap)
10        end for
11  else if step =1 then
12        if messages == null then
13            voteToHalt();   return
14        for each mess in messages do
15            ReachInforListput(destID,distance)
16        setValue(ReachInforList)   //把接收到的可达信息赋值给当前节点
17        voteToHalt()
18          end if
19  end if
20  return ReachInforList
```

针对图 7.25(a)执行算法 7.8，只需要两个超步即可完成可达信息传递。如图 7.25(a)和(b)所示，以节点 6 为例，当 superstep=0 时，将可达信息(6, 2)发送给节点 1、2；当 superstep=1 时，节点 1、2 分别接收可达信息并保存到可达信息列表。图 7.25(b)中大括号内为每个节点的可达信息列表。

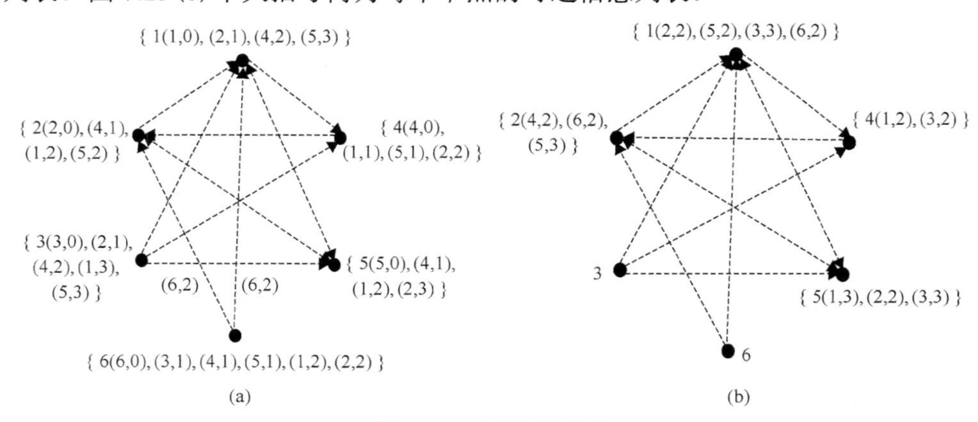

图 7.25　传递可达信息

3. 个性化链接关系随机扰动

首先，根据敏感源节点的可达信息列表，局部邻居半径 r，PTS(u, r, s)的大小 s，计算 PTS(u, r, s)集合；然后，敏感源节点针对每一条敏感边，根据随机概率 p 进行链接关系随机扰动，如算法 7.9 所示。

算法 7.9　个性化链接关系随机扰动。

输入：有向图 G，局部邻居半径 r，PTS(u)的大小 s，边保留概率 p。

输出：可达信息列表 ReachInforList。

```
1   ReachInforList← ∅
2   long step = getSuperstep()
3    if step = 0 then
4        if getEdges == null then
5            voteToHalt();   return
6            reachMapList= getValue()
7        for each value in reachMapList do   //将可达信息通过伪边发送给源节点
8           msgMapput(vertexId,distance)
9           sendMess(targetId, msgMap)
10       end for
11     else if step =1 then
12          if messages == null then
13            voteToHalt();   return
14          for each mess in messagesdo
15             ReachInforListput(destId, distance)
16          setValue(ReachInforList)   //把接收到的可达信息赋值给当前节点
17             voteToHalt()
18       end if
19     end if
20   return ReachInforList
```

7.3.3　实验测试和结果分析

1. 实验环境

(1) 开发环境：5 台服务器所搭建的 Hadoop 集群和 1 台 Windows 7 系统的单机，硬件配置为 1.8GHz 主频，16GB 内存。

(2) 开发工具：Giraph-1.1.0 和 Spark-1.2.1。

(3) 开发语言：Scala。

2. 实验数据

实验采用了真实有向图 LiveJournal 数据集，LiveJournal 是一个综合型 SNS 交友网站，其中共包含 4847571 个用户，68993773 条社交链接。实验中目标节点的替换概率用 δ 表示，$\delta=1-p$。表 7.5 显示了图数据集相关统计数据。

表 7.5　数据集相关统计数据

特性	数量
Nodes	4847571
Edges	68993773
Nodes in largest WCC	4843953（0.999）
Edges in largest WCC	68983820(1.000)
Nodes in largest SCC	3828682（0.790）
Edges in largest SCC	65825429(0.954)
Average clustering coefficient	0.2742
Number of triangles	285730264
Fraction of closed triangles	0.04266
Diameter（longest shortest path）	16
90-percentile effective diameter	6.5

3. 测试结果及分析

1) 处理时间分析

本节主要分析对比分布式个性化社会网络隐私保护方法(DP-GSPerturb)与 NR 方法的执行时间。由于 DP-GSPerturb 方法只对社会网络图中的部分敏感链接关系进行随机扰动，因此提高了算法的执行效率。实验分别基于 Giraph 和 Spark GraphX 系统，执行 DP-GSPerturb 方法。实验前需要虚构出 5%的非敏感链接关系。

图 7.26 为 DP-GSPerturb 方法与 NR 方法的处理时间对比图(r=2, s=2|Dst(u)|, δ=0.5)。由图 7.26 中可以看出在处理小数据集(split_1 和 split_2)时，NR 方法的运行时间与 DP-GSPerturb 方法的运行时间差别很小，但随着数据量的成倍增加(split_3 和 split_4)，DP-GSPerturb 方法的执行时间远远低于 NR 方法。

2) 数据可用性分析

由于 DP-GSPerturb 方法只是处理部分敏感链接关系，因此在一定程度上提高了发布数据的可用性。通过测试扰动前后图结构情况分析数据可用性，测试的图结构参数包括：平均最短路径(ASP)、最大特征向量(LE)、度中心性、接近中心性。

图 7.27、图 7.28 为 DP-GSPerturb 方法与 NR 方法的平均最短路径和最大特征向量扰动情况对比图(注：横轴指局部邻居半径大小，纵轴指扰动前后图结构变化

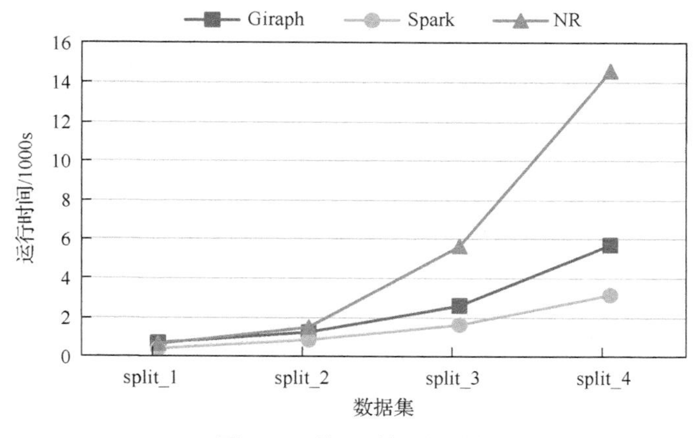

图 7.26　处理时间对比图

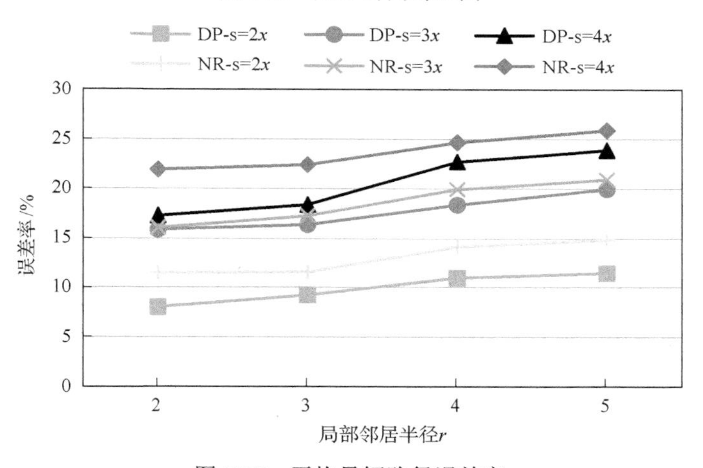

图 7.27　平均最短路径误差率

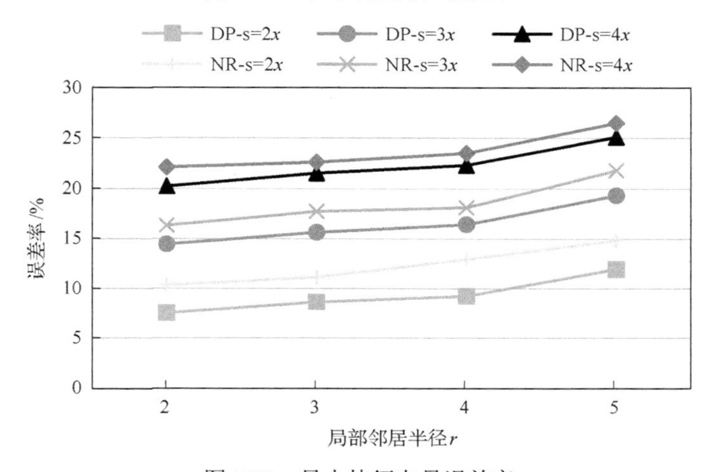

图 7.28　最大特征向量误差率

的误差率，δ=0.5，x 指|Dst(u)|，虚构出 5%的非敏感链接关系）。从两幅图中可以看出，两种方法随着局部邻居半径的增大，平均最短路径和最大特征向量的相对误差率逐渐增大，即数据可用性逐渐降低。同时表明选取相同的局部邻居半径，DP-GSPerturb 方法的数据可用性高于 NR 方法。

图 7.29、图 7.30 为 DP-GSPerturb 方法与 NR 方法的对比图(注：横轴指局部邻居半径大小，纵轴指扰动前后图结构的变化情况，δ= 0.5，x 指|Dst(u)|，虚构出 5%的非敏感链接关系）。从两幅图可以看出对于以上两种方法，随着局部邻居半径增大，扰动图与原始图的度中心性和接近中心性的相似性都逐渐减小，数据可用性呈下降趋势。并且两种方法选取相同的局部邻居半径，DP-GSPerturb 方法的数据可用性高于 NR 方法。

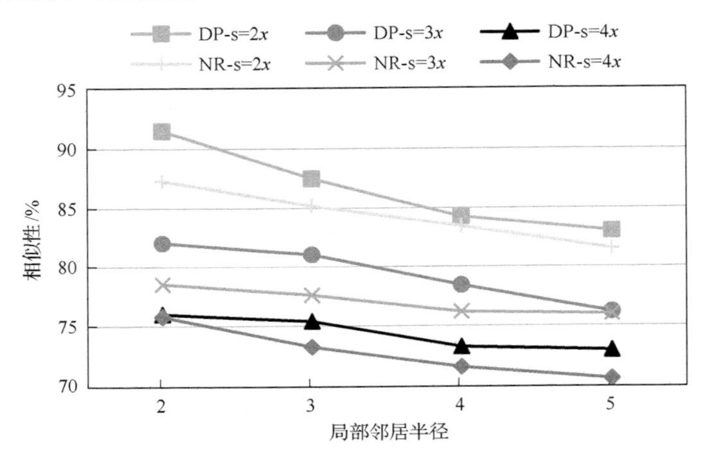

图 7.29　度中心性相似性

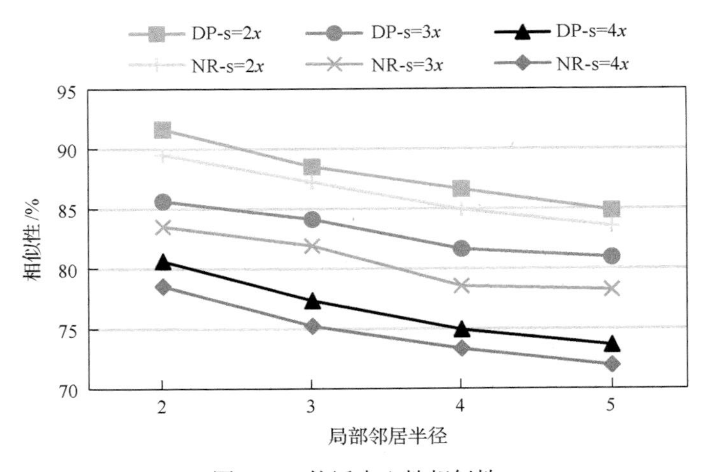

图 7.30　接近中心性相似性

图 7.31(a)和(b)分析了选取不同的链接关系替换概率 δ 对图结构特征的影响(注：横轴指链接关系替换概率，纵轴指扰动前后图结构的变化情况，r=2，s=2|Dst(u)|，虚构出 5%的非敏感边)。两幅图显示，随着 δ 的增大，度中心性和接近中心的性相似性逐渐降低，平均最短路径和最大特征向量的相对误差率逐渐增加，即数据可用性越来越低。图 7.27～图 7.31 表明：s、r 和 δ 的值越小，越能降低对图结构信息的损坏。

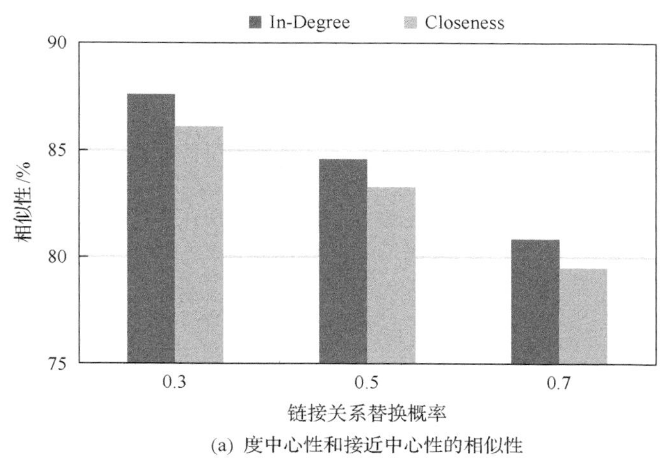

(a) 度中心性和接近中心性的相似性

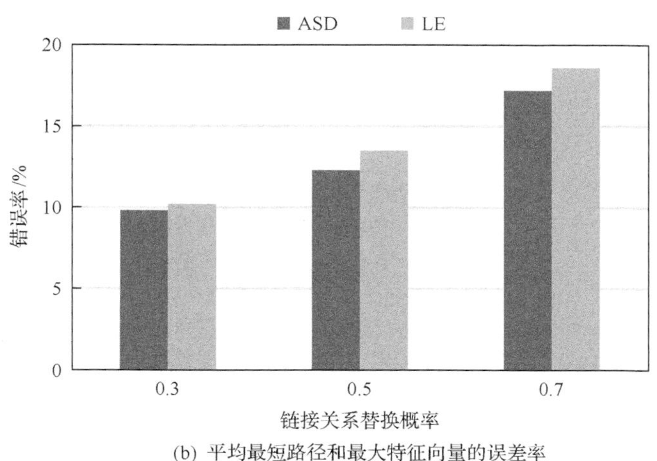

(b) 平均最短路径和最大特征向量的误差率

图 7.31　不同 δ 的图结构变化对比图

图 7.32(a)和图 7.32(b)分析了在 DP-GSPerturb 算法中，测试不同比例的非敏感链接关系对数据可用性的影响，其中 r=2，s=2|Dst(u)|，δ=0.5。随着特殊链接关系(非敏感链接关系)所占比例的增加，扰动前后的度中心性和接近中心性的相似性逐渐增加，平均最短路径和最大特征向量的相对误差率逐渐减小，即数据可

用性越来越高。由于 DP-GSPerturb 算法只扰动了社会网络图中的部分敏感链接关系，因此 DP-GSPerturb 方法在一定程度上提高了发布数据的可用性。

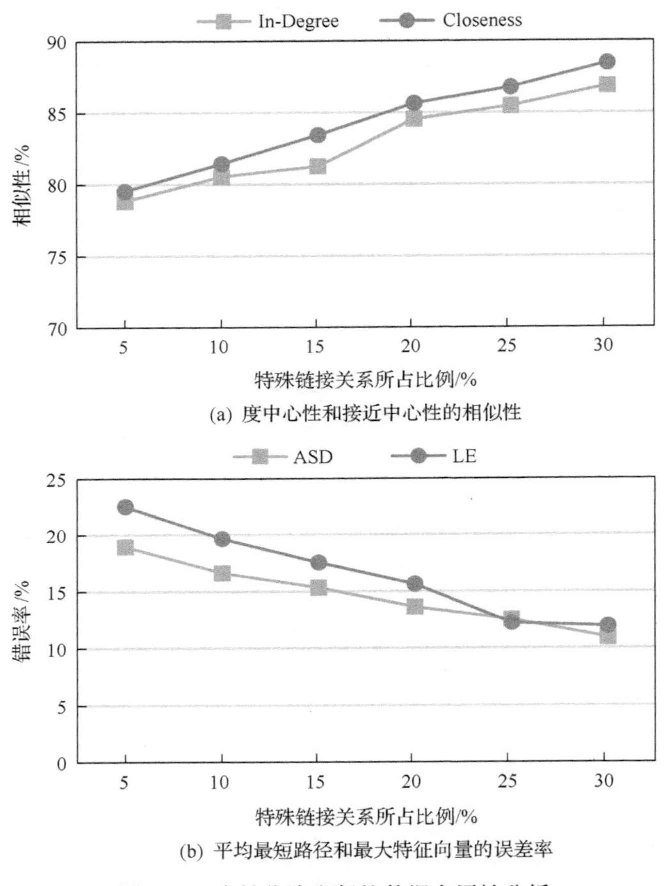

(a) 度中心性和接近中心性的相似性

(b) 平均最短路径和最大特征向量的误差率

图 7.32　个性化隐私保护数据有用性分析

7.4　基于预测链接 DP-LP 的个性化社会网络隐私保护技术研究

本节提出一种基于预测链接的个性化社会网络隐私保护方法。该方法将社会网络用户划分为敏感节点和非敏感节点，敏感节点是对于隐私保护需求有一定要求的用户，而非敏感节点对于隐私保护持默认状态。作者针对两种不同要求的用户提供不同的隐私保护处理。同时，该方法基于 GraphX 框架中以“节点为中心”的思想，通过节点间消息传递和程序的多次迭代实现大规模社会网络的个性化隐私保护处理，首先收集社会网络中的敏感节点并标记，通过 DP 动态算法将敏感节点分组，使得匿名敏感节点的代价最低并得到每个节点需要添加的伪边个数。

其次通过节点间消息的传递、迭代、更新得到节点与之添加边的候选节点集合并从候选节点集合中选择最优的候选节点。由于可能发生两个节点的最优候选节点为同一个节点的情况(这种情况的发生是由于节点之间处理数据是独立的，无法得知其他节点的处理结果)，作者提出互斥边集合的概念，互斥边集合中的边可以并行添加，至此，完成图的匿名操作。

7.4.1　相关定义

定义 7.18(个性化动态社会网络图 $G=(V_t, V_t', E_t)$)　$V_t=\{v_1, v_2, \cdots, v_n\}$代表 t 时刻社会网络图的所有节点，$V_t'=\{v_1', v_2', \cdots, v_n'\}$代表 t 时刻需要匿名的敏感节点，$E_t \subseteq V_t \times V_t$，代表 t 时刻社会网络图的边。d_{vi}^t 表示在 t 时刻节点 v_i 的度。$\Gamma=\{G_1, G_2, \cdots, G_t\}$ 表示在 T=1, 2, …, t 时刻的社会网络图集合，$\Gamma^*=\{G_1^*, G_2^*, \cdots, G_t^*\}$ 表示在 T=1, 2, …, t 时刻的社会网络匿名图集合。

定义 7.19(个性化共同邻居数 CN(common neighborhood))　给定敏感节点 $u' \in V$，$v' \in V$，$u' \neq v'$，则 $\mathrm{CN}(u',v')=\dfrac{1+|N_1(u') \cap N_1(v')|}{1+|N_1(u') \cup N_1(v')|}$。例如，图 7.16 中 $\mathrm{CN}(v_{19}', v_9')=2/3$。

定义 7.20(个性化路径个数 PC_β(path count))　给定敏感节点 u'，v'，$\mathrm{PC}_\beta(u', v')=\sum_{i=1}^{\beta}\mathrm{Path}_i(u',v')$，$\beta \to \infty, u', v' \in V, u' \neq v'$。$\mathrm{Path}_i(u', v')$表示 u'到 v'的路径长度小于等于 i 的个数。例如，图 7.16 中 $\mathrm{Path}_2(v_{11}', v_{13}')=|\{(v_{11}', v_{13}', v_{13}'), (v_{11}', v_{12}', v_{13}')\}|=2$。

定义 7.21(个性化预测链接)　给定个性化社会网络图 G_i 和 G_j，存在 $e_1=e(v_1', v_2') \notin G_i$，$e_1=e(v_1', v_2') \in G_j$,且 $i<j$。在 i 时刻，利用图 G_i 的某些特性预测出 e_1 的过程，称为预测链接。

在社会网络图中，共同邻居信息是预测链接的衡量指标之一，但是单独以共同邻居作为预测链接的指标，忽略了共同邻居之间的关系，所以使用路径信息进一步获得节点之间的链接强度。即将共同邻居数量和路径信息共同作为达到匿名图的度量标准 UMC：

$$\mathrm{UMC}(u',v')=a\mathrm{CN}(u',v')+(1-a)\mathrm{PC}_\beta(u',v'),\quad 0<a<1 \tag{7-5}$$

UMC 值越大说明两个节点链接关系越强，在下一时刻存在链接的可能性也越大。如果发布的图 G^*满足 k-度匿名原则，则可以防止度攻击。

定义 7.22((k, d_{target})个性化度匿名)　将 V_t'按照度降序排序，利用 DP 动态划分组方法分成若干个相互独立的组 $C_1, C_2, \cdots, C_i, \cdots, C_m$，每个组至少有 k 个节点。

$v', u' \in C_i$， $\forall dv' \geqslant du'$， $1 < i < m$ 则 $d_{\max}(C_i)=dv'$。在 t 时刻，则为了使得组中的节点有同样的度，节点添加边数量为 Attr，或者节点属性值，即 $\mathrm{Attr}(v_i')=d_{\max}(C_j)-d_{vi'}^{t}$。$v_i' \in C_j, i=1, 2, \cdots, |C_j|, j=1, 2, \cdots, m$。

7.4.2 并行构建个性化集合

DP-LP 隐私保护方法的主要思想：首先将个性化动态社会网络中需要特殊保护的敏感节点通过 DP 动态划分组得到每个节点的 $\mathrm{Attr}(v_i')$，序列 S 存放 $\mathrm{Attr}(v_i')\neq 0$ 的节点及对应的 $\mathrm{Attr}(v_i')$；其次 S 中的节点并行选择候选节点集合 $\mathrm{CandSet}(v_i')$；最后构建互斥边集合，由于互斥边集合是分布式数据集，所以向图中添加互斥边时是分布并行的。由于互斥边的添加导致 $\mathrm{Attr}(v')$ 的变化，所以更新序列 S，Attr 为 0 则直接删除。

如果第一次匿名个性化节点，需要根据 DP 动态算法划分组，否则只需要保证每个组满足 k-度匿名。对于新加入的个性化节点根据匿名代价加入 Cost 最小的组求得 $\mathrm{Attr}(v_i')$；若某组删除了个性化节点不满 k 个，则根据组间匿名代价合并。求得 $\mathrm{Attr}(v_i')$。

算法 7.10 并行构建个性化候选节点集合。

输入：原始图 $G_1, G_2, \cdots, G_t$，匿名参数 k。

输出：匿名图 $G_1^*, G_2^*, \cdots, G_t^*$。

```
1    if (G1)
2      splitGroup
3      S=DP(Node). filter(Attr(vi)≠0)
4      anonymization(G1, S)
5    else   //分组不变
6      new node join group by Cost and get Attr(vi)
7      group1 union other group by Cost if group1.size<k and get Attr(vi)
8      if (Attr(vi)!=0) S.Add(vi)
9      anonymization(Gt, S)(1<t≤n)
10     def splitGroup(array(ID, degree), k){
11     costall=计算 array 为一个分组的代价
12            if count(array)<2k
13                 return costall
14            else
15                 for i <–k to count(array)–k
16                  costi=compute cost by lacation i
17                   if costi<costall
```

```
18                    return cost_i else cost_all
19          }
20  def anonymization(G, S){
21     allEdge=null
22     while (S.size!=0 || r≤6)
23        r=2   //表示 N_2(v)
24        CandSet=call 算法 6.21
25        CandEdge=Candset.compute
26        allEdge+=call 算法 6.22(CandEdge).EdgeSet
27        r=r+1
28  G*=G.Add(allEdge)}
```

由于互不为 1 邻居的节点才能添加边，所以 $r\geq 2$，由“小世界理论”和“六度分割原理”定义 r 小于等于 6。$r=2$，当 $N_2(v')$ 中节点不能够满足 $\mathrm{Attr}(v')$ 个节点时，将 $N_2(v')$ 的范围变为 $N_3(v')$，以此类推，直到 $r=6$ 时停止。

图 7.33 中的黑色节点为非敏感节点，空心节点为敏感节点 $V_t'=\{v_{11}',v_{13}',v_6',v_{14}',v_9',v_5',v_{19}'\}$，$k=2$ 为例，通过 DP 动态算法分组为 $C_1=\{v_{11}',v_{13}',v_6'\}$，$C_2=\{v_{14}',v_9'\}$，$C_3=\{v_5',v_{19}'\}$，利用 (k,d_{target}) 匿名得到 $\mathrm{Attr}(v_{11}')=\mathrm{Attr}(v_{14}')=\mathrm{Attr}(v_5')=0$，$\mathrm{Attr}(v_{13}')=\mathrm{Attr}(v_6')=\mathrm{Attr}(v_9')=\mathrm{Attr}(v_{19}')=1$。$S=\{(v_{13}',1),(v_6',1),(v_9',1),(v_{19}',1)\}$。在节点得到 $\mathrm{Attr}(v_i')$ 后，需要找到 $N_2(v')$，筛选出候选节点集合 $\mathrm{CandSet}(v')$。

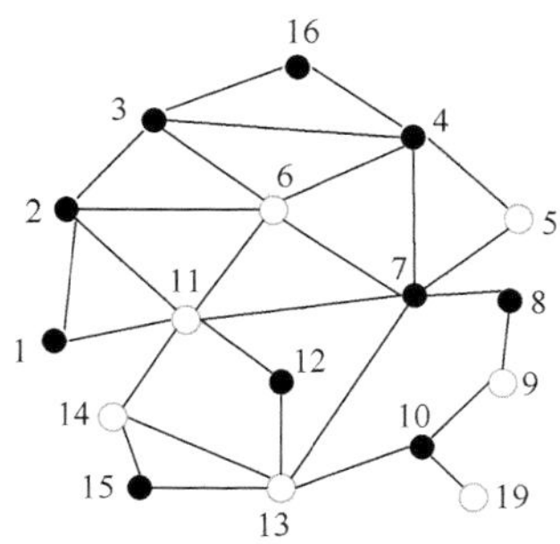

图 7.33　t 时刻原始图 G

1. 并行构建个性化候选节点集合

GraphX 中的 Pregel 操作是消息迭代更新模型。一个 Pregel 任务执行多个超步(supersteps)。每个 superstep 分为 vprog、sendMsg、mergeMsg 三个阶段。vprog 阶段在本地处理接收到的消息；sendMsg 阶段将更新后的消息发送给 1 邻居；mergeMsg 阶段合并接收到的消息。当全部节点没有消息更新时，Pregel 操作停止迭代并返回结果。每个超级步分布并行发送消息。若节点更新消息则将节点状态置为 Active，否则 InActive 状态。

对于节点 $u'\in N_r(v')$，将 $\mathrm{UMC}(v',u')$ 值最大的 $\mathrm{Attr}(v')$ 个节点 u' 加入 v' 的候选节点集合。$\mathrm{UMC}(v',u')$ 的计算需要 $N_1(v')$，$N_1(u')$ 和 u' 与 v' 之间的路径信息 $\mathrm{Path}_\beta(u',v')$，而 $\mathrm{Path}_\beta(u',v')$ 一定包含节点 v' 的 $N_1(v'),N_2(v'),\cdots,N_r(v')$，$\beta=r+1$，

$2 \leqslant r \leqslant 6$，$r \in N^+$。综上所述，只需寻找每个节点 Path_{r+1} 再通过计算即可得到候选节点集合 CandSet(v′)。以下为并行寻找 Path_{r+1} 的过程(r=2)：

superstep=0 时，将节点设置为 Active 状态，处于 Active 状态的节点将自己的路径信息 Info 发送给邻居节点。Info 信息为(VertexID，lifeValue，Path(VertexID))。Path 是用来存储长度在 r+1 以内的每一条路径的数据结构，Path 初始值为敏感节点本身的 VertexID 值，初始 lifeValue=3，为查找 3 步内的所有路径信息。

当 superstep≠0 时：接收到消息的节点判断每个收到的消息的生命值是否为 0，是则停止发送消息，节点置为 InActive 状态，否则将当前节点的 VertexID 加入路径，继续传递消息，重复执行 2)，直到生命值为 0 或者没有节点更新消息时停止迭代。此时每个节点根据所得路径信息计算 UMC，选择候选节点集合。

算法 7.11　并行构建个性化候选节点集合。

输入：带节点属性 Attr(v_i)的原始图 G。

输出：构建候选节点集合。

```
1   Gn2Pc3=G.pregel (updateMsg,sendMsgToNeibor, mergeMsg)
2   Gn2Pc3=G.pregel (updateMsg,sendMsgToNeibor, mergeMsg)
3   updateMsg{
4   if (superstep=0) then send its Info to Neighborhood
5   if (superstep!=0) then
6      if (Info.lifeValue!=0) then
7      add current VertexID to Path
8        lifeValue–1
9      send its Info to Neighborhood
10  }
11  sendMsgToNeighbor{
12  send Info to Neighborhood which not contains source VertexID
13  }
14  mergeMsg{
15  merge all Info
16  }
17  compute UMC for every Node by Gn2Pc3
```

以图 7.34 中敏感节点 v_{19} 获得的路径为例(r=2)。

superstep=0 时，如图 7.34(a)所示，Attr(v)!=0 的节点初始化消息 Info 并发送，着重描述 v_7'、v_8'、v_{10}'、v_{12}'、v_{14}'、v_{15}'节点发送消息。

superstep=1 时，如图 7.34(b)所示，节点 v_{13}'、v_9'分别作以下操作：接收消息后合并，加入自己的 VertexID 且生命值减 1，处理后得消息分别为 Info((v_7', 2, Path(v_7', v_{13}'))，(v_{14}', 2, Path(v_{14}', v_{13}')，(v_{12}', 2, Path(v_{12}', v_{13}')，(v_{10}', 2, Path(v_{10}', v_{13}')，(v_{15}', 2, Path(v_{15}', v_{13}'))和 Info((v_8', 2, Path(v_8', v_9'))，(v_{10}', 2, Path(v_{10}', v_9')))，最后自身置为 Active 状态并发送消息。

superstep=2 时，如图 7.34(c)所示，节点 v_{10} 接收、合并、处理消息后发送 Info((v_7', 1, Path(v_7', v_{13}', v_{10}'))，(v_{12}', 1, Path(v_{12}', v_{13}', v_{10}'))，(v_{14}', 1, Path(v_{14}', v_{13}', v_{10}'))，(v_{15}', 1, Path(v_{15}', v_{13}', v_{10}'))，(v_8', 1, Path(v_8', v_9', v_{10}')))。

superstep=3 时，节点 v_{19}'接收、合并消息，生命值减为 0，停止迭代，Info 变为((v_7', 0, Path(v_7', v_{13}', v_{10}', v_{19}'))，(v_{12}', 0, Path(v_{12}', v_{13}', v_{10}', v_{19}'))，(v_{14}', 0, Path(v_{14}', v_{13}', v_{10}', v_{19}'))，(v_{15}', 0, Path(v_{15}', v_{13}', v_{10}', v_{19}'))，(v_8', 1, Path(v_8', v_9', v_{10}', v_{19}')))。

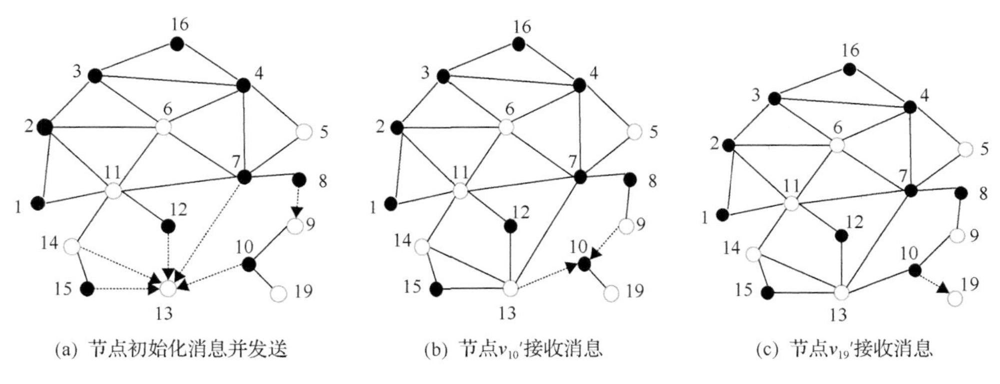

图 7.34　节点消息传递过程

在图 7.34 中，v_{19}'从路径信息 Path(v_7', v_{13}', v_{10}', v_{19}')和 Path(v_8', v_9', v_{10}', v_{19}')中得到 $N_2(v_{19}')=\{v_9', v_{13}'\}$，同理得到 $N_1(v_{19}')$，$N_1(v_{13}')$，$N_1(v_9')$，$PC_3(v_{19}', v_9')==|\{(v_9', v_{10}', v_{19}')\}|=1$，$a$=0.5，$\mathrm{UMC}(v_9',v_{19}')=0.5\times\left(\dfrac{1+|(8,10)\cap(10)|}{1+|(8,10)\cup(10)|}+1\right)=0.75$，UMC($v_9'$, v_{13}')=0.65，则 CandSet(v_{19}')={v_9'}。同理，CandSet(v_{13}')={v_6'}。CandSet(v_6')=v_{13}'，CandSet(v_9')=v_{13}'。候选边 CandEdge={(v_{19}', v_9')，(v_{13}', v_6')，(v_9', v_{13}')，(v_6', v_{13}')}。然而 CandSet 不能全部添加，否则可能导致节点添加的边数大于节点的 Attr，所以提出互斥边集合。

2. 并行构建个性化互斥边集合

集合 CandEdge 按照 UMC 值将候选边降序排列，并将边依次加入集合 EdgeSet，EdgeSet 可以并行添加边的集合。EdgeSet 集合中的边需要满足以下条件：

(1) 某一个边的源节点 srcId 在集合中出现的次数小于等于本节点 Attr(srcID)；

(2) 某一个边的目标节点 dstId 在集合中出现的次数小于等于本节点 Attr(dstID)。

算法 7.12　并行构建个性化互斥边集合。

输入：所有敏感节点的候选边 CandEdge(按照 UMC 值降序排列)。

输出：可添加的边集合 EdgeSet。

```
1  EdgeSet← ∅
2  Foreach edge e in CandEdge
3  if count(e.dstID)<Attr(e.dstID) and count(e.srcID) < Attr(e.srcID)
4  then EdgeSet←e
```

候选边 CandEdge={(v_{13}', v_6')，(v_6', v_{13}')，(v_9', v_{13}')，(v_{19}', v_9')}中，EdgeSet={(v_{13}',v_6')，(v_{19}',v_9')}，S 为空，则 t 时刻匿名图如图 7.35(a)所示。

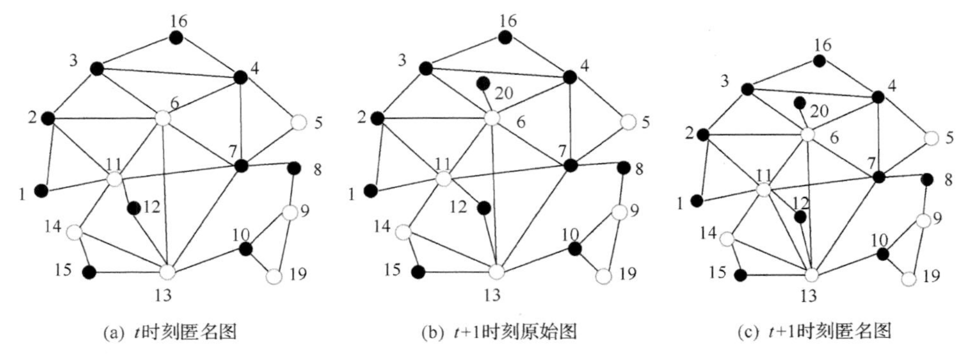

(a) t时刻匿名图　　(b) t+1时刻原始图　　(c) t+1时刻匿名图

图 7.35　个性化社会网络图

图 7.35(b)即 t+1 时刻原始图，由于 t 时刻匿名图加入了伪边(v_{19}', v_9', 和 v_{13}', v_6')，而在 t+1 时刻，这两条边真实存在，且引起的匿名代价为 0，预测链接更好地保证了原始图的结构。t+1 时刻加入的非敏感节点 20，则 C_1 组内的 v_{11}'、v_{13}'需要添加边达到匿名如图 7.35(c)所示。

本节中图的匿名过程属于 NP-hard 问题。在图的匿名过程中，如果图中每个需要匿名的节点添加边是最好的选择，那么，并非所有的节点都能找到另一个需要匿名的节点并添加边。在当敏感节点的候选节点集合中没有敏感节点，甚至没有节点可以添加边时，需要考虑随机添加伪节点达到匿名要求，由于需要添加伪节点进行匿名的数量并不多，因此，本节规定，敏感节点只需要随机添加一个伪节点达到匿名条件即可，而对于伪节点不作保护。

7.4.3　实验测试和结果分析

1. 实验环境

(1) 开发环境：5 台服务器所搭建的 Spark 集群和 1 台 Windows 7 系统的单机，

硬件配置为 1.8GHz 主频，16GB 内存。

(2) 开发工具：Spark-1.3.1、Hadoop 2.5.2 和 JDK1.7.0_65。

(3) 开发语言：Scala。

2. 实验数据

实验使用的数据是 dblp 论文数据(http://dblp.dagstuhl.de/xml)，在进行一系列的数据过滤、清洗后，2015 年 3 月～7 月的数据如表 7.6 所示。使用此数据集的原因一方面是因为数据量足够大，且数据格式容易解析，另一方面是因为其属于真实的动态社会网络数据集，并且可随意拆分成多个规模不同的数据集片段。同时为了验证不同大小的数据集的执行效率将原始数据集 A 分为四等份，然后按着比例 1∶2∶3∶4 重新将数据整合，同样将重新整合后的 4 个数据集作为实验数据。处理后的数据集属性如表 7.7 所示。

表 7.6　数据集

数据集	节点总数	边总数	日期
A	1618274	11386415	2015 年 3 月
B	1551960	11563003	2015 年 4 月
C	1567058	11702027	2015 年 5 月
D	1578377	11830438	2015 年 6 月
E	1590850	11952448	2015 年 7 月

表 7.7　数据集 A 的切片

数据集 A 的切片	作者数量	边的数量
split_1	702711	4286537
split_2	1007850	6248670
split_3	1475349	9556302
split_4	1618274	11386415

3. 测试结果及分析

1) 处理时间分析

DP-LP 隐私保护方法通过修改节点的链接操作达到 k-度匿名，保证图结构的同时，提高处理大规模社会网络数据集的效率。在 Spark 系统上对上述不同的 4 个数据分片执行 DP-LP 隐私保护方法。由图 7.36 可知在处理分片数据集(split_1, split_2，split_3, split_4)时，两个方法在数据集上的执行时间相差较大，DP-LP 方法执行时间较短，原因是需要匿名的节点大幅度下降所致。

从并行处理的角度上，资源越多，处理速度越快。由图 7.37 可知，Spark 集群在处理动态图的匿名数据时，将任务分发到不同的 Worker 上，运行时间随着 Worker 的增大而减小。无限的提升 Worker 的数量不能成倍加快算法执行速度，原因可能是由 Worker 的数量增多导致 Worker 之间的通信量过大，此时计算性能的提升被网络开销的代价所抵消。

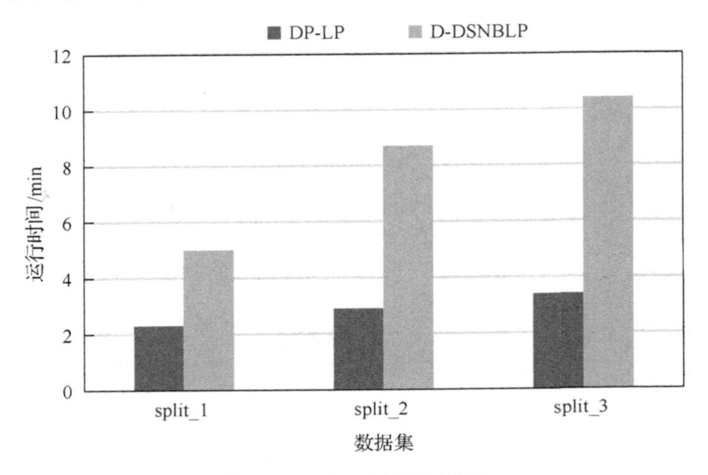

图 7.36　处理效率分析图

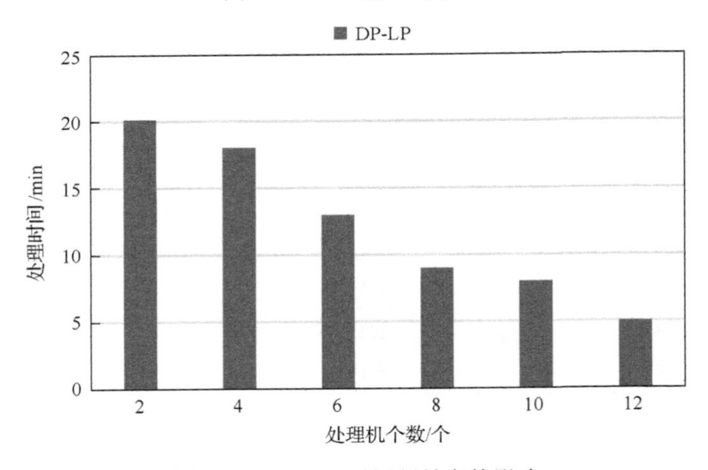

图 7.37　Worker 对运行效率的影响

2) 数据可用性分析

图的修改量 C 是指对于匿名图相对于原图在边的数量上的改变量。$C = E(G^*) - E(G)$。对于数据集 A，由图 7.38 可知，D-DSNBLP 对于图的修改量随着 k 值的增加不断增大，而 DP-LP 随着 k 值的增加效果并不明显，对于图的改动仍然较小，这是由于动态划分组可以最小化图的修改量。另外，由于匿名保护只针对部分个性化节点，大大减少了匿名成本，增加了数据可用性。

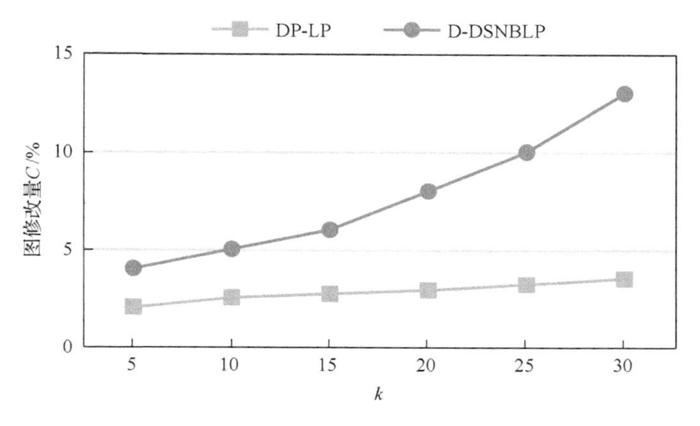

图 7.38　图修改量 C 随着 k 的变化

随着图的不断发布，匿名数据的代价即图的修改量也会不断增大，如图 7.39 所示，假定 k=5，随着 t 时刻图的发布，DP-LP 由于只匿名个性化节点且在添加边的时候选择下一个发布图中可能存在的链接关系，所以图的修改量增加量较为缓慢，数据结构得以保存。

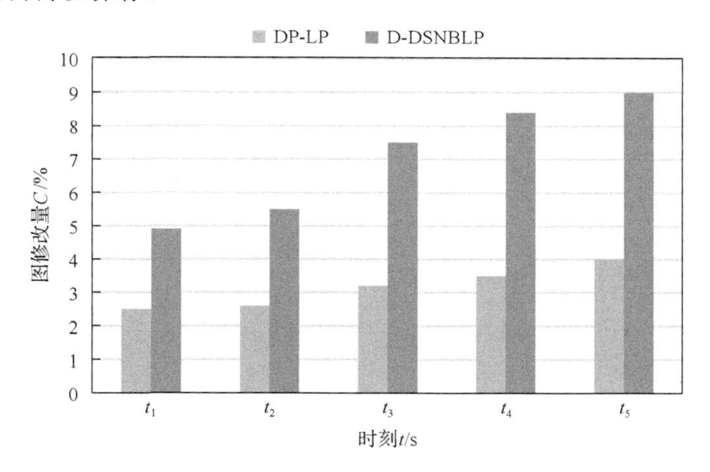

图 7.39　图修改量 C 随着不同时刻的变化

图 7.40 着重分析预测边对图结构的影响。预测链接技术通过减少未来图中边的修改量来提高图数据的可用性。随着动态图的发布，D-DSNBLP 添加的边的数量呈上升趋势，这是由于边的添加使得图中三角形的个数增多，从而平均聚集系数增大，且图中所有节点均保持同样的匿名强度。与 D-DSNBLP 算法相比，DP-LP 隐私保护方法对原始图的聚集系数保持较好，数据可用性较高。

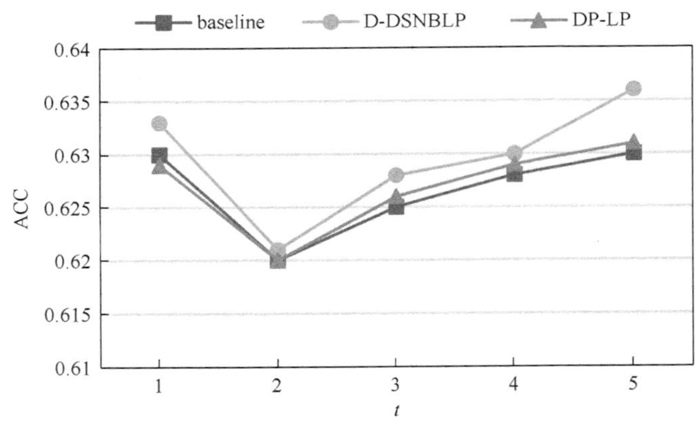

图 7.40　不同时刻聚集系数的变化

参 考 文 献

[1] Zhang X L, Guo Y L, Wang J Y, et al. A personalized social network privacy protection method based on the Pregel-like system[J]. ICIC Express Letters, Part B: Applications, 2016, 7(4): 839-845.

[2] Fard A M, Wang K, Yu P S, et al. Limiting link disclosure in social network analysis through subgraph-wise perturbation[C]. Proceedings of the 15th International Conference on Extending Database Technology, New York, 2012: 109-119.

[3] Fard A M, Wang K. Neighborhood randomization for link privacy in social network analysis[J]. World Wide Web, 2015, 18(1): 9-32.

[4] Tao Y F, Xiao X K. Personalized privacy preservation[J]. Advances in Database Systems, 2008, 34(5): 461-485.

[5] 王媛，孙宇清，马乐乐，等. 面向社会网络的个性化隐私策略定义与实施[J]. 通信学报，2012, (S1): 239-249.

[6] Yuan M X, Chen L, Yu P S, et al. Personalized privacy protection in social networks[J]. VLDB, 2010, 4(2): 141-150.

[7] 王桥. 社会网络个性化隐私保护方法的研究与实现[D]. 成都: 电子科技大学, 2012.

[8] 张晓琳，王萍，郭彦磊，等. 社会网络子集个性化隐私保护策略[J]. 计算机应用研究. 2015, 32(10): 3026-3029, 3035.

[9] 陈春玲，熊晶，陈琳，等. 基于动态社会网络数据发布的个性化隐私保护[J]. 南京邮电大学学报(自然科学版), 2016, 36(2): 74-81.

[10] Liu X, Xie Q, Wang L, et al. A personalized extended (a, k)-anonymity model[C]. Proceedings of 3rd International Conference on Advanced Cloud and Big Data, Yangzhou, 2015: 234-240.

[11] Xie Y Q, Zheng M C, Liu L, et al. A Personalized Sensitive Label-Preserving Model and Algorithm Based on Utility in Social Network Data Publishing[M]. Berlin: Springer, 2016: 942-947.